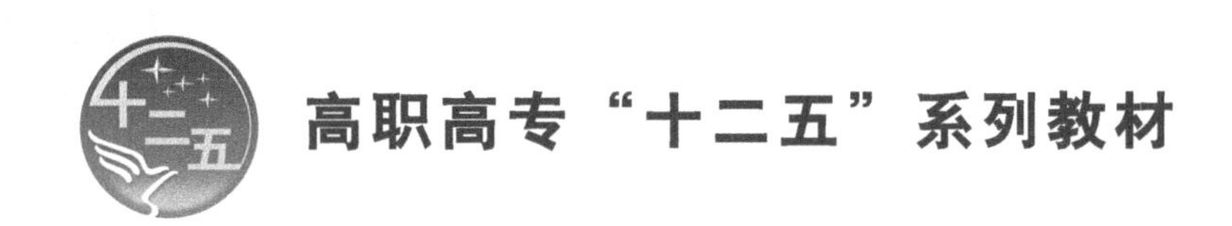

工程材料与成形工艺

GONGCHENGCAILIAO YU CHENGXINGGONGYI

主　编　汤　萍
副主编　方俊芳　程　玉　秦绪巍
编　写　李玉琴　黄均安　王　甫
　　　　王三海　王　宣
主　审　张信群

中国电力出版社
CHINA ELECTRIC POWER PRESS

内 容 简 介

本书共分十一章，紧紧围绕机械制造过程中选材和用材这一主线，遵循工程材料—毛坯成形—切削成形的脉络，将各知识点进行了有机整合。在编写中融入现代科技新进展，贯彻国家最新标准。教材内容精炼，理论联系实际，文字通俗易懂，力求体现高职高专教育的特色。内容编排以学生为本，便于教学，具有很强的课堂操作性。

本书适用于高职高专机械设计与制造类、自动化类等相关专业教学使用，也可供有关技术人员参考。

图书在版编目（CIP）数据

工程材料与成形工艺 / 汤萍主编. —北京：中国电力出版社，2013.8（2021.8重印）

高职高专“十二五”规划教材

ISBN 978-7-5123-4579-9

Ⅰ. ①工… Ⅱ. ①汤… Ⅲ. ①工程材料－成型－工艺学－高等职业教育－教材 Ⅳ. ①TB3

中国版本图书馆 CIP 数据核字（2013）第 159417 号

中国电力出版社出版、发行

（北京市东城区北京站西街 19 号 100005 http://www.cepp.sgcc.com.cn）

北京天泽润科贸有限公司印刷

各地新华书店经售

*

2013 年 8 月第一版 2021 年 8 月北京第三次印刷

787 毫米×1092 毫米 16 开本 16 印张 386 千字

定价 **40.00** 元

前　言

工程材料与成形工艺是研究工程材料和成形工艺的综合性技术基础课程。本书从机械工程材料的应用角度出发，阐明工程材料及其成形工艺的基础原理、基本知识和技能，帮助学生全面认识现代工业生产方式和生产过程，掌握选材和用材方面的基础知识和基本技能，为学习其他有关课程和今后从事相关工作奠定必要的基础。

本书内容精炼，理论联系实际，文字通俗易懂，力求体现高职高专教育的特色。内容编排以学生为本，便于教学，具有很强的课堂操作性，适用于高职高专机械设计与制造类、自动化类等相关专业教学使用，也可供有关技术人员参考。

本书共十一章，由安徽水利水电职业技术学院、安徽机电职业技术学院、阜阳职业技术学院、安徽江淮汽车有限公司、安徽合力股份有限公司等单位教师和工程技术人员联合编写。编写分工如下：汤萍编写了第四、七章，方俊芳编写了第九、十章，程玉编写了第五章，秦绪巍、王甫编写了第六章，李玉琴编写了第十一章，黄均安编写了第一、三章，王三海编写了第八章，王宣编写了第二章。

本书由汤萍担任主编，方俊芳、程玉、秦绪巍担任副主编。全书由汤萍统稿。滁州职业技术学院张信群担任全书的主审。

本书在编写过程中，参考了多本教材和技术文献，在此谨向所涉及的作者表示诚挚的谢意。

由于编者水平有限、时间仓促，书中难免存在不足之处，敬请广大读者批评指正。

编　者

2013年4月

目　　录

前言

第一篇　工　程　材　料

第一章　金属材料的性能 …… 3
　第一节　金属材料的力学性能 …… 3
　第二节　金属材料的物理、化学性能 …… 7
　第三节　金属材料的工艺性能 …… 8
　复习思考题 …… 9
第二章　金属的晶体结构和结晶 …… 10
　第一节　金属的晶体结构 …… 10
　第二节　纯金属的结晶 …… 11
　第三节　合金的组织和结晶 …… 15
　复习思考题 …… 18
第三章　铁碳合金 …… 19
　第一节　铁碳合金的基本组织 …… 19
　第二节　铁碳合金相图及组织转变 …… 21
　第三节　铁碳合金相图的应用及局限性 …… 26
　复习思考题 …… 27
第四章　钢的热处理 …… 28
　第一节　钢在加热和冷却时的组织转变 …… 29
　第二节　钢的普通热处理 …… 33
　第三节　钢的表面热处理 …… 39
　第四节　热处理新工艺简介 …… 42
　复习思考题 …… 44
第五章　常用工程材料 …… 45
　第一节　工业用钢 …… 45
　第二节　铸铁 …… 55
　第三节　有色金属 …… 59
　第四节　非金属材料 …… 65
　第五节　工程材料的选用 …… 70
　复习思考题 …… 74

第二篇 毛 坯 成 形

第六章 铸造成形……76
第一节 铸造成形工艺基础……76
第二节 铸造成形方法……81
第三节 铸件结构的工艺设计……104
复习思考题……109
第七章 锻压成形……111
第一节 锻压成形工艺基础……113
第二节 锻造成形……117
第三节 冲压成形……130
第四节 锻压新技术简介……137
复习思考题……140
第八章 焊接成形……141
第一节 焊接成形工艺基础……141
第二节 焊接成形方法……147
第三节 焊接件的结构工艺设计……162
复习思考题……164

第三篇 切 削 成 形

第九章 切削成形基础……168
第一节 切削运动与切削要素……168
第二节 切削刀具……170
第三节 切削过程的基本规律……177
第四节 切削加工机床的分类与型号……182
复习思考题……185
第十章 常用切削加工方法……187
第一节 车削加工……187
第二节 铣削加工……191
第三节 钻削和镗削加工……195
第四节 刨削、插削和拉削加工……199
第五节 磨床及其加工……203
复习思考题……207
第十一章 数控加工基础……208
第一节 数控加工概述……208
第二节 数控车削加工……214

第三节　数控铣床……222
第四节　加工中心……231
第五节　数控电火花线切割加工……237
复习思考题……245

参考文献……247

第一篇　工　程　材　料

工程材料是指具有一定性能，在特定条件下能够承担某种功能、用来制造零件和工具的材料。正确认识各种材料的性能及其在加工过程中的变化，是合理选材和用材的重要前提。

工程材料种类繁多，按成分可分为金属材料和非金属材料两大类。

一、金属材料

金属材料是应用最广泛的工程材料，包括金属和以金属为基的合金。工业上把金属及其合金分为两大部分。

1. 黑色金属材料

黑色金属材料是指铁和以铁为基的合金（钢、铸铁和铁合金）。

2. 有色金属材料

有色金属材料是指黑色金属以外的所有金属及其合金，主要包括铝合金、钛合金、铜合金、镍合金等。

二、非金属材料

非金属材料是除金属材料以外的其他材料的统称。在机械制造中使用较多的非金属材料主要有高分子材料、陶瓷材料及复合材料三大类。

（一）高分子材料

高分子材料为有机合成材料，也称聚合物。它具有较高的强度、良好的塑性、较强的耐腐蚀性、很好的绝缘性和质量轻等优良性能，在工程上是发展最快的一类新型结构材料。

高分子材料种类很多，工程上通常根据机械性能和使用状态将其分为三大类：

1. 塑料

塑料主要指强度、韧性和耐磨性较好，可制造某些机器零件或构件的工程塑料，一般分为热塑性塑料和热固性塑料两种。

2. 橡胶

橡胶通常指经硫化处理后弹性特别优良的聚合物，有通用橡胶和特种橡胶两种。

3. 合成纤维

合成纤维指由单体聚合而成且强度很高，通过机械处理所获得的聚合物纤维材料。

（二）陶瓷材料

陶瓷材料主要是指以黏土为主要成分的烧结制品。它具有结构致密，表面平整光洁，耐酸性能良好等特点。常用的有日用陶瓷、电器绝缘陶瓷、化工陶瓷、结构陶瓷和耐酸陶瓷等。

（三）复合材料

复合材料是用两种或两种以上不同材料组合的材料，其性能是其他单质材料所不具备的。

它在强度、刚度和耐蚀性方面比单纯的金属、陶瓷和聚合物都优越，是特殊的工程材料，具有广阔的发展前景。

金属材料是当前应用最广和用量最大的工程材料，因此，本篇将主要介绍金属材料的组织、成分、性能及其相互关系，介绍金属材料改性处理的基本途径，介绍常用金属材料的牌号、成分、组织、性能及用途，为选材和用材提供理论依据，并为后续专业课程的学习奠定必要的基础。

第一章　金属材料的性能

根据机械零件的工作条件（主要包括受力条件、工作温度和工作环境三个方面）和失效形式（主要有腐蚀、磨损和断裂三种形式），对制造机械零件的材料提出相应的性能要求。也就是说，用于制造机械零件的材料应满足工作条件所提出的各种性能要求，以保证机械零件在一定的工作条件下能够正常工作而不会失效，而且能保证一定的使用寿命。

金属材料的性能分为使用性能和工艺性能两大类。使用性能是指材料在工作中为发挥正常工效和能够达到预定的使用寿命所具有的性能，包括力学性能、物理性能和化学性能。工艺性能是指材料对某种加工工艺的适应能力，包括铸造性能、锻造性能、焊接性能、切削加工性能和热处理性能等。

第一节　金属材料的力学性能

金属材料的力学性能是指材料承受外力作用的能力。为满足机械零件的受力条件要求，应对制造零件的材料做各种相应的力学性能试验来测定材料的各种力学性能指标。所测得的实际力学性能指标应满足设计中对零件材料提出的力学性能指标要求。

力学性能指标包括五大项，即强度、塑性、硬度、冲击韧度和疲劳强度。

一、强度

强度是指材料抵抗永久变形和断裂的能力。由于零件材料大多是在受拉时产生变形或破坏的，所以通常用受拉时的强度来代表材料的强度指标。

（一）拉伸试验

根据 GB/T 228.1—2010《金属材料　拉伸试验　第 1 部分：室温试验方法》的规定，在做材料的拉伸试验前，须从欲测材料中取出一部分，制成标准试样。拉伸试样又分圆试样与扁试样两种。图 1-1 为标准圆截面拉伸试样示意图，图中 d_0 和 L_0 分别为试样在拉伸前的计算直径和计算长度，d_1 和 L_1 分别为试样在拉断后的断口直径和计算长度。

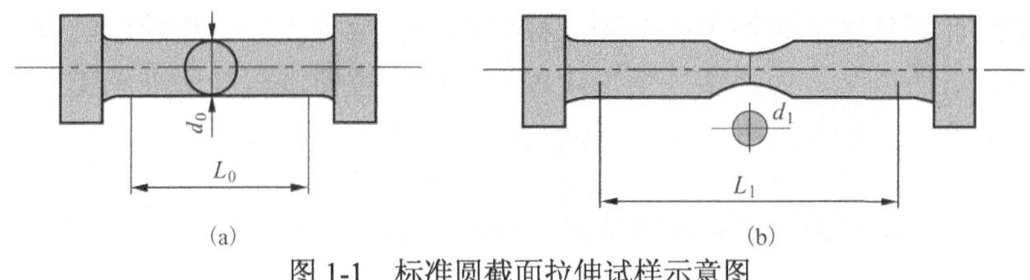

图 1-1　标准圆截面拉伸试样示意图

（a）拉伸前；（b）拉伸后

测试时将试样夹持在拉伸试验机的上、下夹头间，随着加在试样的拉力 F 不断增大，试样不断被拉长，直至被拉断。加在试样的拉力 F 与变形量（即伸长量）ΔL 之间的关系可以用图 1-2 所示的 F—ΔL 拉伸曲线表示，这就是拉伸试验所获得的原始曲线。

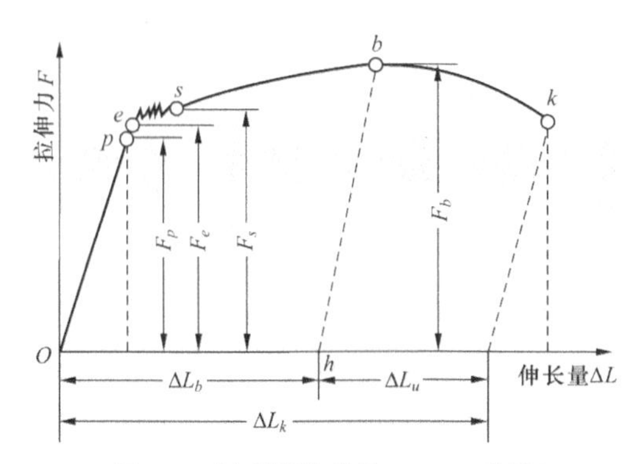

图 1-2 低碳钢拉伸的 $F—\Delta L$ 曲线

Oe—弹性变形阶段；*es*—屈服变形阶段；*sb*—均匀塑性变形阶段；*bk*—缩颈断裂阶段

根据试样的拉伸曲线，可将变形过程分为以下四个阶段。

（1）*Oe* 为弹性变形阶段。此时若卸去载荷，试样能恢复原状。

（2）*es* 为屈服变形阶段。*e* 点开始塑性变形，在 *s* 点，曲线图上出现平台或锯齿状，表现出应力几乎不增加而应变却继续增加的特点，显示了试样的屈服，这一现象称为屈服现象。

（3）*sb* 为均匀塑性变形阶段。试样产生均匀的塑性变形，并出现了强化。

（4）*bk* 为缩颈断裂阶段。在 *b* 点处产生最大载荷 F_b，试样出现“缩颈”现象，即试样局部直径开始急剧缩小。*k* 点处试样被拉断。

（二）金属拉伸时的强度指标

强度的大小通常用应力表示，符号为 *R*，单位为 MPa。工程上常用的强度指标有屈服强度和抗拉强度等。

1．屈服强度

试样屈服时承受的最小应力称为屈服强度或屈服极限，以 R_e 表示。

$$R_e=F_s/S_0 \quad (\text{MPa})$$

式中 F_s——试样屈服时所承受的载荷，N；

S_0——试样原始横截面积，mm^2。

屈服强度反映了材料对明显塑性变形的抗力。超过其屈服强度则发生塑性变形而导致工件失效，因此，屈服强度是工程设计与选材的重要依据之一。

2．抗拉强度

屈服阶段结束后，试样的变形又随外力的增大而增大，直至外力达到最大值。这个阶段的变形在试样的计算长度上是均匀的，因此称为均匀变形阶段。这个阶段的变形既有弹性变形又有塑性变形，所以又称为弹塑性变形阶段。试样在拉伸过程中所能承受的最大应力值称为材料的抗拉强度，又称为强度极限，以 R_m 表示。

$$R_m=F_b/S_0 \quad (\text{MPa})$$

式中 F_b——试样在拉伸过程中所承受的最大载荷，N；

S_0——试样原始横截面积，mm^2。

在机械制造中常用 R_m 作为评价材料强度的主要指标。当材料所承受的实际应力大于其强度极限时，就会发生破坏。

二、塑性

塑性是指断裂前材料发生不可逆永久变形的能力。许多零件或毛坯是通过塑性变形而形成的，要求材料具有较高的塑性；同时为防止零件在工作时发生脆性破坏，也要求有一定程度的塑性。因此塑性也是材料的主要机械性能指标之一。

通过如前所述的拉伸试验，不仅可以测得材料的强度指标，而且可以测得其塑性指标。塑性指标用断后伸长率 A 和断面收缩率 Z 来表示，即

$$A=(L-L_0)/L_0\times100\%$$

$$Z=(S_0-S)/S_0\times100\%$$

式中 L_0、L——试样原计算长度和拉断后的长度；

S_0、S——试样原横截面积和拉断后断口处的横截面积。

很显然，A 和 Z 值越大，材料的塑性就越好。一般把 $A\geqslant5\%$的材料称为塑性材料，而把 $A<5\%$的材料称为脆性材料，如铸铁是典型的脆性材料。

三、硬度

硬度是指材料抵抗局部变形，特别是塑性变形、压痕或划痕的能力，是衡量金属软硬的判据。

通常用布氏硬度、洛氏硬度、李氏硬度、肖氏硬度、维氏硬度等来表示材料的硬度。下面介绍应用最广泛的布氏硬度和洛氏硬度。

（一）布氏硬度

将一定直径的淬火钢球或硬质合金球压头，在一定的载荷下垂直压入试样表面，保持规定的时间后卸载，试样表面出现深度为 h 的压痕。压痕表面所承受的平均应力值称为布氏硬度值，以 HB 表示。图 1-3 为布氏硬度试验原理图。

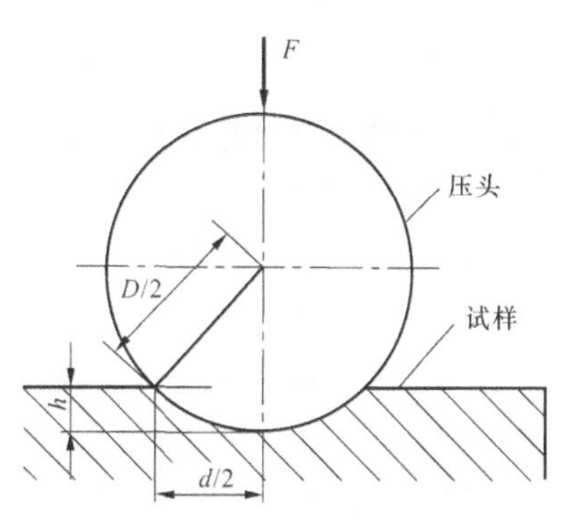

图 1-3 布氏硬度试验原理图

$$\text{HBS(HBW)}=0.102\frac{2F}{\pi D(D-\sqrt{D^2-d^2})}$$

式中 F——载荷。

在测试布氏硬度时，实际上并不需要进行上述计算。根据已知的钢球直径 D、载荷 F 及测得的压痕直径 d 可以直接从有关表格中查出相应的布氏硬度。

对布氏硬度的符号做如下规定：

（1）压头为淬火钢球时用 HBS 表示，适用于硬度较低的材料（HB＜450）。

（2）压头为硬质合金球时用 HBW 表示，适用于硬度较高的材料（450≤HB≤650）。

布氏硬度采用如下方法标注：

硬度代号如 150HBS10/1000/30，表示用直径 10mm 的淬火钢球压头，在 9807N 的载荷作用下，保持时间为 30s 时所测得的布氏硬度值为 150。

布氏硬度没有单位，硬度值越大材料硬度越高，耐磨性越好。若保荷时间为 10～15s，允许不标注保荷时间。

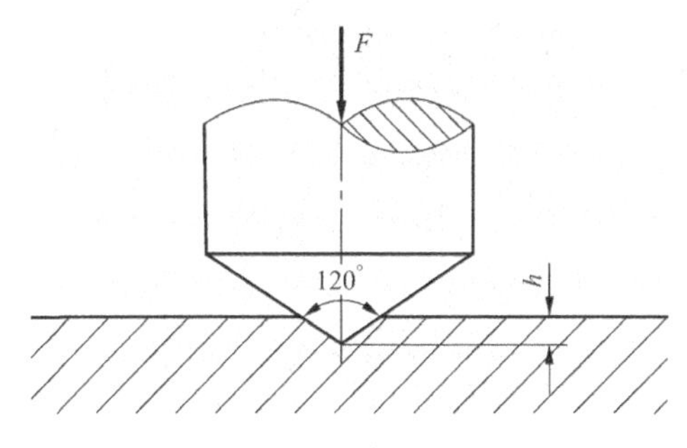

图 1-4 洛氏硬度测试原理图

（二）洛氏硬度

如图 1-4 所示为洛氏硬度测试原理图。用规定的

载荷，将顶角为 120°的圆锥形金刚石压头或直径为 1.588mm 的淬火钢球压入金属表面，取其压痕深度 h 计算硬度的大小，这种硬度称为洛氏硬度 HR。

根据测试压头和载荷不同，可组成几种不同的洛氏硬度标尺，每一种标尺用一个字母在洛氏硬度符号 HR 后加以说明。常用的洛氏硬度标尺为 A、B、C 三种，相应的硬度符号分别为 HRA、HRB、HRC 三种，以 HRC 应用最为广泛，它们的测量范围和应用范围如表 1-1 所示。

表 1-1　洛氏硬度试验载荷与应用范围

硬度符号	压头类型	总载荷（kg）	测量范围	应用举例
HRA	120°金刚石圆锥	60	20～88HRA 以上	硬质合金、表面淬火钢
HRB	ϕ1.588 淬火钢球	100	20～100HRB	软钢、退火钢、铜合金
HRC	120°金刚石圆锥	150	20～70HRC	淬火钢件

洛氏硬度采用如下方法标注：

硬度代号如 60HRC，表示用 C 标尺测得的硬度值为 60。洛氏硬度值也没有单位，硬度值越大材料硬度越高，材料的耐磨性越好。

（三）布氏硬度与洛氏硬度的比较与选用

布氏硬度的优点是数据准确、稳定，缺点是压痕深且面积大，易损坏零件表面，不适合于测量厚度太小和成品零件的硬度，而且测量效率低。因此，主要用于原材料、毛坯和半成品的单件、小批量硬度测量。

洛氏硬度的优点是压痕小且测量效率高，缺点是数据准确性、稳定性不如布氏硬度，所以不仅可以用于测量原材料、毛坯和半成品的硬度，也可以用于测量成品的硬度。不仅可以用于单件、小批量测量，也可以用于大批量测量。

四、冲击韧度

机械产品中有许多零件是在冲击载荷作用下工作的，如汽车换挡齿轮、起重机吊钩、锻锤锤杆、飞机起落架等。冲击载荷比静载荷引起的应力和变形大很多，为了防止零件在冲击载荷作用下突然破坏，必须考虑材料的冲击韧度。冲击韧度可以通过相应的冲击试验来测定，冲击试验又分为冲击拉伸、冲击弯曲、冲击压缩、冲击扭转等，其中最常见的是冲击弯曲试验。冲击弯曲试验又分为两种：一种是大能量一次冲击，适用于飞机起落架等；另一种是小能量多次冲击，适用于锻锤锤杆等。冲击弯曲试验用试样及试验结果如图 1-5 所示。

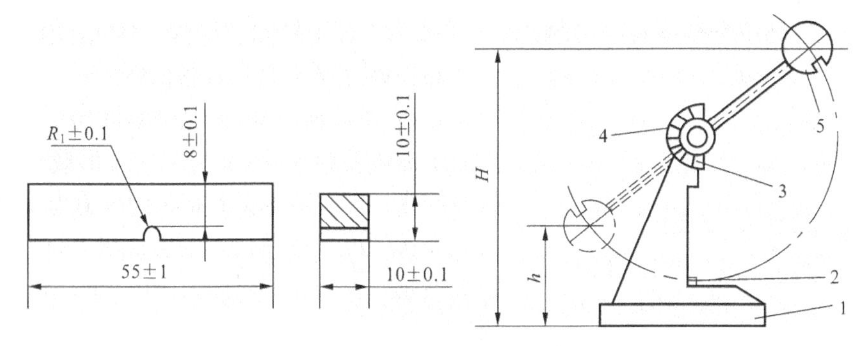

图 1-5　冲击弯曲试验用试样及试验结果

1—机架；2—试样；3—刻度盘；4—指针；5—摆锤

冲击韧度表示材料抵抗冲击载荷作用的能力，并以冲断试样每单位面积所消耗的功来表示。冲击韧度值α_k越大，材料韧性越好，抵抗冲击载荷作用的能力越强。

$$\alpha_k = A_k / A_0$$

式中 A_k——冲击吸收功，J；

A_0——试样断口处的原始横截面积，cm^2。

材料的冲击韧度除了取决于材料本身之外，还与环境温度及缺口的状况密切相关。所以，冲击韧度除了用来表征材料的韧性大小外，还用来测量金属材料随环境温度下降由塑性状态转变为脆性状态的韧脆转变温度，也用来考察材料对缺口的敏感性。

在生产中，在冲击载荷作用下工作的零件，往往是经受千万次小能量冲击而被破坏的，很少是受大能量一次性冲击被破坏的，因此应进行多次冲击试验以确定其多次冲击抗力。

五、疲劳强度

机械产品中的许多零件，如曲轴、连杆、齿轮、弹簧等都是在交变载荷作用下工作的，除了要考虑材料的以上一般强度之外，还要考虑材料的疲劳强度。这些零件长期经受即使小于其屈服强度的交变载荷作用也会突然断裂而破坏，破坏前没有明显的塑性变形预兆，属于低应力脆断。这种破坏的危害性很大，有相当多的零件的破坏属于疲劳破坏，应引起高度重视。

金属的疲劳曲线如图 1-6 所示，随着应力循环次数 N 不断增大，材料所能承受的最大交变应力σ_{max}不断减小。当交变应力循环次数 N 达到无限次（碳素钢 $N=10^7$，高强度钢 $N=10^8$）时，材料仍不发生疲劳破坏所能承受的最大交变应力值为该材料的疲劳强度。

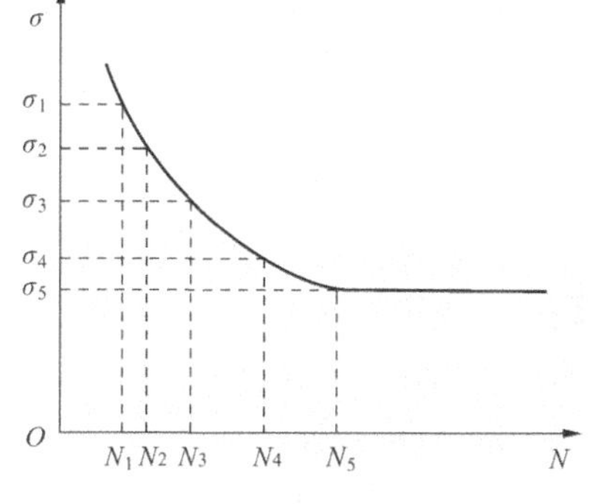

图 1-6 金属的疲劳曲线

金属材料的疲劳强度用σ_r来表示，下标 r 表示交变应力循环系数（r=最小应力/最大应力），若为对称应力循环，则 $r=-1$，疲劳强度相应用σ_{-1}表示。

材料内部不可避免地存在一些缺陷，如裂纹、气孔、缩松、夹渣等，这些缺陷可以充当裂纹源，在交变载荷的作用下进行扩展，达到一定程度后，工件上剩余截面积不足以抵抗外力作用时，发生突然的断裂。因此，可采用如下措施以防止疲劳破坏：

（1）降低工件表面粗糙度；

（2）减少工件内部缺陷；

（3）提高工件表面强度；

（4）减少和避免应力集中。

第二节 金属材料的物理、化学性能

一、物理性能

金属材料的物理性能主要是指其密度、熔点、导热性、导电性及热膨胀性等。

1. 密度

密度是指单位体积内物体的质量。金属的密度直接关系到由其制成的零件或构件的自重和效能。

2. 熔点

熔点是指金属材料由固态转变为液态时的熔化温度。金属都有固定的熔点，而合金的熔点取决于其成分。

3. 导热性

导热性是指金属材料传导热量的能力。材料的导热性对加工和使用都有很大的影响，在制订热加工和热处理工艺时，必须考虑金属材料的导热性，避免金属材料在加热或冷却过程中形成过大的内应力，导致金属材料发生变形和开裂的现象。

4. 导电性

导电性是指金属材料传导热量的能力。在金属中，以银的导电性最好，铜和铝次之，纯金属的导电性比合金好。

5. 热膨胀性

热膨胀性是指金属材料随温度变化体积发生膨胀或收缩的特性。在实际工程应用中，很多场合需要考虑金属材料的热膨胀性。例如，材料在铸造过程中会发生尺寸和体积收缩，如果得不到补缩就会产生缩孔、缩松等缺陷，并且容易产生较大的铸造应力。

二、化学性能

化学性能是指金属材料抵抗各种介质化学作用的能力，即化学稳定性。主要化学性能有抗氧化性和耐腐蚀性。

1. 抗氧化性

抗氧化性是指金属材料在加热时抵抗氧化作用的能力。氧化使得金属材料在进行铸造、锻压、焊接等热加工时，出现损耗严重和加工缺陷的现象。因此，需要采取措施来提高材料的抗氧化性，如在材料表面形成保护膜等。

2. 耐腐蚀性

耐腐蚀性是指金属材料在常温下抵抗氧气、水等化学介质腐蚀破坏作用的能力。根据零件的工作环境的不同，要考虑材料耐不同介质腐蚀的能力。例如，化工厂里的一些管道，须耐酸、碱、盐的腐蚀。

第三节 金属材料的工艺性能

金属材料的工艺性能是指对各种加工方法的适应能力，即采用某种加工方法将金属材料制造为机械零件和工具的难易程度。它主要包括以下几个方面：

1. 铸造性能（可铸性）

铸造性能是指金属或合金经铸造形成铸件的难易程度。

2. 锻造性能（可锻性）

锻造性能主要指工件在一定的外力作用下发生塑性变形的难易程度。

3. 焊接性能（可焊性）

焊接性能主要指工件在一定的焊接工艺条件下，获得优质的焊接接头的难易程度。

4. 切削加工性能

切削加工性能主要指工件材料进行切削加工的难易程度。

5. 热处理性能

热处理性能是指可以实施的热处理方法和材料在热处理时性能改变的程度。

工艺性能的好坏直接影响零件的加工质量和生产成本，有关此部分的内容将在后续相关章节中专门介绍。

复习思考题

1. 什么是金属的力学性能？金属的力学性能主要包括哪些方面？
2. 材料的工艺性能包括哪些方面？
3. 金属的物理性能、化学性能各包括哪些方面？
4. 将钟表发条拉直是弹性变形还是塑性变形？
5. 说明布氏、洛氏硬度试验原理。
6. 布氏硬度试验有哪些局限性？为什么？

第二章　金属的晶体结构和结晶

不同的金属材料具有不同性能，同一金属材料在不同的状态下，也有可能具有不同性能。造成上述差异的主要原因在于材料晶体结构的不同，因而，有必要研究金属的晶体结构和结晶规律，为合理选材、用材奠定理论依据。

第一节　金属的晶体结构

一、晶体

晶体是指原子（离子、分子或原子团）在三维空间作有规则的周期性重复排列的物质。在自然界中，除了少数物质（如玻璃、松香及木材等）以外，包括金属在内的绝大多数固体都是晶体。

晶体中的原子有多种排列方式，为了便于理解和描述原子的排列规律，通常将实际晶体结构简化为完整无缺的理想晶体，并近似地把原子看成是不动的等径刚球质点，且在三维空间紧密堆积，原子在空间的这种排列形式称为空间点阵，如图 2-1（a）所示。

用许多假想的平行直线将所有质点的中心连接起来，构成三维的几何格架，称为晶格，如图 2-1（b）所示，图中各直线的交点称为结点。

由于晶格中各质点的周围环境相同，故其排列具有周期重复性。为了描述金属晶格的几何规则，可以从晶格中取出由数个原子组成的并能代表整个晶格几何结构特征的最小单元，这样的最小单元称为晶胞，如图 2-1（c）所示。晶胞的大小和形状，常以晶胞的棱边长度 a、b、c 和棱边夹角 α、β、γ 六个参数来表示。其中 a、b、c 称为晶格常数。

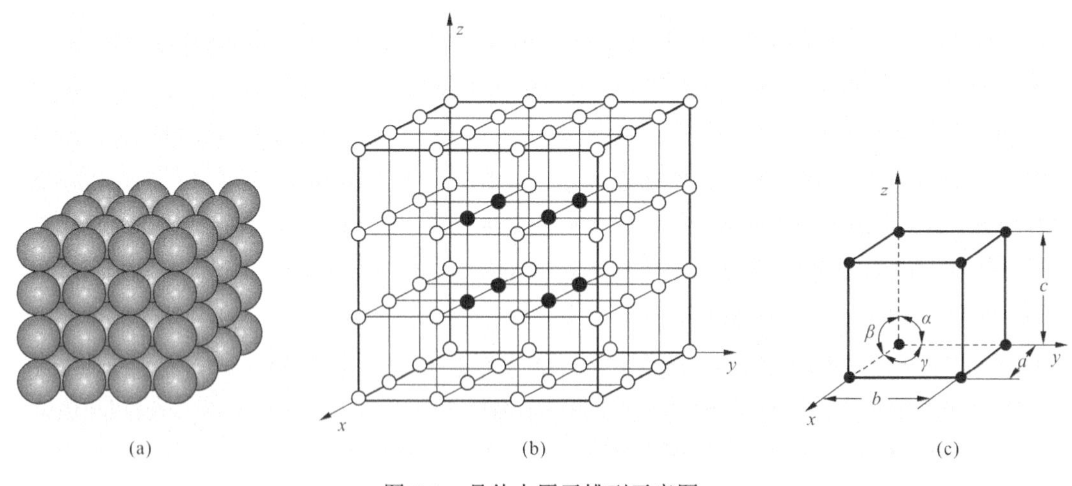

图 2-1　晶体中原子排列示意图

（a）原子排列模型；（b）晶格；（c）晶胞

通常以晶胞的几何结构（晶格类型）和晶格常数来描述金属的晶体结构。各种晶体由于其晶格类型和晶格常数的不同，表现出不同的物理、化学和机械性能。

二、常用金属的晶体结构

通过 X 射线对所有金属晶体结构进行分析，结果发现共有 14 种晶体结构类型，包括 7 种简单晶胞和 7 种复杂晶胞，常用金属的晶体结构类型多为体心立方、面心立方和密排六方三种。

（一）体心立方晶格

如图 2-2 所示，体心立方晶格的晶胞结构是一个正立方体，除每个结点上各有一个原子外，立方体的中心还有 1 个原子，即共有 9 个原子组成一个体心立方晶胞（并非一个晶胞含有 9 个原子），晶格常数为 $a=b=c$，$\alpha=\beta=\gamma=90^{\circ}$。

属于体心立方晶格的金属有铁（α-Fe）、铬（Cr）、钨（W）、钼（Mo）、钒（V）、钛（β-Ti）等，大多具有较高的强度和韧性。

（二）面心立方晶格

如图 2-3 所示，面心立方晶格的晶胞也是一个正立方体（$a=b=c$，$\alpha=\beta=\gamma=90^{\circ}$）。除每个结点上各有一个原子外，每个面的中心还各有 1 个原子，共由 14 个原子组成一个面心立方晶胞。

属于面心立方晶格的金属有铁（γ-Fe）、铜（Cu）、铝（Al）、镍（Ni）等，大都具有较高的塑性。

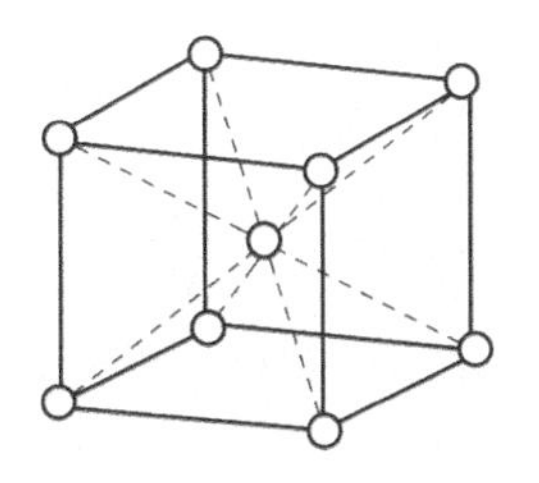

图 2-2　体心立方晶胞结构示意图

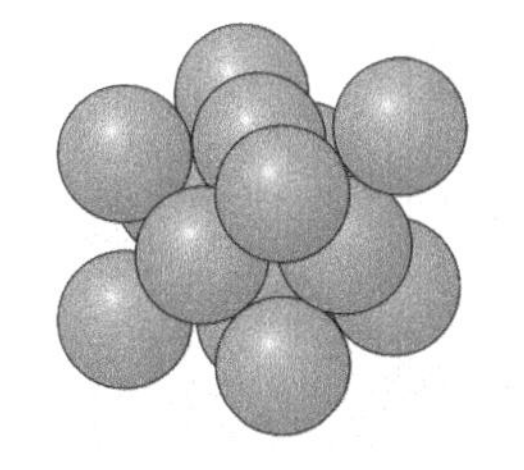
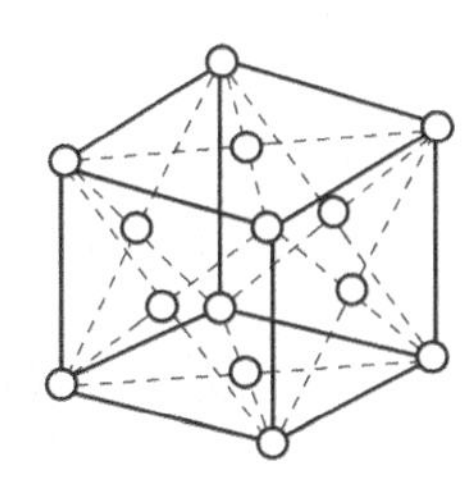

图 2-3　面心立方晶胞结构示意图

（三）密排六方晶格

如图 2-4 所示，密排六方晶格的晶胞是一个正六棱柱（$a=b\neq c$，$\alpha=\beta=90^{\circ}$，$\gamma=120^{\circ}$）。在六棱柱的上下底面的 12 个结点上各有 1 个原子，上下底面中心各有 1 个原子，再加上六棱柱中间平面上的 3 个原子，共有 17 个原子组成一个密排六方晶胞。

属于密排六方晶格的金属有镁（Mg）、锌（Zn）、钛（α-Ti）等，大多具有较大的脆性，塑性差。

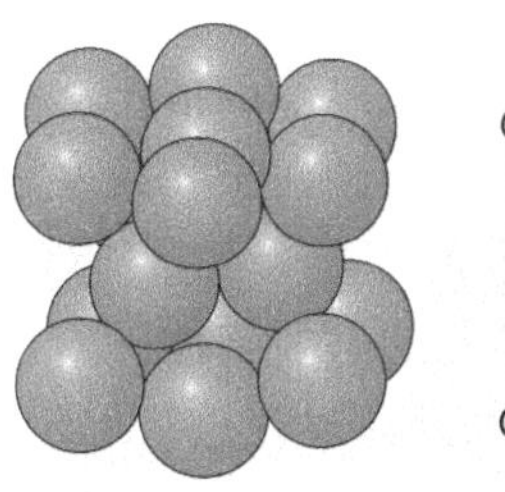
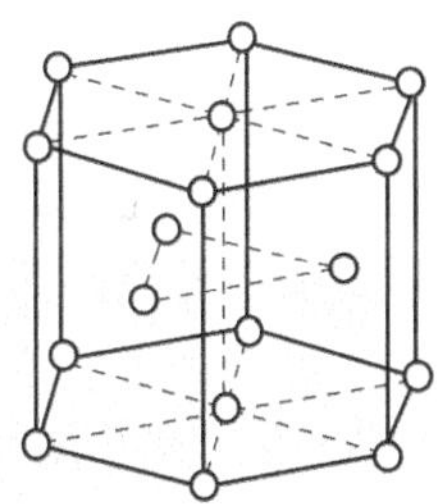

图 2-4　密排六方晶胞结构示意

第二节　纯金属的结晶

一、金属结晶的基本规律

金属材料的生产一般都是要经过由液态到固态的凝固过程，如果凝固的固态物质是晶体，则这种凝固又称为结晶。由于固态金属大都是晶体，所以金属凝固的过程通常也称为结晶过程。金属结晶后获得的原始组织称为铸态组织，它对金属的工艺性能及使用性能有直接影响。因此，了解金属从液态结晶为固体的基本规律是十分必要的。

（一）纯金属的冷却曲线

纯金属都有一个固定的熔点（或称结晶温度），因此，纯金属的结晶过程总是在一个恒定的温度下进行。

纯金属的结晶过程可用热分析法来进行研究：将金属加热熔化成金属液，然后缓慢冷却，每隔一定时间测量一次温度，最后把实验数据绘在温度（T）–时间（t）坐标中，便可得到如图 2-5（a）所示的冷却曲线。

由冷却曲线可知，金属液缓慢冷却时，随着热量向外散失，温度不断下降，当温度降到 T_0 时，开始结晶。由于结晶时放出的结晶潜热补偿了其冷却时向外散失的热量，故结晶过程中温度不变，即冷却曲线上出现了水平线段，水平线段所对应的温度称为理论结晶温度（T_0）。在理论结晶温度 T_0 时，液体与晶体同时共存，在宏观上看，这时既不结晶也不熔化，晶体与液体处于平衡状态。结晶结束后，固态金属的温度继续下降，直到室温。

（二）金属结晶时的过冷现象

在实际生产中，金属结晶的冷却速度都很快。因此，金属液的实际结晶温度 T_1 总是低于理论结晶温度 T_0，如图 2-5（b）所示。这种实际结晶过程只有在理论结晶温度以下才能进行的现象叫过冷现象，两者温度之差称为过冷度，以 ΔT 表示，即 $\Delta T = T_0 - T_1$。

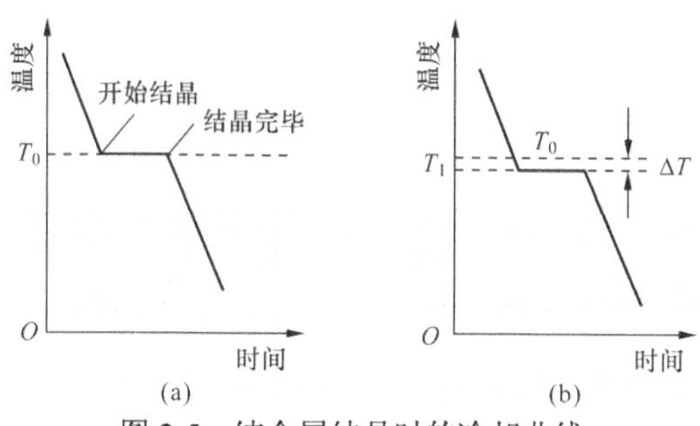

图 2-5　纯金属结晶时的冷却曲线

（a）理论结晶时；（b）实际结晶时

实际上金属总是在过冷的情况下结晶，但同一金属结晶时的过冷度并不是一个恒定值，而与其冷却速度、金属的性质和纯度等因素有关。冷却速度越快，过冷度就越大，金属的实际结晶温度就越低。

过冷是金属结晶的必要条件。

（三）纯金属的结晶过程

纯金属的结晶过程是晶核形成和晶核长大的过程，如图 2-6 所示。液态金属在达到结晶温度时，首先形成一些极细小的微晶体（晶核）。随着时间的推移，液体中的原子不断向晶核聚集，使晶核长大；与此同时液体中会不断有新的晶核形成并长大，由一个晶核长大的晶体，就是一个晶粒；直到每个晶粒长大到相互接触，液体消失为止，得到了多晶体的金属结构。晶粒之间的接触面称为晶界。

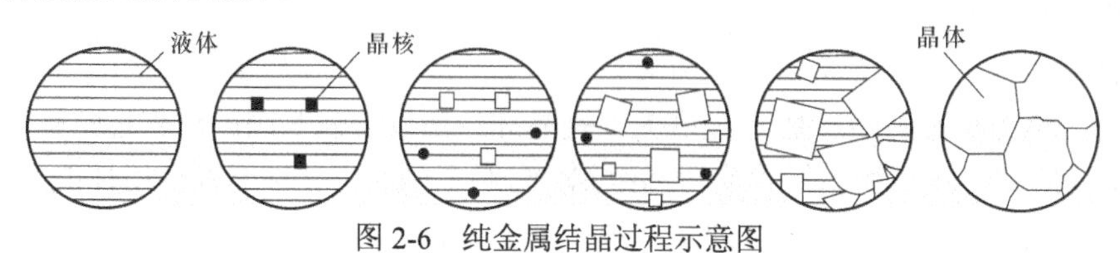

图 2-6　纯金属结晶过程示意图

1. 晶核形成

金属结晶时，由于结晶条件不同，可能出现两种不同的形核方式：一种是自发形核，另一种是非自发形核。

（1）自发形核。当液态金属很纯净时，在足够大的过冷度之下，金属晶核将从液相中直接形成，这种形核方式称为自发形核。

（2）非自发形核。实际金属结晶时，往往在很小过冷度下便已开始结晶，并不需要自发形核时那样大的过冷度。这是因为，在实际液态金属中，往往存在一些微小的杂质粒子，晶核就优先依附于这些现成的固体表面而形成，这种形核方式称为非自发形核。当然，只有这些杂质粒子与原先液态金属中晶核的特点相似时，才能作为非自发形核的基底。

自发形核与非自发形核同时存在于金属液中，但非自发形核往往比自发形核更重要，起优先和主导作用。

2. 晶核长大

晶核长大的实质是原子由液体向固体表面转移。晶核的长大方式通常是树枝状长大，即“枝晶长大”。在晶核开始成长的初期，因内部原子规则的特点，其外形也大多是比较规则的。但随着晶核的成长、晶体棱角的形成，棱角处的散热条件优于其他部位，因而便得到优先成长，如树枝一样先长出枝干，再长出分枝，最后再把晶间填满。

二、金属结晶后的晶粒大小

单个晶粒的大小称为晶粒度，通常采用晶粒的平均面积或平均直径来表示。

（一）晶粒度对金属力学性能的影响

金属结晶后形成由许多晶粒组成的多晶体，晶粒大小对金属的常温力学性能有很大影响。一般情况下，晶粒越细小，金属的强度、硬度就越高，塑性、韧性就越好，即综合机械性能越好，因此，生产实践中总是希望使金属及其合金获得较细的晶粒组织。

（二）决定晶粒度的因素

金属结晶时，每个晶粒都是由一个晶核长大而成的，晶粒度取决于晶核形核率与成长速率之比，比值越大，晶粒越细小。

形核率是指单位时间内在单位体积中产生的晶核数。

成长速率是指单位时间内晶核长大的线速度。

（三）晶粒度的控制

1. 提高冷却速度

液态金属过冷度越大，晶核形核率与成长速率比值越大，晶粒越细小。增大过冷度可使晶粒细化，而冷却速度越快，过冷度就越大。所以，控制金属结晶时的冷却速度就可以控制过冷度，从而控制晶粒的大小。在生产中，提高冷却速度只适合较小的铸件，对于尺寸较大、形状较复杂的铸件，冷却速度过快容易产生各种缺陷。

2. 变质处理

变质处理是指在液态金属中加入少量粉末状变质剂，促进形核，以增加晶核数目或抑制晶粒长大，从而细化晶粒。

例如，在铁水中加入硅铁、硅钙合金，未熔质点的增加使石墨变细；在浇注高锰钢时加入锰铁粉；向铝液中加入 TiC、VC 等作为脱氧剂，其氧化物可作为非自发晶核，使形核率增大；在铝硅铸造合金中加入钠盐，钠能附着在硅的表面，降低 Si 的长大速度，阻碍大片状硅晶体形成，使合金组织细化。这些都是变质处理在实际生产中的应用。

3. 振动处理

振动处理是指在液态金属凝固过程中，加以机械振动、超声波振动和电磁振动等，一是促进形核，二是可使生长中的枝晶破碎，碎晶块又充当新的晶核，使晶核数增多，从而细化晶粒。

三、金属的同素异晶转变

大多数金属结晶完成后晶格类型都不会再发生变化，但也有少数金属如 Fe、Cr、Mn、Ti 等，在结晶成固态后继续冷却时，晶格类型会随外界条件（如温度、压力等）的改变发生变化。金属在固态下由一种晶格转变为另一种晶格的转变过程，称为同素异晶转变或称同素异构转变。

图 2-7 所示为纯铁由液态冷至室温的冷却曲线及晶体结构转变示意图。由该图可知，纯铁在 912℃以下为体心立方晶体结构，称为α-Fe；在 912～1394℃为面心立方晶体结构，称为γ-Fe；在 1394～1538℃又呈体心立方晶体结构，称为δ-Fe。当加热或冷却至转变温度时，就会发生相应的晶体结构转变，如式（2-1）所示，即

$$\text{(液态)Fe} \xleftarrow[\text{结晶}]{1538°C}\rightarrow \delta-\text{Fe} \xleftarrow[\text{晶格类型转变}]{1394°C}\rightarrow \gamma-\text{Fe} \xleftarrow[\text{晶格类型转变}]{912°C}\rightarrow \alpha-\text{Fe} \quad (2\text{-}1)$$

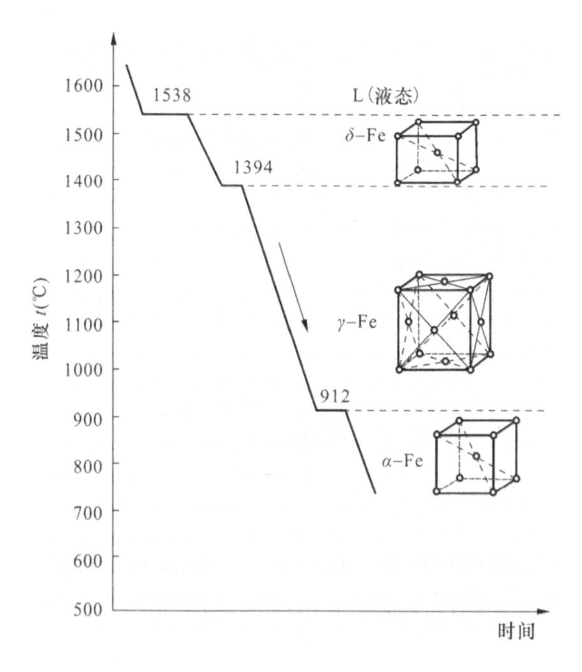

图 2-7 纯铁由液态冷至室温的冷却曲线及晶体结构转变示意图

金属的同素异晶转变是金属在固态下发生的一种重新“结晶”的过程。要实现晶体结构即原子排列规则的转变，首先要在晶界上形成新的晶核，继而通过原子扩散来实现晶体结构的改组，所以金属的同素异晶转变过程也是不断产生晶核和晶核不断长大的过程，也称为二次结晶。

第三节 合金的组织和结晶

一、合金的组织

纯金属大都具有较好的物理、化学性能，但纯金属本身的机械性能一般比较差，且价格较高，种类有限，满足不了工业生产中对金属材料多品种、高性能的要求，所以很少直接使用纯金属做零部件。目前，工业上应用的金属材料绝大多数是合金，它具有比纯金属更高的综合力学性能和某些特殊的物理化学性能。

（一）合金的基本概念

1. 合金

合金是指由两种或两种以上金属元素（或金属与非金属元素）通过熔炼、烧结等方法形成的具有金属特性的物质。例如，碳钢和铸铁就是主要由铁和碳所组成的合金，黄铜是由铜和锌所组成的合金。

2. 组元

组元是指组成合金的独立的、最基本的单元。

一般来说，组元就是组成合金的化学元素。如黄铜的组元是铜和锌，锡青铜的组元是铜和锡。但也可以是稳定的化合物，如铁碳合金中的 Fe_3C。合金中有几种组元就称为几元合金。例如，二元合金是指由两个组元组成的合金，由三个组元组成的合金则称为三元合金，依次类推。

3. 合金系

合金系是指组元相同，而组元比例不同的一系列不同成分、不同性能的合金所构成的“合金系统”，简称系。例如，各种牌号的碳素钢就是由不同铁、碳含量的合金所构成的铁碳合金系。

4. 相

相是指合金中化学成分、晶体结构相同，并以界面互相分开的均匀的组成部分。若合金是由成分、结构都相同的同一种晶粒构成的，则各晶粒虽有界面分开，却都属于同一种相，如纯铁在常温下是由单相 α-Fe 组成。若合金是由成分、结构互不相同的几种晶粒所构成，它们将属于不同的几种相，如铁中加碳后组成铁碳合金，由于铁与碳相互作用，又形成一种化合物 Fe_3C，因此，在铁碳合金中就出现了一种新相 Fe_3C（渗碳体），从而形成由 α-Fe 相和 Fe_3C 相组成的双相组织。

5. 组织

组织是指用金相观察方法，在金属及其合金内部看到的涉及晶体或晶粒的大小、方向、形状、排列状况等组成关系的构造情况，又称为显微组织（或金相组织）。合金的组织可以由一种相组成，也可以由多种相组成，而纯金属的显微组织，一般都由一种相组成。相是构成组织的最基本的组成部分，组织是相的综合体。组织是材料性能的决定性因素，相同条件下，材料的性能随其组织的不同而变化，因此，在工业生产中，控制和改变材料的组织具有相当重要的意义。

（二）合金的相结构

液态时，大多数合金的组元均能相互溶解，成为成分均匀的液体，因而可以认为只具有一个液相。固态时，组成合金的基本相按晶体结构特点可分为三大类，即固溶体、金属化合物和混合物。

1. 固溶体

固溶体是溶质原子溶入固态的溶剂中，并保持溶剂晶格类型而形成的相。根据溶质原子在溶剂晶格中所占位置的不同，可将固溶体分为间隙固溶体和置换固溶体。

（1）间隙固溶体。溶质原子在溶剂晶格中并不占据晶格结点位置，而是嵌入各结点之间的空隙中，以这种方式形成的固溶体称为间隙固溶体，如图 2-8（a）所示。

形成这类固溶体的溶质都是原子半径很小的一些非金属元素，如 C、N、B 等，而且晶格空隙总是有限的，所以间隙固溶体的溶解度一般比较小，如室温下碳在铁中的溶解度仅为 0.0008%。

（2）置换固溶体。当溶质与溶剂的电化学性质相近，且原子半径相差不多时，溶质原子不可能进入溶剂晶格空隙，但能够占据某些晶格结点而替代溶剂原子，以这种方式形成的固溶体称为置换固溶体，如图 2-8（b）所示。例如，黄铜中的α固溶体是 Zn 原子替代某些 Cu 原子所形成的置换固溶体。

固溶体的晶体结构与溶剂的晶体结构相同。溶质原子的溶入会使溶剂晶格产生畸变，如图 2-9 所示。晶格畸变导致金属塑性变形阻力增大，从而使其强度和硬度提高，塑性和韧性下降，这种现象称为固溶强化，是合金热处理强化的基本原理之一。

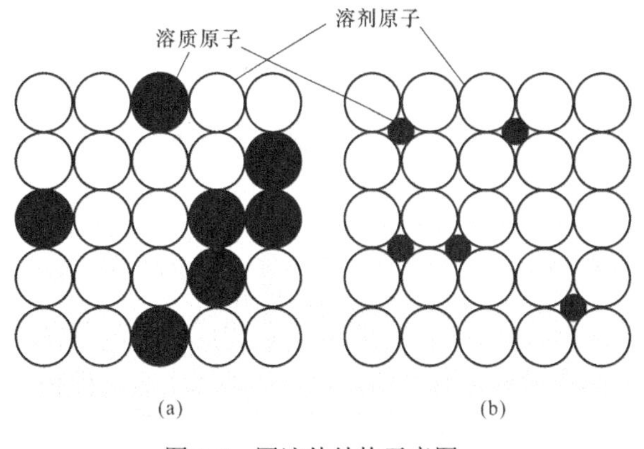

图 2-8 固溶体结构示意图

（a）间隙固溶体；（b）置换固溶体

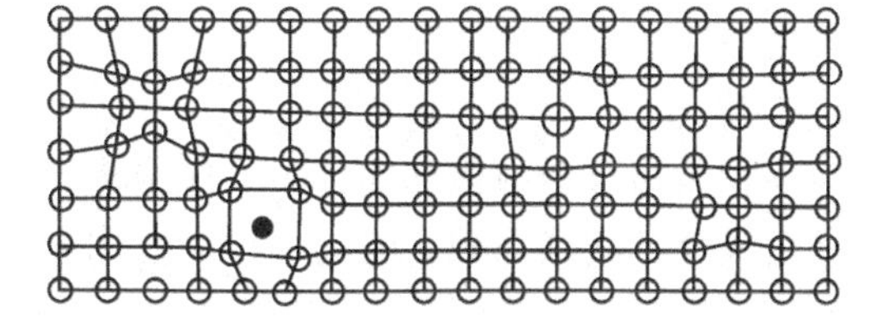

图 2-9 晶格畸变示意图

2. 金属化合物

各种元素发生相互作用而形成一种具有金属特性的物质称为金属化合物。金属化合物的组成一般可用化学式表示。金属化合物的晶格类型不同于任一组元，一般具有复杂的晶格结构，其性能特点是熔点高、硬度高、脆性大。当合金中出现金属化合物时，通常能提高合金的硬度和耐磨性，但塑性和韧性会降低。金属化合物是许多合金的重要组成相，例如，Fe_3C 是钢铁中的一种重要的金属化合物，又称为渗碳体，其作为强化相对钢铁材料的性能有重大的影响。

3. 机械混合物

由固溶体和金属化合物基本相按照固定比例构成的组织称为机械混合物。工程上使用的大多数合金的组织都是固溶体和少量金属化合物组成的机械混合物，通过调整固溶体中溶质含量和金属化合物的数量、大小、形态和分布状况，可以使合金的力学性能在较大范围内变化，从而满足工程上的多种需求。

二、合金的结晶

合金的结晶同纯金属一样，也是在过冷情况下遵循形核与长大的规律。但合金的成分中包含两个以上的组元（各组元的结晶温度是不同的），并且同一合金系中各合金的成分不同（组元比例不同），所以合金在结晶过程中其组织的形成及变化规律要比纯金属复杂得多。如纯金属的结晶是在某一温度下进行的，而合金往往是在某一温度范围内进行的。为了研究合金的性能与其成分、组织的关系，就必须借助于合金相图这一重要工具。

（一）合金相图

合金相图又称状态图或平衡图，是表示在平衡（极其缓慢加热或冷却）条件下，合金系中各种合金状态与温度、成分之间关系的图形。所以，通过相图可以了解合金系中任何成分的合金，在任何温度下的组织状态，在什么温度发生结晶和相变，存在几个相，每个相的成分是多少等。但在非平衡状态时（即加热或冷却较快），相图中的特性点或特性线要发生偏离。

在生产实践中，相图可作为正确制订热加工及热处理工艺的重要依据。

（二）二元合金相图的建立

由两个组元组成的合金相图称为二元合金相图，相图是通过实验方法建立的。现以 Cu-Ni 二元合金为例，说明用热分析法建立二元合金相图的具体步骤，如图 2-10 所示。

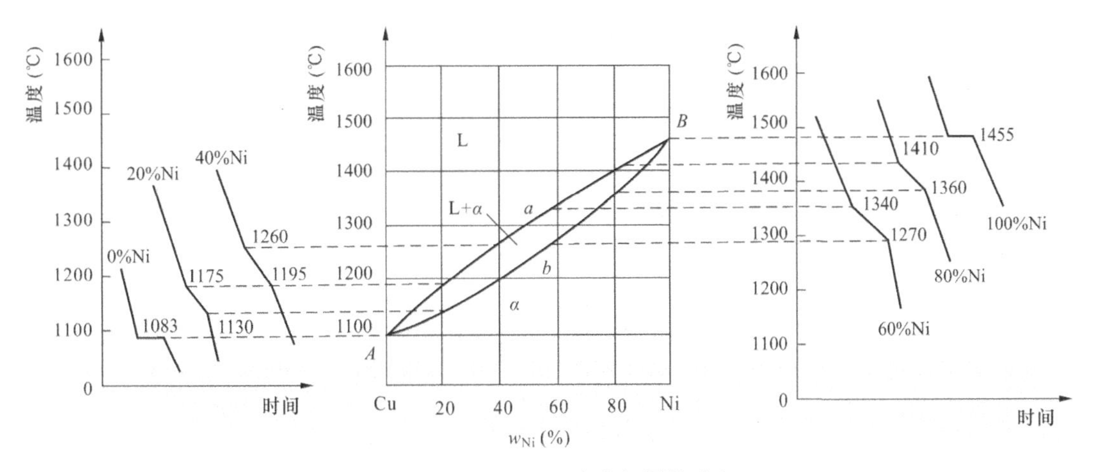

图 2-10　Cu-Ni 二元合金相图的建立

（1）配制不同成分的 Cu-Ni 二元合金。

（2）在极其缓慢冷却的条件下，即平衡条件下作出各合金的冷却曲线，并确定冷却曲线上的结晶转变温度（又叫做临界点）。

（3）画出温度—成分坐标系，在相应成分垂线上标出临界点温度。

（4）将物理意义相同的点连成曲线，即得 Cu-Ni 合金相图。

在二元相图中，Cu-Ni 相图属于简单的相图，Fe-C 相图属于复杂的相图，但不管多么复杂，任何二元相图都可以看成是由几个基本类型的相图叠加、复合而成的。

复习思考题

1．常见的金属晶体结构有哪几种？α-Fe、γ-Fe、Al、Cu、Ni、Pb、Cr、V、Mg、Zn 各属何种晶体结构？

2．金属结晶的基本规律是什么？工业生产中采用哪些措施细化晶粒？

3．合金的基本相结构有哪些？合金的相和组织有何区别和联系？

4．纯金属结晶与合金结晶有什么异同？

5．何谓过冷度？影响过冷度的主要因素是什么？

6．何谓纯铁的同素异构转变？

第三章　铁　碳　合　金

铁碳合金是现代工业中应用范围最广的金属材料，包括碳钢和铸铁，是以铁和碳为基本组元的复杂合金。铁碳合金相图是研究铁碳合金的基本工具，用来认识铁碳合金的本质并了解铁碳合金的成分、组织和性能之间的关系，以便我们能正确使用钢铁材料，制订相应的加工工艺。

第一节　铁碳合金的基本组织

一、铁碳合金中的基本组元

1. 纯铁

纯铁的熔点为1538℃，工业纯铁的纯度一般为99.8%～99.9%，其余为杂质，主要是碳。纯铁的强度、硬度低，塑性非常好。

2. 碳

铁碳合金中的碳为原子态时，可与铁形成固溶体，或与铁结合形成化合物，也可分布于晶体缺陷处。当碳以单质状态存在时即是石墨，石墨的强度和硬度都很低，塑性几乎为零。石墨是铸铁中的一个相，对铸铁的性能有很大影响。

二、铁碳合金中的基本相

铁碳合金中的铁和碳在固态不同温度下，可以形成固溶体和金属化合物，其基本相有铁素体、奥氏体和渗碳体。

1. 铁素体

铁素体是碳溶入α-Fe中形成的一种间隙固溶体，用符号F或α表示。铁素体能够在室温下稳定存在，晶体结构保持α-Fe的体心立方晶体结构。由于α-Fe的晶格间隙很小，碳在α-Fe中的溶解度很小，室温时为0.0006%～0.0008%，727℃时具有最大溶解度，也不过为0.0218%，所以铁素体的显微组织与工业纯铁近似，性能相差不多，强度、硬度低，塑性和韧性好。铁素体的显微组织为明亮的多边形晶粒，如图3-1所示。

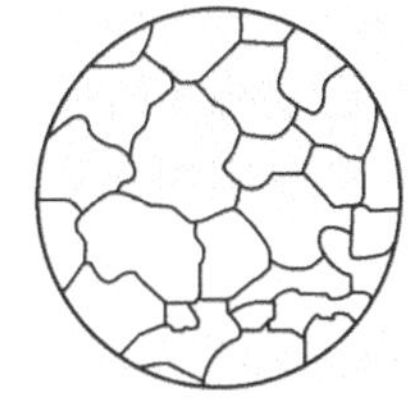

图3-1　铁素体的显微组织示意图

2. 奥氏体

奥氏体是碳溶入γ-Fe中所形成的一种间隙固溶体，用符号A或γ表示。一般来说，它在高温下才能稳定存在，晶体结构保持γ-Fe的面心立方晶体结构。由于γ-Fe的晶格空隙比α-Fe大，因而碳在奥氏体中的溶解度比在铁素体中的溶解度要大，727℃时为0.77%，1148℃时为2.11%。但是，因为奥氏体是一种高温组织，塑性、韧性好，强度和硬度较低，所以在生产中常把钢加热至奥氏体状态进行塑性变形加工。奥氏体的显微组织与铁素体的显微组织相似，呈多边形，但晶界较铁素体平直，如图3-2所示。

3. 渗碳体

渗碳体是铁与碳发生化学反应生成的一种化合物，用分子式Fe_3C表示。渗碳体具有固定

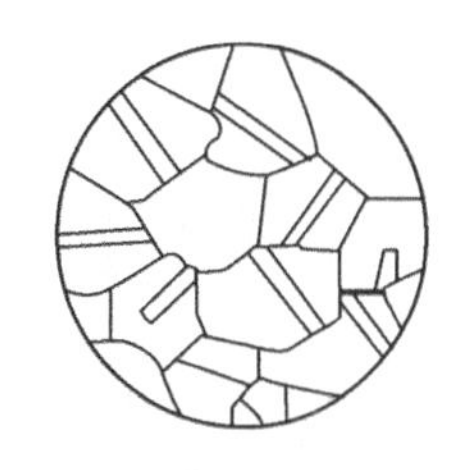

图 3-2 奥氏体的显微组织示意图

的化学成分，含碳量为 6.69%，熔点为 1227℃，硬度很高（约 1000HV），脆性大，塑性、韧性几乎为零。

渗碳体在铁碳合金中常以片状、球状、网状等形式与其他相共存，当渗碳体为粗大的片状或网状时，使合金的脆性增大。当呈细小的球状弥散分布时，不仅能提高合金的硬度和强度，还能减小脆性。另外，渗碳体在一定条件下会发生分解，形成石墨状的自由碳。

根据渗碳体的来源、结晶形态及在组织中的分布情况的不同，可将其细分为以下三种：

（1）从液态合金中直接结晶得到的渗碳体，称为一次渗碳体（Fe_3C_{I}）；

（2）冷却时从奥氏体中析出的渗碳体，称为二次渗碳体（Fe_3C_{II}）；

（3）从铁素体中析出的渗碳体，称为三次渗碳体（Fe_3C_{III}）。

一次渗碳体、二次渗碳体、三次渗碳体的化学成分、晶体结构和力学性能完全相同。

三、铁碳合金中的基本组织

铁碳合金中的基本组织除铁素体、奥氏体和渗碳体这三种单相组织之外，还有两种特殊的机械混合物——珠光体和莱氏体，均为多相组织。

1. 珠光体

含碳量为 0.77%的奥氏体，当温度降至 727℃时，同时析出铁素体和渗碳体，形成的机械混合物称为珠光体，以字母“P”表示。这种在一定的温度下，由一种一定成分的固相物质同时析出两种固相物质的反应，称为共析反应。奥氏体的共析反应可用式（3-1）表示，即

$$A_s \rightleftarrows F + Fe_3C = P \tag{3-1}$$

当奥氏体的冷却速度较小时，所得到的珠光体为片状珠光体，即铁素体和渗碳体相间分布的片层状组织，冷却速度越小，珠光体的片层越粗大。珠光体的显微组织如图 3-3 所示，机械性能介于铁素体和渗碳体之间，即强度较高，硬度适中，有一定塑性。

2. 莱氏体

含碳量为 4.3%的液态铁碳合金，当温度降至 1148℃时，同时结晶出奥氏体与渗碳体，形成的机械混合物称为高温莱氏体，用“L_d”表示。这种在一定的温度下从一种一定成分的液相中同时结晶出两种固相物质的反应称为共晶反应。液态铁碳合金的共晶反应可用式（3-2）表示，即

$$L_C \rightleftarrows A + Fe_3C = L_d \tag{3-2}$$

当温度降至 727℃时，高温莱氏体中的奥氏体同样要发生共析反应，转变成珠光体，所以在 727℃以下高温莱氏体（L_d）就变成珠光体与渗碳体的机械混合物，称为低温莱氏体，用“L_d'”表示。低温莱氏体的显微组织是在渗碳体基体上分布的柱状或粒状珠光体，如图 3-4 所示。

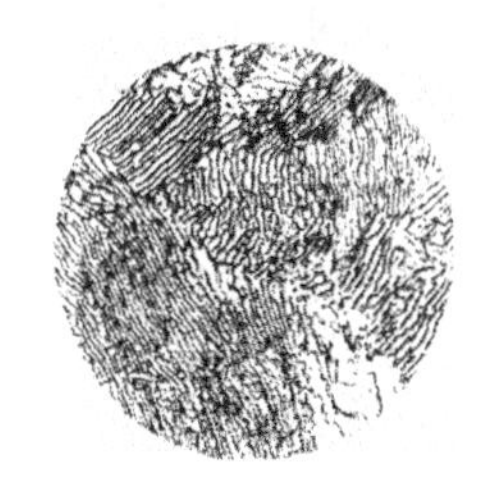

图 3-3 珠光体的显微组织

图 3-4 低温莱氏体的显微组织

莱氏体中，渗碳体是一个连续分布的基体相，奥氏体则呈颗粒状分布在渗碳体基体中。由于渗碳体很脆，所以莱氏体是一种塑性很差的组织，不能承受塑性变形。

上述五种铁碳合金的基本相和基本组织的机械性能见表 3-1。

表 3-1　　铁碳合金的基本相和基本组织的机械性能

组　织	表示符号	硬度HBS	抗拉强度 k_m（MPa）	断后伸长率 A（%）	冲击韧度 a_K（J/m^2）	结合类型
铁素体	F	80	250	50	3×10^6	间隙固溶体
奥氏体	A	—	—	—	—	间隙固溶体
渗碳体	Fe_3C	800	30	≈0	0	金属化合物
珠光体	P	160～280	800～850	20～25	3×10^5～4×10^5	铁素体和渗碳体的片层状机械混合物
莱氏体	L_d/L_d'	＞560	—	≈0	≈0	珠光体和渗碳体的机械混合物

第二节　铁碳合金相图及组织转变

一、铁碳合金相图

1. 铁碳合金相图的建立

铁碳合金相图是二元合金相图，它的建立和前面讲的二元合金相图的建立过程是一样的，其不仅可以表明平衡条件下铁碳合金的化学成分、温度与组织之间的关系，还可据此推断性能与成分、温度之间的关系。

铁和碳可形成一系列稳定化合物（Fe_3C、Fe_2C、FeC）。由于 w_C＞6.69%时的铁碳合金脆性极大，没有使用价值，而且 Fe_3C 又是一个稳定的化合物，可以作为一个独立的组元，因此，铁碳合金相图实际上是 Fe—Fe_3C 相图。简化的铁碳合金平衡相图如图 3-5 所示。

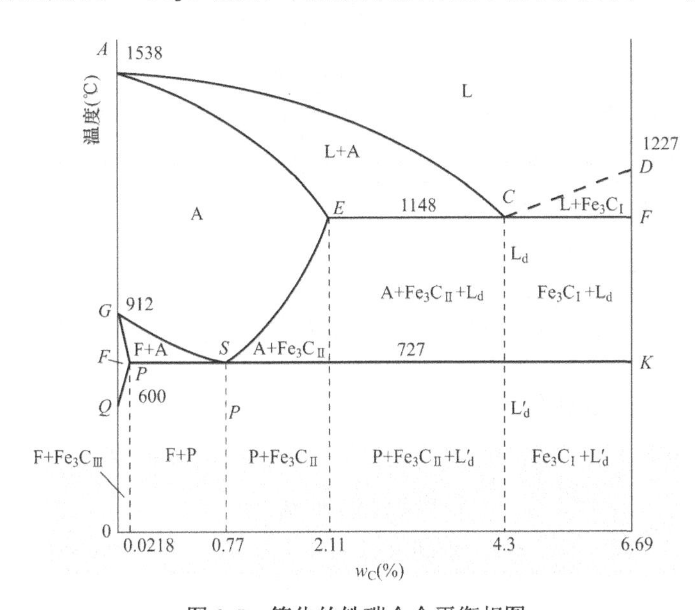

图 3-5　简化的铁碳合金平衡相图

铁碳合金相图是经长期生产实践，并进行大量科学实验总结出来的规律。为此，图中的各点、线及相区中标注的符号是国际统一规定的，不可随意改变。

2. 铁碳合金相图中的特性点

铁碳合金相图中的特性点及其含义见表 3-2。

表 3-2 铁碳合金相图中的特性点及其含义

特性点的符号	温度 t（℃）	含碳量 w_C（%）	含 义
A	1538	0	纯铁的熔点
C	1148	4.3	共晶点
D	1227	6.69	Fe_3C 的熔点
E	1148	2.11	碳在γ-Fe 中的最大溶解度
F	1148	6.69	Fe_3C 的成分
G	912	0	α-Fe→γ-Fe 同素异构转变点
K	727	6.69	Fe_3C 的成分
P	727	0.0218	碳在α-Fe 中的最大溶解度
S	727	0.77	共析点
Q	600（室温）	0.0057 (0.0008)	600℃（或室温）时碳在α-Fe 中的最大溶解度

3. 铁碳合金相图中的特性线

铁碳合金相图中的线条是若干合金内组织发生转变的临界线，即不同成分合金相变点的连线。各特性线的含义见表 3-3。

表 3-3 铁碳相图中的特性线的含义

特性线代号	含 义
ACD	液相线。是不同成分铁碳合金开始结晶的温度线，ACD 线以上为液相区（用符号 L 表示）
AECF	固相线。结晶温度的终止线，AECF 线以下为固相区
ECF	共晶线。含碳量为 4.3%的液态合金冷却到此线的温度时，在 1148℃发生共晶反应
PSK	共析线。含碳量为 0.77%的奥氏体冷却到此线的温度时，在 727℃发生共析反应，常用 A_1 表示
GS	奥氏体向铁素体转变的开始线，常用 A_3 表示
GP	奥氏体向铁素体转变的终止线
PQ	碳在铁素体中的溶解度曲线
ES	碳在奥氏体中的溶解度曲线，实际上是冷却时由奥氏体中析出二次渗碳体的开始线，常用 A_{cm} 表示

二、典型铁碳合金的组织转变

根据成分，铁碳合金分为工业纯铁、钢和生铁三种，见表 3-4。

表 3-4 铁碳合金的分类

分 类	名 称	含碳量（%）	室 温 组 织
工业纯铁	工业纯铁	＜0.02	$F+Fe_3C_{Ⅲ}$（极少量）
钢	亚共析钢	0.02～0.77	F+P

续表

分 类	名 称	含碳量（%）	室 温 组 织
钢	共析钢	0.77	P
	过共析钢	0.77～2.11	$P+Fe_3C_{II}$
生铁	亚共晶生铁	2.11～4.3	$P+Fe_3C_{II}+L_d'$
	共晶生铁	4.3	L_d'
	过共晶生铁	4.3～6.69	$Fe_3C_I+L_d'$

其中，工业纯铁应用不多，不再作介绍，而选择其他 6 个典型成分的铁碳合金来分析相应的平衡结晶过程。这些合金在相图中的位置如图 3-6 所示。

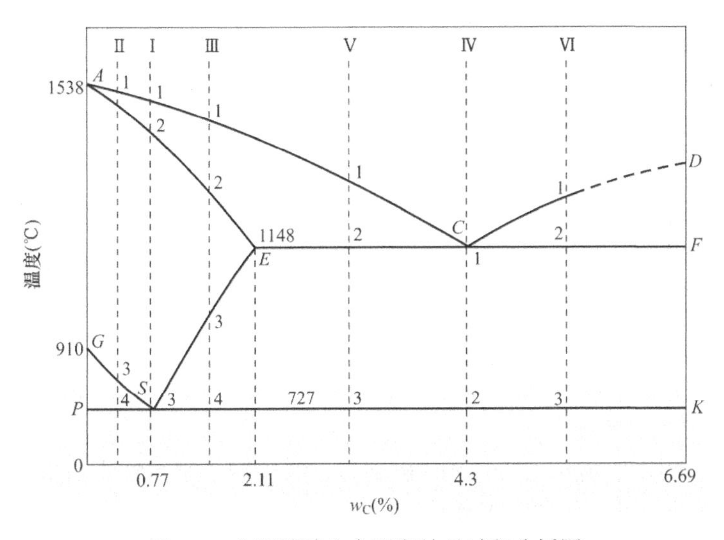

图 3-6 典型铁碳合金平衡结晶过程分析图

1. 共析钢的组织转变

如图 3-6 所示，过 w_C=0.77%点作一条垂直于横轴的垂线（合金线）Ⅰ，与相图分别交于 1、2、3（*S*）点温度，以这三点温度为界，分析其结晶过程。

合金在 1 点以上全部为液相（L），当缓冷至与 *AC* 线相交的 1 点温度时，开始从液相中结晶出奥氏体（A）。奥氏体的量随温度下降而增多，其成分沿 *AE* 线变化，剩余液相逐渐减少，其成分沿 *AC* 线变化。冷至 2 点温度时，液相全部结晶为与原合金成分相同的奥氏体。2、3 点（即 *S* 点）温度范围内为单一奥氏体。冷却至 3 点（727℃）时，发生共析转变，从奥氏体中同时析出铁素体和渗碳体，构成交替重叠的层片状两相组织，称为珠光体。在 3 点以下继续缓冷时，铁素体成分沿 *PQ* 线（见图 3-5）变化，将有少量三次渗碳体（Fe_3C_{III}）从铁素体中析出，并与共析渗碳体混在一起，不易分辨，而且在钢中影响不大，故可忽略不计。共析钢结晶过程如图 3-7 所示，其室温组织为珠光体。

其他 5 个典型成分的铁碳合金的平衡结晶过程分析方法同上文介绍的共析钢的结晶过程，下文不再赘述，只介绍各自的室温组织和结晶过程示意图。

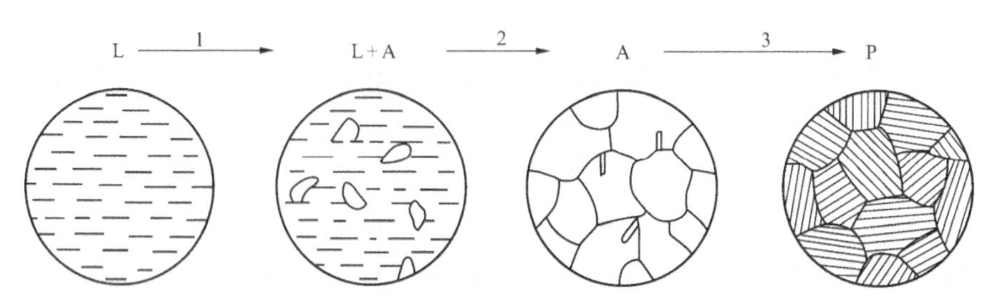

图 3-7　共析钢结晶过程示意

2. 亚共析钢的组织转变

图 3-6 中合金线Ⅱ为 w_C=0.45%的亚共析钢。亚共析钢的室温组织是铁素体与珠光体的机械混合物，在亚共析钢中随着含碳量的增加，组织中的珠光体量也随之增加，而铁素体量随之减少。其结晶过程如图 3-8 所示。

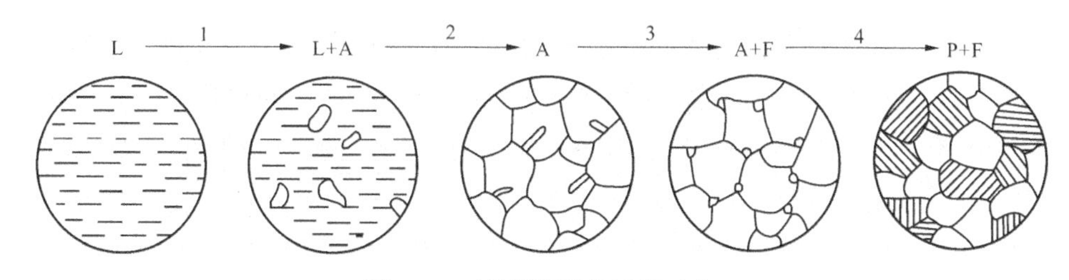

图 3-8　亚共析钢结晶过程示意

3. 过共析钢的组织转变

图 3-6 中合金线Ⅲ为 w_C=1.2%的过共析钢。过共析钢的室温组织是珠光体与二次渗碳体的机械混合物。其结晶过程如图 3-9 所示。

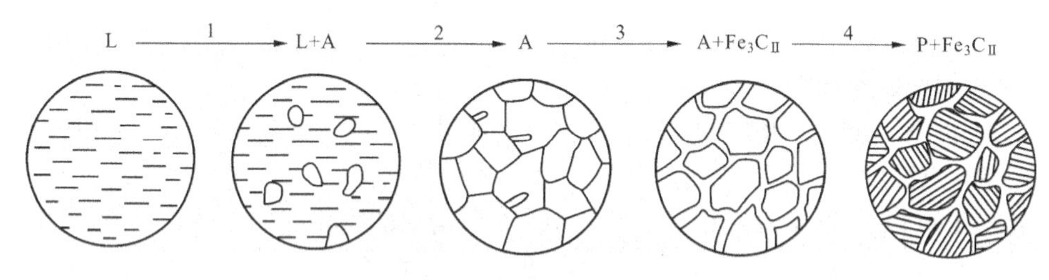

图 3-9　过共析钢结晶过程示意

4. 共晶生铁的组织转变

图 3-6 中合金线Ⅳ为 w_C=4.3%的共晶生铁。共晶生铁的室温组织为 100%的低温莱氏体，其结晶过程如图 3-10 所示。

5. 亚共晶生铁的组织转变

图 3-6 中合金线 V 为 w_C=3.0%的亚共晶生铁。共晶生铁的室温组织由珠光体+二次渗碳体+低温莱氏体组成，随碳的质量分数增加，组织中低温莱氏体量增多，其他量相对减少。其结晶过程如图 3-11 所示。

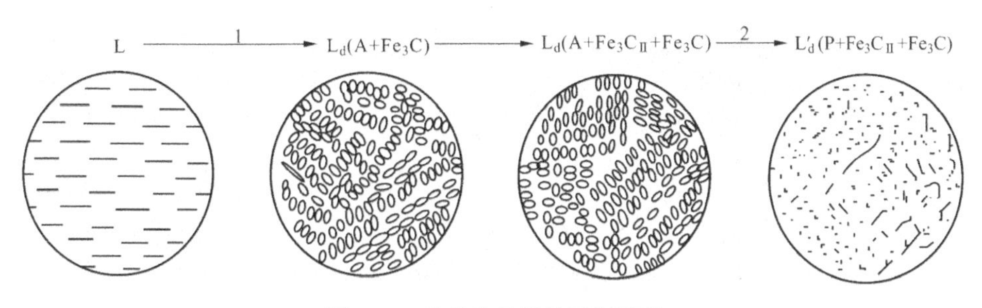

图 3-10 共晶生铁结晶过程示意

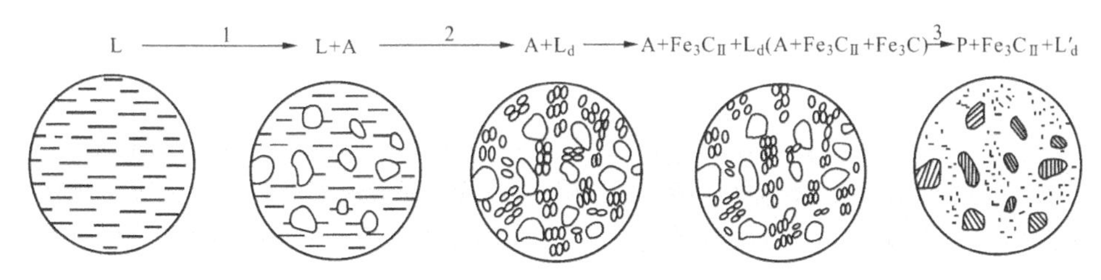

图 3-11 亚共晶生铁结晶过程示意

6. 过共晶生铁

图 3-6 中合金线Ⅵ为 w_C=5.0%的过共晶生铁。过共晶生铁的室温组织由低温莱氏体和一次渗碳体组成，随碳的质量分数的增加，组织中一次渗碳体量增多，其结晶过程如图 3-12 所示。

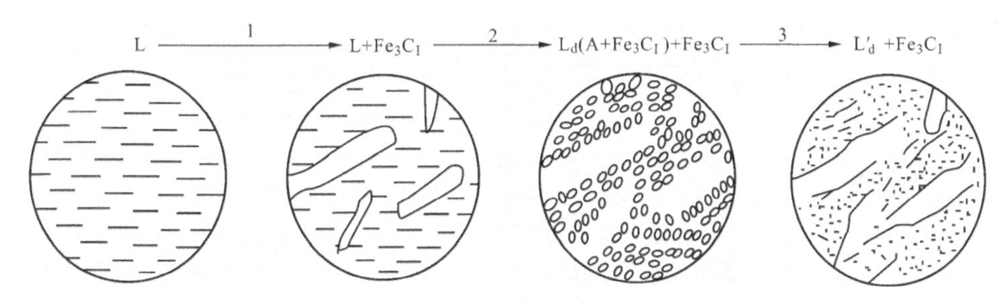

图 3-12 过共晶生铁结晶过程示意

三、铁碳合金的化学成分、组织和性能的关系

1. 含碳量对平衡组织的影响

室温时，随碳的质量分数的增加，铁碳合金的组织变化为

$$F+Fe_3C_{III}\rightarrow F+P\rightarrow P\rightarrow P+Fe_3C_{II}\rightarrow P+Fe_3C_{II}+L_d'\rightarrow L_d'\rightarrow L_d'+Fe_3C_I$$

2. 含碳量对力学性能的影响

如图 3-13 所示，w_C＜0.9%时，随着碳的质量分数增加，钢的强度和硬度沿直线上升，而塑性和韧性不断下降。这是由于随着碳的质量分数的增加，珠光体量增多、铁素体量减少所造成的。当钢中的 C＞0.9%以后，二次渗碳体沿晶界形成较完整的网，因此钢的强度开始明显下降，但硬度仍在增高，塑性和韧性继续降低，因此，常用钢材的含碳量一般不超过 1.4%。

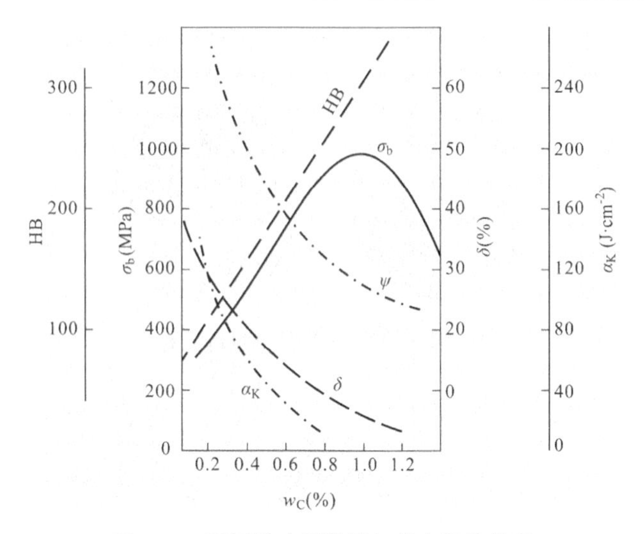

图 3-13 碳钢的力学性能与碳含量的关系

第三节 铁碳合金相图的应用及局限性

一、铁碳合金相图的应用

铁碳合金相图是研究钢和铸铁的理论基础，在生产中具有重大的实际意义，主要应用在钢铁材料的选用、热处理工艺和加工工艺的制订等方面，如图 3-14 所示。

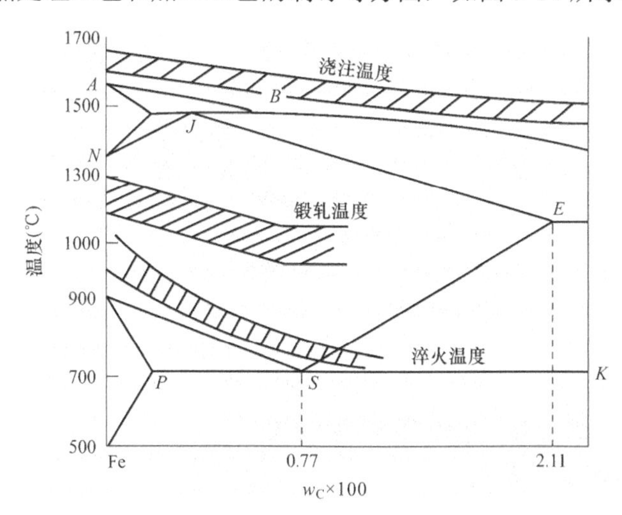

图 3-14 铁碳合金相图与热处理、热加工工艺的关系

1. 在钢铁材料选用方面的应用

相图所表明的某些成分—组织—性能的规律，为钢铁材料选用提供了根据：

（1）纯铁的强度低，不宜用做结构材料，但由于其导磁率高，可作软磁材料使用，如做电磁铁的铁芯等。

（2）建筑结构和各种型钢需用塑性、韧性好的材料，因此普遍选用低碳钢。

（3）各种机械零件需要强度、塑性及韧性都较好的材料，应选用碳含量适中的中碳钢。

（4）各种工具要用硬度高和耐磨性好的材料，则选用高碳钢。

（5）生铁硬度高、脆性大，不能切削加工，也不能锻造，但其耐磨性好，铸造性能优良，适用于制作耐磨、不受冲击、形状复杂的铸件，如冷轧辊、货车轮等。

2. 在热锻、热轧工艺方面的应用

钢加热到奥氏体相区，具有良好的塑性，适于锻造成形，因而可根据相图确定钢的锻造温度范围。

3. 在铸造工艺方面的应用

由相图可以看出生铁比钢的熔点低，尤其是近共晶成分的生铁熔点更低，流动性好，所以常采用接近共晶成分的亚共晶生铁来浇注铸铁件，一般规定碳含量在 0.15%～0.6%之间，因为这个范围内钢的结晶温度区间较小，铸造性能较好。同时还可根据相图确定铸钢和铸铁的熔化温度和浇注温度，浇注温度一般在液相线以上 50～100℃。

4. 在热处理工艺方面的应用

通过相图可以掌握各种成分铁碳合金在固态下加热或冷却时的组织转变，这对制订钢的热处理工艺具有重要意义。一些热处理工艺如退火、正火、淬火的加热温度都是依据相图确定的，这将在下一章中详细阐述。

二、铁碳合金相图的局限性

（1）相图反映的是平衡相，而非组织。相图能给出平衡条件下的相、相的成分和各相的相对质量，但不能给出相的形状、大小和空间相互配置的关系。

（2）相图只反映铁碳二元合金中相的平衡状态。实际生产中应用的钢和铸铁，除了铁和碳以外，往往含有或有意加入其他元素。当其他元素的含量较高时，相图将发生重大变化，在这样的条件下，相图已不再适用。

（3）相图反映的是平衡条件下铁碳合金中相的状态。相的平衡只有在非常缓慢的冷却和加热，或者在给定温度长期保温的情况下才能达到。所以钢铁在实际的生产和加工过程中，当冷却或加热速度较快时，就不能用相图来分析问题。

复 习 思 考 题

1. 一块低碳钢和一块生铁，它们形状、大小一样，有哪些简便方法可以把他们区分开？

2. 何谓铁素体（F）、奥氏体（A）、渗碳体（Fe_3C）、珠光体（P）、莱氏体（L_d）？它们的结构、组织形态、性能等各有何特点？

3. Fe-C 合金中的基本相和基本组织有哪些？各具有什么性能特点？

4. 简述 Fe-C 合金相图中各特性点和特性线的含义。

5. 试分析含碳量分别为 0.4%、1.2%、3.2%的铁碳合金在平衡条件下由高温液态冷却到室温过程中的组织转变。

6. 何谓共晶反应和共析反应？试比较这两种反应的异同点。

第四章 钢的热处理

热处理是机器零件及工具制造过程中的重要工序，它可改善工件的组织和性能，充分发挥材料潜力，从而提高工件使用寿命。因此，热处理在机械制造工业中得到了广泛的应用：各类机床中要经过热处理的工件约占总质量的 60%～70%，汽车、拖拉机中占 70%～80%，轴承、各种工模具等几乎都需要进行热处理。

1. 热处理及其主要参数

热处理就是在固态下，将金属以一定的加热速度加热到预定的温度，保温一定的时间，再以预定的冷却速度进行冷却的综合工艺方法，如图 4-1 所示。

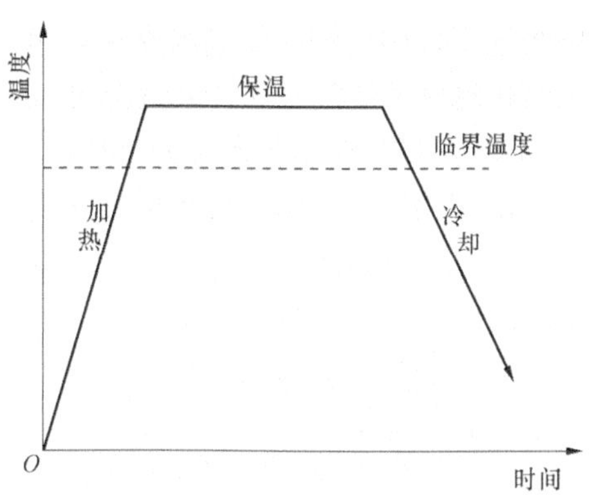

图 4-1 热处理工艺曲线示意图

热处理过程中，金属形状没有明显变化，但是在加热和冷却过程中，其内部发生了组织或相的转变，性能相应也发生变化。加热温度、保温时间、冷却速度是热处理过程中的三个主要工艺参数，改变工艺参数就可以得到不同的性能，其原因是不同工艺参数下的热处理得到不同的组织，从而获得不同的性能。

2. 热处理的主要作用

热处理的主要作用在于强化材料、充分挖掘材料性能潜力、降低结构质量、节约材料和能源等。热处理还可以提高机械产品质量，大幅度延长机器零件的使用寿命。

3. 热处理的分类

随着工业生产的发展和科技的进步，热处理工艺方法日益增多，其分类见表 4-1。

表 4-1 热处理的分类（摘自 GB/T 12603—2005《金属热处理工艺分类及代号》）

工　艺	项　目	分　类
热处理	整体热处理	退火
		正火
		淬火
		淬火和回火
		调质
		稳定化处理
		固溶处理、水韧处理
		固溶处理+时效
	表面热处理	表面淬火和回火
		物理气相沉积
		化学气相沉积
		等离子体增强化学气相沉积
		离子注入

续表

工　艺	项　目	分　类
热处理	化学热处理	渗碳
		碳氮共渗
		渗氮
		氮碳共渗
		渗其他非金属
		渗金属
		多元共渗

热处理的实质是通过改变材料的组织结构来改变材料的性能，因此，只适用于固态下发生组织转变的材料，不发生固态相变的材料不能用热处理来强化。前面介绍的纯铁的同素异构转变现象，是钢能够进行热处理的原因。钢铁材料是机械工业中应用最广的材料，本章主要介绍钢的热处理。

第一节　钢在加热和冷却时的组织转变

在热处理过程中，由于加热、保温和冷却方式的不同，可以使钢发生不同的组织转变，从而可根据实际需要获得不同的性能。只有掌握钢在加热和冷却过程中组织与性能的变化规律，才能正确理解和应用热处理工艺方法。

一、钢在加热时的组织转变

（一）相变温度

铁碳合金平衡状态图上钢的组织转变临界温度 A_1、A_3、A_{cm} 是在平衡条件下得到的，而实际热处理生产中加热或冷却都比较快，所以热处理时的实际相变温度总要稍高或稍低于平衡相变温度，即存在一定的“过热度”或“过冷度”。通常把实际加热时的相变温度标以字母“c”，即 A_{c1}、A_{c3}、A_{ccm}；而把实际冷却时相变温度标以字母“r”，如 A_{r1}、A_{r3}、A_{rcm}，如图 4-2 所示。

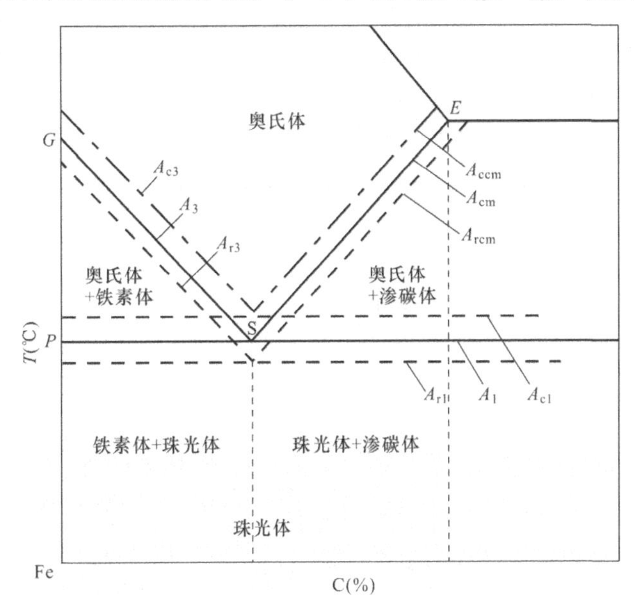

图 4-2　碳钢实际加热与冷却时的相变温度

（二）奥氏体的形成和晶粒长大

1. 奥氏体的形成

钢在加热到相变温度 A_{c1} 以上时，其内部组织发生变化，如共析钢在室温时的平衡组织为 100%的珠光体，当加热到 A_{c1} 以上温度时，珠光体将转变为含碳量 0.77%的奥氏体。奥氏体的形成过程如图 4-3 所示，当温度升至 A_{c1} 时，首先在铁素体与渗碳体的相界面上形成奥氏体晶核，然后这些晶核周围的铁素体逐渐转变为奥氏体，渗碳体不断溶入奥氏体中。刚刚转变成的奥氏体，其碳浓度是不均匀的，通过一段时间的保温，才能获得含碳均匀的奥氏体组织。

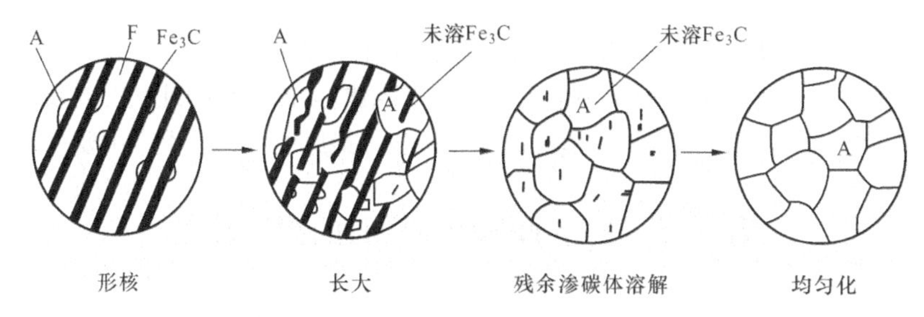

图 4-3 共析钢的奥氏体形成过程

亚共析钢和过共析钢的奥氏体形成过程和共析钢基本相同，钢的加热过程实质上就是奥氏体化过程。

2. 奥氏体晶粒长大

奥氏体晶粒的大小将直接影响到随后冷却转变产物的晶粒大小及性能。加热时获得的奥氏体晶粒越细小，冷却转变的产物组织也越细小，性能会越好。因此，热处理过程中需要严格控制加热温度和保温时间。

二、钢在冷却时的组织转变

钢经过加热、保温，发生了组织的转变，为随后冷却时的组织转变做准备。为获得所需性能，还需以一定的冷却方式和冷却速度冷至室温，以得到所需的组织和性能。因此，冷却过程是热处理的关键，它决定着热处理的质量。

钢的冷却通常有两种方式，即等温冷却与连续冷却。等温冷却是将奥氏体化的钢件迅速冷至 A_1 以下某一温度并保温，待钢件内外温度一致后或使其在该温度下发生组织转变后，再继续冷却，如图 4-4 中 1 所示。连续冷却是将奥氏体化的钢件以某一冷却速度连续冷却，并可能在连续冷却过程中发生组织转变，如图 4-4 中 2 所示。

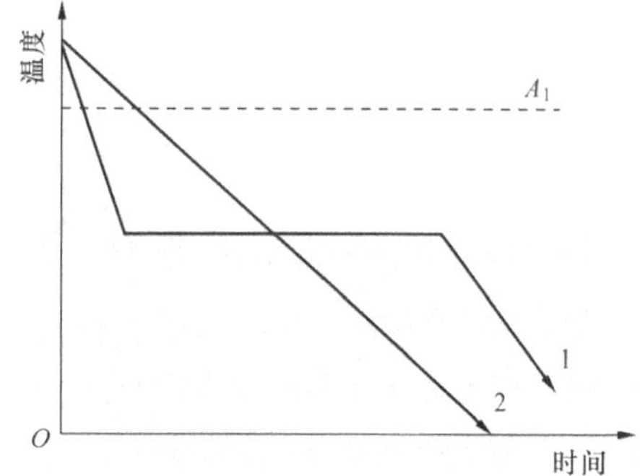

图 4-4 奥氏体化钢的冷却方式示意图

1—等温冷却曲线；2—连续冷却曲线

钢组织中的铁素体和渗碳体在从 A_1 以上温度冷却到 A_1 以下温度的过程中不会发生组织转变，因此，钢在冷却时的组织转变实质上是奥氏体的组织转变。冷却到 A_1 以下温度尚未发生组织转变的奥氏体称为过冷奥氏体，钢在冷却时的组织转变又可以说是过冷奥氏体的组织转变。

（一）共析钢的等温冷却组织转变

对共析钢进行一系列不同过冷度的等温冷却实验，分别测出过冷奥氏体在 A_1 以下不同温度保温时的组织转变开始时间和转变终了时间；在温度—时间坐标图中，标出转变开始与转变终了的坐标点；分别将开始转变点与终了转变点连成两条曲线，即得到共析钢的过冷奥氏体等温冷却组织转变曲线（简称 TTT 曲线）。由于曲线形状与字母“C”相似，故又简称为 C 曲线，如图 4-5 所示。因过冷奥氏体在不同过冷度下，转变所需时间相差很大，故图 4-5 中用对数坐标表示时间。

在图 4-5 中，左边的一条曲线为转变开始线，其左边的区域为过冷奥氏体区；右边的一条曲线为转变终了线，其右边的区域为转变产物区；两条曲线之间的区域为转变过渡区，即转变产物与过冷奥氏体的共存区；水平线 M_s～M_f 之间为马氏体转变区。由曲线可以看出，过冷奥氏体在各个温度的等温转变，并不是瞬间就开始的，而是有一段孕育期（转变开始线与纵坐标间的水平距离）。孕育期随着转变温度的降低，先是逐渐缩短，而后又逐渐增长，在曲线拐弯处（俗称“鼻尖”）约 550℃左右，孕育期最短，过冷奥氏体最不稳定，转变速度最快。

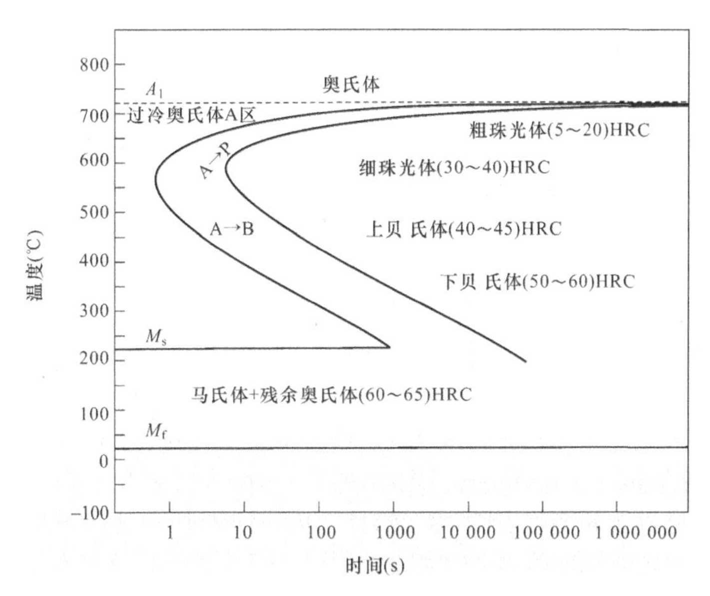

图 4-5 共析钢过冷奥氏体等温转变曲线

在不同过冷度下，过冷奥氏体等温转变的组织形态和性能有明显差别，大致可分为以下三种类型：

1. 高温组织转变

过冷奥氏体在 A_1 至鼻尖温度（550℃）范围内的转变称为高温组织转变。高温组织转变产物是铁素体与渗碳体相间分布的片层状组织，称为珠光体型组织，因此，高温组织转变又称为珠光体型转变，其转变过程也是通过形核和核长大完成的。

当转变温度为 A_1～650℃时得到较粗的片状珠光体，形态接近平衡状态下的珠光体，仍称为珠光体（P）。转变温度在 650～600℃之间得到的较细的片状珠光体，称为索氏体（S）。转变温度在 600～550℃之间得到极细的片状珠光体，称为托（或屈）氏体（T）。过冷度越大，珠光体的片层越细，其强度和硬度越高。

2. 中温组织转变

当过冷奥氏体的转变温度在“C”曲线的鼻尖温度至 M_s 温度（过冷奥氏体开始发生马氏体相变的温度）时，所发生的组织转变称为中温组织转变。中温组织转变产物为贝氏体（B），是铁素体与极细渗碳体的机械混合物。通常将在 350～550℃间形成的羽毛状组织称为上贝氏体，在 350℃～M_s 间形成的竹叶状组织称为下贝氏体。

贝氏体的力学性能与其形态有关。上贝氏体中铁素体片较宽，塑性变形抗力较低，同时，渗碳体分布在铁素体片层之间，容易引起脆断，因此，强度和韧性都较低，没有实用价值。下贝氏体中铁素体片细小，无方向性，碳的过饱和度大，碳化物分布均匀，所以硬度高，韧性好，具有较好的综合力学性能。因此，在生产中常采用等温淬火得到下贝氏体组织。

3. 低温组织转变

若将过冷奥氏体激冷至 M_s 以下，由于冷却温度过快，很难实现等温组织转变，其相变实际上是在 M_s～M_f 温度范围内连续进行的。此相变称为低温组织转变，转变产物为马氏体（M），因而又称之为马氏体相变。马氏体是指碳溶入 α-Fe 中所形成的一种过饱和间隙固溶体，其机械性能的显著特点是高硬度和高强度。

（二）共析钢的连续冷却组织转变

在实际生产中，热处理通常采用连续冷却的冷却方式。由于连续冷却“CCT 转变曲线”的测定较为困难，而连续冷却转变可以看作是由许多温度相差很小的等温转变过程所组成的，所以连续冷却转变得到的组织可认为是不同温度下等温转变产物的混合物。故生产中常用 TTT 曲线（C 曲线）近似地分析连续冷却过程。

共析钢以不同冷却速度进行连续冷却的冷却曲线（简称 CCT 曲线）如图 4-6 所示。连续冷却转变图只有等温转变图的上半部分，没有下半部分，即连续冷却转变时不形成贝氏体组织，且较奥氏体等温转变图向右下方移一些。图中 P_s 线为转变开始线，P_f 线为转变终了线，K 线为转变中止线，它表示当冷却速度线与 K 线相交时，过冷奥氏体不再向珠光体转变，一直保留到 M_s 点以下转变为马氏体。与连续冷却转变图转变开始线相切的冷却速度线 v_k，称为上临界冷却速度（或称马氏体临界冷却速度），它是获得全部马氏体组织的最小冷却速度。v_k' 称为下临界冷却速度，它是获得全部珠光体的最大冷却速度。

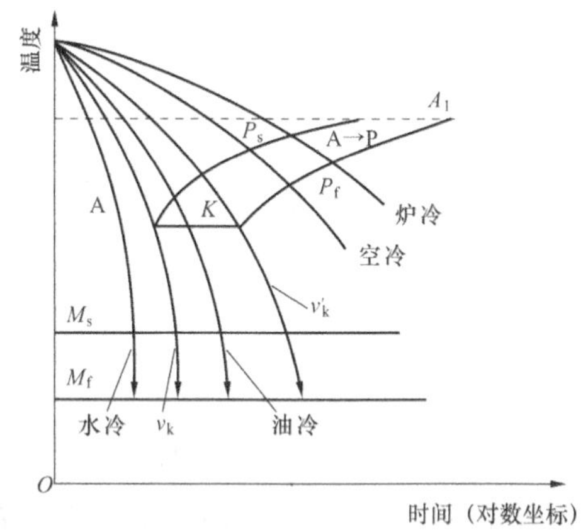

图 4-6 共析钢以不同冷却速度冷却的冷却曲线

由以上分析可以得出以下结论：同一种钢奥氏体化后，使其在不同的温度下发生等温组织转变或以不同的冷却速度连续冷却，可得到不同的转变组织，因而可以获得不同的性能。

以上介绍了共析钢的“C”曲线以及共析钢在冷却过程中的组织转变，其他钢的“C”曲线以及在冷却过程中的组织转变与共析钢相似，只是“C”曲线的形状和位置存在一些差别。

第二节 钢的普通热处理

钢的普通热处理是指对工件整体进行穿透加热，常用的方法有退火、正火、淬火和回火四种。在机械制造过程中，退火和正火常作为预备热处理，安排在铸、锻、焊工序之后、切削（粗）加工之前，用以消除前一工序所带来的某些缺陷，为后续工序做准备，但对一些不重要或受力不大的工件，也可作为最终热处理。淬火和回火可作为最终热处理，用以强化钢材，提高零件或工具的使用性能。

以常用的45钢为例，经不同热处理后的性能如表4-2所示。

表4-2　45钢经不同热处理后的性能

热处理方法	力学性能				
	抗拉强度 R_m（MPa）	屈服强度 R_e（MPa）	断后伸长率 A（%）	断面收缩率 Z（%）	冲击吸收功 A_k（J）
退火	600～700	300～350	15～20	40～50	32～48
正火	700～800	350～450	15～20	45～55	40～64
淬火加低温回火	1500～1800	1350～1600	2～3	10～12	16～24
淬火加高温回火	850～900	650～750	12～14	60～66	96～112

一、退火

将钢加热到一定温度，保温一定时间，然后随炉冷却或将工件埋入石灰等冷却能力弱的介质中缓慢冷却的热处理工艺称为退火。

根据退火加热温度的不同，退火工艺方法主要有完全退火、不完全退火、扩散退火、再结晶退火及去应力退火五种，其加热温度及工艺规范如图4-7和图4-8所示。以下介绍三种常用的退火工艺，即完全退火、不完全退火和去应力退火。

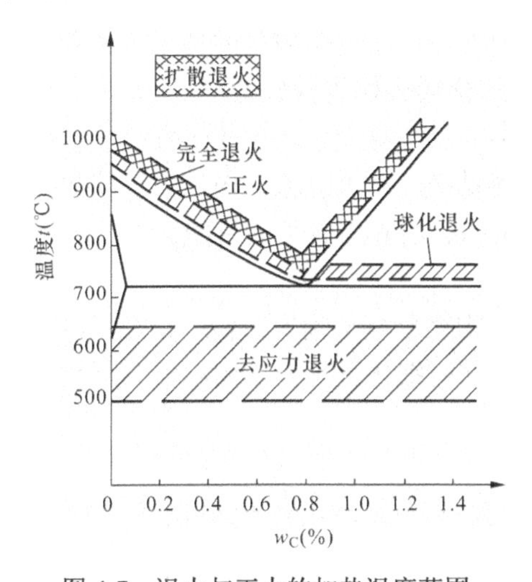

图4-7　退火与正火的加热温度范围

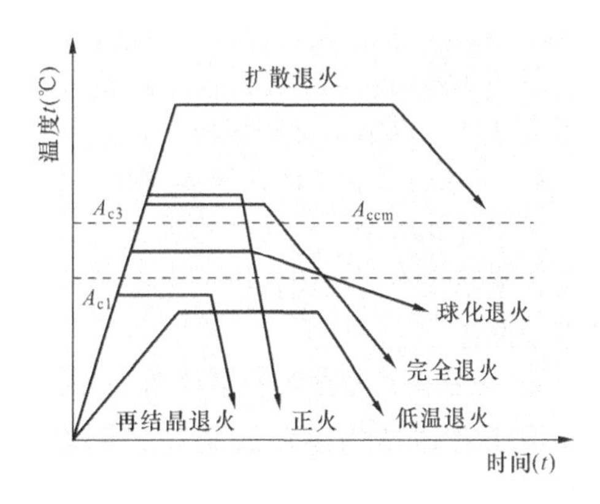

图4-8　退火与正火的工艺曲线

1. 完全退火

完全退火是将钢件加热至 A_{c3} 以上20～30℃，保温时间依工件的大小和厚度而定，经过完全奥氏体化后进行缓慢冷却，以获得近于平衡组织的热处理工艺。冷却方式可采用随炉缓慢冷却，实际生产时为提高生产率，一般冷却至 600℃左右即可出炉空冷。完全退火主要用于亚共析钢（w_C=0.3%～0.6%）的铸件、锻件、焊接件等，其主要作用是细化晶粒、均匀组织、消除内应力、降低硬度和改善钢的切削加工性能。完全退火后所得到的室温组织为铁素体和珠光体。

2. 不完全退火

不完全退火是将钢加热至 A_{c1} 以上 20～40℃，经过保温后缓慢冷却以获得近于平衡组织的热处理工艺。不完全退火主要用于共析钢和过共析钢制造的刃具、量具、模具等零件，用以消除内应力，降低硬度，改善切削加工性能。所得到的室温组织为铁素体基体上均匀分布着球状（粒状）渗碳体，即球状珠光体组织，故不完全退火又称为球化退火。

3. 去应力退火

去应力退火主要作用和目的是减少和消除工件在铸造、锻造、焊接、切削、热处理等加工过程中产生的残余内应力，稳定工件的尺寸，防止工件的变形。其主要的工艺特点是退火加热温度低、保温时间长，因而又称为低温退火。钢件在去应力退火的加热及冷却过程中无相变发生。

二、正火

正火是将钢加热到 A_{c1} 或 A_{c3} 以上适当温度，保温以后在空气中冷却得到珠光体型组织（珠光体、索氏体或屈氏体）的热处理工艺。正火与完全退火相比，两者的加热温度相同，但正火冷却速度较快，过冷度较大，因此，钢材正火后所得到的组织较退火组织细小，强度、硬度较高。同时正火与退火相比，具有操作简便、生产周期短、生产率高、成本低等特点。

正火在生产中主要应用于如下场合：

1. 改善钢的切削加工性能

含碳量低于 0.25%的低碳钢，退火后硬度较低，切削加工过程中容易“粘刀”，通过正火处理，可以提高硬度至 140～190HB，改善钢的切削加工性能，提高刀具的使用寿命和加工工件的表面质量。而 w_C＞0.5%的中高碳钢、合金钢都选择退火作为预备处理。

2. 消除工件的热加工缺陷

钢件在铸造、锻造、热轧、焊接等热加工过程中容易产生粗大晶粒、内应力等缺陷，通过正火处理可以消除这些缺陷，达到细化晶粒、均匀组织、消除内应力的目的。

3. 消除过共析钢的网状渗碳体，便于球化退火

对于过共析钢，正火加热到 A_{ccm} 以上可使钢状碳化物充分溶解到奥氏体中，空气冷却时碳化物来不及充分析出，因而消除了网状碳化物组织，同时细化了珠光体组织，为球化退火做组织准备。

4. 代替调质处理作为最终热处理，提高加工效率

用于普通结构零件或某些大型非合金钢工件的最终处理，用以代替调质处理，如火车的车轴。

三、淬火

钢的淬火是指将钢件加热到 A_{c3} 或 A_{c1} 以上温度，保温后迅速冷却至室温，获得马氏体或（和）贝氏体组织的热处理工艺，是钢的最主要的强化方式。

（一）淬火的目的

钢的淬火包括两种：一种是等温淬火，目的是获得下贝氏体；另一种是普通淬火，目的是获得马氏体，通常所提到的淬火是指普通淬火。获得马氏体组织之后，就可利用回火来调整其强度、硬度、塑性、韧性之间的关系，获得所需要的性能。

（二）淬火工艺

淬火质量取决于淬火的三个要素，即加热温度、保温时间和冷却速度。

1. 加热温度

碳钢的淬火温度主要取决于钢的化学成分，一般情况在临界点以上，见图 4-9 中的阴影区域。

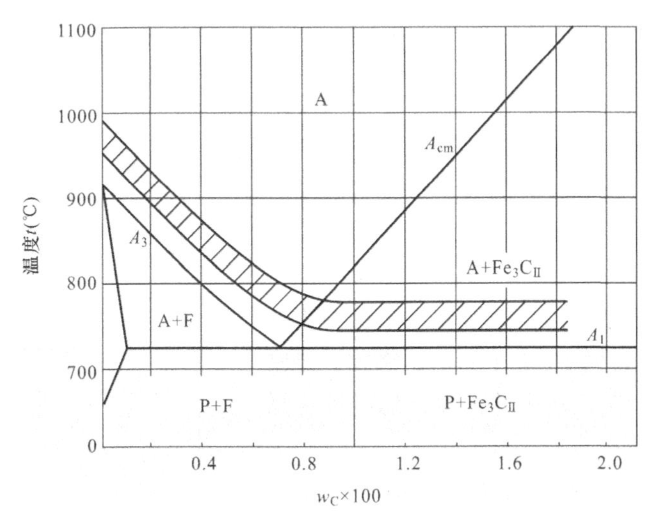

图 4-9　碳钢淬火加热温度范围示意图

对于亚共析钢，淬火温度在 A_{c3} 以上 30～50℃，可获得均匀细小的马氏体组织。对于共析钢和过共析钢，淬火温度在 A_{c1} 以上 30～50℃（即部分奥氏体化），可获得细小马氏体和球状渗碳体，能保证钢淬火后得到高的硬度和耐磨性。对于含有阻碍奥氏体长大的强碳化物形成元素（如 Ti、Zr、Nb、W 等）的合金钢，淬火加热温度应偏高些，以加速碳化物的溶解，获得较好的淬火效果。对于含有促进奥氏体长大的元素（如 Mn 等）的合金钢，淬火加热温度应偏低些，以免产生过热现象。

2. 保温时间

保温的目的是使工件烧透，组织转变充分。保温时间主要根据加热介质、钢的成分、炉温、工件的形状及尺寸、装炉方式及装炉量等因素来确定。例如，钢的含碳量越高、含合金元素越多，导热性就越差，因而保温时间就越长。目前，生产中多采用经验公式来确定具体保温时间。

3. 冷却速度

为了获得马氏体组织，工件在淬火冷却介质中的冷却必须有足够快的冷却速度，实际冷却速度 v 必须大于该钢的临界淬火冷却速度 v_c。但冷却速度过大会导致工件淬火内应力增大，容易导致工件的变形甚至开裂。

淬火介质的冷却能力决定了工件淬火时的冷却速度。理想的淬火冷却介质是在“C”曲线鼻尖温度以上冷却能力强，而在鼻尖温度以下冷却能力弱，这样即可保证得到马氏体组织，又可减小淬火应力。但到目前为止，还找不到这种理想冷却介质。目前，常用的淬火冷却介质有水、盐水、油、盐浴和空气等。

水是最经济且冷却能力较强的淬火介质，工件容易获得马氏体组织，但会产生较大的淬火应力，易引起工件变形和开裂。常用来作为尺寸不大、形状简单的碳素钢工件的淬火介质。

油类淬火介质主要是矿物油，如 10 号、20 号机油等。其冷却能力比水差，因而能减小工件的淬火应力，防止工件变形和开裂。常用来作为临界淬火冷却速度较低的合金钢和某些小型复杂碳素钢件的淬火介质。

此外，还有一些效果较好的新型淬火介质，如水玻璃—苛性碱淬火介质、氯化锌—苛性碱淬火介质、过饱和硝酸盐水溶液淬火介质及有机聚合物（聚乙烯醇、聚醚等）水溶液淬火介质等。

（三）常用的淬火方法

在实际生产中应根据淬火件的具体情况采用不同的淬火方法，力求达到较好的效果。常用的淬火方法如图 4-10 所示。

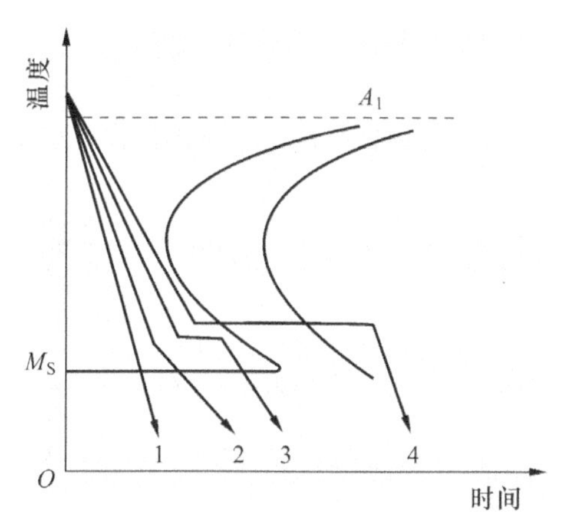

图 4-10 常用淬火方法示意图

1. 单液淬火

单液淬火指将已奥氏体化的钢件在一种淬火介质中冷却的方法，如图 4-10 中 1 所示。例如，碳素钢在水中淬水，合金钢在油中淬火等。这种方法操作简单，易实现机械化。

2. 双液淬火

双液淬火指将工件加热，奥氏体化后先浸入冷却能力较强的介质中，在组织即将发生马氏体转变时立即转入冷却能力弱的介质中冷却的方法，如图 4-10 中 2 所示。常用的有先水后油、先水后空气等。这种方法马氏体转变时冷却较慢，因而应力小，减少了变形开裂的可能性，但难于操作，主要用于形状复杂的碳钢件及大型合金钢件。

3. 分级淬火

分级淬火指将钢件浸入温度稍高或稍低于 M_s 点的盐浴或碱浴中，保持适当时间，待工件整体达到介质温度后取出空冷，以获得马氏体组织的淬火工艺，如图 4-10 中 3 所示。此法能够减小工件中的热应力，并缓和相变产生的组织应力，减少了淬火变形，适用于尺寸比较小且形状复杂的工件的淬火。

4. 等温淬火

等温淬火指将钢件加热到奥氏体化后，随之快速冷却到贝氏体转变温度区间保持等温，使奥氏体转变为贝氏体的淬火工艺，如图 4-10 中 4 所示。此法淬火后应力和变形很小，但生产周期长，效率低。主要用于处理形状复杂，要求较高硬度、强度和韧性的小型工件，如弹簧、螺栓、小型齿轮、轴和工模具等，一般低碳钢不采用等温淬火。

另外，为了尽量减少钢中残余奥氏体量以获得最大数量的马氏体，可采用冷处理，即把钢淬冷至室温后，继续冷却至−80～−70℃（或更低温度），保持一定时间，使残余奥氏体在继续冷却过程中转变为 M，这样可提高钢的硬度和耐磨性，并稳定钢件尺寸。重要的精密刀具、精密轴承和量具等都应在淬火后进行冷处理，并进行低温回火或时效处理，以消除应力，避免开裂。

（四）钢的淬硬性与淬透性

1. 淬硬性

淬硬性也叫可硬性，是指钢在理想条件下淬火所能达到的最高硬度，也就是钢淬火后得到的马氏体的硬度的高低。主要取决于钢的含碳量，含碳量越高，加热保温后奥氏体的碳浓度越大，淬火后所得到马氏体中的碳的过饱和程度越大，马氏体的晶格畸变越严重，钢的淬硬性越好。

2. 淬透性

淬透性是指钢在一定淬火条件下淬火获得马氏体层深度的多少，以钢在一定淬火条件下得到马氏体深度来表示，深度越大，淬透性越好。钢的淬透性是钢材的固有属性，主要与合金元素及其含量有关，合金元素（除钴、铝外）使“C”曲线右移，减小临界淬火冷却速度，提高钢的淬透性。因此，一般来说合金钢的淬透性优于碳素钢。

淬透性是设计工件、合理选材和制订热处理工艺的重要依据之一。淬透性好的钢淬火后在整个截面上力学性能较均匀（尤其是屈服极限和冲击韧性），因而综合力学性能高。选材时应考虑钢材的淬透性：许多大截面零件和动载荷下工作的重要零件，以及承受拉力和压力的螺栓、拉杆、锻模、弹簧等重要工件，常常要求截面的力学性能均匀，应选用淬透性好的钢；而承受扭转或弯曲载荷的齿轮、轴类等零件，外层受力较大，心部受力较小，不要求淬透，可选用淬透性稍低的钢种；有些工件不可选用淬透性高的钢，如焊接件，若选用淬透性高的钢，就容易在焊缝的热影响区内出现淬火组织，造成焊接变形和裂纹。

（五）钢的主要淬火缺陷

工件在淬火加热和冷却过程中，由于加热温度过高或过低，保温时间过长或过短，冷却速度过快或过慢等因素，很容易产生某些缺陷，如变形与开裂、氧化和脱碳、过热和过烧等。为减轻或避免发生以上缺陷，提高产品质量，必须严格控制淬火工艺参数，包括淬火加热温度、保温时间和冷却速度。

四、回火

回火是把淬火后的工件重新加热到 A_1 以下某一温度，经保温后空冷至室温的热处理工艺。钢淬火后得到马氏体与残余奥氏体的混合组织，这种组织及其性能是不稳定的，所以针对钢的基体的淬火，淬火之后必须回火，其主要目的如下：

（1）消除内应力，降低脆性，提高韧性，减少或消除内应力，防止工件变形与开裂。

（2）稳定组织，以保证工件在使用过程中不发生尺寸和形状的变化，保证零件使用精度和性能。

（3）调整淬火钢的组织与性能，可获得不同的组织和性能。

回火通常作为钢件热处理的最后一道工序，因此，把淬火和回火的联合工艺称为最终热处理。

（一）淬火钢在回火时组织与性能的变化

淬火钢在回火时的组织转变可分为如下四个阶段：

第一阶段（室温至 250℃）：在这一温度范围内回火，淬火马氏体分解，过饱和的碳原子析出，形成碳化物 Fe_xC，马氏体中碳的过饱和程度降低。回火组织称为回火马氏体。

第二阶段（230～280℃）：在此温度范围内回火，马氏体继续分解，同时残余奥氏体转变为过饱和α固溶体与碳化物。回火组织也称为回火马氏体。

第三阶段（260～360℃）：在此温度范围内回火，马氏体继续分解，过饱和α固溶体中的碳继续析出而转变为铁素体；回火马氏体中的 Fe_xC 转变为稳定的粒状渗碳体。此阶段回火后的组织为铁素体与极细渗碳体的机械混合物，称为回火屈氏体。

第四阶段（400℃以上）：在 400℃以上回火，碳化物聚集长大，温度越高碳化物越大。这种适当聚集长大后的粒状碳化物与铁素体的机械混合物称为回火索氏体。

综上所述，淬火钢在回火过程中，随着回火温度升高，发生一系列的组织变化，必然引起性能的变化，总的趋势是随着回火温度升高，强度、硬度降低，塑性、韧性提高，如图 4-11 所示。

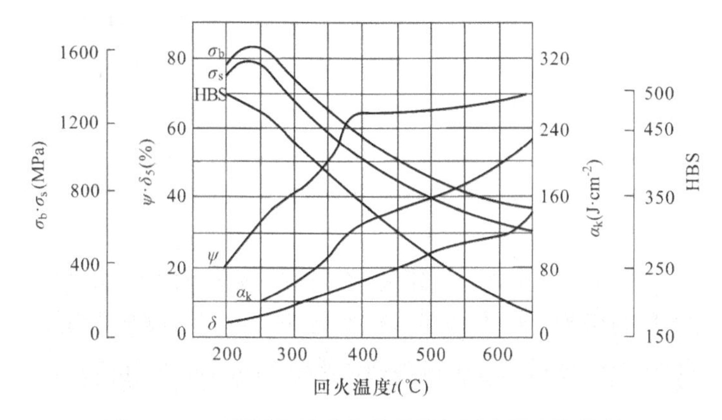

图 4-11 40 钢回火后的力学性能与回火温度的关系

（二）回火工艺及其应用

根据回火温度和钢件所要求的力学性能，一般工业上回火分三类。

1. 低温回火（150～250℃）

低温回火后的组织为回火马氏体，由成分不均匀的过饱和α固溶体与高度弥散分布的碳化物 Fe_xC 所组成。低温回火后减少或消除了淬火内应力，提高了钢的韧性，基本保持了淬火钢的高硬度和高耐磨性，常用于刃具、量具、冷作模具、滚动轴承以及表面淬火件和渗碳淬火件等工件的热处理。低温回火后的工件硬度一般为 58～64HRC。

2. 中温回火（350～500℃）

中温回火后的组织为回火托（屈）氏体，是极细小的铁素体与球状渗碳体的混合物。中温回火的主要目的是提高弹性极限、屈服强度和韧性，并保持一定的硬度，主要用于各种弹性元件及热锻模等工件的热处理。中温回火后的工件硬度一般为 35～45HRC。

3. 高温回火（500～650℃）

淬火后高温回火这一综合热处理工艺称为调质处理，高温回火后的组织为回火索氏体，是较细小的铁素体与球状渗碳体的混合物。这种组织既具有一定强度和硬度，又有较高的冲击韧性，也就是具有良好的综合力学性能，常用于受力大而复杂的结构零件，如汽车、拖拉机、机床的传动轴、齿轮、连杆、曲轴、高强度螺栓等。调质处理的工件硬度一般为 25～35HRC。

上述回火内容主要用于碳钢和低合金钢，而对中、高合金钢则应适当提高回火温度。

某些量具等精密零件，为保持淬火后的高硬度和尺寸稳定性，有时需在 100～150℃长时间加热（10～50h），这种低温长时间回火称为尺寸稳定处理或时效处理。

第三节 钢的表面热处理

对于承受弯曲、扭转、冲击或摩擦磨损的零件，如齿轮、凸轮轴等，其表面与其他零件有接触摩擦，一般要求表面具有高的强度、硬度、耐磨性及疲劳强度；而零件要传递运动或动力，需要承受比较大的力矩、扭矩甚至是冲击的作用，因而要求心部有足够的塑性和韧性。一般整体热处理工艺不能满足这样的性能要求，但可以通过表面热处理工艺来解决。

表面热处理是指为改变工件表面的组织和性能，仅对工件表层进行的热处理工艺。目前常用的表面热处理方法有两类，即表面淬火与化学热处理。

一、表面淬火

表面淬火是将零件表层迅速加热至奥氏体化，而心部未被加热，然后迅速冷却。这样，表层淬火得到马氏体，再进行低温回火获得回火马氏体组织，而心部仍为综合机械性能较好的原始组织，从而使工件表层和心部达到“表硬心韧”的状态。表面淬火用钢以含碳量0.4%～0.5%为宜，如45、40Cr、40MnB等。

表面淬火不会改变工件表层化学成分，只是通过改变表层组织来达到强化的目的。为了保证心部良好的力学性能，一般在表面淬火前先进行正火或调质。表面淬火后需进行低温回火，减少淬火应力和降低脆性。

按加热方式不同，表面淬火又分为感应加热表面淬火、火焰加热表面淬火、激光加热表面淬火、电接触加热表面淬火等。目前，生产中最常用的是感应加热表面淬火。

感应加热表面淬火的原理如图4-12所示。

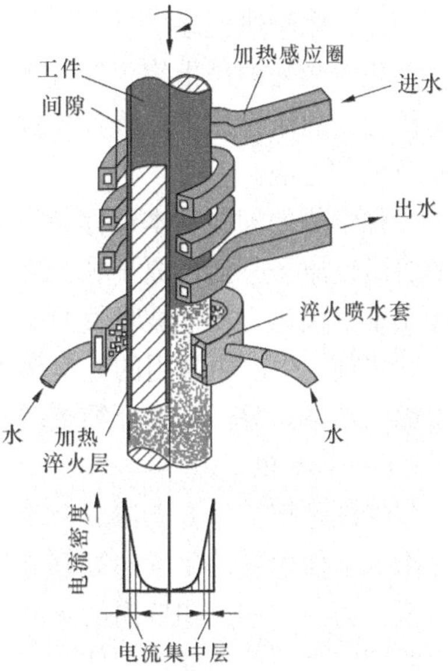

工件
间隙
加热感应圈
进水
出水
淬火喷水套
水
加热淬火层
水
电流密度
电流集中层

图4-12 感应加热表面淬火原理示意图

根据工件的形状和尺寸设计制造一个由紫铜管绕成的感应圈。在表面淬火时，将工件置于感应圈内，当感应圈上接通交变电源后，就会产生一个交变磁场，在交变磁场中的导体（工件）上就会产生同频率的交变感应涡流电流。交变涡流有一个特性，即在沿工件截面上的分布是不均匀的，电流密度趋集于工件的表层，而心部几乎等于零，这种现象叫做“集肤效应”。交变电流频率越高，集肤效应越显著，于是工件表层由大密度电流作用产生极大的电阻热，将工件表层迅速（几秒至几十秒内）加热至淬火温度（800～1000℃），随后立即喷水冷却，使工件表层淬火硬化。

感应电流的透入深度δ决定了工件表面淬硬层深度。δ值可由式（4-1）确定，即

$$\delta=5.03\times10^4\times\sqrt{\frac{\rho}{\mu f}} \tag{4-1}$$

式中 ρ——工件材料的电阻率；

μ——工件材料的导磁率；

f——交变电流频率。

由式（4-1）可知，当工件材料一定时，δ值取决于交变电流频率 f，f 值越大，则δ值越小。因此，可以根据对工件淬硬层深度的要求来选用适当的交变电源频率。

根据所用电源频率的不同，感应加热表面淬火可分为如下三种：

1. 高频淬火

高频淬火常用电源频率为 200～300kHz，主要用于要求淬硬层较浅的中小型轴类零件、齿轮、花键等，其淬硬层深度为 0.5～2mm。

2. 中频淬火

中频淬火常用电源频率为 2500～8000Hz，适用于大模数齿轮和尺寸较大的凸轮轴、曲轴等，其淬硬层深度为 2～10mm。

3. 工频淬火

工频淬火所用电源频率为 50Hz，常用于大尺寸零件，如ϕ300 以上的轧辊和大型工模具等，其淬硬层深度为 10～20mm。

感应加热淬火的优点是加热速度极快（一般只需几秒或几十秒），淬火后能获得隐针马氏体，表面硬度比一般淬火高 2～3HRC，耐磨性高，而且脆性低，不易氧化脱碳，变形小。淬硬层深度易于控制，生产率高，操作简单，易实现机械化自动生产。其缺点是设备较贵，安装、调试、维修比较困难，形状复杂的零件感应圈不易制造，不适宜于单件生产。

二、化学热处理

化学热处理是指将工件置于适当的化学活性介质中加热、保温，使介质分解产生一种或几种元素的活性原子，渗入工件表层吸收，从而改变其表层化学成分、组织和性能的一种热处理工艺方法。

化学热处理的基本过程是：活性介质在一定温度下通过化学反应进行分解，形成渗入元素的活性原子；活性原子被工件表面吸收，即活性原子溶入铁的晶格形成固溶体或与钢中某种元素形成化合物；被吸收的活性原子由工件表面逐渐向内部扩散，形成一定深度的渗层。

目前，生产中常用的化学热处理有渗碳、渗氮（氮化）、碳氮共渗（氰化）、渗金属（如渗铝、渗铬）等。下面介绍渗碳和渗氮两种化学热处理工艺。

（一）渗碳

渗碳是把工件置于渗碳介质中，在 900～950℃的温度下加热、保温，使活性碳原子产生并渗入工件表层的化学热处理方法。通过活性碳原子向工件表层渗入，提高了工件表层的含碳量，再经过淬火和低温回火后，表层为高碳回火马氏体，具有高硬度和高耐磨性，而心部为低碳回火马氏体或索氏体，强度高、韧性好。

渗碳主要用于同时承受磨损和较大冲击载荷的零件，例如变速齿轮、活塞销、套筒及要求很高的喷油泵构件等。

渗碳用钢一般为低碳钢，即含碳量 0.1%～0.25%的碳素钢和低合金钢，如 15、20、20Cr、20CrMnTi、12CrNi3 等。含碳量过高会使心部韧性降低，所以渗碳钢含碳量一般不超过 0.3%。

根据渗碳介质的物理状态，渗碳分为气体渗碳、固体渗碳、液体渗碳，新技术有真空渗碳、离子渗碳等。其中，气体渗碳原料气资源丰富，工艺成熟，应用最为广泛。

1. 气体渗碳

气体渗碳是指工件在气体渗碳剂中进行渗碳的工艺。如图 4-13 所示，将工件放入渗碳炉内，密封后通入渗碳气体，如煤气、天然气等；或者是滴入易分解的有机液体，如煤油、甲醇、丙酮、丙烷、丁烷等，这些渗碳介质在高温下分解，通过式（4-2）～式（4-4）反应生成活性碳原子，即

$$C_nH_{2n} \longrightarrow nH_2 + n\,[C] \tag{4-2}$$

$$2CO \longrightarrow CO_2 + [C] \tag{4-3}$$

$$CO + H_2 \longrightarrow H_2O + [C] \tag{4-4}$$

活性碳原子溶入高温奥氏体，被工件表面吸收、向内部扩散，形成渗碳层。工件的渗碳层深度取决于渗碳温度、活性碳原子浓度和渗碳时间。渗碳后的工件必须进行淬火和低温回火才能有效地发挥渗碳的作用。

2. 固体渗碳

固体渗碳介质常用一定大小的块状木炭加10%～20%的碳酸盐（$BaCO_3$或Na_2CO_3等）混合物。固体渗碳示意如图4-14所示，将工件和渗碳介质一同装入渗碳箱中，使工件埋在渗碳介质中，渗碳箱加盖并用耐火泥进行密封，送入加热炉中加热到900～950℃，保温。渗碳箱中空气中的氧与渗碳介质中的碳作用，生成CO，CO在高温下不稳定，遇到钢件表面分解，产生活性碳原子，被钢件表面吸收，并逐步向内部扩散。

$$2CO \longrightarrow CO_2 + [C] \tag{4-5}$$

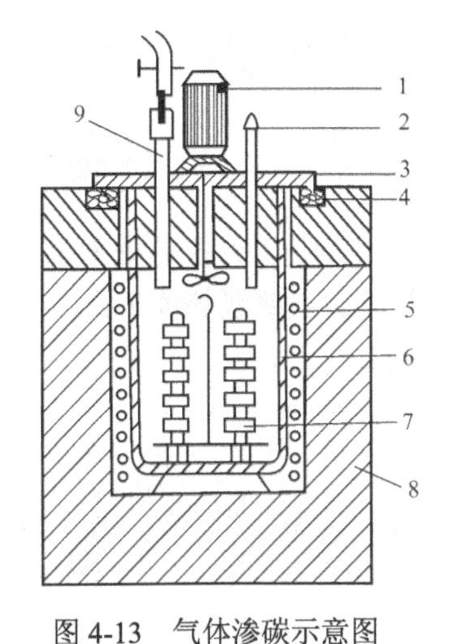

图4-13　气体渗碳示意图

1—风扇；2—废气出口；3—炉盖；4—砂封；5—电阻元件；6—耐热罐；7—工件；8—炉体；9—渗剂入口

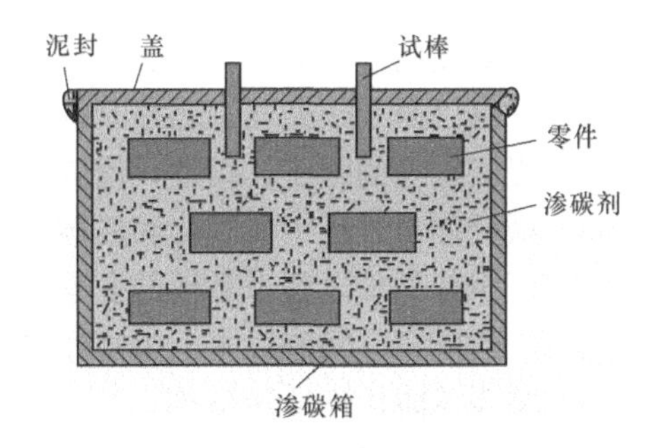

图4-14　固体渗碳示意图

固体渗碳操作简单，成本低，容易实现，但质量不容易保证，并且劳动条件差、生产率低。固体渗碳的劳动条件差是由于木炭的密度小，在混合渗碳剂过程中容易飘浮起来。

3. 液体渗碳

液体渗碳是把工件放进熔盐中进行渗碳，渗碳速度快，渗碳过程不容易控制，而且工件表面粘盐，清理困难，所以液体渗碳应用也较少。

（二）渗氮（氮化）

向工件表面渗入活性氮原子，在工件表层获得一定深度的富氮硬化层的化学热处理工艺称为渗氮（氮化）。其目的在于提高工件的表面硬度、耐磨性、疲劳强度、耐蚀性及红硬性。

渗氮处理有气体氮化、离子氮化等工艺方法，其中气体氮化应用最广泛。气体氮化常用

氨气作为氮化介质，氮化过程和气体渗碳相似。将零件放在带进气口、出气口的密封容器中，通入氨气，加热到500～600℃，氨分解产生活性氮原子[N]，即

$$2NH_3 \longrightarrow 3H_2+2[N] \tag{4-6}$$

活性氮原子被工件表面捕获并向内部扩散，形成富氮硬化层（简称氮化层）。氮化层厚度一般为0.25～0.6mm。渗氮时间较长，例如，要得到深度为0.4～0.5mm的氮化层时，需保温40～70h。氮化结束后，随炉降温至200℃以下，停止供氮，工件出炉空冷。

氮化用钢通常是含有Al、Cr、Mo等元素的合金钢，如38CrMoAl、35CrMo、40Cr等。氮化层由碳、氮溶于α-Fe的固溶体和碳、氮与铁的化合物组成，还含有高硬度、高弥散度的稳定的合金氮化物AlN、MoN、CrN等。氮化层硬度可达69～73HRC，而且可在600～650℃保持较高的硬度。

钢件在氮化前需要进行调质处理，使工件基体获得良好的综合机械性能。氮化后的富氮层已经具有高的硬度和耐磨性。因此，氮化后工件不再进行其他热处理，可避免已成形工件再进行热处理带来的变形等缺陷。

渗氮与渗碳相比，渗氮温度大大低于渗碳温度，工件变形小；氮化层的硬度、耐磨性、耐疲劳强度、耐蚀性及红硬性均高于渗碳层。但氮化层比渗碳层薄且脆；氮化处理时间比渗碳长的多，生产率低、成本高，并需要专门的氮化钢，因此，只用于处理要求高硬度、高耐磨性和高精密度的零件，如磨床主轴、镗床镗杆、精密传动齿轮等零件。

第四节 热处理新工艺简介

为了不断提高产品质量和延长使用寿命，近年来，研究和开发了许多热处理的新工艺，计算机技术也已用于热处理工艺控制领域。热处理新工艺发展的主要趋势如下：

（1）提高零件的强度、韧性，增强零件的抗疲劳和耐磨损能力。

（2）减轻加热过程中的氧化和脱碳缺陷。

（3）减少热处理过程中零件的变形程度。

（4）节约能源，降低成本，提高经济效益。

（5）减少或防止环境污染等。

一、形变热处理

形变热处理是指将塑性变形与热处理有机结合，以提高材料机械性能的复合热处理工艺。金属同时受到形变和相变时，奥氏体晶粒细化，晶界发生畸变，碳化物弥散效果增强，从而可获得单一强化方法不可能达到的综合强韧化效果。根据形变与相变的关系，形变热处理可分为三种基本类型，即在相变前进行形变，在相变中进行形变，在相变后进行形变。不管哪一种方法，都能获得形变强化与相变强化的综合效果。

形变热处理主要受设备和工艺条件限制，应用还不普遍，对形状比较复杂的工件进行形变热处理还有困难，形变热处理后对工件的切削加工和焊接也有一定影响。

二、真空热处理

真空热处理是指在真空环境中进行的热处理工艺，包括真空淬火、真空退火、真空回火和真空化学热处理等。真空热处理零件不氧化、不脱碳，表面光洁美观；升温慢，热处理变形小；可显著提高疲劳强度、耐磨性和韧性；表面氧化物、油污在真空加热时分解，被真空

泵排出，劳动条件好。但是真空热处理设备复杂，投资和成本高，目前主要用于工模具和精密零件的热处理。

三、离子氮化

离子氮化是在低真空的容器内，保持氮气的压强为133.32～1333.32Pa，在400～700V的直流电压作用下，迫使电离后的氮离子高速冲击工件（阴极），被工件表面吸收，并逐渐向内部扩散，形成渗氮层。离子氮化比气体氮化所需时间短，氮化质量好，氮化层的脆性小，韧性和疲劳强度大，从而提高了生产率和零件的使用寿命，不足之处是生产成本高。目前离子氮化已广泛应用于机床零件（如主轴、精密丝杠、传动齿轮等）、汽车发动机零件（如活塞销、曲轴等）及成型刀模具等。但对形状复杂或截面相差悬殊的零件，渗氮后很难同时达到相同的硬度和渗氮层深度。

四、可控气氛热处理

可控气氛热处理是在成分可控制的炉气中进行的热处理。具备以下技术经济优点：

（1）能减少和避免钢件在加热过程中氧化和脱碳，节约钢材，提高工件质量。

（2）可实现光亮热处理，保证工件的尺寸精度。

（3）可进行控制表面碳浓度的渗碳和氰化。

（4）可使已脱碳的工件表面复碳等。

国外已经广泛用于汽车、拖拉机零件和轴承的生产，国内也引进成套设备，用于铁路、车辆轴承的热处理。

五、超细化热处理

在加热过程中使奥氏体的晶粒度细化到十级以上，然后再淬火，可以有效地提高钢的强度、韧性和降低韧脆转化温度。这种使工件得到超细化晶粒的工艺方法称为超细化热处理。

奥氏体细化过程首先将工件奥氏体化后淬火，形成马氏体组织后又以较快的速度重新加热到奥氏体化温度，经短时间保温后迅速冷却。这样反复加热、冷却循环数次，每加热一次，奥氏体晶粒就被细化一次，使下一次奥氏体化的形核率增加。而且快速加热时未溶的细小碳化物不但阻碍奥氏体晶粒长大，还成为形成奥氏体的非自发核心。用这种方法可获得晶粒度为13～14级的超细晶粒，并且在奥氏体晶粒内还均匀分布着高密度的位错，从而提高材料的力学性能。例如，将合金结构钢晶粒度从9级提高到15级后，其屈服强度从1150MPa提高到1420MPa，脆性转变温度从−50℃降低到−150℃（调质状态）。

如采用加热速度在1000℃/s以上的高频脉冲感应加热、激光加热和电子束加热，能使金属表层获得很细的淬火组织，以至在30万倍电子显微镜下也难分辩。T8钢经加热速度为1000℃/s、加热温度为780℃的淬火处理，可得到15级超细晶粒，硬度在65HRC以上。

六、电子束热处理

电子束热处理是利用高能量密度的电子束加热，进行表面淬火的新技术。电子束在极短时间内以密集能量（可达106～10^8W/cm^2）轰击工件表面而使表面温度迅速升高，利用自激冷作用进行冲击淬火或进行表面熔铸合金。

电子束加热工件时，表面温度和淬硬深度取决于电子束的能量大小和轰击时间。实验表明，功率密度越大，淬硬深度越深，例如43CrMo钢电子束表面淬火，当电子功率为1.8kW时，其淬硬层深度达1.55mm，表面硬度为606HV。但轰击时间过长会影响自激冷作用。

一般来讲，电子束表面淬火的原理，同一般表面淬火没有什么区别。然而，由于电子束加热速度和冷却速度都很快，在相变过程中，奥氏体化时间很短，故能获得超细晶粒组织。但电子束热处理需要在真空下进行，可控制性也差，而且要注意 X 射线的防护。

复 习 思 考 题

1．试比较共析碳钢过冷奥氏体等温转变曲线与连续转变曲线的异同点。

2．说明 45 钢试样（ϕ10）经下列温度加热、保温并在水中冷却得到的室温组织：700、760、840℃。

3．淬透性深度与淬硬层深度有何联系和区别？影响钢淬透性的因素有哪些？影响钢制零件淬硬层深度的因素有哪些？

4．钢件淬火后为什么要进行回火处理？回火工艺有哪几种？各用于什么类型的工件？

5．表面淬火和整体淬火有什么不同？表面淬火后力学性能有何特点？

6．什么叫调质处理？其性能有什么特点？主要适用于哪类零件？

7．选择下列零件的热处理方法，并编写简明的工艺路线（各零件均选用锻造毛坯，并且钢材具有足够的淬透性）。

（1）某机床变速箱齿轮（模数 m=4），要求齿面耐磨，心部强度和韧性要求不高，材料选用 45 钢。

（2）某机床主轴，要求有良好的综合机械性能，轴径部分要求耐磨（50～55 HRC），材料选用 45 钢。

8．某型号柴油机的凸轮轴，要求凸轮表面有高的硬度（HRC＞52），而心部具有良好的韧性（A_k＞40J），原来采用 45 钢调质处理再在凸轮表面进行高频淬火，最后低温回火。现在因工厂库存的 45 钢已用完，只剩 15 钢，拟用 15 钢代替。试说明：

（1）原 45 钢各热处理工序的作用。

（2）改用 15 钢后，按原热处理工序进行能否满足性能要求？为什么？

（3）改用 15 钢后，为达到所要求的性能，在心部强度足够的前提下采用何种热处理工艺？

9．说明下列零件的淬火及回火温度，并说明回火后获得的组织和硬度。

（1）45 钢小轴（要求有较好的综合力学性能）。

（2）60 钢弹簧。

（3）T12 钢锉刀。

第五章　常 用 工 程 材 料

在机械制造中，金属材料因其良好的物理、化学性能及使用性能而成为应用最广泛的工程材料。本章将对常用的金属及非金属工程材料展开介绍。

第一节　工　业　用　钢

机械制造工程上把金属材料分为两大部分，即钢铁材料和非铁金属材料。其中，钢铁材料又称黑色金属材料，是以铁和碳为主要组成的铁碳合金；非铁金属材料是指除钢铁材料以外的所有金属及其合金（硬质合金、高温合金等特殊合金除外）。钢铁材料的工艺性能比较优越，价格也较便宜，是目前应用最广泛的金属材料。

一、常存元素对钢性能的影响

钢中除主要成分铁、碳外，还含有少量的由炼钢原料带入及炼钢过程中产生并残留下来的硅、锰、硫、磷等常存元素，这些元素对钢的性能及质量有很大影响。

1．硅和锰

硅可改善钢质，还可溶入铁素体，显著提高钢的强度和硬度，但含量较高时，会使钢的塑性和韧性下降；锰可防止形成FeO，减轻硫的有害作用，强化铁素体，增加珠光体相对量，使组织细化，提高钢的强度。硅和锰在一定含量范围内是有益元素，但是，作为少量杂质存在时对钢的力学性能的影响并不显著。

2．硫和磷

硫在碳钢中几乎不溶于铁，而以FeS形式存在，FeS与Fe形成低熔点的共晶体（熔点为985℃），分布在奥氏体晶界上。当钢件在1000～1200℃进行热加工时，共晶体熔化，使晶粒脱开，所以钢变得很脆，这种在高温下的脆性现象称作热脆性。因此，硫在钢中是有害杂质元素。磷的存在使钢在结晶时容易产生偏析现象，并且当磷溶于铁素体中时，会使室温下钢的塑性、韧性急剧下降，使钢呈现脆性，这种现象称作冷脆性。磷的存在也使焊接性能变坏。因此，磷在钢中也是有害杂质元素。必须严格控制硫和磷的含量，它是衡量钢的质量等级的指标之一。

二、工业用钢的分类及应用

根据GB/T 13304. 1—2008《钢分类第1部分：按化学成分分类》的规定，钢按其化学成分可以分为非合金钢、低合金钢和合金钢。

（一）非合金钢

非合金钢即碳素钢，简称碳钢。

1．碳素钢的分类

（1）按钢中的含碳量分：

1）低碳钢：$w_C \leqslant 0.25\%$。

2）中碳钢：$0.25\% < w_C \leqslant 0.6\%$。

3）高碳钢：w_C>0.6%。

（2）按钢中硫、磷的含量分：

1）普通碳素钢：S≤0.055% P≤0.045%。

2）优质碳素钢：S≤0.040% P≤0.040%。

3）高级优质碳素钢：S≤0.030% P≤0.035%。

（3）按钢的用途分：

1）碳素结构钢。

2）优质碳素结构钢。

3）碳素工具钢。

4）铸钢。

生产中通常按用途对钢进行分类。

2. 碳素钢的牌号和用途

（1）碳素结构钢。碳素结构钢的牌号是由 Q、屈服点数值、质量等级符号、脱氧方法四部分自左向右顺序组成。

Q——“屈”字汉语拼音字首。

A、B、C、D——质量等级符号，从左至右，质量依次提高。

F、b、Z、TZ——依次表示沸腾钢、半镇静钢、镇静钢、特殊镇静钢。

例如，Q235—A·F 表示屈服点为 235MPa、质量为 A 级的沸腾钢。

碳素结构钢约占钢材总产量的 70%左右，含碳量较低（小于 0.38%），硫、磷元素含量的限制较宽，总的性能特点是硬度较低、塑性较好。

碳素结构钢可以在热加工后直接使用，广泛用于建筑、桥梁、船舶、车辆、大型容器以及汽车、拖拉机、挖土机械等产品。各种型材（槽钢、工字钢、角钢等）都是经热轧后不再经过热处理而直接使用。

常用碳素结构钢牌号、化学成分、力学性能及用途如表 5-1 所示。

表 5-1 常用碳素结构钢的牌号、化学成分、力学性能及用途（部分摘自 GB/T 700—2006《碳素结构钢》）

牌号	等级	化学成分（%），不大于					脱氧方法	力学性能				应用举例
		C	Si	Mn	P	S		R_m（MPa）	A (%)，不小于 厚度（或直径，mm）			
									≤40	<40~60	>60~100	
Q195	—	0.12	0.30	0.50	0.035	0.040	F、Z	315~430	33	—	—	用来制造承受载荷不大的零件，如铆钉、垫圈、冲压件、焊接件及桥梁、建筑等金属结构件
Q215	A	0.15	0.35	1.2	0.045	0.050	F、Z	335~450	31	30	29	
	B					0.045						
Q235	A	0.22	0.35	1.40	0.045	0.050	F、Z	370~500	26	25	24	
	B	0.20				0.045						
	C	0.17			0.040	0.040	Z					
	D				0.035	0.035	TZ					
Q275	A	0.24	0.35	1.50	0.045	0.050	F、Z	410~540	22	21	20	用于制造承受中等载荷的零件，如键、销、轴、拉杆等
	B	0.22				0.045	Z					
	C	0.20			0.040	0.040	Z					
	D				0.035	0.035	TZ					

（2）优质碳素结构钢。根据化学成分不同，优质碳素结构钢又分作正常含锰量钢和较高含锰量钢两种。正常含锰量的优质碳素结构钢的牌号以两位数字表示。数字表示钢中平均含碳量的万分数。例如“08”表示平均含碳量是0.08%的优质碳素结构钢，“25”表示平均含碳量是0.25%的优质碳素结构钢。

较高含锰量的优质碳素结构钢的牌号则在两位数字后面加“Mn”。例如“65Mn”表示平均含碳量是0.65%的较高含锰量的优质碳素结构钢。

优质碳素结构钢中的硫、磷含量较少、质量较优，从而保证其具有较好的力学性能，所以常用来制作较为重要的零件，如连杆、齿轮、轴等。较高含锰量的优质碳素结构钢，受锰元素的有益影响，更适合于制做截面尺寸较大或强度要求较高的零件。

常用优质碳素结构钢的牌号、化学成分、力学性能及用途如表5-2所示。

表5-2 优质碳素结构钢的牌号、化学成分、力学性能及用途（部分摘自GB/T 699—1999《优质碳素结构钢》）

钢号	C（%）	力学性能（不小于）						应用举例
		R_m（MPa）	R_e（MPa）	A（%）	Z（%）	HBS		
						热轧	退火	
						不大于		
08F	0.05～0.11	295	175	35	60			
10	0.07～0.13	335	205	31	55	137	—	钢板、钢带、钢丝、型材等
20	0.17～0.23	410	245	25	55	156	—	拉杆、轴套、螺钉、渗碳件（如链条、齿轮）
45	0.42～0.50	600	355	16	40	229	197	蒸汽涡轮机、压缩机、泵的运动零件以及齿轮、轴、活塞等
65	0.62～0.70	695	410	10	30	255	229	用于制造弹簧圈、轴、轧辊及钢丝绳等
20Mn	0.17～0.23	430	275	24	50	197	—	应用范围基本等同于相对应的普通锰含量钢，但因淬透性和强度高，可用于制作截面尺寸较大或强度要求较高的零件
45Mn	0.42～0.50	620	375	15	40	241	217	
65Mn	0.62～0.70	735	430	9	30	285	229	

（3）碳素工具钢。碳素工具钢的牌号以“T”（碳字的汉语拼音字首）加数字来表示。数字表示钢中平均含碳量的千分数，若为高级优质碳素工具钢，则在数字后面加上“A”。例如“T12A”表示平均含碳量是1.2%高级优质碳素工具钢。

碳素工具钢的碳质量分数 w_C=0.65%～1.35%。这类钢材均以退火状态供货，以便用于切削加工。由于这类钢材的淬透性不高，并在250℃左右就失去高硬度，所以这类钢材的工作温度一般不超过200℃。因此，碳素工具钢只适宜制作一些小型、形状简单且转速不高的工具，如榔头、丝锥、板牙等。

常用碳素工具钢的牌号、化学成分、力学性能及用途如表5-3所示。

（4）铸钢。铸造碳钢的牌号以“铸钢”二字的汉语拼音字首“ZG”与其后的两组数字构成。第一组数字表示厚度为100mm以下的铸件的室温屈服强度；第二组数字表示该铸件的抗拉强度。例如ZG230-450，表示 R_e=230MPa，R_m=450MPa的铸造碳钢。

表 5-3 碳素工具钢的牌号、化学成分、力学性能及用途（部分摘自 GB/T 1298—2008《碳素工具钢》）

钢号	C（%）	硬度		应用举例
		退火状态	淬火后	
		HBW，不大于	HRC，不小于	
T8	0.75～0.84	187	62	适用于能承受冲击、要求较高硬度、具有一定韧性的工具，如冲头、木工工具等
T10	0.95～1.04	197	62	适用于不受剧烈冲击、要求较高硬度的工具，如冲模、丝锥、板牙、钻头等
T12	1.15～1.24	207	62	适用于不受冲击、要求硬度高、极耐磨的工具，如锉刀、丝锥、刮刀、拉丝模、量规等

铸造碳钢的组织粗大、致密度低，强度和塑性也低，必须经完全退火或正火处理以改善其性能，必要时还需进行扩散退火，以消除或减轻其成分和组织偏析。

铸造碳钢主要用以制造形状复杂，难以锻压成形，用铸铁又不能满足性能要求的铸件，如大型齿轮、机车车架等。

（二）合金钢

碳钢强度低、淬透性小，综合机械性能不高，又不具备抗腐、耐热等特殊性能，因而其应用受到一定限制。为了提高钢的力学性能，改善工艺性能和得到某些特殊的物理化学性能，炼钢时有目的的向钢中加入某些合金元素，就得到了合金钢。在合金钢中，常加入的合金元素有锰（Mn）、硅（Si）、铬（Cr）、镍（Ni）、钼（Mo）、钨（W）、钒（V）、钛（Ti）、铌（Nb）、锆（Zr）、稀土元素（Re）等。

1. 合金钢的分类

合金钢的分类方法很多，但最常用的有以下两种分类方法。

（1）按合金钢中合金元素含量分：

1）低合金钢：合金元素总含量小于 5%，如 40Cr、9SiCr。

2）中合金钢：合金元素总含量 5%～10%，如 18Cr2Ni4W。

3）高合金钢：合金元素总含量大于 10%，如 Cr12MoV。

（2）按合金钢的性能和用途分：

1）合金结构钢。

2）合金工具钢。

3）特殊性能钢。

2. 合金钢的牌号和用途

（1）合金结构钢。其是在碳素结构钢的基础上加入一些合金元素而形成的钢。由于合金元素的加入，提高了钢的淬透性，所以采用合金结构钢制造的各类机械零件，有可能在整个截面上得到均匀一致的良好的综合机械性能，即具有高强度同时又具有高韧性，从而保证零件的长期安全使用。

合金结构钢按用途及热处理特点通常可分为多种类型，最常使用的有低合金高强度结构钢、合金渗碳钢、合金调质钢、合金弹簧钢、滚动轴承钢等。按冶金质量的不同，可分为优质钢、高级优质钢和特级优质钢。

1）低合金高强度结构钢。其是在碳素结构钢基础上加入少量合金元素（主要有 Mn、V、

Ti、Nb、Cu 等），由于少量合金元素的加入，使钢的强度有了显著的提高，所以称这类钢为低合金高强度钢。

① 用途。广泛用于建筑、桥梁、船舶、车辆、铁道、高压容器及大型军事工程等方面。其中 Q345（16Mn）是发展最早、使用最多、产量最大的钢种，如南京长江大桥就是采用 Q345A 钢制造的。

② 牌号表示方法。低合金结构钢的牌号与碳素结构钢相似，是由代表屈服强度的汉语拼音字首“Q”、屈服强度数值、质量等级符号（A、B、C、D、E）三个部分按顺序排列，从 A 至 E 钢中硫、磷含量逐渐减少。例如，Q345A 表示屈服强度为 345MPa 的 A 级低合金结构钢。低合金结构钢屈服强度一般都大于 275MPa。

③ 成分特点。低碳，故韧性、焊接性和冷成形性能好；主加元素 Mn、Si 能固溶强化铁素体，辅加元素 Ti、V、Nb 等合金元素，形成微细碳化物，起细化晶粒和弥散强化的作用，从而提高钢的强韧性。

④ 性能特点。高比强度（强度与密度之比）、高韧性、良好的焊接性能和冷成形性能、良好的耐蚀性。

⑤ 热处理特点。低合金高强度结构钢通常以热轧、正火或淬火加回火等状态供货，组织为铁素体加珠光体，并在供货状态下使用，不再进行热处理。

⑥ 常用钢种。常用低合金高强度结构钢的牌号有 Q295、Q345、Q390、Q420、Q460 等。

2）合金渗碳钢。其是因为在热处理工序上要进行渗碳后淬火加低温回火而得名，通过渗碳、淬火和低温回火处理后，心部是低碳淬火组织，保证了高韧性和足够的强度，而表层则是高碳回火马氏体，获得了很高的硬度和耐磨性。

① 用途。合金渗碳钢适合制造表面受到强烈摩擦、磨损，同时又承受较大的交变载荷，特别是冲击载荷的零件，如汽车、拖拉机上的变速齿轮，内燃机上的凸轮轴、活塞销等。近年来，生产中采用渗碳钢进行淬火、低温回火，以获得低碳马氏体组织，制造某些要求综合力学性能较高的零件（如传递动力的轴，生根的螺栓等），在某些场合下，可用以代替碳钢的调质处理。

② 牌号表示方法。合金渗碳钢的牌号采用两位数字、元素符号、数字顺序排列的方式表示，其中两位数字是钢中平均含碳量的万分数，元素符号表示所添加的元素，元素符号后面的数字表示该元素在钢中平均含量的百分数。凡合金元素平均含量小于 1.5%时，则只标明元素符号，不标含量，如果含量在 1.5%～2.5%之间，则以 2 表示，如果含量在 2.5%～3.5%之间，则以 3 表示……。例如，12Cr2Ni4 表示平均含碳量为 0.12%，平均含铬 2%，含镍 4%的合金渗碳钢。

③ 成分特点。低碳，w_C=0.1%～0.25%，以保证淬火后零件心部有足够的塑性和韧性；加入 Cr、Mn、Ni、B 合金元素的作用是提高钢的淬透性，加入 Mo、W、V、Ti 合金元素的作用是为了细化晶粒、抑制钢件在渗碳时发生过热。

④ 性能特点。材料表面具有优异的耐磨性和高的疲劳强度，心部具有较高强度和足够的韧性；有良好的热处理工艺性能，并且具有良好的淬透性。

⑤ 热处理特点。

a．预备热处理。对于低、中淬透性的渗碳钢，锻造后正火；对于高淬透性的渗碳钢，锻压后空冷淬火后，再于 650℃左右高温回火，以改善渗碳钢毛坯的切削加工性。

b．最终热处理。渗碳后淬火和低温回火（180～200℃）。

⑥ 常用钢种。常用合金渗碳钢的钢种有 20Cr、20CrMnTi 等。

3）合金调质钢。通常将需经淬火和高温回火（即调质处理）强化而使用的钢种称为调质钢。

① 用途。合金调质钢适合于制造能承受较大的交变应力、冲击性载荷及具有中高强度和韧性配合的飞机、汽车、拖拉机、机床和其他机械设备上的重要零件，如航空发动机压气机叶片、飞机起落架，柴油机连杆螺栓，汽车底盘上的半轴及机床主轴等。

② 牌号表示方法。合金调质钢的牌号表示方法与合金渗碳钢相同，如 40CrMn。

③ 成分特点。中碳，合金调质钢的含碳量一般在 0.35%～0.50%之间，属于中碳钢，使钢在淬火和回火后既保证了较高的强度和硬度又避免了韧性差易断裂的不足，从而保证调质钢零件获得良好的综合机械性能；主加合金元素为 Cr、Mn、Ni、Si、B 等，可提高淬透性，固溶强化铁素体；辅加合金元素 W、Mo、V，提高回火稳定性。

④ 性能特点。合金调质钢具备较高的淬透性，调质处理后具有高强度与良好的塑性及韧性，即具有良好的综合力学性能。

⑤ 热处理特点。

a．预先热处理。对于低淬透性调质钢，常采用正火；对于中淬透性调质钢，常采用退火；对于高淬透性调质钢，则用正火（得到马氏体）后高温回火。

b．最终热处理。对于某些要求具有良好的综合力学性能、局部硬度高、耐磨性好的零件，可在调质后进行局部表面淬火或氮化处理。

⑥ 常用钢种。常用合金调质钢的钢种有 40Cr、30CrMnSi、40CrMnMo 等。

4）合金弹簧钢。

① 用途。合金弹簧钢主要用于制造各种机械和仪表中的弹簧和弹性元件，如汽车、拖拉机、坦克、机车车辆的减振弹簧和螺旋弹簧，大炮缓冲弹簧，钟表发条等。

② 牌号表示方法。合金弹簧钢的牌号表示方法与合金渗碳钢、合金调质钢相同，如 60Si2Mn。

③ 成分特点。合金弹簧钢的含碳量一般在 0.45%～0.70%之间，常加合金元素有 Si、Mn、Cr、V 等，它们的主要作用是提高淬透性和回火稳定性，强化铁素体和细化晶粒，从而有效地改善弹簧钢的机械性能，提高弹性极限和屈强比。其中 Cr 和 V 还有利于提高钢的高温强度。

④ 性能特点。有高的弹性极限和屈强比，以避免在高负荷下产生永久变形；具有高的疲劳极限，以防止产生疲劳破坏；具有一定的塑性和韧性，以防止在冲击载荷下发生突然破坏。

⑤ 热处理特点。合金弹簧钢常进行淬火加中温回火处理，从而获得回火屈氏体，以保证良好弹性。

⑥ 常用钢种。常用合金弹簧钢的钢种有 50Mn2、55Si2Mn、60Si2Mn 等。

5）滚动轴承钢。

① 用途。滚动轴承钢主要用来制造滚动轴承的滚动体（滚珠、滚柱、滚针）、内外套圈等，也可用于制造精密量具、冷冲模、机床丝杠等耐磨件，还可用来制造某些刃具、量具、模具及精密构件。

② 牌号表示方法。我国目前应用最广的轴承是高碳铬轴承，高碳铬轴承钢的牌号用“滚”字汉语拼音字首“G”、铬元素符号及其平均含量千分数表示。例如 GCr15 表示含铬量 1.5% 左右的滚动轴承钢。

③ 成分特点。高碳，滚动轴承钢的含碳量较高（w_C=0.95%～1.10%），从而保证硬度及耐磨性；加入合金元素铬，提高淬透性，并使铬碳化合物均匀细小。

④ 性能特点。具有高而均匀的硬度（61～65HRC）和耐磨性；高的接触疲劳强度，轴承元件工作时受很大的交变接触应力（3000～3500MPa），往往发生接触疲劳破坏，易产生麻点或剥落；一定的韧性、淬透性及耐腐蚀性（对大气或润滑剂）。

⑤ 热处理特点。

a．预备热处理。球化退火，目的一是降低硬度，以利切削加工；二是获得均匀分布的细粒珠光体，为最终热处理做好组织准备。

b．最终热处理。淬火后低温回火。对于精密轴承零件，为了保证使用过程中的尺寸稳定性，淬火后还应该进行冷处理，使残余奥氏体转变，然后再进行低温回火。

⑥ 常用钢种。常用合金轴承钢钢种有 GCr9、GCr9SiMn、GCr15 等，其中，GCr15 为典型钢种。

部分合金结构钢的牌号、热处理特点、力学性能及用途如表 5-4 所示。

表 5-4　　部分合金结构钢的牌号、热处理特点、力学性能及用途

类别	钢号（试样毛坯尺寸㎜）	热处理	机械性能（不小于）				用途举例
			R_e (MPa)	R_m (MPa)	A (%)	A_k (J)	
渗碳钢	20Cr (15)	渗碳+淬火+低温回火	540	835	10	47	齿轮、小轴、活塞销、蜗杆
	20CrMnTi (15)	渗碳+淬火+低温回火	850	1080	10	55	主传动齿轮、活塞销、凸轮
	20MnVB (15)	渗碳+淬火+低温回火	885	1080	10	55	替代 20CrMnTi
调质钢	40Cr (25)	淬火+高温回火	785	980	9	47	重要齿轮、轴、曲轴、连杆
	30CrMnSi (25)	淬火+高温回火	885	1080	10	39	高速齿轮、轴、离合器零件
	38CrMoAl (30)	淬火+高温回火	835	980	14	71	高级氮化用钢、蜗杆、阀门
	40MnVB (25)	淬火+高温回火	785	980	10	47	替代 40Cr 钢
弹簧钢	50Mn2 (25)	淬火+中温回火	785	930	9	39	截面＜ϕ12 螺旋、板弹簧、ϕ20～ϕ25 弹簧
	55Si2Mn	淬火+中温回火	1200	1300	δ10，6	—	工作温度低于 230℃
	60Si2Mn	淬火+中温回火	1200	1300	δ10，6	—	工作温度低于 230℃
	50CrVA (25)	淬火+中温回火	1130	1280	10	—	ϕ30～ϕ50 弹簧

（2）合金工具钢。用来制造各种刃具、模具、量具等工具的合金钢称为合金工具钢。合金结构钢主要要求高的强度和韧性，因而钢的含碳量不太高，一般都是低碳或中碳，而合金工具钢则不同，主要要求高硬度和高耐磨性，一般都是高碳钢。此外，对于切削刀具用钢还要求具备很好的红硬性，即在较高温度下仍保持高硬度的能力，所加入的合金元素主要是使钢具有高硬度和高耐磨性，同时还能提高淬透性的一些碳化物形成元素，如 Cr、W、Mo、V 等。有些钢中也加入一些 Mn 和 Si，主要目的是增加钢的回火

稳定性。

合金工具钢按用途不同分为刃具钢、模具钢和量具钢三种，牌号由钢中平均含碳量的千分数值、元素符号、数字顺序排列组成。当钢的平均含碳量大于或等于1%时，不再标注。合金元素符号后面的数字表示该元素平均含量的百分数，当合金元素平均含量小于1.5%时，不标注。例如，9SiCr表示平均含碳量为0.9%，平均含硅、铬量均小于1.5%的合金工具钢。需要指出的是高速钢，无论其含碳量多少，在牌号中都不标出，如W18Cr4V。

1）刃具钢。

① 用途。刃具钢分为低合金刃具钢和高合金刃具钢两类，主要用来制造车刀、铣刀、钻头等切削刀具。

② 性能特点。足够的强度和韧性，高硬度（>60HRC）、高耐磨性和高的热硬性（又称红硬性）。

③ 成分特点。低合金刃具钢的含碳量 w_C=0.9%～1.1%，保证形成足够数量的合金碳化物；加入合金元素Cr、Mn、Si，目的是提高淬透性和回火稳定性，强化铁素体，加入合金元素W、V形成合金碳化物，细化晶粒，提高硬度和耐磨性。高速钢的含碳量为 w_C=0.7%～1.5%，保证马氏体硬度和形成合金碳化物，碳含量过高，会使碳化物偏析严重，降低钢的韧性；加入合金元素Cr，提高淬透性，空冷可获得马氏体组织，加入大量的合金元素W、Mo、V，提高热硬性。

④ 热处理特点。

a．低合金刃具钢。预备热处理为球化退火，最终热处理采用淬火+低温回火，热处理后的组织为回火马氏体、碳化物和少量残余奥氏体，硬度在60HRC以上。

b．高速钢。由于合金元素含量高，淬火温度高、回火温度高且次数多。

⑤ 常用钢种。低合金刃具钢的典型钢种为9SiCr和CrWMn等，主要用于制造300℃以下低速切削刃具，如板牙、丝锥、铰刀等，也常用作量具钢和冷作模具钢。高速钢的典型钢种为W18Cr4V和W6Mo5Cr4V2。

2）模具钢。模具钢主要用来制造各种成形工件模具。根据工作条件不同，分为冷作模具钢和热作模具钢。冷作模具钢是指工件在冷态下成形的模具钢；热作模具钢是指工件在热态下成形的模具钢。

① 冷作模具钢。其主要用于制造接近室温冷状态（低于200～300℃）下对金属进行变形加工的模具，如冷冲模、冷镦模、冷挤压模以及拉丝模、滚丝模、搓丝模等。具有高硬度、高强度和足够的韧性。常用钢种有Cr12、Cr12MoV等。

② 热作模具钢。热作模具钢主要用于制造对金属进行热变形加工的模具，如热锻模、热镦模、热挤压模、精密锻造模、高速锻模等。具有足够的硬度和耐磨性，良好的强韧性，良好的抗热疲劳性、抗氧化性及导热性。常用钢种有5CrMnMo、5CrNiMo、3Cr2W8V、4CrSi等。

3）量具钢。

① 用途。其主要用于制造各种测量工具，如卡尺、千分尺、块规、样板等。

② 性能特点。高硬度（一般大于62HRC）、高耐磨性、高尺寸稳定性；良好的磨削加工性及较小的淬火变形；良好的耐腐蚀性能。

③ 成分特点。w_C=0.9%～1.5%，以保证高硬度和高耐磨性要求；加入Cr、W、Mn等合

金元素，以提高淬透性。

④ 热处理特点。量具钢的热处理关键在于保证量具的精度和尺寸稳定性，因此，常采用下列措施：预先热处理为球化退火，最终热处理为淬火＋低温回火，并附加三个热处理工序，即淬火之前的调质处理、常规淬火之后的冷处理、常规热处理后的时效处理。

⑤ 常用钢种。合金量具钢没有专用钢，高精度的精密量具如塞规、块规等常用热处理变形小的钢如 CrMn、CrWMn、GCr15 等制造。精度较低、形状简单的量具如量规、样套等可采用 T10A、T12A、9SiCr 等钢制造。也常用 10、15 钢经渗碳热处理，或者 50、55、60、60Mn、65Mn 钢经高频感应热处理，来制造精度要求不高，但使用频繁，碰撞后不致折断的卡板、样板、直尺等量具。

（3）特殊性能钢。其是指除具有一定机械性能外，还具有特殊物理、化学性能的合金钢。机械制造中常用的特殊性能钢包括不锈钢、耐热钢、耐磨钢、低温用钢等。特殊性能钢的牌号表示方法基本上与合金工具钢的表示方法相同。

1）不锈钢。在自然环境或一定工业介质中具有耐蚀性的钢称作不锈钢，其应具有抵抗空气、蒸汽、酸、碱、盐等腐蚀介质腐蚀的能力。所谓腐蚀是指金属与周围的化学介质接触时，因表面与化学介质发生化学的或电化学的作用而引起的破坏过程。

① 牌号表示方法。不锈钢的牌号由“数字+合金元素符号+数字”组成。前一组数字是以名义千分数表示的碳的质量分数，合金元素的表示方法与其他合金钢相同。

② 成分特点。

a．低碳。因为在不锈钢中，碳会形成铬的碳化物，降低铬的有利作用；同时，随碳的质量分数增加，渗碳体及其量也会随之增加，致使微电池的数量增多。因此，在不锈钢中，从耐蚀的角度考虑，希望碳的质量分数越低越好，只是在需要较高强度时，才适当提高碳的质量分数。

b．加入铬（Cr）。铬是不锈钢中获得耐蚀性的最基本元素。铬能提高钢的基体的电极电位，从而提高其抗电化学腐蚀的能力。

c．加入镍（Ni）。镍是扩大奥氏体区的元素，在不锈钢中加入镍，主要是为了获得奥氏体单相组织，同时可提高韧性、机械强度及焊接性能。

d．加入钛（Ti）或铌（Ni）。在不锈钢中，钛或铌与碳的亲和力大于铬，可以与碳生成稳定的碳化物，减少钢中碳的有害作用，提高铬的耐蚀作用。

e．其他。采用表面防腐的措施，如喷涂、电镀、发蓝、涂油膏等，使钢的基体与大气或电解质溶液隔开，从而使里层金属不被腐蚀。

③ 常用钢种。不锈钢按化学成分可分为铬不锈钢、镍铬不锈钢、锰铬不锈钢等；按正火态的金相组织特点可分为马氏体不锈钢、铁素体不锈钢、奥氏体不锈钢。常用不锈钢的牌号、成分、热处理、力学性能及用途如表 5-5 所示。

2）耐热钢。是指在高温下具有高的热稳定性和热强性的特殊性能钢，包括抗氧化钢和热强钢。

① 抗氧化钢。又称不起皮钢，是指在高温下抗氧化或抗高温介质腐蚀而不被破坏的钢。按其使用时的组织状态，抗氧化钢可分为铁素体型和奥氏体型两类。它们的抗氧化性能很好，最高工作温度可达 1000℃。常以铸件的形式使用，主要热处理是固溶处理。

表 5-5 常用不锈钢的牌号、成分、热处理、性能及用途（部分摘自 GB/T 1220－2007《不锈钢棒》）

类别	新牌号（旧牌号）	化学成分（%）			热处理温度		力学性能（≥）			用途
		C	Cr	其他	淬火（℃）	回火（℃）	R_m（MPa）	Z（%）	HBS	
马氏体型	12Cr13（1Cr13）	≤0.15	11.50～13.50		950～1000 油冷	700～750 快冷	540	55	159	制作汽轮机叶片、水压机阀门、螺栓、螺母等抗弱腐蚀介质并承受冲击的零件
	20Cr13（2Cr13）	0.16～0.25	12.00～14.00		920～980 油冷	600～750 快冷	635	50	192	
	30Cr13（3Cr13）	0.26～0.40	12.00～14.00		920～980 油冷	600～750 快冷	735	40	217	制作刃具、喷嘴、阀座、阀门、医疗器具等
铁素体型	10Cr17（1Cr17）	≤0.12	16.00～18.00		退火 780～850 空冷或缓冷		450	50	≤183	制作建筑内装饰、家庭用具、重油燃烧部件、家用电器部件等
	008Cr30Mo2（00Cr30Mo2）	≤0.01	28.50～32.00	Mo 1.50～2.50	退火 900～1000 快冷		450	45	≤228	耐腐蚀性很好，用作苛性碱设备及有机酸设备
奥氏体型	06Cr19Ni9（0Cr19Ni9）	≤0.08	18.0～20.0	Ni 8.0～10.5	固溶处理 1010～1150 快冷		520	60	≤187	制造食品设备、一般化工设备、原子能工业
	1Cr18Ni9	≤0.15	17.00～19.00	Ni 8.0～10.0			520	60	≤187	制造建筑用装饰部件及耐有机酸、碱溶液腐蚀的设备零件、管道等
	1Cr18Ni9Ti	≤0.12	17.00～19.00	Ni 8.0～11.0, Ti 0.80	固溶处理 920～1150 快冷		520	50	≤187	制造焊芯、抗磁仪表、医疗器械、耐酸容器及设备衬里、输送管道

a．铁素体型耐热钢。主要含有铬，以提高钢的氧化性。钢经退火后可制作在 900℃以下工件的耐氧化零件，如散热器等。常用牌号有 1Cr17 钢等，1Cr17 钢可长期在 580～650℃使用。

b．奥氏体型耐热钢。主要含有较多的铬和镍。此类钢工件温度为 650～700℃，常用于锅炉等零件。常用牌号有 1Cr18Ni9Ti 等。

② 热强钢。是指在高温下有一定抗氧化能力并具有足够强度而不产生大量变形或断裂的钢。按其空冷后组织可分为珠光体钢、马氏体钢和奥氏体钢。

a．珠光体热强钢属于低碳合金钢，工作温度在 450～550℃，具有较高的热强性。常用牌号有 15CrMo、12CrMoV。

b．马氏体热强钢中合金元素的质量分数较高，抗氧化性及热强性均高，淬透性也很好，工作温度小于 650℃，多在调质状态下使用。常用牌号有 1Cr13Mo、4Cr9Si2。

c．奥氏体热强钢中合金元素的质量分数很高，切削加工性差，热强性与高温、室温下的塑性、韧性好，并且有较好的可焊性及冷加工成形性等。这类钢一般进行固溶处理或固溶加时效处理，以稳定组织。常用牌号有 0Cr18Ni11Nb。

3）耐磨钢。又称高锰钢，是一种在强烈冲击载荷作用下才表现出高耐磨性的特殊钢种。Mn13 钢是这类钢材的典型代表，含碳量为 1.0%～1.3%，含锰量为 11%～14%，只能通过铸造成形，故牌号多写作 ZGMn13。

这种钢在铸态下基本上由奥氏体和残余碳化物 $(Fe、Mn)_3C$ 组成，硬而脆，为消除碳化物并获得单相的奥氏体组织，要采用“水韧处理”工艺，即把它加热到1000～1100℃，使碳化物全部溶于奥氏体中，然后在水中快冷，获得单相奥氏体组织。水韧处理后，钢的强度、硬度不高，塑性、韧性良好。在受到强烈冲击、压力摩擦时，表面因塑性变形而产生强烈加工硬化，使表面硬度由原来的180～220HB提高到500～550HB，而心部仍保持原来的奥氏体所具有的高塑性和高韧性。当旧表面磨损后，新露出的表面又可在冲击和摩擦作用下获得高耐磨性。但是如果没有外加压力或冲击力，或者压力和冲击力很小，高锰钢的加工硬化特征不明显，马氏体转变不能发生，高锰钢高耐磨性就不能充分显示出来，甚至不及一般的马氏体组织钢或合金耐磨铸铁。因此，对于承受的工作压力不大，而只要求耐磨的零件，不应选用高锰钢。

耐磨钢用于制造坦克及拖拉机履带、铁路道岔、碎石机鄂板及挖掘机铲斗的斗齿等零件。耐磨钢在受力变形时能吸收大量的能量，受到弹丸射击时也不易穿透，因此也用于制造防弹钢板及保险箱钢板等。常用牌号有ZGMn13-1铸钢和ZGMn13-4铸钢。

4）低温用钢。是指用于生产工作温度低于 0℃（也有认为–40℃）的零件的钢种，应具备以下性能要求：

① 冷脆转变温度低、低温冲击韧性高；

② 一定的强度及耐蚀性；

③ 优良的焊接性能与冷塑性成形性能。

为了达到上述性能要求，通常采取以下措施：低碳（一般含碳量＜0.20%）；添加合金元素Mn、Ni用以提高低温韧性；添加合金元素V、Ti、Nb、Al细化晶粒，进一步改善低温韧性；严格控制损害韧性的元素 P、Si 的含量；使材料尽量形成面心立方晶格结构。常用的低温用钢有10Ni4、13Ni5、15Mn26Al4等，广泛用于钢铁冶金、化工、冷冻设备、海洋工程等。

第二节 铸 铁

铸铁是含碳量大于 2.11%的铁碳合金，普通铸铁以铁、碳、硅为主，有时还加入其他合金元素，如 Cr、Mo、V、Cu、Al 等，以便获得具有特种性能的铸铁。由于铸铁的含碳量、含硅量较高，使得铸铁中的碳大部分不再以化合状态（Fe_3C）存在，而以游离的石墨状态存在。因此，虽然与钢相比，铸铁的强度、塑性和韧性较差，不能进行锻造，但它却具有一系列优良的性能，如良好的铸造性、减摩性和切削加工性等。铸铁具有这些优良的性能的原因，一是因为铸铁的含碳量高，接近于共晶成分，使其熔点低、流动性好，二是因为其中含有石墨，而石墨本身具有润滑作用，因而具有良好的减摩性和切削加工性。

铸铁因其生产设备和工艺简单，价格低廉，在工程上得到广泛的应用，在机械产品中，铸铁件的质量约占50%以上。近年来由于稀土球墨铸铁的发展，不少过去使用碳钢和合金钢制造的重要零件，如曲轴、连杆、齿轮等，如今已可采用球墨铸铁来制造，不仅节约了大量的优质钢材，还大大减少了机械加工的工时，降低了成本。

一、铸铁的石墨化

1. 概述

在铸铁中，碳有两种主要存在形式，即化合态的渗碳体和游离态的石墨（石墨常用符号

G 表示）。将铸铁在高温下进行长时间加热时，其中的渗碳体便会分解为铁和石墨（$Fe_3C \rightarrow 3Fe+C$）。铸铁组织中石墨的形成叫做“石墨化”过程。可见，碳呈化合状态存在的渗碳体并不是一种稳定的相，它只不过是一种亚稳定的状态；而碳呈游离状态存在的石墨则是一种稳定的相，因此，对铁碳合金的结晶过程来说，实际上存在两种相图，如图 5-1 所示，其中实线部分即为第三章所讨论的亚稳定的 Fe－Fe_3C 相图，而虚线部分则是稳定的 Fe－G 相图，虚线与实线重合的线用实线画出。石墨化以哪一种方式进行，主要取决于铸铁的成分与保温冷却条件。实践证明，铸铁在冷却时，冷却速度越缓，析出石墨的可能性越大，所以用 Fe-G 相图来描述；冷却速度越快，则析出渗碳体的可能性越大，用 Fe-Fe_3C 相图来描述。为便于比较和应用，习惯上把这两个相图合画在一起，称之为铁碳合金双相图。

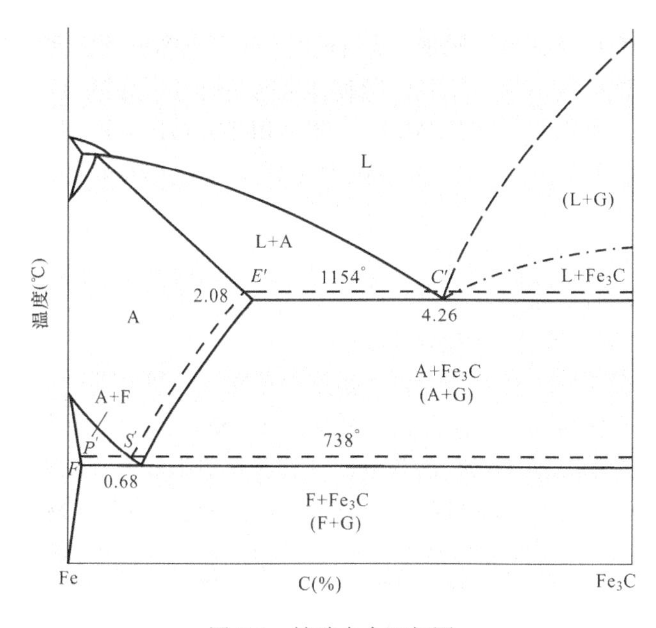

图 5-1 铁碳合金双相图

2. 石墨化过程

假设铸铁结晶全部按照 Fe-G 相图进行，则铸铁的石墨化过程分为如下三个阶段：

第一阶段，称为高温石墨化阶段，是指从过共晶铸铁液体中结晶出一次石墨（$G_{Ⅰ}$）；共晶和亚共晶铸铁在 1154℃时通过共晶反应而形成石墨，即

$$L_C \xrightarrow{1154℃} A_{E'}+G_{共晶} \tag{5-1}$$

第二阶段，称为中间石墨化阶段，即在 738～1154℃范围内冷却过程中，自奥氏体中不断析出二次石墨（$G_{Ⅱ}$）。

第三阶段，称为低温石墨化阶段，即在 738℃时通过共析反应而形成石墨，以及在 738℃以下从 F 中析出的三次石墨（$G_{Ⅲ}$），即

$$A_S \xrightarrow{738℃} F_{P'}+G_{共析} \tag{5-2}$$

一般说来，铸铁自高温冷却的过程中，由于具有较高的原子扩散能力，故其第一和第二阶段的石墨化是比较容易进行的，即通常都能按照 Fe-G 相图进行结晶，凝固后得到（A+G）的组织；而随后在较低温度下的第三阶段的石墨化，则常因铸铁的成分及冷却速度等条件的

不同，而被全部或部分地抑制，从而会得到三种不同的组织，即 F+G、F+P+G、P+G。

在石墨化过程中，采用不同的工艺可使石墨的形态有所不同。通常，石墨的形态有片状、团絮状、球状三种。

二、铸铁的性能特点

通常铸铁的组织可以认为是由钢的基体与不同形状、数量、大小及分布的石墨组成的。石墨化程度不同，所得到的铸铁类型和组织也不同。由于石墨的硬度为 3～5HBS，R_m 约为 20MPa，塑性和韧性极低，断后伸长率 A 接近于零，从而导致铸铁的力学性能，如抗拉强度、塑性、韧性等均不如钢。并且石墨数量越多、尺寸越大、分布越不均匀，对力学性能的削弱就越严重。由于铸铁的塑性很差，所以不能承受锻压加工。但也由于石墨的存在，使铸铁具有许多钢所不及的性能。

1. 优良的铸造性

铸铁的含碳量高（2.4%～4.0%），成分接近共晶成分，熔点比钢低得多，结晶温度范围小，故表现出优良的流动性和较小的凝固收缩性。

2. 优良的切削加工性

由于石墨的存在，使铸铁在切削加工时易于断屑，而且石墨本身的润滑作用也减轻了刀具的磨损。

3. 优良的耐磨性与减振性

由于石墨的存在有利于润滑和储油，再通过对其基体组织的改善，从而使铸铁具有优良的耐磨性。石墨（特别是片状石墨）能将机械能迅速地吸收并转化为热能释放出来，故铸铁表现出优良的减振能力（通常比钢大 10 倍）。

三、铸铁的分类

根据铸铁在结晶过程中碳的析出状态及凝固后断口颜色的不同，铸铁可分为以下三大类。

1. 白口铸铁

碳除少量溶于铁素体外，大部分以化合态的渗碳体析出，断口呈白亮的颜色，故称白口铸铁，因其硬度高、脆性大、很难进行切削加工，所以很少直接用来制造机械零件。工业上，白口铸铁主要用作炼钢的原料和生产可锻铸铁的毛坯，有时也可制作一些要求高耐磨性的轧辊、球磨机磨球及犁铧等。

2. 麻口铸铁

一部分碳以化合态的渗碳体析出，一部分碳以游离态的石墨析出，断口夹杂着白亮的渗碳体和暗灰色的石墨，如同黑、白相间的麻点，故称作麻口铸铁，在工业上应用较少。

3. 灰口铸铁

大部分碳以游离态的石墨析出，断口呈暗灰色，故称作灰口铸铁，简称灰铁，性能良好，生产工艺简单，价格低廉，是工业中应用最广泛的一类铸铁，在各类铸铁的总产量中，灰口铸铁占 80%以上。

除了以上三类铸铁外，通过在铸铁中加入某些合金元素，从而改善其物理、化学和力学性能或获得某些特殊性能的铸铁，如耐热合金铸铁、耐蚀合金铸铁、耐磨合金铸铁等。

四、常用铸铁材料

1. 普通灰铸铁

普通灰铸铁中的石墨呈片状，可以把灰口铸铁的组织看作是“钢的基体”加上片状石墨的夹杂。因为石墨片的强度极低，故又可近似地把它看作是一些“微裂缝”，从而可把灰口铸铁看作是“含有许多微裂缝的钢”。普通灰铸铁的牌号采用“灰铁”二字的汉语拼音字首和一组数字表示，数字表示的是规格为ϕ30 试棒的最低抗拉强度值（MPa），如 HT150 表示抗拉强度不低于 150MPa 的普通灰铸铁。

普通灰铸铁按其石墨化程度不同，可有三种不同的基体组织，即铁素体灰铸铁、铁素体—珠光体灰铸铁和珠光体灰铸铁，其中，以珠光体为基的灰铸铁应用最广。普通灰铸铁的硬度和抗拉强度主要取决于基体组织，而强度和塑性、韧性则主要决定于石墨的数量、尺寸大小和分布状态。铸铁组织中的石墨虽然降低了铸铁的抗拉强度和塑性，但却给铸铁带来一系列的其他优越性能，如优良的铸造性、良好的切削加工性、优良的减摩性及低的缺口敏感性，因而被广泛地用来制作各种承受压力和要求消振性的床身、机架，结构复杂的箱体、壳体和经受摩擦的导轨、缸体等。

常用普通灰铸铁的牌号、组织、性能和用途如表 5-6 所示。

表 5-6 常用普通灰铸铁的牌号、组织、性能和用途（摘自 GB/T 9439—2010《灰铸铁件》）

类　别	牌　号	组　织	铸件壁厚（mm）	单铸试棒最低 R_m（MPa）	适用范围及举例
铁素体灰口铁	HT100	F+G（粗片）	5～40	100	低负荷和不重要的零件，如盖、外罩、手轮等
铁素体+珠光体灰口铁	HT150	F+P+G（较粗片）	10～20	150	承受中等应力的零件，如支柱、底座、齿轮箱等
珠光体灰口铁	HT200	P+G（中等片）	20～40	170	承受较大应力和较重要的零件，如气缸、齿轮、机座等
	HT250	P+G（较细片）	20～40	250	阀壳、油缸、凸轮等

2. 可锻铸铁

可锻铸铁中的石墨呈团絮状，又称“马钢”，是由白口铸铁坯件经高温、长时间的石墨化退火，使渗碳体在固态下分解而获得的具有团絮状石墨的铸铁。

常用可锻铸铁的显微组织有两类：一类为铁素体和团絮状石墨，其中心呈黑灰色，故称黑心可锻铸铁，也称为铁素体可锻铸铁，牌号为 KTH（可铁黑的汉语拼音字首）和两组数字，数字的含义分别表示最小抗拉强度和最小断后伸长率。另一类为珠光体和团絮状石墨，也称为珠光体可锻铸铁，牌号为 KTZ（可铁珠的汉语拼音字首）和两组数字，数字的含义同黑心可锻铸铁。

可锻铸铁因其较高的强度、塑性和冲击韧度而得名，但实际上不能用于锻压加工，多用于制造形状复杂的薄壁中小型零件和工作中受到振动而强韧性要求又较高的零件。

常用可锻铸铁的牌号、性能和用途如表 5-7 所示。

表 5-7 常用可锻铸铁的牌号、性能和用途（摘自 GB/T 9440—2010《可锻铸铁件》）

种　类	牌　号	机械性能			用　途
		最小抗拉强度 R_m（MPa）	最小断后伸长率 A（%）	硬度（HB）	
黑心可锻铸铁	KTH300-06	300	6	不大于 150	弯头、三通、中低压阀门等
	KTH350-10	350	10	不大于 150	汽车和拖拉机的前后轮壳、减速器壳、转向节壳、制动器壳等

续表

种类	牌号	机械性能			用途
		最小抗拉强度 R_m（MPa）	最小断后伸长率 A（%）	硬度（HB）	
珠光体可锻铸铁	KTZ550-04	550	4	180～230	载荷较高和耐磨损零件，如曲轴、凸轮轴、连杆、齿轮、活塞环、万向接头、扳手、轴套、传动链条等
	KTZ700-02	700	2	240～290	

注 试样直径为 12～15mm。

3. 球墨铸铁

球墨铸铁中的石墨呈球状，灰口铸铁在浇注前，进行石墨球化处理即可得到球墨铸铁，使用的球化剂多为镁或稀土镁合金。球墨铸铁的牌号采用“球铁”二字的汉语拼音字首和两组数字表示，两组数字分别表示抗拉强度和延伸率的百分数，如 QT500-07 表示抗拉强度不小于 500MPa、断后伸长率不小于 7%的球墨铸铁。

球墨铸铁的组织为铁素体+球状石墨、铁素体和珠光体+球状石墨、珠光体+球状石墨三种。

球墨铸铁既具有灰口铸铁的优点，又具有可与钢媲美的机械性能，可用来制造一些受力复杂，强度、韧性和耐磨性要求高的零件，如珠光体球墨铸铁用来制造汽车、拖拉机曲轴、连杆、凸轮轴、齿轮等；铁素体球墨铸铁可用来制造受压阀门、机器底座、汽车的后桥壳等。

常用球墨铸铁的牌号、组织、性能和用途如表 5-8 所示。

表 5-8 常用球墨铸铁的牌号、组织、性能和用途（摘自 GB/T 1348—2009《球墨铸铁件》）

牌号	铸件壁厚（mm）	组织	机械性能			用途
			抗拉强度 R_m（MPa）	断后伸长率 A（%）	硬度（HBW）	
QT400-15A	≤30	F+G（球）	400	15	120～180	汽车、拖拉机底盘零件
QT500-7A	≤30	F+P+G（球）	500	7	170～230	机器座架、传动轴、飞轮、电动机架等
QT700-2A	≤30	P+G（球）	700	2	225～305	柴油机、汽油机的曲轴，车床、铣床、磨床的主轴，空气压缩机、冷冻机的缸体等

第三节 有 色 金 属

有色金属是指除钢铁材料以外的其他金属及合金的总称，又称非铁金属材料。与钢铁相比，有色金属的冶炼比较复杂，成本高。但是，由于有色金属具有许多优良特性，如许多有色金属材料具有密度小、比强度高、耐热、耐腐蚀和导电性良好、高弹性及一些特殊的物理性能，且明显优于普通钢，甚至超过某些高强钢，因而已成为现代工业中不可缺少的材料。

有色金属材料的种类繁多，下面仅介绍在机械制造业中广泛使用的铝、铜、钛、镁及其合金。

一、铝及铝合金

（一）纯铝

铝是地球上储量最多的金属，其产量仅次于钢铁材料，居第二位。纯铝呈面心立方晶体结构，密度小（2.7g/cm^3），熔点为660℃，强度较低（80～110MPa）、塑性较好、导电性和导热性较好、抗大气腐蚀性能好。工业纯铝主要用于制作电线、电缆，配制各种铝合金，以及要求具有导热和抗大气腐蚀性能而对强度要求不高的一些用品或器皿，如管道及垫片等。

工业纯铝又分铸造铝（未经压力加工的产品）及变形铝（经压力加工的产品）两种。铸造纯铝牌号表示由“Z”（铸字汉语拼音字首）和Al（铝的元素符号）及表明含铝数字组成，如ZAL99.5表示w_{Al}=99.5%的铸造纯铝。变形纯铝的牌号用1xxx表示，牌号第一位数字“1”表示变形纯铝中铝的质量分数不低于99.00%；牌号中的第二位是字母，它表示原始纯铝或铝合金的改型情况，若字母为A，则表示为原始纯铝或铝合金；若为其他字母（如B），则表示为原始纯铝或铝合金的改型。牌号中的最后两位数字，表示其质量分数的百倍（或w_{Al}×100）所得数的小数点后两位数字。对于铝合金，则作为顺序号来区别同一组中不同的合金，如1A30表示w_{Al}=99.30%的变形纯铝。

（二）铝合金

在纯铝中添加适量的Si、Cu、Mg、Mn等合金元素，进行固溶强化和第二相强化，形成铝合金。合金化可提高纯铝的强度并保持纯铝的特性，一些铝合金还可经冷变形强化或热处理，进一步提高强度，因此，在工业中得到广泛的应用。铝合金按其成分和成形方法不同分为变形铝合金与铸造铝合金两大类。

1. 变形铝合金

合金元素含量低，可以进行冷、热压力加工，制成各种型材及成型零件的铝合金称为变形铝合金。变形铝合金的分类方法很多，目前，世界上绝大部分国家通常按以下三种方法进行分类。

（1）按合金状态图及热处理特点分为两大类：不可热处理强化铝合金（如纯铝、Al-Mn、Al-Mg、Al-Si系合金）和可热处理强化铝合金（如Al-Mg-Si、Al-Cu、Al-Zn-Mg系合金）。

（2）按合金性能和用途可分为工业纯铝、切削铝合金、切削铝合金、耐热铝合金、低强度铝合金、中强度铝合金、高强度铝合金（硬铝）、超高强度铝合金（超硬铝）、锻造铝合金及特殊铝合金等。

（3）按合金中所含主要元素成分可分为工业纯铝（1xxx系）、Al-Cu合金（2xxx系）、Al-Mn合金（3xxx系）、Al-Si合金（4xxx系）、Al-Mg合金（5xxx系）、Al- Mg-Si合金（6xxx系）、Al-Zn-Mg合金（7xxx系）、Al-其他元素合金（8xxx系）及备用合金组（9xxx系）。

这三种分类方法各有特点、有时相互交叉，相互补充。在工业生产中，大多数国家按第三种方法，即按合金中所含主要元素成分的4位数码法分类。这种分类方法能较本质地反映合金的基本性能，也便于编码、记忆和计算机管理。我国目前也采用4位数码法分类，GB/T 16474—2011《变形铝及铝合金牌号表示方法》规定了命名规则。

四位字符体系牌号的第一、三、四位为阿拉伯数字，第二位为英文大写字母（C、I、L、N、O、P、Q、Z字母除外）。牌号的第一位数字表示铝及铝合金的组别，如上文所述；牌号的第二位字母表示原始纯铝或铝合金的改型情况；最后两位数字用以标识同一组中不同的铝合金或铝的纯度。我国常用变形铝合金新旧牌号对照如表5-9所示。

表 5-9 我国变形铝合金新旧牌号对照表

新 牌 号	旧 牌 号	新 牌 号	旧 牌 号
1A97	LG4	5A02	LF2
1A93	LG3	5A03	LF3
1A92	LG2	5A05	LF5
1A85	LG1	5A06	LF6
1070A	L1	5005	
1060	L2	5052	
1050		5083	LF4
1050A	L3	6A02	LD2
1100	L5-1	6101	
1200	L5	6005（A）	
2A11	LY11	6061	LD30
2A12	LY12	6063	LD31
2A14	LD10	6082	
2A50	LD5	7A03	LC3
2B50	LD6	7A04	LC4
2014		7A09	LC9
2024		7A19	LC19（919）
3A21	LF21	7005	
3003		7075	
3004		8A06	L6
		8011	LT98

2. 铸造铝合金

合金元素含量较高，适于铸造成形的铝合金称作铸造铝合金，按所含金元素的不同，可分为以下几种：

（1）铝硅系合金。Al-Si 铸造铝合金具有优良的铸造性能及机械性能。

（2）铝铜系合金。Al-Cu 铸造铝合金强度较大，且在高温下能保持较高的强度，适于铸造耐热铝合金件，缺点是铸造性能和耐腐蚀性较差。

（3）铝镁系合金。Al-Mg 铸造铝合金的强度和塑性均高，而且耐腐蚀性优良，但铸造性能差，浇铸时易氧化，易形成显微缩松。

（4）铝锌系合金。Al-Zn 铸造铝合金具有较高的强度，是最便宜的一种铸造铝合金，但耐腐蚀性差。

铸造铝合金的代号用“铸铝”二字的汉语拼音字首“ZL”加三位数字来表示，第一位数字表示合金系别：1 为铝硅系合金，2 为铝铜系合金，3 为铝镁系合金，4 为铝锌系合金；后两位数字是合金的序号，表示不同的化学成分。例如，ZL102 表示 2 号铝硅系铸造铝合金。

二、铜及铜合金

（一）纯铜

铜在自然界中既可以以矿石的形式存在，又可以纯金属的形式存在，是我国历史上使用较早、用途较广的一种有色金属材料。

纯铜具有玫瑰红色，表面形成氧化膜后呈紫色，故又称紫铜，在地球上的储量较少。纯铜的密度为 8.9g/cm^3，熔点为 1083℃，呈面心立方晶体结构，具有良好的导电、导热性能（仅次于银），较高的塑性和耐蚀性，但强度、硬度较低，不能通过热处理强化，常通过添加合金元素来改善其性能。工业纯铜分未加工产品（铜锭、电解铜）和加工产品（铜材）两种，未加工产品代号有 Cu-1、Cu-2 两种，加工产品代号有 T1、T2、T3 和 T4，后面数字越大，表示杂质含量越高。

纯铜的主要用途是制作电工导体，如电线、电缆、导电螺钉等，并可以承受各种形式的冷热压力加工。纯铜是逆磁性物质，制作的仪器和机件不受外来磁场干扰，因此，常用于制作磁性仪器、定位仪器和其他防磁器械。

（二）铜合金

含有合金元素的铜称为铜合金，按化学成分不同，铜合金分为黄铜、白铜和青铜，工业上应用较多的是黄铜和青铜；按生产方式不同，铜合金又可分为加工铜合金和铸造铜合金。

1. 黄铜

以锌为主加元素的铜合金，其外观色泽呈金黄色，故称作黄铜，又分为普通黄铜和特殊黄铜两类。黄铜具有良好的力学性能、加工成型性、导电性和导热性，价格较低，是重有色金属中应用最广的金属材料。

（1）普通黄铜。其是铜锌二元合金，普通黄铜的代号用“H+数字”来表示，“H”是“黄”字的汉语拼音字首，数字表示含铜量的百分数，如 H70 表示含 70%Cu、30%Zn 的普通黄铜。

黄铜的力学性能与锌的质量分数有极大的关系，当锌含量大于 32%时，普通黄铜的塑性会大大降低，但具有良好的铸造性能（流动性好、组织致密），适宜热压力加工，具有较高的强度和耐蚀性，常用代号有 H62、H59，用于制造散热器、水管、油管、弹簧等；当含锌量小于 30%～32%时，普通黄铜具有良好的塑性，可通过挤压、冲压、弯曲等方法成形，常用代号有 H90、H80、H70、H68，其中 H70 又称三七黄铜，由于它强度较高，塑性特别好，大量用作枪弹壳和炮弹筒，故有“弹壳黄铜”之称。

（2）特殊黄铜。在普通黄铜的基础上加入其他合金元素所组成的多元合金称为特殊黄铜，用以改善和提高普通黄铜的力学性能、铸造性能、切削性能、耐蚀性能等，常加铅、铝、锰、镍、锡、硅等，分别称铅黄铜、铝黄铜等。合金元素加入黄铜后，一般都能提高其强度，加入铝、锰、锡、硅可提高抗蚀性，加入硅还可以改善铸造性能，加入铅能改善切削加工性能。

特殊黄铜的代号用“H+主加元素符号（锌除外）+铜含量的百分数+主加元素含量的百分数”表示，如 HPb59-1 表示含 59%的铜和 1%的铅，其余为锌的铅黄铜。若为铸造黄铜，则以“Z”（铸字的汉语拼音字首）+Cu+其他元素符号+数字来表示，数字表示前边元素的百分含量，如 ZCuAl10Fe3Mn2 表示含 64%～68%的铜和 9%～11%的铝、2%～4%的铁、1.5%～2.5%的锰，其余为锌的铸造黄铜。

2. 白铜

以镍为主添加元素的铜合金称为白铜，分为普通白铜（只含有 Cu 与 Ni）和特殊白铜（除 Cu、Ni 外，还含有其他合金元素）两类。

（1）普通白铜。普通白铜具有较好的强度和优良的塑性，能进行冷、热变形，抗蚀性很好，电阻率较高且电阻温度系数很小，主要用于制造船舶仪器零件、化工机械零件及医疗器械等。

（2）特殊白铜。白铜中添加其他合金元素，得到特殊白铜，添加元素不同，性能和用途也不同，如锰含量高的锰白铜可制作热电偶丝、测量仪器等。

普通白铜的牌号表示方法是“B+主加元素的平均含量百分数”，如 B19 表示含 19%Ni 的普通白铜。特殊白铜的牌号表示方法是“B+除 Ni 以外的主加元素符号+镍平均含量的百分数+主加元素平均含量的百分数”，如 BZn15-20 表示含 15%Ni 和 20%Zn 的锌白铜，BAl6-1.5 为含 6%Ni 和 1.5%Al 的白铜。

3. 青铜

除黄铜和白铜以外的其他铜合金称为青铜。其中含锡元素的称为普通青铜（锡青铜），不含锡元素的称为特殊青铜（也叫无锡青铜）。按生产方式，还可分为加工青铜和铸造青铜。

（1）普通青铜。其是以锡为主加元素的铜合金，又称为锡青铜。工业用锡青铜的含锡量为 3%～14%。锡青铜具有良好的减磨性、抗磁性及低温韧性，在大气、淡水、海水及高压过热蒸汽中的耐蚀性能比黄铜更高，但抗酸腐蚀能力差。锡青铜可用于冷、热压力加工和液态成形。

普通青铜的牌号表示方法是“Q+主加元素符号+主加元素平均含量的百分数+其他合金元素平均含量的百分数”。“Q”是“青”字的汉语拼音字首，如 QSn4-3 表示含锡量为 4%，其他合金元素含量为 3%的锡青铜。

锡青铜常用的牌号有 QSn4-3、QSn4-4-4、ZQSn10 等。用于制作弹簧、轴瓦、衬套等耐磨零件。

（2）特殊青铜。其是不含锡的青铜合金，根据主加元素的不同，主要有铝青铜、铍青铜等。

特殊青铜的牌号表示方法与普通青铜类似，如 QAl9-4 表示主加元素铝含量为 9%左右，其他元素平均含量为 4%的铝青铜。铸造锡青铜则与铸造黄铜表示方法类同。

由于特殊青铜中添加的合金元素不同，性能也各具特色。

1）铝青铜。是指以铝为主要合金元素的铜合金，一般铝的质量分数为 8.5%～10.5%。铝青铜具有良好的力学性能，耐磨、耐蚀性好，价格低廉，此外，还有冲击时不发生火花等特性。常用牌号有 QA15、QA19-4、ZQAl9-2 等。常用作机械、化工、造船及汽车工业中的轴套、齿轮、涡轮、管路配件等零件。

2）铍青铜。是指以铍为主要添加元素的铜合金，一般铍的质量分数为 1.7%～2.5%。铍青铜经固溶热处理和时效后有较高的强度、硬度。同时，铍青铜还具有良好的耐蚀性、耐疲劳性、导电性、导热性，且无磁性，受冲击不产生火花，是一种综合性能较好的结构材料。铍青铜常用牌号有 QBe2、QBe2.5 等，主要用于制造各种精密仪器、仪表中的弹性零件和耐蚀、耐磨零件，如弹簧、膜片、钟表齿轮和发条、压力表游丝、航海罗盘、电焊机电极、防爆工具等。铍青铜价格较贵，工艺复杂，应用受到限制。

三、钛及钛合金

（一）纯钛

纯钛是银白色的高熔点轻金属，纯钛熔点为 1688℃，密度为 4.51g/cm^3，有两种同素异构体：在 882.5℃以下为 α-Ti，具有密排六方晶格；在 882.5℃以上为 β-Ti，具有体心立方晶格。

纯钛的强度低，但比强度高，塑性及低温韧性好，耐蚀性很高，具有良好的压力加工性能，切削性能较差。

纯钛分为高纯钛和工业纯钛两种，其中，钛 TA0 为高纯钛（纯度达 99.9%），仅在科学研究中应用；工业纯钛（纯度达 99.5%）有三个牌号，即 TA1、TA2、TA3，编号越大，纯度越低，可用以配制钛合金和其他合金。工业纯钛强度较高，可用于制造 350℃以下温度工作的石油化工用热交换器、反应器、船舰零件和飞机蒙皮等。

（二）钛合金

在纯钛中加入 Al、Mo、Cr、Sn、Mn、V 等元素后可以形成钛合金。根据组织的不同，钛合金分成三类，即α钛合金、β钛合金和（$\alpha+\beta$）钛合金；分别用 TA、TB、TC 加数字来表示（A 后数字从 4 开始）。

TA7 是常用的α钛合金，该合金有较高的室温强度、高温强度和优良的抗氧化性及耐蚀性，并具有很好的低温性能，适宜制作使用温度不超过 500℃的零件。如导弹的燃料缸，火箭、宇宙飞船的高压低温容器，航空发动机压气机叶片和管道等。

TB1 是应用最广的β钛合金，该合金使用温度在 350℃以下，多用于制造飞机压气机叶片、弹簧和紧固件等。

TC4 是钛合金中用量最大的合金，具有较高的强度、良好的塑性、较高的抗蠕变性能、低温韧性及良好的耐蚀性，常用于制造 400℃以下和低温下工作的零件，如飞机发动机叶片，压力容器、火箭发动机外壳及冷却喷管，火箭和导弹的液氢燃料箱部件等。

四、镁及镁合金

（一）纯镁

纯镁熔点为 651℃，密度为 1.74g/cm^3，具有密排六方晶体结构。纯镁强度不高，室温塑性较低，易氧化且氧化物膜脆而不紧密，所以抗蚀性很差。工业纯镁的牌号用 M+顺序号表示，顺序号越大，纯度越低，如 M1、M2、M3。纯镁主要用于配制镁合金和其他合金，还可用于化工与冶金的还原剂。

（二）镁合金

由于纯镁的力学性能很低，不能直接用作结构材料，可通过合金化对其强化。在纯镁中添加适量的铝、锌、硅、锰、锆、铜及镍等合金元素后，形成镁合金，按成分和成形特点可分为变形镁合金和铸造镁合金两大类。

1. 变形镁合金

变形镁合金的牌号用“镁变”的汉语拼音字首 MB+顺序号表示，顺序号表示化学成分。其中 Mg-Mn 系镁合金具有良好的耐蚀性和焊接性，常用于蒙皮、壁板等焊接件及外形复杂的耐蚀件，如 MB1、MB8；Mg-Al-Zn 系镁合金具有较高的耐蚀性和热塑性，如 MB2、MB3；Mg-Zn-Zr 系镁合金具有较高的强度，焊接性能较差，使用温度不超过 150℃，如 MB15。

2. 铸造镁合金

铸造镁合金的牌号用“铸镁”的汉语拼音字首 ZM+顺序号表示，顺序号表示化学成分。其中 Mg-Zn-Zr 系镁合金具有较高的强度、良好的塑性，但耐热性较差，如 ZM1、ZM7；Mg-Re-Zr 系镁合金具有良好的铸造性能，耐热性较高，但常温强度和塑性较低，如 ZM3、ZM6。

由于镁合金具有密度和熔点低、比强度高、减振性能和抗冲击性能好、电磁屏蔽能力强等优点，在汽车、通信、电子、航空航天、国防和军事装备、交通、医疗器械、化工等工业得到广泛的应用。

第四节 非金属材料

非金属材料是除金属材料以外的其他材料的统称。在机械制造中使用较多的非金属材料主要有高分子材料、陶瓷材料及复合材料三大类。

一、高分子材料

高分子材料是以高分子化合物为主要组分的材料，按照其力学性能及使用状态可分为合成塑料、合成橡胶、合成纤维等。其中以合成树脂的产量最大，应用最广，而用它制成的塑料，是最主要的工程结构材料。

（一）工程塑料

塑料是以树脂为主要成分，在一定温度和压力下塑造成一定形状，并在常温下能保持既定形状的高分子有机材料。在日常生活中使用的塑料一般被称为普通塑料，工程塑料则是具有类似金属的综合性能、可制作机器结构零部件或工程结构的塑料。

1. 工程塑料的组成

工程塑料的主要组成是合成树脂和添加剂。合成树脂是具有可塑性的高分子化合物的统称，它是塑料的基本组成物，决定了塑料的基本性能；添加剂的作用主要是改善塑料的某些性能或降低成本，常用的添加剂有填充剂、增塑剂、稳定剂、润滑剂、固化剂、着色剂等。

2. 工程塑料的性能特点

塑料最大的特点是具有可塑性和可调性。所谓可塑性，就是通过简单的成型工艺，利用模具可以制造出所需要的各种不同形状的塑料制品；可调性是指在生产过程中可以通过变换工艺、改变配方，制造出不同性能的塑料。

与金属材料相比，塑料具有质软、比强度高、绝缘、耐腐蚀、减磨、消声、吸振、自润滑等优点，另外，透光性、绝缘性也为一般金属所不及；缺点是强度低、耐热性差、膨胀系数大、易老化等。

3. 常用工程塑料简介

常用工程塑料按树脂在加热和冷却时所表现出来的性能可分为两类，即热塑性塑料（受热时变软，冷却时固化，而且可以重复出现）和热固性塑料（受热硬化后，若再加热，则不软化）。

（1）热塑性塑料。

1）聚酰胺（代号 PA）。其商业名称为尼龙或锦纶，是目前机械制造工程中应用较广的一种工程塑料。它具有突出的耐磨性和自润滑性能；良好的机械性能，即韧性很好，强度较高；耐蚀性好；抗霉、无毒；成形性能好。其缺点是耐热性不高、导热性较差、吸水率较高和成形收缩率大。根据以上特点，尼龙在机械工业上可用于制造耐磨、耐蚀的某些承载和传动零件，如轴承、齿轮、螺钉等。

2）ABS 塑料。其是一种三元聚合物，A 表示丙烯腈，B 表示丁二烯，S 表示苯乙烯。这种塑料坚韧、质硬、刚性好、耐热、尺寸稳定性好、耐蚀、易于加工成形，且通过调整三组元的比例可以改善某种性能以满足使用要求。ABS 塑料广泛用于制造电话机、电视机外壳、汽车方向盘、仪表盘、化工容器管道及耐磨的传动件。

3）有机玻璃（代号 PMMA）。学名叫聚甲基丙烯酸甲酯。它具有透光性良好、比重轻、强度高、熔点低、易于加工成形的特点，但易吸水、绝缘性差、硬度低、易溶于有机溶剂。有机玻璃广泛用于航空、汽车、仪表、光学等工业中，制作飞机座舱、风挡、舷窗、电视及雷达的屏幕、仪表护罩、光学元件等。

4）聚四氟乙烯（代号 F-4）。俗称塑料王，具有非常优良的耐高、低温性能，几乎能耐所有化学药品的腐蚀，不吸水，绝缘性能优良，摩擦系数小，但热胀冷缩程度较大、熔融后黏度高，不易加工成形。在工业中主要用于制造耐磨绝缘件、密封件等。

（2）热固性塑料。

1）酚醛塑料（代号 PF）。它是由酚醛树脂加填料组成，俗称电木，具有较高的强度、刚性、耐热性、绝缘性和耐蚀性。它的成形工艺简单，价格低廉，广泛用于制作各种电讯器材和电木制品，如插头、开关、电话机壳、仪表盒等，也可用于制作齿轮、皮带轮、化工用耐酸泵、垫圈等。

2）环氧树脂塑料（代号 EP）。它是由环氧树脂加入多种固化剂后形成的一种聚合物，最大的特点是黏结性能良好，可用于黏结金属、塑料、玻璃、陶瓷等，有“万能胶”之称。

4. 塑料成型工艺简介

（1）挤出成型。借助螺杆和柱塞的作用，使熔化的塑料在压力推动下，强行通过口模而成为具有恒定截面的连续型材的一种方法。其形状由口模决定。该工艺可生产各种型材、管材、电线电缆包覆物等，如图 5-2 所示。此法的优点是生产率高、用途广、适应性强。目前，生产的挤出制品约占热塑制品 40%～50%。

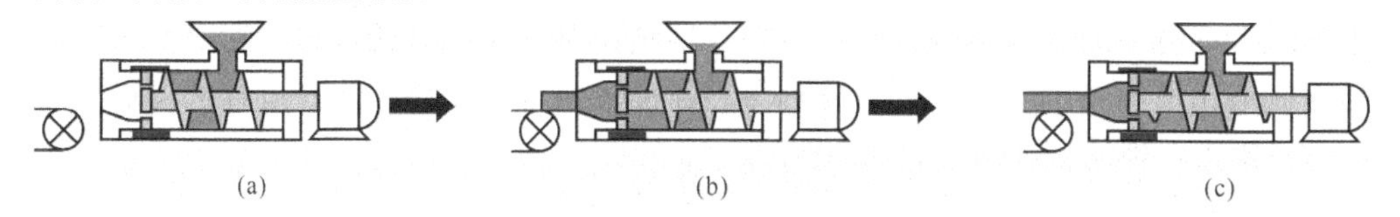

图 5-2 塑料挤出成型

（a）材料放入料斗；（b）用螺杆边搅拌边顶出；（c）形状被顶出，成形完了

（2）吹塑成型。其是将挤出或注射成型的塑料管坯（型坯），趁热于熔融状态时，置于各种形状的模具中，并及时向管坯内通入压缩空气将其吹胀，让坯料紧贴模胆而成型，冷却脱模后即得中空制品，如图 5-3 所示。

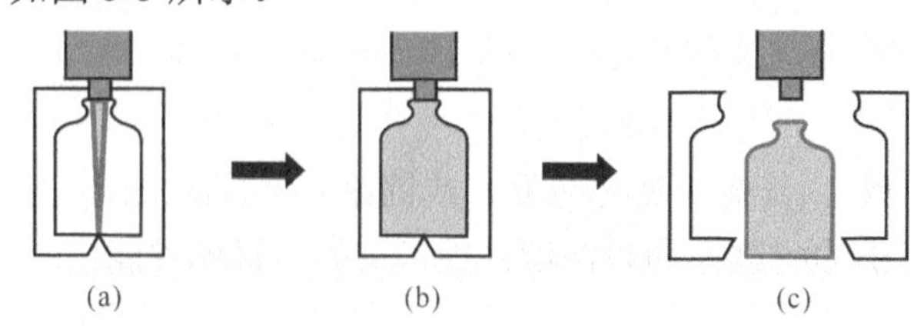

图 5-3 塑料吹塑成型

（a）棒（管）状材料放入模具内；（b）吹入空气；（c）打开模具，成形完了

（3）注射成型。又称注塑。熔融塑料在流动状态下，用螺杆或柱塞将其通过料筒前端的喷嘴，快速注入温度较低的模型，经过短时冷却定型，即得塑料制品的一种成型方法，

见图 5-4 所示。该工艺生产周期短，适应性强。

（二）橡胶

橡胶是以生胶（有天然和合成两种）为基础，加入适量配合剂所组成的高分子弹性体材料。它具有高弹性和蓄能作用，是常用的弹性材料、密封材料、防震和减振材料、传动材料。

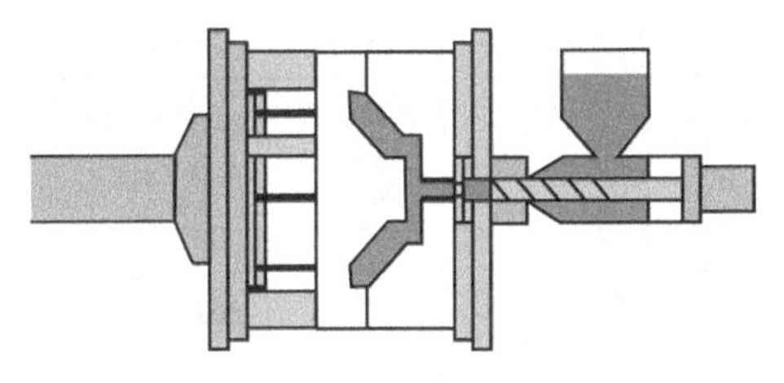

图 5-4 塑料注射成型

1. 橡胶的分类

（1）橡胶按其来源可分为天然橡胶与合成橡胶两类。天然橡胶是橡胶树的液状乳汁经采集和适当加工而成，天然橡胶的主要化学成分是聚异戊二烯；合成橡胶主要成分是合成高分子物质，其品种较多，丁苯橡胶和顺丁橡胶是较常用的合成橡胶。

（2）橡胶按其用途可分为通用橡胶和特种橡胶两类。通用橡胶的用量一般较大，主要用于制作轮胎、输送带、胶管、胶板等，主要品种有丁苯橡胶、氯丁橡胶、乙丙橡胶等；特种橡胶主要用于高温、低温、酸、碱、油和辐射介质条件下的橡胶制品，主要有丁腈橡胶、硅橡胶、氟橡胶等。

2. 橡胶的组成

橡胶制品是以生胶为基础，并加入适量的配合剂和增强材料组成的，如硫化剂、软化剂、补强剂等。

3. 橡胶的性能

橡胶最突出的特点是具有高弹性，还具有很高的可挠性、伸长率、良好的耐磨性、电绝缘性、耐腐蚀性、隔音、吸振以及与其他物质的黏结性等。

4. 常用橡胶简介

常用橡胶性能及应用如表 5-10 所示。

表 5-10 常用橡胶的性能及应用

类别	品 种	抗拉强度 R_m（10^5Pa）	断后伸长率 A（%）	使用温度 t（℃）	性 能 特 点	应 用 举 例
通用橡胶	天然橡胶（NR）	25～30	650～900	−50～+120	高弹性、耐低温、耐磨、绝缘、防振、易加工。不耐氧、不耐油、不耐高温	通用制品，轮胎、胶带、胶管等
	丁苯橡胶（SBR）	15～20	500～800	−50～+140	耐磨性突出，耐油、耐老化。但不耐寒、加工性较差、自黏性差、不耐屈挠	通用制品，轮胎、胶板、胶布、各种硬质橡胶制品
	顺丁橡胶（BR）	18～25	450～800	−73～+120	弹性和耐磨性突出，耐寒性较好，易与金属黏合。但加工性差、自黏性和抗撕裂性差	轮胎、耐寒胶带、橡胶弹簧、减振器，电绝缘制品
	氯丁橡胶（CR）	25～27	800～1000	−35～+130	耐油、耐氧、耐臭氧性良好，阻燃、耐热性好。但电绝缘性、加工性较差	耐油、耐蚀胶管、运输带、各种垫圈、油封衬里、胶黏剂、汽车门窗嵌件
特种橡胶	丁腈橡胶（NBR）	15～30	300～800	−35～+175	耐油性突出，耐溶剂、耐热、耐老化、耐磨性均超过一般通用橡胶，气密性、耐水性良好，但耐寒性、耐臭氧性、加工性均较差	输油管、耐油密封垫圈耐热及减振零件、汽车配件

续表

类别	品　种	抗拉强度 R_m（10^5Pa）	断后伸长率 A（%）	使用温度 t（℃）	性 能 特 点	应 用 举 例
特种橡胶	聚氨酯橡胶(UR)	20～35	300～800	80	耐磨性高于其他橡胶，耐油性良好，强度高。但耐碱、耐水、耐热性均较差	胶辊、实心轮胎、同步齿形带及耐磨制品
	硅橡胶	4～10	50～500	−70～+275	耐高温、耐低温性突出，耐臭氧、耐老化、电绝缘、耐水性优良，无味无毒。强度低，不耐油	各种管接头，高温使用的垫圈、衬垫、密封件，耐高温的电线、电缆包皮
	氟橡胶(FPM)	20～22	100～500	−50～+300	耐腐蚀性突出，耐酸、碱、强氧化剂能力高于其他橡胶。但价格贵，耐寒性及加工性较差	化工容器衬里，发动机耐油、耐热制品，高级密封圈，高真空橡胶件

（三）合成纤维

合成纤维发展速度很快，产量直线上升，过去20年中，差不多每年以20%增长率发展，品种越来越多。凡能保持长度比本身直径大100倍的均匀条状或丝状的高分子材料均称纤维，包括天然纤维和化学纤维。化学纤维又分人造纤维和合成纤维。人造纤维是用自然界的纤维加工制成的，如“人造丝”、“人造棉”的黏胶纤维和销化纤维、醋酸纤维等。合成纤维以石油、煤、天然气为原料制成。

合成纤维一般都具有强度高、密度小、耐磨、耐蚀等特点，除广泛用作衣料等生活用品外，在工农业、交通、国防等部门也有许多重要用途。常用的合成纤维有锦纶、涤纶、腈纶、维纶、氯纶、丙纶、芳纶等。

二、陶瓷

陶瓷材料是指以天然硅酸盐（黏土、石英、长石等）或人工合成化合物（氮化物、氧化物、碳化物等）为原料，经过制粉、配料、成形、高温烧结而成的无机非金属材料。

（一）陶瓷的分类

陶瓷分为普通陶瓷（传统陶瓷）和特种陶瓷（现代陶瓷）两类。

（1）普通陶瓷。采用天然原料如长石、黏土和石英等烧结而成，是典型的硅酸盐材料，主要组成元素是硅、铝、氧，普通陶瓷来源丰富、成本低、工艺成熟。这类陶瓷按性能特征和用途又可分为日用陶瓷、建筑陶瓷、电绝缘陶瓷、化工陶瓷等。

（2）特种陶瓷。采用高纯度人工合成的原料，利用精密控制工艺成形烧结制成，一般具有某些特殊性能，以适应各种需要。根据其主要成分，有氧化物陶瓷、氮化物陶瓷、碳化物陶瓷、金属陶瓷等；特种陶瓷具有特殊的力学、光、声、电、磁、热等性能。

（二）陶瓷的性能

陶瓷材料具有很好的刚度和硬度，但强度较低、韧性很差。陶瓷材料的耐热性能好，是传统的耐高温材料，并且绝缘性、抗蚀性很强。

（三）常用陶瓷简介

1. 普通陶瓷

即黏土类陶瓷，除日用陶瓷件生产外，工业上主要用于绝缘的电瓷件、耐酸碱的化学瓷件以及要求较低的结构零件的生产。

2. 氧化铝陶瓷

硬度高，抗蚀性及绝缘性好，耐高温，但脆性大，不宜承受温度的剧烈变化。主要用于制造热电偶绝缘套、内燃机火花塞、拉丝模、切削刀具等。

3. 氮化硅陶瓷

化学稳定性好、硬度高、抗热性强、强度较高，可用于制作燃气轮机转子叶片、水泵密封环、阀门、热电偶套及高温轴承等。

4. 氮化硼陶瓷

摩擦系数很低，具有自润滑性，有“白石墨”之称，是典型的绝缘材料和优良的导热体。氮化硼陶瓷用于制造冶炼用的坩埚、器皿、管道、半导体容器以及各种散热绝缘体、玻璃制品模具等。

伴随着各种新型材料的发展，快离子陶瓷、压电陶瓷、导电陶瓷、光学陶瓷、敏感陶瓷（如光敏、气敏、热敏、湿敏等）、激光陶瓷、超导陶瓷等性能各异的功能陶瓷也在不断地涌现，在各个领域发挥着巨大的作用。

三、复合材料

复合材料是用两种或两种以上不同性能、不同形态的组分材料通过复合手段组合而成的一种多相材料。复合材料的某些性能，是单一材料无法比拟也无法具备的，例如，玻璃和树脂的强韧性都不高，但它们组成的复合材料（玻璃钢）却有很高的强度和韧性，而且质量很轻。复合材料已成为挖掘材料潜能，研制、开发新材料的有效途径。

（一）复合材料的组成

复合材料一般是以强度较低、韧性较好的材料为基体，以高强度、高弹性模量的材料为增强体，两者掺匀后，经适当加热与加压结合而成。基体起黏结、保护、传递外加载荷的作用，由金属、树脂、陶瓷等构成；增强体起承受载荷，提高强度、韧性的作用。

（二）复合材料的分类

（1）按基体的不同，分为非金属基体和金属基体两类。常用的有纤维增强金属管、纤维增强塑料、钢筋混凝土等。

（2）按增强相种类和形状不同，分为颗粒、晶须、层状及纤维增强复合材料。常用的有金属陶瓷、热双金属片簧、玻璃纤维复合材料（玻璃钢）等。

（3）按性能不同，分为结构复合材料和功能复合材料两类。

（三）复合材料的性能

复合材料的比模量和比强度高，具有良好的抗疲劳性、安全性、高温性和减振性，此外，复合材料一般都具有良好的化学稳定性，而且制造工艺简单，大量用于制作飞机结构件、汽车、轮船、压力容器、管道、传动零件等，其应用量呈逐年增加趋势。

（四）常用复合材料简介

1. 玻璃纤维增强复合材料

玻璃纤维增强复合材料是指以树脂为基体，以玻璃纤维增强的复合材料，又称玻璃钢。根据复合材料基体不同可分为热塑性和热固性两种。玻璃钢力学性能优良，抗拉强度和抗压强度都超过一般钢和硬铝，而比强度更为突出。现在已广泛应用于各种机器护罩、复杂壳体、车辆、船舶、仪表、化工容器、管道等，如波音 747 喷气式客机上，有一万多个用玻璃钢制作的部件。玻璃钢在建筑业的作用越来越大，许多新建的体育馆、展览馆、商厦的巨大屋顶都是由玻璃钢制成的，它不仅质量轻、强度大，还能透过阳光。

2. 碳纤维增强复合材料

碳纤维是将各种纤维（目前主要使用的是聚丙烯腈系碳纤维）在隔绝的空气中经高温碳化制成。碳纤维比玻璃纤维的强度略高，而弹性模量则是玻璃纤维的4～6倍，并且碳纤维具有较好的高温力学性能。碳纤维复合材料多用于制作齿轮、活塞、轴承密封件等；也可用于制作化工设备、运动器材（如羽毛球拍、钓鱼竿等）及医学领域；发达国家还大量采用碳纤维增强的复合建筑材料，使建筑物具有良好的抗震性能。

3. 硼纤维增强复合材料

硼纤维是在直径约为 10μm 的钨丝、碳纤维上或其他芯线上沉积硼元素制成直径约为100μm 的硼纤维增强材料。其强度和弹性模量高，耐辐射，导电、导热性能良好。

4. 有机纤维增强复合材料

常用的是以芳香族聚酰胺纤维（芳纶）为增强体，以合成树脂为基体。这类纤维的密度是所有纤维中最小的，而强度和弹性模量都很高。主要品种有凯芙拉（Kevlar）、诺麦克斯（Nomex）等。凯芙拉材料在军事上有“装甲卫士”的称号，能提高坦克、装甲车的防护性能。有机纤维与环氧树脂结合的复合材料已在航空、航天工业方面得到应用。

5. 层叠复合材料

层叠复合材料是用几种性能不同的板材经热压胶合而成。根据复合形式有夹层结构的复合材料、双层金属复合材料、塑料—金属多层复合材料。如夹层复合材料已广泛应用于飞机机翼、船舶、火车车厢、运输容器、安全帽、滑雪板等。

6. 颗粒增强复合材料

颗粒增强复合材料是由一种或多种颗粒均匀地分布在基体中所组成的材料。一般粒子的尺寸越小，增强效果越明显。陶瓷颗粒增强的金属基复合材料具有高的强度、硬度、耐磨性、耐蚀性和小的膨胀系数，用于制作刀具、重载轴承及火焰喷嘴等高温工作零件。

（五）复合材料的发展方向

（1）复合材料的设计由常规设计向仿生设计和计算机辅助设计方向发展。

（2）复合材料的应用由航空、航天领域向民用领域扩展。

（3）复合材料向绿色化方向发展。

第五节 工程材料的选用

工程材料的选用不仅与材料本身的化学成分、组织及性能有关，而且与设计、供应、制造、销售等系统有着密切的关系，是一个复杂的技术、经济问题。正确、合理地选材不仅是保证产品的设计要求、适应制造的重要条件，而且是提高生产率、降低成本的重要措施。为了正确、合理地选材，本节通过介绍选材的基本原则、选材的一般程序和方法以及典型零件的选材举例，为合理选用工程材料提供必要的基础。

一、选材的基本原则

选用工程材料的基本原则是材料的使用性能能满足零件的技术要求，同时要兼顾材料的加工工艺性与经济性。

（一）保证使用性能要求

选材的首要原则就是要保证使用性能的要求。使用性能的要求实际上是多种多样而且相当复杂的，为了保证满足这些要求，通常要从零件（或产品）的工作条件、失效形式和性能指标三个方面考虑。

1. 工作条件

工作条件是指零件（或产品）在正常服役过程中的受力状态、工作温度及所处的环境介质的种类和性质。例如，普通机床变速箱齿轮在室温下担负传递动力、改变运动速度和方向的任务，工作条件较好，受压、弯应力作用，转速中等，所受载荷性质为循环冲击载荷。选材时，除了要分析零件（或产品）在正常情况下的工作条件外，还需考虑诸如短期过载、润滑不良、承载时间过长以及其他突发情况，以确保零件（或产品）的使用性能和人、机的安全。

2. 失效形式

失效形式是指零件（或产品）在实验或实际使用过程中的过量变形、断裂和尺寸变化。例如，上述齿轮常见的失效形式为齿折断、磨损、疲劳断裂及出现接触疲劳（麻点）。认真分析零件的失效形式和失效原因是选材、制造及验证设计是否合理的重要环节。对于某些重要零件的选材，有时则需要进行事先的失效试验，以便获取第一手资料，从而有效地保证满足使用性能的要求。

3. 性能指标

性能指标是选用材料的直接重要依据。各种材料的性能指标一般都是通过现场试验或实验室得到的，选用材料时可从有关手册或资料中查找。但在使用这些性能指标时一定要注意获取这些数据时的条件，实际零件的形状、尺寸和工作条件的变化，以避免在选材时对性能指标的误用。

（二）考虑工艺性能要求

考虑工艺性能要求是选用材料时的又一个重要原则，在保证使用性能要求的前提下，必须考虑所选材料对需要进行的各种加工过程的适应性，以及各种加工过程对材料原始性能和使用性能的影响。通常，对材料的工艺性能有如下要求。

1. 铸造成形工艺

要求材料具有良好的流动性、较小的收缩率、低的吸气率和均匀的化学成分。例如，用铸造成形工艺生产的机床床身、减速器机壳、发动机气缸等，应选用铸铁、铸造铝合金等铸造性能良好的材料，以便于铸造成型。

2. 锻压成形工艺

要求材料具有良好的热态或冷态塑性、较小的变形抗力。例如，重要的转轴、内燃机连杆、变速箱齿轮、内燃机活塞等，应选用中、低碳钢或合金结构钢、锻铝合金等具有良好可锻性的材料进行锻造成形。许多轻工业产品一般承载不大，如自行车、家用电器中的金属构件，宜选用塑性优良的低碳钢、有色合金，以便于冷压成形。

3. 焊接成形工艺

要求材料具有良好的互溶和扩散能力，以及低的热裂或冷裂倾向。例如，许多容器、输送管道、蒸汽锅炉等产品，需采用焊接成形工艺生产时应选用低碳钢、低合金钢等可焊性好的材料生产。

4. 切削成形工艺

要求材料在被加工过程中易切削，减少刀具磨损，允许较高的切削速度并可获得较高的表面质量。绝大多数机器零件都要进行切削加工，应选用硬度适中（170～230HBS）、切削加工性好的材料。如果材料的切削加工性差，应进行必要的热处理以调整其硬度，或者改进切削加工工艺，以保证切削质量。

5. 热处理工艺

许多金属构件都要进行热处理，尤其是淬火和回火处理。对于要求整体淬透或比较复杂的工件，应选用淬透性高的合金钢；对于只需要表层强化或形状简单的工件，则可以选用淬透性较低的材料。

（三）满足经济性要求

经济性是材料选择过程中一个极为复杂的因素，以最终获得最大经济效益为目的。通常，在选用材料的过程中，为满足经济性要求，主要从以下四个方面考虑。

1. 材料来源

一般来说，所选材料在国内、国外都有时，应尽可能选用国内的；国内几个地方都有时，应选用距加工厂较近、运输方便的；应尽可能优先选用已经标准化、通用化的材料及国内富有的材料。

2. 材料成本

材料成本是指材料的一次加工（成材前的加工）成本、质量成本以及运输、储存成本的总和。

3. 材料二次加工成本

二次加工成本是指材料购进后，在加工厂进行一系列加工（如熔化、铸造、锻压、轧制、热处理、切削加工等）所消耗的费用，其中也包括各工种、工序之间的运输、存放费用等。

4. 材料的代用和新材料的应用

科学技术的不断发展，为发掘传统材料的性能潜力，以及采用新材料代替传统材料提供了巨大的可能性。因此，在选材时必须充分利用这种可能性，一方面尽量采用简便、先进的加工处理工艺，挖掘材料的性能潜力；另一方面应尽量采用优质、高效、廉价的新材料，以降低成本、减少消耗，获得最大的经济效益。

以上阐述的选材原则并不是孤立的，而是相互影响和相互制约的，三个原则的主次地位在选材过程中也是随实际条件而变化的。因此，在上述三个选材总原则基础上，从实际出发，进行综合平衡，就可以取得满意的效果，并为后续的毛坯成形及零件成形方法的选择创造良好的基础。

二、选材的一般程序和方法

（一）一般程序

在材料选用过程中，虽然没有固定的模式可遵循，但一般程序是可以借鉴的。

1. 列出材料要求细目

这些细目包括对材料使用性能、工艺性能以及容易出现的其他相关要求。细目越详尽越好，以保证不遗漏某些特殊的因素而造成材料非预见性失效；在考虑材料工艺性能要求的同时，还必须考虑列出工艺过程对材料某些性能的增强或降低作用。

2. 细目分类排队

从实际情况出发，经过综合分析比较，确定哪些要求是主要的、决定性的，哪些是次要的、相关的或附属的。

3. 筛选

依据主要的、决定性的要求去选材，兼顾次要的、相关的要求，如要求材料的可塑性是主要的，则可把铸铁、高碳、高合金钢排除在外；要求材料的高温性能是主要的，就可把碳钢、普通合金钢排除在外，然后再顾及那些次要的、相关的要求。

4. 考虑材料的代用和新材料的选用

代用材料和新材料的选用一定要考虑实际应用上的“必要性”和“可能性”，并进行技术经济分析。

5. 经济性分析

经济性分析要贯穿到整个选材过程中，力求做到所选用材料质量高、经济效益好。

6. 验证

验证是选材过程中不可忽视的一个重要环节，一方面是对所选材料的合理与否进行实际考查，另一方面可以获得第一手资料，为今后的选材提供可靠依据，以不断提高选材的准确性、可靠性和经济性。

（二）一般方法

采用正确的选材方法有助于缩短选材周期，提高选材的可靠性和经济性，通常采用的方法如下：

1. 查表法

一般情况下，通用的零件材料可以通过查阅有关手册、标准资料选用。

2. 排除法

排除法又称筛选法。根据细目中的不同要求，逐步排除掉与之不相关、不适应的材料，缩小选材范围，最终筛选出符合要求的材料。

3. 类比法

对于不重要、质量要求不高的零件材料的选用，可以通过和同类零件已经使用的材料进行比较来选用。

4. 试验法

对于代用材料和新品材料的选用，一般都需要通过试验的方法，以确保满足产品功能、使用寿命和安全的要求。

三、典型零件的选材举例

上面介绍了选材的基本原则、一般程序和方法，下面以齿轮零件的选材为例作简单介绍。

1. 齿轮的工作条件

齿轮是机械工业中应用最广泛的零件之一，主要用于传递扭矩和调节速度，工作时的受力情况如下：

（1）齿根承受很大的交变弯曲应力。

（2）齿部承受一定冲击载荷。

（3）齿面承受很大的接触应力，并发生强烈的摩擦。

2. 齿轮的失效形式

（1）疲劳断裂。是齿轮最严重的失效形式，主要在根部发生。

（2）齿面磨损。由于齿面接触区摩擦，使齿厚变小。

（3）齿面接触疲劳破坏。在交变接触应力作用下，齿面产生微裂纹，微裂纹发展，引起点状剥落（俗称麻点）。

（4）过载断裂。主要是冲击载荷过大，造成断齿。

3. 齿轮的性能要求

（1）高的弯曲疲劳强度。

（2）高的接触疲劳强度和耐磨性。

（3）较高的强度和冲击韧性。

（4）较好的热处理工艺性能，如热处理变形小等。

4. 齿轮零件的选材

齿轮类零件材料要求的性能主要是疲劳强度，并且齿心应有足够的冲击韧性。从以上两方面考虑，选用低、中碳钢或合金钢，经表面强化处理后，表面有高的强度和硬度，心部有好的韧性，能满足使用要求。此外，这类钢的工艺性能好，经济上也较合理，所以是比较理想的材料。常用材料有45、40Cr、40MnB、30CrMnSi、35CrMo、40CrNiMo等，具体钢种可根据齿轮的载荷类型和淬透性要求来决定。

复习思考题

1. 碳钢中常存杂质元素对性能有何影响？

2. 与碳钢相比，合金钢有哪些优点？

3. 说明下列材料牌号中符号的含义：Q235A，Q275，20，45Mn，T8A，ZG200-400。

4. 白口铸铁、灰口铸铁和钢三者的成分、组织和性能有何主要区别？

5. 钛合金分为哪几类？性能上有何特点？

6. 从下列材料中选择最合适的材料填表5-11，并确定相应的最终热处理方法：Q235A、T10、16Mn、9SiCr、Cr12MoV、3Crl3、W18Cr4V、45、20CrMnTi、60Si2Mn、HT300、QT600-3。

表5-11　　零件选用材料及最终热处理方法

零件名称	选用材料	最终热处理方法
圆板牙		
手工锯条		
汽车变速箱齿轮		
普通车床主轴		
车厢弹簧（板簧）		
车床床身		
冲孔模的凸模		
汽车用曲轴		
自行车车架		
手术刀		
车刀		
钢窗		

7. 什么是热塑性塑料?什么是热固性塑料？试举例说明。

8. 识别下列铸铁牌号：HTl50、HT300、KTH300-06、KTZ450-06、KTB380-12、QT400-18、QT600-03、RuT260、MQTMn6。

第二篇　毛　坯　成　形

金属零件的制造过程一般包括毛坯成形和对毛坯的切削成形。毛坯成形是指通过一定的成形方法将原材料加工成与零件形状、尺寸接近的坯料的成形过程，一般包括以铸造为代表的液态成形、以锻压为代表的固态成形和以焊接为代表的连接成形等工艺技术。毛坯成形与切削成形不同，在大部分毛坯成形过程中，材料不仅发生几何尺寸的变化，还会发生成分、组织结构及性能的变化。

毛坯成形可以节约大量的工程材料，减少材料消耗，而且还可以减少大量的切削加工工作量，缩短生产周期，提高生产率，降低生产成本，因而在制造业中得到广泛应用。据统计，全世界75%的钢材经塑性加工，45%的金属结构经焊接得以成形。我国铸件年产量超过1400万t，成为世界铸件生产第一大国。汽车工业是毛坯成形技术应用最广的领域，据统计，2000年全球汽车用材总质量的65%由钢材（约45%）、铝合金（约13%）及铸铁（约7%）通过锻压、焊接和铸造成形，并通过热处理及表面改性获得最终所需的实用性能。

毛坯成形技术在21世纪发展过程中，逐步形成“精密”、“优质”、“快速”、“复合”、“绿色”和“信息化”的特色。

本篇主要介绍铸造成形、锻压成形和焊接成形工艺的特点、方法、应用和毛坯件的结构工艺设计等内容。

第六章 铸 造 成 形

将液态合金浇注到与零件的形状、尺寸相适应的铸型空腔中，待其冷却凝固后获得一定形状和性能的零件或毛坯的方法称为铸造。

铸造生产在整个机械产品中占有极其重要的地位。在一般机械设备中，铸件约占整个机械设备质量的45%～90%，如在机床、内燃机、重型机械结构中，铸件约占整机质量的70%～90%。铸造工艺与其他加工方法相比有以下特点：

（1）可以生产形状复杂，特别是内腔复杂的铸件。铸件的形状和尺寸与零件形状很相似，因此，加工余量小，节省加工费用。精密铸件甚至可省去切削工序，直接作为零件使用。

（2）生产的适应性较广。可以生产小到几克大到数百吨的铸件，各种金属材料及合金都可以用铸造方法制成铸件。

（3）生产成本低。铸造用的原材料来源广泛、价格低廉，而且可以直接利用报废的机件、废钢和切屑。

（4）铸造生产的工序多、劳动条件差，铸件质量不稳定，废品率较高。铸件的力学性能不如同类材料的锻件高，使得铸件要做得相对笨重些，从而增加机器的质量。近年来，由于精密铸造和新工艺、新设备的迅速发展，铸件质量有了很大的提高。

第一节 铸造成形工艺基础

合金在铸造生产中所表现出来的工艺性能称为合金的铸造性能，是指合金在铸造过程中获得外形准确、内部健全的铸件的能力，主要包括合金的流动性、收缩性、偏析和吸气性等性能，对铸件的品质有很大的影响，其中流动性和收缩性对铸件质量的影响最大。

一、合金的流动性

液态合金充满铸型的流动能力称为合金的流动性。流动性好的合金能铸造出复杂薄壁铸件，而且有助于合金铸件凝固收缩时的补缩，液体中的气体、非金属夹杂物也容易上浮排出，从而获得高质量铸件。若流动性不好，铸件容易发生冷隔、浇不足、气孔及砂眼等缺陷，因此，要求铸造合金有一定的流动性。

液态合金的流动性通常以“螺旋形试样”（见图6-1）长度来衡量。将金属液浇入螺旋形试样铸型中，冷凝后，测出浇注试件的实际螺旋线长度。为便于测定，在标准试样上每隔 50mm 设置一个凸台标记。在相同的浇注工艺条件下，测得的螺旋线长度越长，合金的流动性越好。合金的流动性是由合金的化学成分及外部条件决定的。

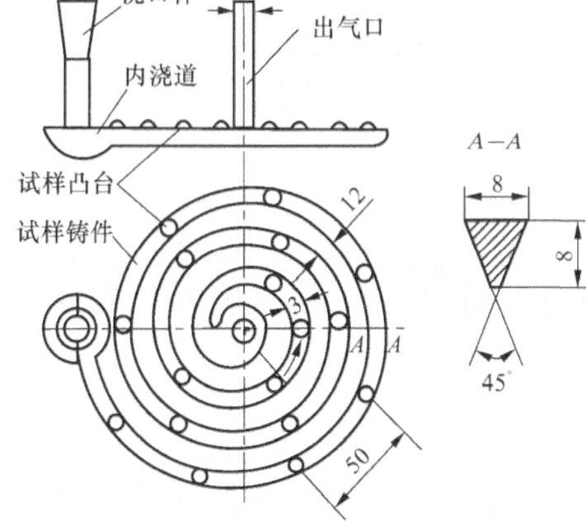

图6-1 螺旋形试样示意图

（一）合金的化学成分

合金的化学成分是影响流动性的主要因素。不同化学成分的合金具有不同的结晶特点，其流动性也不同。一般规律是合金的凝固温度范围越小流动性越好，因为在结晶过程中始终存在着固体和液体两相，使其黏度增大，当固体达到一定比例时会形成结晶网络，使合金较早地停止流动。纯金属和共晶成分的合金是在一个温度点进行凝固的，所以流动性好。在常用的合金中，灰铸铁、硅黄铜的流动性较好，铝合金次之，铸钢较差，如表 6-1 所示。

表 6-1　常用合金的流动性

铸造合金		铸型材料	浇注温度（℃）	螺旋线长度（mm）
灰铸铁	$w_{(C+Si)}$=6.2%	砂型	1300	1800
	$w_{(C+Si)}$=5.2%	砂型	1300	1000
	$w_{(C+Si)}$=4.2%	砂型	1300	600
硅黄铜		砂型	1100	1000
铝硅合金		金属型	700	750
锡青铜		砂型	1040	420
铸钢 w_C=0.4%		砂型	1600	100
		砂型	1640	200

（二）浇注温度

浇注温度越高，合金保持液态的时间越长，因而改善了合金的流动性，增加了充型能力。但浇注温度增高后，易产生黏砂、缩孔、气孔等缺陷，所以，一般合金的浇注温度在保证有足够流动性的条件下，应尽量低一些。只有在浇注复杂形状或薄壁铸件时，才使浇注温度高些。通常灰铸件的浇注温度为 1200～1320℃，碳素钢为 1500～1550℃，铝合金为 680～780℃，具体浇注温度视铸件的大小、壁厚、复杂程度及合金成分而定。

（三）铸型条件

液态合金充型时，铸型的阻力将影响合金的流动速度，而铸型与合金间的热交换又将影响合金保持流动的时间。因此，铸型的下列因素对充型能力均有显著影响。

1. 铸型导热能力

铸型导热能力越差，液态金属处于高温下的时间越长，越有利于液态金属的流动和充型。如金属型铸造因其金属铸型导热能力强，所以较砂型铸造容易产生浇不足等缺陷。

2. 铸型温度

提高铸型温度，减少铸型和金属液间的温差，减缓冷却速度，可使充型能力得到提高。在金属型铸造和熔模铸造时，常将铸型预热数百度。

3. 铸型中气体

在金属液的热作用下，型腔中的气体膨胀，型砂中的水分气化，煤粉和其他有机物燃烧，将产生大量气体。如果铸型的排气能力差，则型腔中气体压力增大，以致阻碍液态合金的充型，充型能力下降。为减小气体的压力，除应设法减少气体来源外，应使砂型具有良好的透气性，并在远离浇口的最高部位开设出气口。

此外，铸件的结构对充型能力也有一定的影响，如铸型和浇注系统结构复杂、直浇道太低、内浇道截面小或布置不合理，液态合金的流动阻力就增大，也使得合金的流动性降低。

二、合金的收缩性

合金在凝固和冷却过程中，其体积和尺寸减小的现象称为收缩。收缩会引起铸件产生缩孔、缩松、内应力、变形和裂纹等缺陷，严重地影响铸件的质量。液体金属由液态冷却至室温的收缩过程一般分为三个阶段。

（1）液态收缩。指合金液从浇注温度冷却到凝固开始温度之间的体积收缩，此时的收缩表现为型腔内液面的降低。合金液体的过热度越大，则液态收缩也越大。

（2）凝固收缩。指合金从凝固开始温度冷却到凝固终止温度之间的体积收缩，在一般情况下，这个阶段仍表现为型腔内液面的降低。

（3）固态收缩。指合金从凝固终止温度冷却到室温之间的体积收缩。固态体积收缩表现为三个方向线尺寸的缩小，即三个方向的线收缩。

合金的收缩为上述三种收缩的总和。其中，合金的液态收缩和凝固收缩表现为合金体积的缩减，常用体积收缩率表示，是形成铸件缩孔和缩松缺陷的基本原因。合金的固态收缩，直观地表现为铸件轮廓尺寸的减小，因而常用铸件单位长度上的收缩量，即线收缩率来表示，是铸件产生内应力、变形和裂纹的基本原因。

（一）影响合金收缩性的因素

合金的实际收缩率与其化学成分、浇注温度、铸件结构和铸型条件有关。

1. 化学成分

在一般合金中，铸钢收缩率最大，并且随含碳量的增加而增加；灰口铸铁收缩量最小，其原因是灰口铸铁中大部分碳是以石墨形式存在，石墨比容大，在结晶时石墨析出所产生的体积膨胀抵消了合金的部分收缩。铸铁中含锰、硫量增加，收缩增大。表 6-2 所示为几种铁碳合金的体积收缩率。

表 6-2　几种铁碳合金的体积收缩率

合金种类	含碳量（%）	浇注温度（℃）	液态收缩(%)	凝固收缩（%）	固态收缩（%）	总体积收缩（%）
铸造碳钢	0.35	1610	1.6	3	7.86	12.46
白口铸铁	3.00	1400	2.4	4.2	5.4～6.3	12～12.9
灰口铸铁	3.50	1400	3.5	0.1	3.3～4.2	6.9～7.8

2. 浇注温度

浇注温度越高，过热度越大，合金的液态收缩增加，因而总收缩率就越大。

3. 铸件结构和铸型条件

铸件在铸型中的凝固收缩往往不是自由收缩而是受阻收缩，其阻力来源于以下两个方面：

（1）铸件各个部分的冷却速度不同，引起各部分收缩不一致，相互约束而产生阻力；

（2）铸型和型芯对收缩的机械阻力。

因此，铸件的实际收缩率比自由收缩率要小一些。铸件形状越复杂、尺寸越大，它们在铸型收缩时的互相影响和阻碍作用也越大，因此收缩量减小。

（二）收缩性对铸件质量的影响

1. 缩孔和缩松

当液态合金充满型腔后，在冷却凝固过程中，由于铸件表面先凝固而内部得不到液态合金的补充，则会在铸件最后凝固的部分形成孔洞。由此造成的集中孔洞称为缩孔，细小分散的孔洞称为缩松。

（1）缩孔的形成。缩孔的形成过程如图 6-2 所示。液态金属充满铸型后，由于铸型吸热，靠近型壁的一层金属冷却较快，先凝固而形成铸件外壳；内部金属液的收缩因受外壳阻碍，不能得到补充，故其液面开始下降；铸件继续冷却，凝固层加厚，内部剩余的液体由于液态收缩和补充凝固层的收缩，体积减小，液面继续下降，如此过程一直延续到凝固终了，结果在铸件最后凝固的部位形成了缩孔，缩孔形状呈倒锥形，内表面粗糙。依凝固条件不同，缩孔可能隐藏在铸件表皮下（此时铸件上表皮可能呈凹陷状），也可能露在铸件表面（称之为明缩孔）。纯金属和共晶成分的合金易形成集中缩孔。

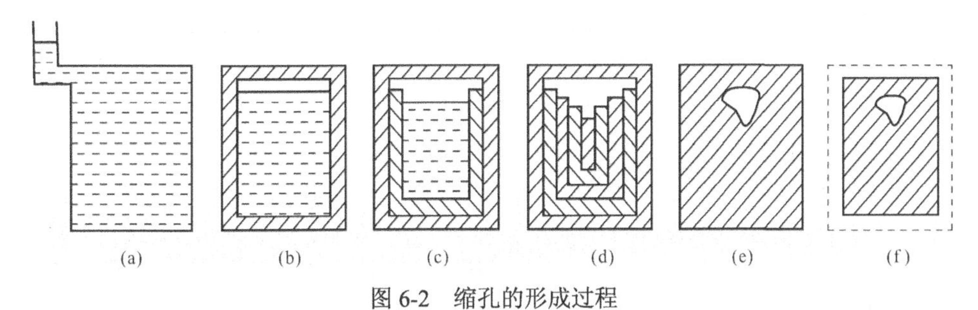

图 6-2　缩孔的形成过程

（2）缩松的形成。缩松主要产生在结晶温度范围较宽的合金和断面温度梯度小的铸件中。液态金属表层因散热快而凝固结壳后，因铸件内部呈糊状凝固，被树枝状晶体分隔开的小液体区难以得到补缩，最终形成许多小而分散的孔洞。

缩松分为宏观缩松和微观缩松两种（见图 6-3）。宏观缩松是用肉眼或放大镜可以看出的小孔洞，多分布在铸件中心轴线处或缩孔下方。微观缩松是分布在晶粒之间的微小孔洞，要用显微镜才能观察出来，这种缩松分布面积更为广泛，有时遍及整个截面。微观缩松难以完全避免，对于一般铸件多不作为缺陷对待，但对气密性、机械性能、物理性能或化学性能要求很高的铸件，则必须设法减少。

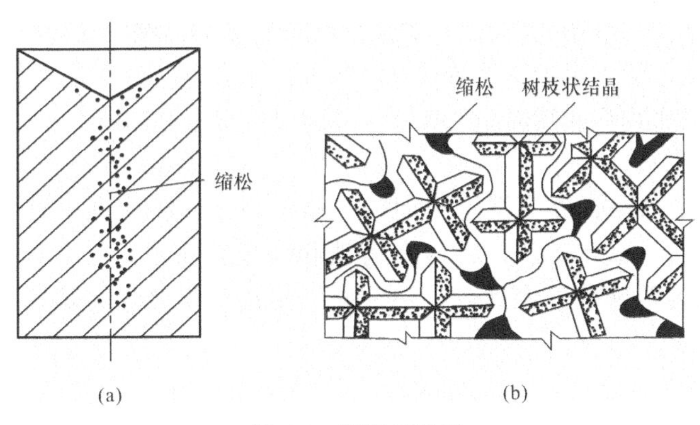

图 6-3　缩松示意图

（a）宏观缩松；（b）微观缩松

（3）缩孔、缩松的防止。缩孔和缩松都使铸件的力学性能下降，缩松还使铸件在气密性试验和水压试验时出现渗漏现象。生产中可通过在铸件的厚壁处设置冒口的工艺措施，使缩孔转移至最后凝固的冒口处，从而获得完整的铸件；也可以通过合理地设计铸件结构，避免铸件局部金属积聚，来预防缩孔的产生。

2. 内应力

铸件在固态收缩时受到阻碍而引起的应力，称为铸造内应力。它由以下三种情况引起。

（1）由铸型和型芯等机械阻碍造成机械应力。型砂和芯砂的强度越高，其退让性越差，对铸件收缩时的阻碍越大，造成的应力也越大。

（2）由于铸件各部分冷却时的速度不均而引起收缩不一致造成的应力称为热应力。由于铸件各部分壁厚不均，相差越大，则收缩时温度差也大，因而先收缩部分对后收缩部分的阻碍作用也越大。

（3）由于铸件发生相变时产生体积变化而引起的应力称为组织应力。

生产中为减小铸造内应力，经常从改进铸件的结构和优化铸造工艺入手。如铸件的壁厚应均匀，或者合理地设置冷铁等工艺措施，使铸件各部位冷却均匀，同时凝固，从而减小热应力；铸件的结构尽量简单、对称，这样可减小金属的收缩受阻，从而减小机械应力。

3. 变形和裂纹

当以上三种内应力超过屈服强度时则产生变形，超过强度极限则出现裂纹。因此，防止铸件变形和裂纹最根本的措施是减少铸造内应力。防止和消除内应力的方法是设计铸件结构时应尽量使壁厚均匀，正确选择浇注系统，降低合金中有害元素的含量，以及控制浇注温度和落砂时间等。

三、常用合金的铸造特性

1. 灰铸铁

灰铸铁的组织一般接近共晶成分，熔点低，结晶范围小，流动性好，收缩量小，不易产生缩孔和裂纹，在一般情况下很少用冒口，对型砂要求也不严，对硫等杂质含量要求不太严格，适合用冲天炉熔炼，故所需设备简单、便于操作、生产成本低、生产率高，因而在铸件材料的选用上应尽量选用灰铸铁。

2. 球墨铸铁

球墨铸铁的流动性与灰铸铁相近，但铁水经过球化处理后温度下降很多，且本身易氧化，容易使铸件产生冷隔、浇不足及夹渣等缺陷。另外，球墨铸铁的收缩性比灰口铸铁大，较容易产生收缩孔，故常采用快速浇注顺序凝固，并加设冒口进行补缩的方法。

3. 可锻铸铁

可锻铸铁是由白口铸铁经高温退火而成。由于白口铸铁中硫、硅含量低，结晶温度范围大，熔点也较高，铁水的流动性较灰铸铁和球墨铸铁差，收缩量大，铸件容易产生冷隔、浇不足和缩孔等缺陷，因此，在浇注时应采用高温浇注、顺序凝固、增设冒口等措施。

4. 铸钢

铸钢的熔点高、流动性差、收缩量大，因此铸造中易形成冷隔、黏砂，必须采取相应的措施防止这些缺陷的产生，如合理地设计铸件的结构、正确选择型砂和浇注系统等。

5. 铝合金

铸造用铝合金的熔点一般都较低，流动性好，对型砂的要求低，可采用细砂造型，以提高铸件的表面质量。铝合金具有比较优良的铸造性能，可铸造出壁厚为 2.5mm 和形状复杂的铸件，而且它的收缩性小，铸件不易出现收缩孔和开裂等缺陷。但铝合金在高温下易氧化，且吸气能力强，铝与氧生成的 Al_2O_3 组织致密，熔点较高，悬浮在铝液中阻碍了气体的排出，易使铸件中产生分散的小气孔，降低铝合金铸件的力学性能和气密性。为了避免上述氧化和吸气现象，通常在铝合金熔炼时，需进行去气和精炼处理。所谓“去气”（又叫“除气”）就是去除合金中的气体，“精炼”就是指去除合金中的夹杂物。

6. 铜合金

铸造铜合金流动性能比较好，但铜的密度大，冲刷力强，所以型砂、芯砂应有足够的强度。多数铜合金，特别是铝青铜收缩性较大，一般要设置冒口和冷铁，使之顺序凝固，防止缩孔出现。另外，铜合金易氧化，并在表面形成氧化膜，特别是铝青铜。为使金属液平稳地填满铸型，常采用开放型浇注系统。

第二节 铸造成形方法

铸造成形工艺是首先制造一个内腔形状、尺寸与所需零件相应的铸型，然后将液态金属充填入型腔，待其冷凝后而获得零件或毛坯（即铸件）的工艺方法。

铸造成形方法很多，按铸型材料、造型方法和浇注工艺的不同，主要可分为砂型铸造和特种铸造两大类。

一、砂型铸造

砂型铸造是用砂型和型芯做铸型的一种铸造方法。砂型铸造具有不受合金种类、铸件尺寸和形状的限制，操作灵活，设备简单，准备时间短等优点，适用于各种单件及批量生产。砂型铸造是铸造生产的最基本的方法。目前，我国用砂型铸造方法生产的铸件占全部铸件量的 90%以上。

（一）砂型铸造的工艺过程

砂型铸造的主要工序为制造模样、制备造型材料、造型、造芯、合型、熔炼、浇注、落砂清理和检验等。图 6-4 所示为砂型铸造工艺过程示意图。首先根据零件图设计出铸件图或模型图，制出模型及其他工装设备，并用模型、砂箱等和配制好的型砂制成相应的砂型，然后把熔炼好的合金液浇入型腔，等合金液在型腔内凝固冷却后，破坏铸型，取出铸件，最后清除铸件上附着的型砂及浇冒系统，经过后续热表处理和检验即可获得所需铸件。

1. 模样与芯盒的设计与制造

在造型时为了获得与铸件的形状和尺寸相适应的铸型型腔，必须用一个与铸件的形状和尺寸相适应的模样。模样决定了铸型型腔即铸件外部轮廓的形状和尺寸，是造型用的基本工艺装备，除比铸件尺寸大出一个收缩量外，还需带有合箱时放置型芯用的型芯头。

同样，对有孔或其他中空铸件，需要由型芯来获得，用于制造型芯的工艺装备称为芯盒。

用芯盒制造的型芯决定了铸件内部轮廓的形状和尺寸，考虑到金属的收缩，芯盒的尺寸应比铸件放大一个收缩率。

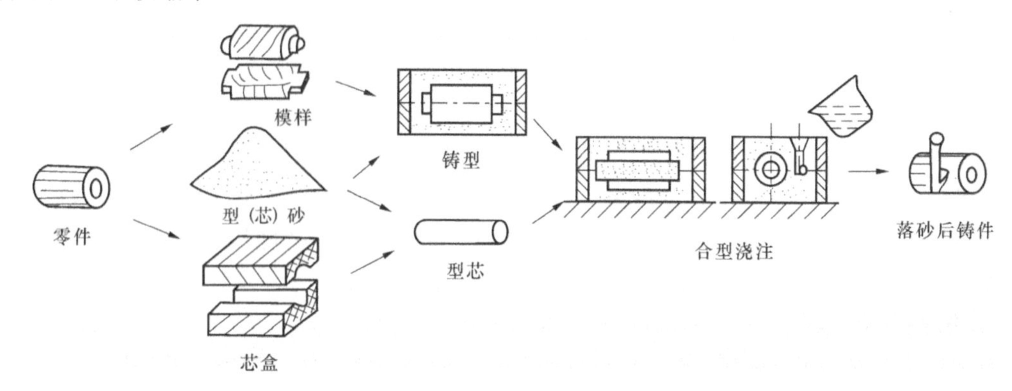

图 6-4 砂型铸造工艺过程示意图

模样及芯盒常用不易变形的优质木材、金属或塑料制成。

2. 造型（造芯）材料

造型材料是铸造生产中非常重要的组成部分，据一般统计，每生产 1t 合格铸件约需 2.5～10t 造型材料。它不仅消耗量大，而且其质量好坏直接影响铸件的质量和成本，因此，必须合理地选用和配制造型材料。

（1）型砂和芯砂的基本性能。用于制造砂型的材料称为型砂，用于制造型芯的材料称为芯砂。型砂及芯砂应具有一定的可塑性、强度、透气性、耐火性和退让性。

（2）型砂和芯砂的组成。为了满足型（芯）砂的性能要求，型（芯）砂由原砂、黏结剂、附加物和水按比例混合而成，原砂主要成分是 SiO_2，黏结剂有黏土、桐油、水玻璃、树脂、塑料等，附加物有木屑、煤粉、水等。

3. 造型方法

造型是利用型砂制造铸型的过程，造型方法有手工造型和机器造型两种。手工造型操作灵活，不需要复杂的造型设备，只需简单的造型平板、砂箱和一些手工造型工具，但生产率低，因此适合单件或小批量生产。机器造型指用机器完成全部或至少完成紧砂和起模操作的造型方法。它提高了生产率、改善了劳动条件，便于组织生产流水线，且铸件质量高，但需要造型设备，投资大，只适于大批量生产。

（1）手工造型。其关键是起模问题。对于形状较复杂的铸件，需将模型分成若干部分或在几只砂箱中造型。根据模型特征，手工造型方法可分为整模造型、分模造型、挖砂造型、活块造型、三箱造型、刮板造型等。

1）整模造型。采用整体模样来造型的方法称为整模造型。它的型腔全部位于一个砂箱内，分型面为一个平面，如图 6-5 所示。由于模样是在一个砂箱内，铸件不会产生错箱缺陷，同时，整模制造比较容易，铸件精度较高，适用于铸件最大截面靠一端且为平面的形状比较简单铸件。

2）分模造型。其是将模样沿最大截面分为两半，分别置于上、下砂模中进行造型，如图 6-6 所示。这种方法造型容易，起模方便，适用于生产最大截面在中部（或圆形）的形状较复杂铸件及带孔铸件，是生产中应用最为广泛的造型方法。

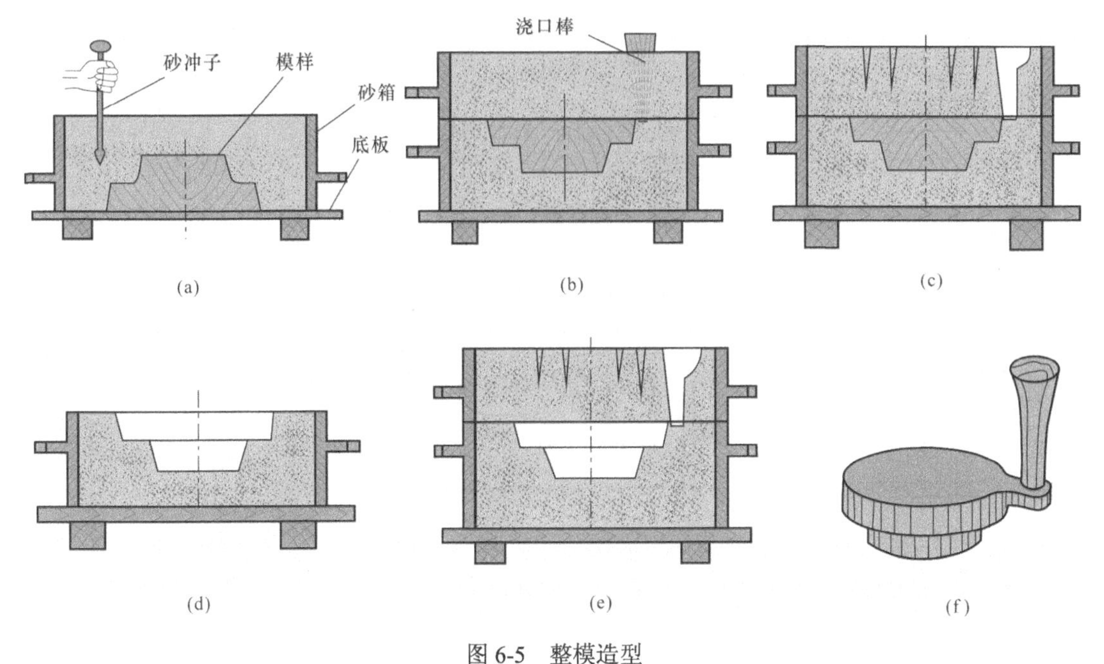

图 6-5 整模造型

（a）造下砂型；（b）造上砂型；（c）开外浇口、扎通气孔；（d）起出模样；
（e）合型；（f）落砂后带浇口的铸件

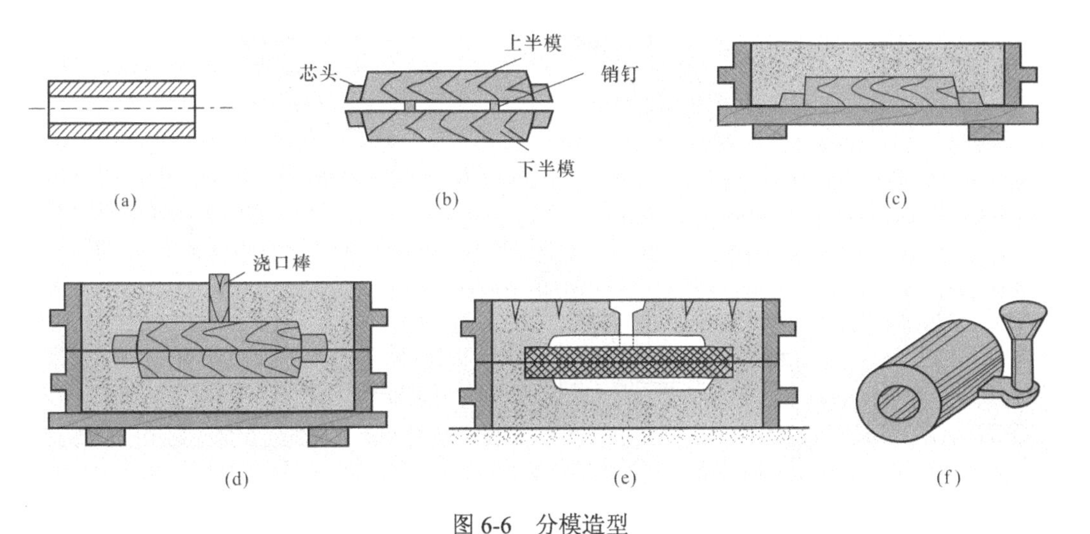

图 6-6 分模造型

（a）零件；（b）分模；（c）用下半模造下砂型；（d）用上半模造上砂型；
（e）起模、放砂芯、合型；（f）落砂后带浇口的铸件

3）挖砂造型。有些铸件虽没有平整平面，但在要求用整模造型时，可将下半型中阻碍起模的型砂挖掉，使起模顺利，这种方法称为挖砂造型，如图 6-7 所示为手轮挖砂造型示意图。由于挖砂造型具有不平的分型面，造型时生产率低且要求的技能高，所以一般只适用于单件或小批量生产。

4）活块造型。将模样上阻碍起模的部分制成活块，在取出模样主体时活块仍留在砂型中，然后再用工具从侧面取出活块，这种造型方法称为活块造型，如图 6-8 所示。这种方法操作水平要求高，活块易错位，影响铸件精度，生产率低，只适用于单件和小批量生产。

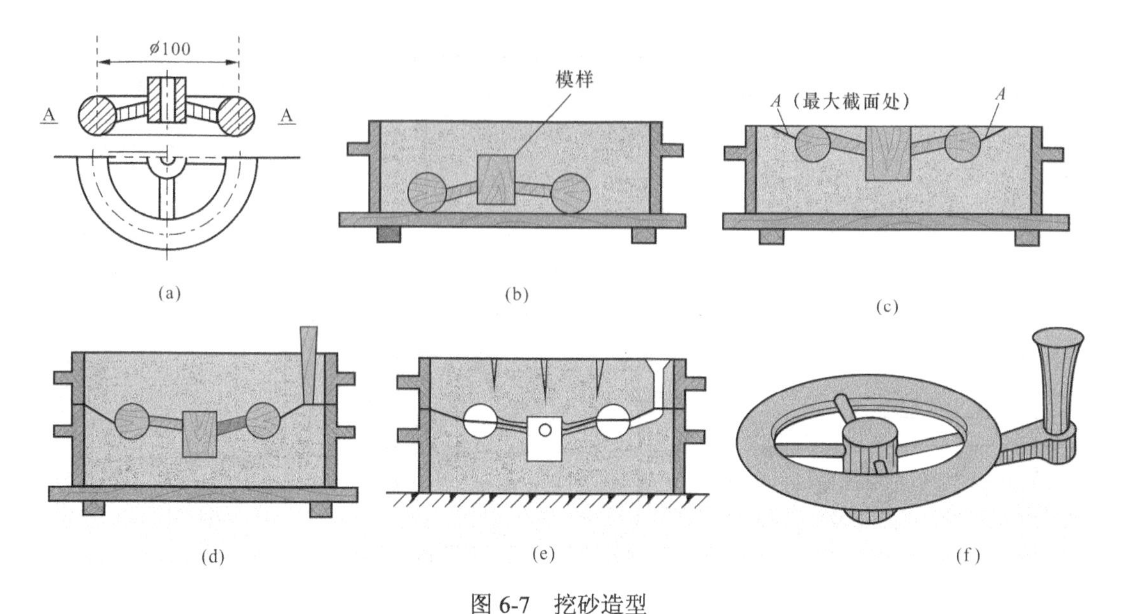

图 6-7　挖砂造型

(a) 手轮零件；(b) 放置模样，开始造下型；(c) 反转，最大截面处挖出分型面；(d) 造上型；(e) 起模型；(f) 落砂后带浇口的铸件

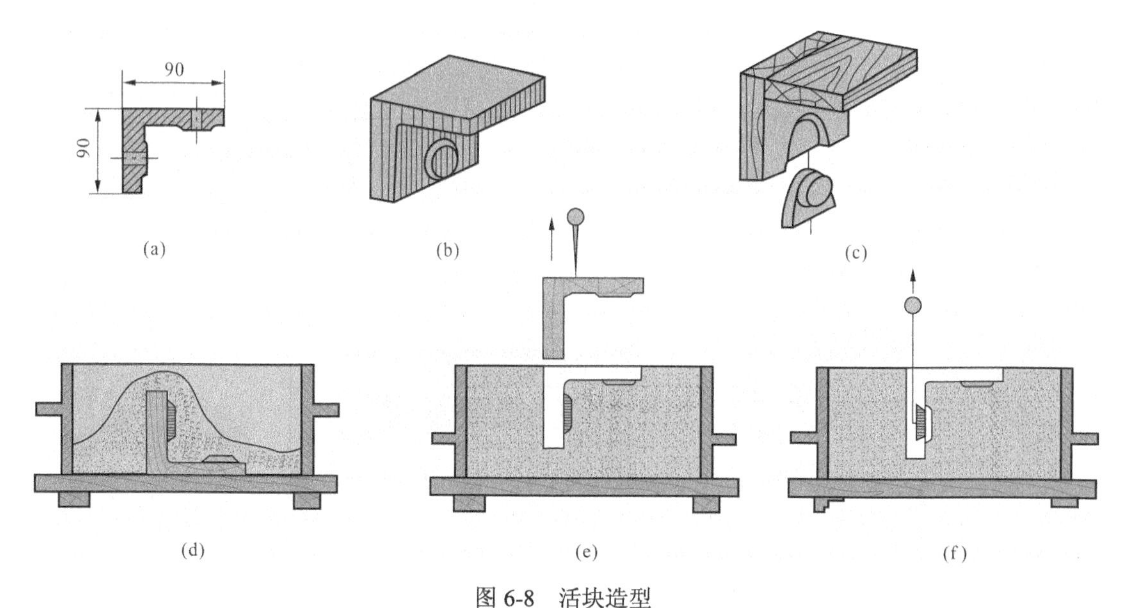

图 6-8　活块造型

(a) 零件；(b) 铸件；(c) 模样；(d) 造下砂型；(e) 取出模样主体；(f) 取出活块

5）三箱造型。当铸件形状复杂，需要用两个分型面时，可用三个砂箱造型，称为三箱造型，如图 6-9 所示。三箱造型生产率低，要求工人技术水平较高，并且须具备高度适中的中箱，因此，在设计铸件及选择铸件分型面时，应尽量避免使用三箱造型。

6）刮板造型。用刮板来代替实体模样制造铸型的造型方法称为刮板造型，如图 6-10 所示。应用刮板造型可显著地降低成本，节省制模材料，缩短准备时间，铸件尺寸越大，这些特点就越突出。刮板造型广泛用于制造批量小、尺寸较大的回转体铸件，如皮带轮、飞轮、齿轮、铸管、弯头等。

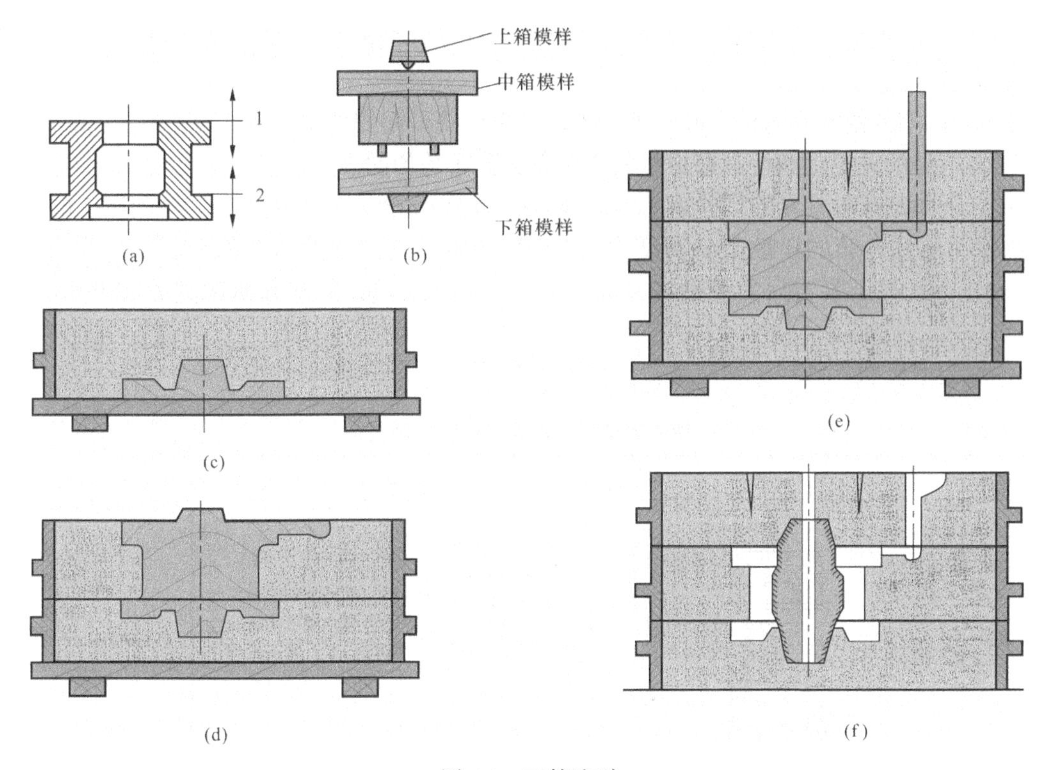

图 6-9　三箱造型

（a）铸件；（b）模样；（c）造下型；（d）造中型；（e）造上型；（f）取模，放型芯，合型

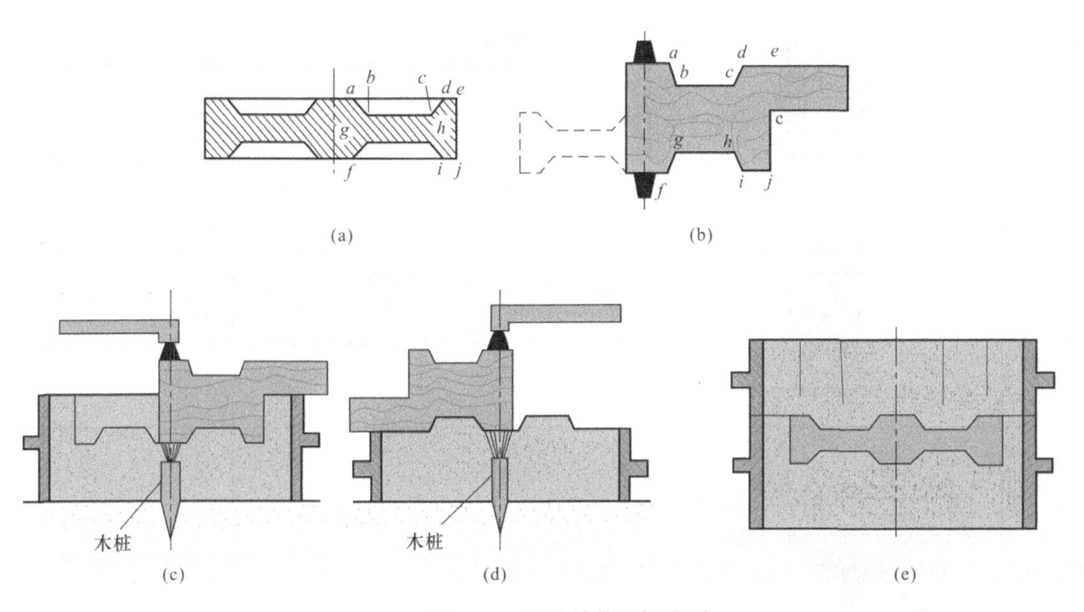

图 6-10　带轮铸件刮板造型

（a）带轮铸件；（b）刮板[图中字母表示与图 6-11（a）的对应部位]；（c）刮制下型；（d）刮制上型；（e）合型

（2）机器造型。

机器造型具有以下工艺特点：

1）通常采用两箱造型，故只能有一个分型面。

2）所用的模型、浇注系统与底板连接成模板（或称型板），固定在造型机上，并与砂箱用定位销定位。

3）为造型方便常不区分面砂和填充砂，而采用统一配置的单一砂。

机器造型的关键是获得具有足够紧实度而且分布均匀的砂型。紧实度是指单位体积型砂的质量。下面是几种常见的型砂紧实度的数值：① 十分松散的型砂紧实度为 0.6～1.0g/cm³；② 从砂斗填到砂箱的松散型砂实度为 1.2～1.3g/cm³；③ 一般紧实的型砂实度为 1.55～1.7g/cm³；④ 高压紧实后的型砂实度为 1.6～1.8g/cm³；⑤ 非常紧密的型砂实度为 1.8～1.9g/cm³。

各种造型机的紧砂特点和应用范围如表 6-3 所示。

表 6-3　各种机器造型方法的特点和适用范围

种类	简　图	主 要 特 点	适 用 范 围
压实造型		单纯借助压力紧实砂型。机器结构简单、噪声小，生产率高，消耗动力少。型砂的紧实度沿砂箱高度方向分布不均匀，上下紧实度相差很大	适用于成批生产高度小于200mm薄而小的铸件
高压造型		用较高压实比压（一般在 0.7～1.5MPa）压实砂型。砂型紧实度高，铸件尺寸精度高，表面粗糙度小，废品率低，生产率高、噪声小、灰尘小、易于机械化、自动化，但机器结构复杂、制造成本高	适用于大量生产中、小型铸件，如汽车、机车车辆，缝纫机等产品较为单一的制造业
震击造型		依靠震击力紧实砂型。机器结构简单，制造成本低，但噪声大、生产率低，要求厂房基础好。砂型紧实度沿砂箱高度方向越往下越大	成批生产中、小型铸件
震压造型	压头 模板 砂箱 震击活塞 震击气缸（压实活塞） 压实气缸	经过多次震击后再压实砂型。生产率高，能量消耗少，机器磨损少，砂型紧实度较均匀，但噪声大	广泛用于成批生产中、小型铸件

续表

种类	简　图	主 要 特 点	适 用 范 围
微震压实造型		在加压紧实型砂的同时，砂箱和模板作高频率、小振幅振动。生产率高、紧实度均匀、噪声小	广泛用于成批生产中、小型铸件
抛砂造型	胶带运输机 弧形板 叶片 转子	用离心力抛出型砂，使型砂在惯性力作用下完成填砂和紧实。生产率高，能量消耗少、噪声低、型砂紧实度均匀、适用性广	单件、小批、成批大量生产中、大型铸件或大型芯
射压造型		由于压缩空气骤然膨胀，将型砂射入砂箱进行填砂和紧实，再进行压实。生产率高，紧实度均匀，砂型型腔尺寸精确、表面光滑、工人劳动强度低、易于自动化，但造型机调整维修复杂	大批量生产形状简单的中、小型铸件
射砂紧实	砂斗 砂闸板 射砂筒 射腔 射砂阀 储气包 射砂孔 排气孔 射砂头 射砂板 型芯盒 工作台	用压缩空气将型（芯）砂高速射入砂箱（或芯盒）而进行紧实。将填砂、紧实两个工序同时完成，故生产率高，但紧实度不高，需进行辅助压实	广泛用于制芯，并开始造型

（3）造芯。砂芯主要用于形成铸件的内腔及尺寸较大的孔，也可用于成形铸件外形。最常用的造芯方法是用芯盒造芯，在大批量生产中应采用机器造芯。

（4）涂料。为了防止铸件产生黏砂、夹砂及砂眼等缺陷，提高铸件表面质量，将一些防黏砂材料制成悬浮液，涂刷在铸型和型芯表面，这种防黏砂材料悬浮液称为铸造涂料。

（5）开设浇注系统。浇注系统是金属液由铸型外流入铸型内的一系列通道的总称，中小型铸件只需要一个浇注系统，而大型铸件需要两个或更多的浇注系统，其组成如图 6-11 所示。浇注系统一般由浇口杯、直浇道、横浇道和内浇道组成，各组成部分的作用如下：

1）浇口杯用以承接浇注的熔融金属以及蔽渣、蔽气和缓冲。

2）直浇道用以调节金属液的静压和流速。

3）横浇道用以蔽渣、蔽气和分配金属液。

4）内浇道用以控制金属液的流速和流动方向，以免型壁或型芯被熔融金属充坏。

（6）合型。是指将铸件的各个组元如上型、下型、砂芯等组合成一个完整铸型的操作过程。当铸型各个部分已做好，并经过检查无误时，就可以进行合型。合型前应将铸型型腔表面涂刷极细的耐火涂料，提高铸型型腔表面的光滑程度和防止黏砂，并将型芯按要求安装在铸型中，然后将砂箱合在一起；合型时应注意上下箱的定位；合型后即可准备浇注。

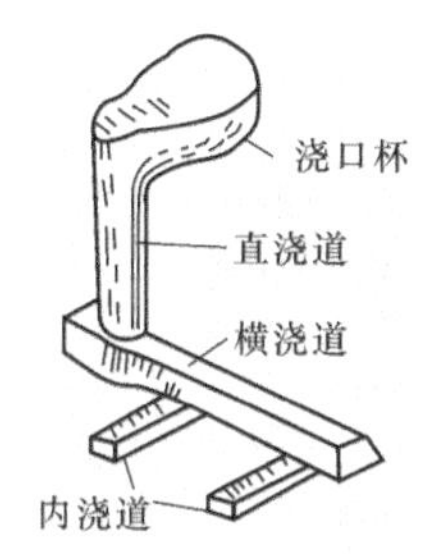

图 6-11　铸型的浇注系统

4. 熔炼和浇注

熔炼的任务是提供化学成分和温度都合格的熔融金属。浇注指将熔融金属从浇包注入铸型的操作。要注意熔融金属的出炉温度和浇注温度。

5. 落砂和清理

落砂是指用手工或机械使铸件与型砂、砂箱分开的操作。浇注后应及时落砂，避免由于收缩应力过大而使铸件产生裂纹。落砂后要及时从铸件上清除表面黏砂、型砂、多余金属（包括浇冒口、氧化皮）等。应根据其技术要求仔细检查清理后的铸件，判断铸件是否合格。技术条件允许补焊的铸造缺陷应进行补焊，合格的铸件应进行去应力退火或自然时效，变形的铸件应加以矫正。

（二）铸造生产流水线

在大批量生产的铸造车间，机械化程度高，有条件把造型、浇注、落砂等主要工序组成流水线，进行有节奏的高效率生产，如图 6-12 所示。

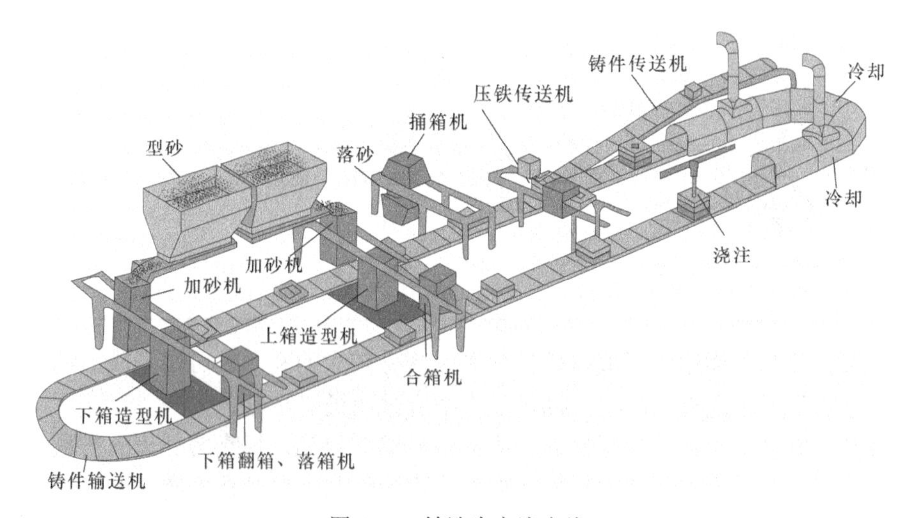

图 6-12　铸造生产流水线

（三）铸造工艺的制订

进行铸造生产时，应根据零件的结构特点、技术要求、生产批量和本车间的生产条件确定铸造工艺，绘制铸造工艺图，以指导生产准备和工艺操作，并作为铸件验收的依据。

1. 铸造工艺的一般原则

在接受生产任务前，必须对零件图进行工艺性审查，分析该零件结构是否符合铸造工艺要求，并提出必要的工艺措施。在确定铸造工艺时，应着重考虑以下几个方面的问题：

（1）浇注位置的确定。浇注位置是指浇注时铸件在铸型内所处的空间位置。浇注位置的确定应遵循以下原则：

1）铸件的重要加工面应朝下或侧立。因为气体、夹杂物总是漂浮在金属液上面，朝下的面及侧立的面处金属液质量纯净、组织致密。图 6-13 为车床床身的浇注位置，导轨面是关键部分，应朝下。

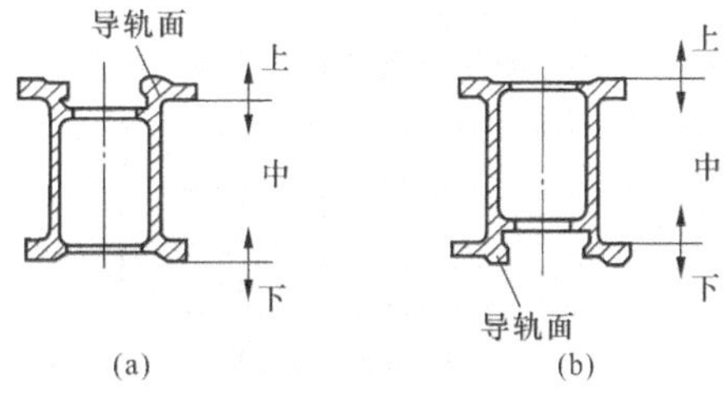

图 6-13　车床床身浇注位置

（a）不合理；（b）合理

2）铸件的宽大面应朝下。因为浇注时型腔顶面烘烤严重，型砂易开裂形成夹砂、结疤等缺陷，这是由于在浇注过程中，高温的金属液对型腔的上表面有强烈的热辐射，导致上表面型砂急剧膨胀和强度下降而拱起或开裂，使金属液进入表层裂缝中，形成夹砂缺陷。所以平板类、圆盘类铸件大平面应朝下，如图 6-14 所示。

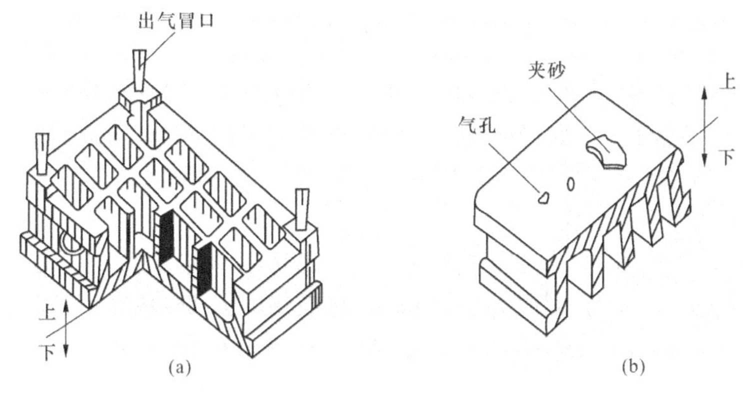

图 6-14　大平面的浇注位置

（a）合理；（b）不合理

3）铸件的薄壁部分应放在铸型的下部或侧立，以保证金属液能充满，避免产生浇注不足、冷隔等缺陷，如图 6-15 所示为箱盖浇注位置的比较。

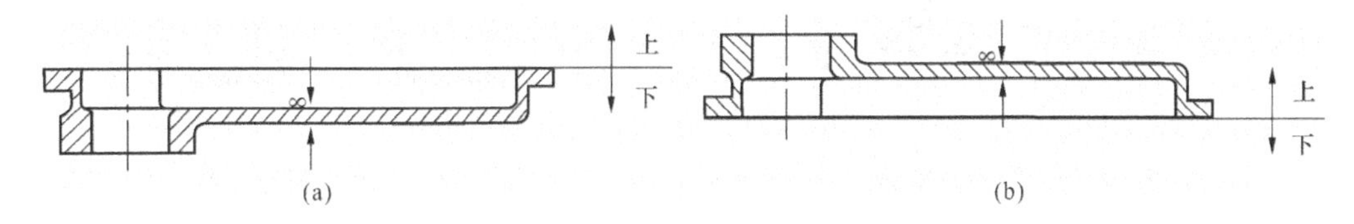

图 6-15　箱盖浇注位置的比较

（a）合理；（b）不合理

4）铸件的厚大部分应放在上部或侧面，以便安置冒口补缩。如图 6-16 所示的卷扬筒，其厚端位于顶部是合理的。

（2）分型面的确定。分型面是指分开铸型便于取出模样所确定的工艺面，通常情况下，合箱后不再翻动铸型就进行浇注，所以分型面也决定了铸件的浇注位置。分型面的选择是否合理，对造型的难易程度和铸件精度以及提高生产率都有较大的影响。通常按下列原则选择分型面：

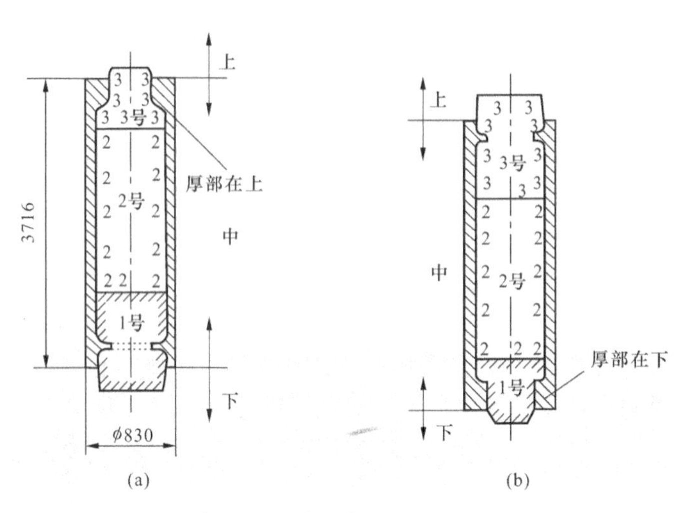

图 6-16　卷扬筒浇注位置图

（a）合理；（b）不合理

1）铸件的重要加工面应朝下或在侧面。铸件凝固过程中，气体、非金属夹杂物容易上浮，故铸件上表面的质量远不如下表面或侧面。如图 6-17 所示圆锥齿轮的两种分型面方案，齿轮部分质量要求高，不允许产生砂眼、夹杂和气孔等缺陷，应将其放在下面，如图 6-17（a）所示；图 6-17（b）为不合理方案。

2）有利于铸件的补缩。对收缩大的铸件，应把铸件的厚实部分放在上面，以便放置补缩冒口（见图 6-18（a）所示）；对收缩小的铸件，则应将厚实部分放在下面，依靠上面金属液体进行补缩（见图 6-18（b）所示）。

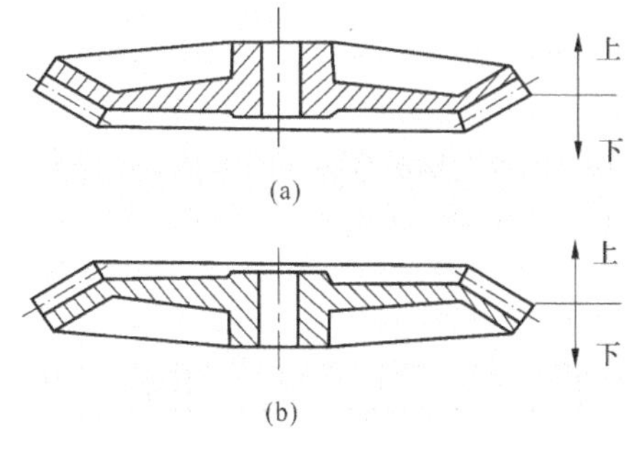

图 6-17　圆锥齿轮的分型面

（a）合理；（b）不合理

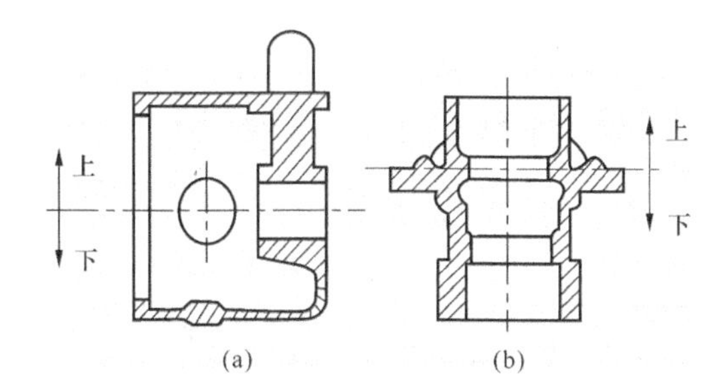

图 6-18　有利于铸件补缩

（a）收缩大的铸件；（b）收缩小的铸件

3）应尽量使铸件全部或大部放在同一砂型内，特别是重要加工面和定位基准面应放在同一砂型内。以避免产生错箱等缺陷，保证铸件尺寸精度。如图 6-19 所示，床身铸件的顶部为加工基准面，导轨部分属于重要加工面。若采用图 6-19（b）方案 b 分型，错箱会影响铸件精度。图 6-19（a）方案 a 在凸台处增加一外型芯，可使加工面和基准面处于同一砂箱内，保证铸件精度。

4）应尽量减少分型面数目，并取平直分型面。

多一个分型面，就要增加一只砂箱，使造型工作复杂化，还会影响铸件精度的提高。对中、小型铸件的机器造型，只允许有一个分型面。在手工造型时，选择平直分型面可以简化造型操作，如选择曲折分型面，则必须采用较复杂的挖砂或假箱造型。

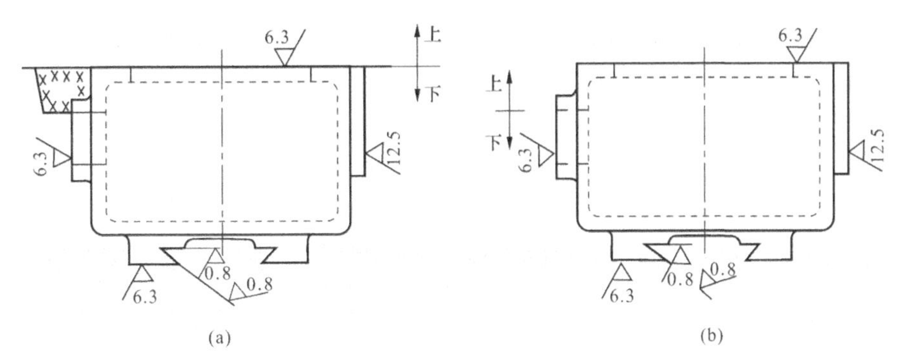

图 6-19 床身的分型面方案

(a) 方案 a；(b) 方案 b

5）应便于起模。分型面应选择在铸件的最大截面处。对于阻碍起模的突起部分，手工造型时可采用活块，机器造型时用型芯代替活块。

6）应尽量减少型芯数目，并使型芯固定可靠，合箱前容易检验型芯的位置。

图 6-20 为接头铸件的分型面方案。按图 6-20（a），接头内孔的形成需用型芯；如改成图 6-20（b），上箱用吊砂，下箱用砂垛，可省掉型芯，而且铸件外形整齐、容易清理。

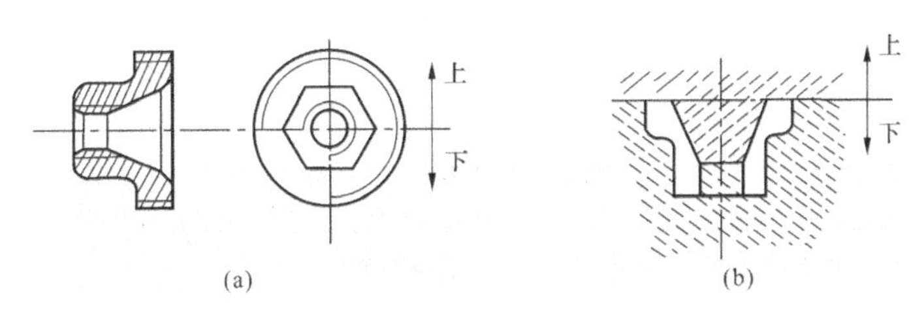

图 6-20 接头铸件的分型面

(a) 用型芯；(b) 不用型芯

图 6-21 为箱体的铸造方案。按图 6-21（a），分型面取在箱体开口处，将整个铸件置于上箱中，下芯方便，但合箱时无法检验型芯位置，容易产生箱体四周壁厚不均匀，显得不合理，应采用图 6-21（b）所示方案。

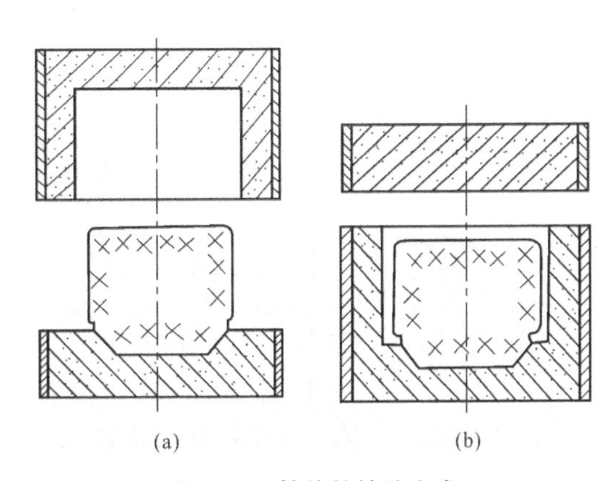

图 6-21 箱体的铸造方案

(a) 不合理；(b) 合理

7）应便于铸件清理。

图 6-22 为摇臂铸件的分型面方案。图 6-22（a）采用分模造型，具有平直分型面的优点，但浇注后会在分型面处产生飞边，清理时由于砂轮厚度大，无法打磨铸件中间的飞边。若选择图 6-22（b）所示的曲折分型面，则采用整模、挖砂造型，不易错箱，清理工作量大为减少。

（3）工艺参数的确定。

1）机械加工余量。铸件进行机械加工时被切去的金属层厚度称为机械加工余量。制造模样时，必须在需要加工表面适当增大尺寸。加工余量的大小取决于合金的种类、铸件尺寸、生产批量、加工面与基准面的距离和浇注位置等因素。余量过大，浪费材料，增加加工工时和生产成本；余量过小，有可能达不到应有的尺寸和精度，使铸件报废。铸铁件的机械加工余量通常取在 3～15mm 之间。具体选择时可参阅有关国家标准。

2）铸出孔的大小。对于铸件上的孔、槽，为了节省材料，减少加工量，应尽可能铸出。若孔径太小不容易保证质量时，则可以不铸出，留给机械加工完成。表 6-4 为铸件的最小铸出孔尺寸。

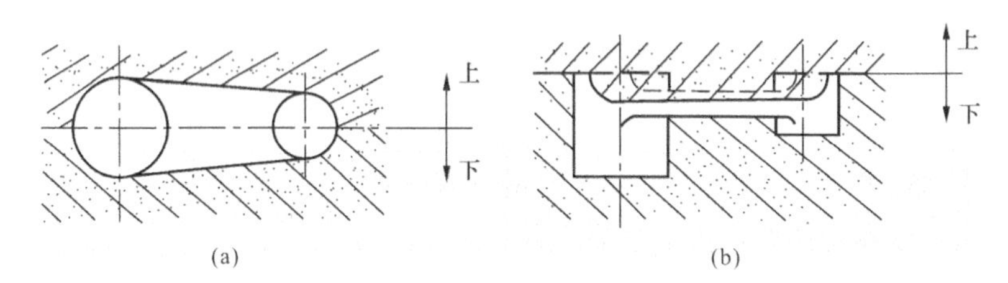

图 6-22 摇臂铸件的分型面方案

（a）不便清理；（b）便于清理

表 6-4 **铸件的最小铸出孔尺寸**

生 产 类 型	最小铸出孔直径（mm）	
	灰 铸 铁 件	铸 钢 件
大量生产	12～15	—
成批生产	15～30	30～50
单件、小批生产	30～50	50

3）铸造收缩率。铸件在冷却时，由于固态收缩尺寸会减少，为保证铸件尺寸的要求，需将模样（芯盒）的尺寸加上（或减去）相应的收缩量。铸件收缩率（K）定义为单位铸件尺寸的收缩量，即

$$K = \frac{L - L_1}{L_1} \times 100\%$$

式中 L_1——铸件尺寸；

L——模型尺寸。

铸造收缩率取决于合金的种类和铸件固态收缩受阻的情况，一般灰铸铁的收缩率为 0.7%～1.0%，铸钢为 1.5%～2.0%，有色金属为 1.0%～1.6%。

4）拔模斜度。为了便于从铸型中取出模样，在垂直与分型面的模样表面做成一定的斜度，称为拔模斜度，一般用角度α或宽度 a 表示，如图 6-23 所示。拔模斜度的大小应视铸件壁的高度而定，一般取 15′～3°，高度越小，斜度越大。为了使型砂便于从模样内腔脱出，以形成自带型芯，铸件内壁的起模斜度应比外壁大，一般取 3°～10°。

5）铸造圆角。模样壁与壁的连接和转角处要做成圆弧过渡，称为铸造圆角。铸造圆角可减少或避免砂型尖角损坏，防止产生黏砂、缩孔、裂纹。但铸件分型面的转角处不能有

圆角。铸造内圆角的大小可按相邻两壁平均壁厚的 1/5～1/3 选取，外圆角的半径取内圆角的一半。

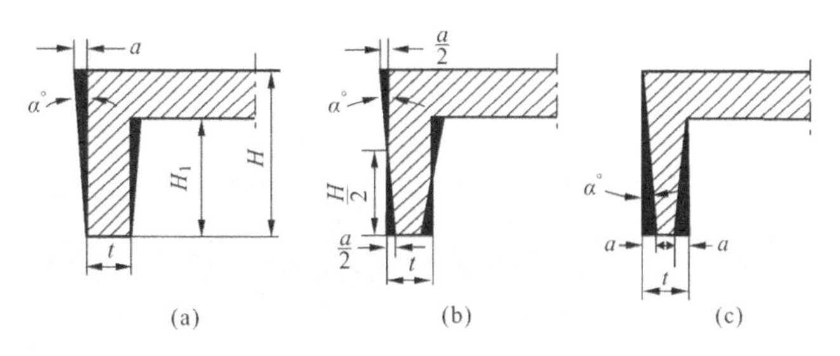

图 6-23 拔模斜度示意图

（a）增加铸件尺寸；（b）加减铸件尺寸；（c）减少铸件尺寸

6）型芯头。是指伸出铸件以外不与金属接触的砂芯部分，铸件上的内腔是用型芯铸造出来的。型芯在铸型内靠型芯头定位、固定和排气，故型芯头的形状与尺寸直接影响型芯在铸型中装配的工艺性和稳定性。根据型芯在铸件中固定的方式不同，型芯头分为垂直型芯头和水平型芯头两种结构，如图 6-24 所示。

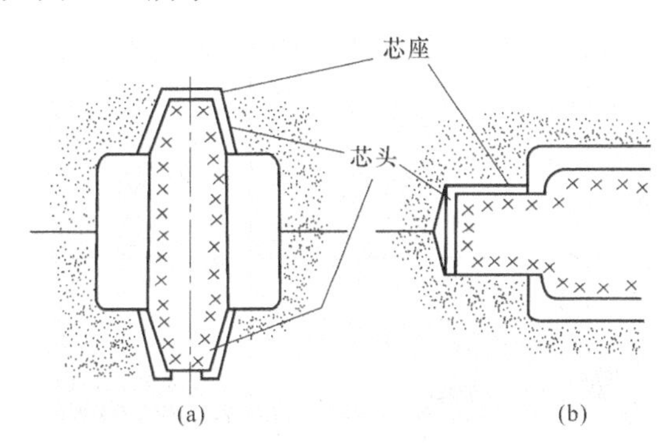

图 6-24 型芯头的形式

（a）垂直型芯头；（b）水平型芯头

为了增加型芯的稳定性和可靠性，通常垂直型芯头的下芯头斜度小而长，上芯头的斜度大而短。型芯头与铸型的型芯头座之间应留有 1～4mm 的间隙，便于合箱和装配。

水平型芯头的长度主要取决于型芯头的截面尺寸和型芯长度。为了便于下芯及合箱，铸型上的型芯座应留有一定的斜度。

2. 绘制铸造工艺图

铸件进行批量生产时，技术人员要根据上述各项工艺原则，用红、蓝色的笔把各种工艺符号标注在零件图上，绘成铸造工艺图。铸造工艺图是铸造工艺设计中最基本、最重要的工艺文件，它是生产准备、模样制造、制芯和造型、清理和检验等工作的技术依据。表 6-5 为常用的铸造工艺符号及表示方法。图 6-25 为支座的零件图、铸造工艺图和模样图及合型图。

表 6-5　　常用的铸造工艺符号及表示方法

名　称	图　例	说　明
分型面	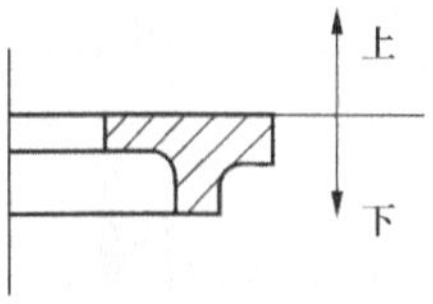 上 下	用细实线和箭头表示，标注“上、下”字样，零件图上用红色线表示
不铸出的孔和槽	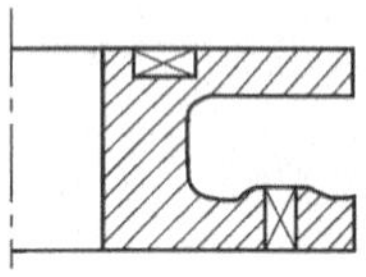	铸件图上不画出。零件图上用红色线打叉
型芯	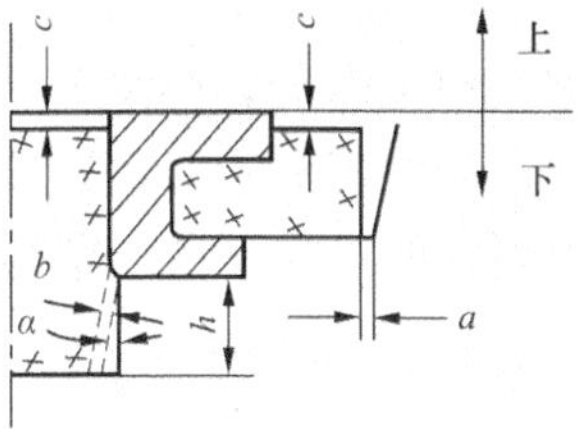 c　c　上　下　b　a　h　a	用细实线和边界符号表示，并分别编号，注明型芯头的高度、斜度和间隙
模样活块	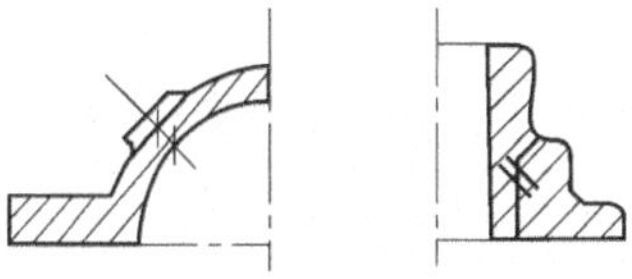	用细实线表示，并在此线上画两条平行短线。零件图上标注用红色线
冷铁	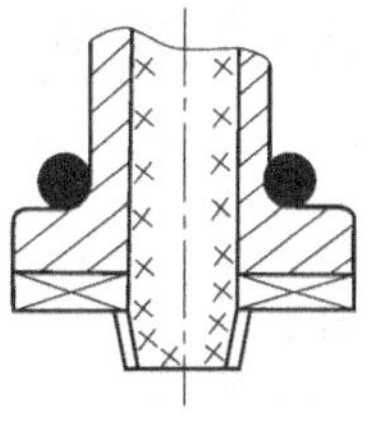	用细实线在成形冷铁处打叉，零件图上标注用蓝色线。圆钢冷铁涂淡黑色，零件图上标注涂淡蓝色
浇口	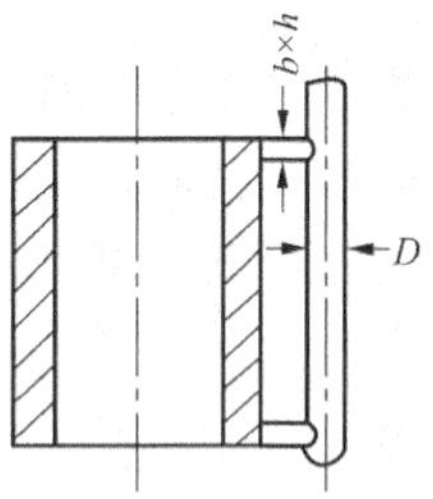 b×h　D	用细实线表示，并标注必要的尺寸
冒口	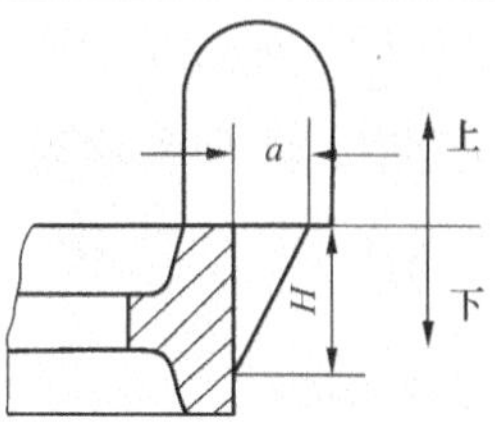 a　上　H　下	用细实线表示，并标注必要的尺寸

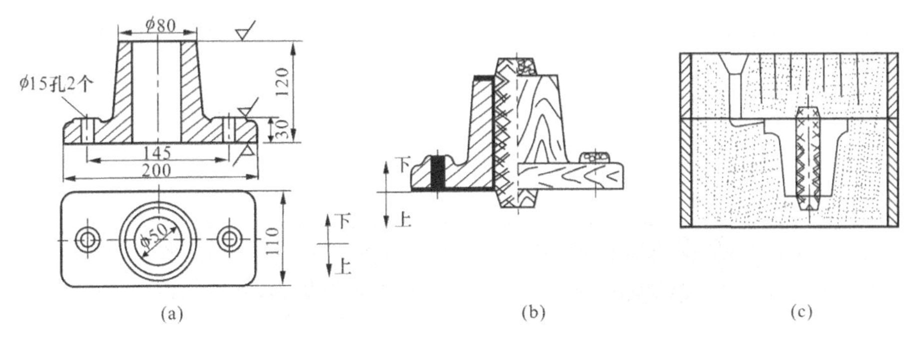

图 6-25 支座的零件图、铸造工艺图和模样图及合型图

(a) 零件图；(b) 铸造工艺图（左）和模样图（右）；(c) 合型图

二、特种铸造

除砂型铸造外，与砂型铸造有显著区别的所有其他铸造方法统称为特种铸造。特种铸造工艺方法分为两类：一类是在重力作用下的液态成形方法，如金属型铸造、熔模铸造、陶瓷型铸造等；一类是在外力作用下的液态成形方法，如压力铸造、低压铸造、离心铸造等。这些铸造方法在提高铸件精度和表面质量、改善铸件机械性能、提高生产率、改善劳动条件及降低铸件生产成本等方面各有优势。下面介绍几种常用的特种铸造方法。

（一）金属型铸造

液态金属在重力作用下注入金属型中成形的方法，称为金属型铸造，习惯上也称为硬模铸造。由于金属型可重复使用，故它又有永久型铸造之称。

1. 金属型结构

金属型的结构根据分型面的位置不同，可分为整体式、垂直分型式、水平分型式、复合分型式等多种结构，如图 6-26 所示，其中垂直分型式的金属型便于开设浇口和取出铸件，易于实现机械化生产，应用广泛。

2. 金属型铸造工艺

用金属型代替砂型，克服了砂型的许多缺点，但也带来了一些新问题，如金属型的导热快、无退让性、无透气性的特点，使得铸件易出现冷隔与浇不到、裂纹、气孔等缺陷。因此金属型铸造必须采取一定的工艺措施，浇注前应将铸型预热，并在内腔喷刷一层厚为 0.3～0.4mm 的涂料，以防出现冷隔与浇不到的缺陷，并延长金属型的寿命；铸件凝固后应及时开型，取出铸件，以防铸件开裂或取出困难。

3. 金属型铸造的特点及应用

（1）金属型铸造的优点。金属型使用寿命长，可“一型多铸”，提高生产率；铸件的晶粒细小、组织致密，力学性能比砂型铸件高约 25%；铸件的尺寸精度高、表面质量好；铸造车间无粉尘和有害气体的污染，劳动条件得到改善。

（2）金属型铸造的缺点。金属型铸造的缺点是金属型制造周期长、成本高、工艺要求高，且不能生产形状复杂的薄壁铸件，否则易出现浇不足和冷隔等缺陷；受铸型材料的限制，浇注高熔点的铸钢件和铸铁件时，金属型的寿命低。

（3）金属型铸造的应用。金属型铸造主要适用于铜、铝、镁等有色合金铸件的大批量生产，如铝活塞、气缸盖、油泵壳体、铜瓦、衬套、轻工业品等。由于黑色金属浇注温度比较高，易损坏铸型，一般只限于形状简单的中、小件。

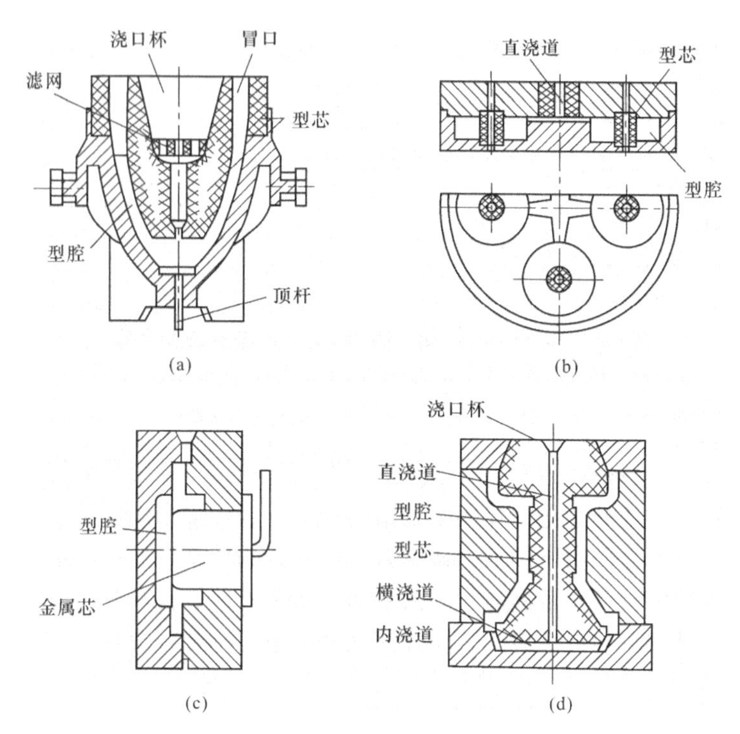

图 6-26 常用的金属型结构示意图

(a) 整体式；(b) 水平分型式；(c) 垂直分型式；(d) 复合分型式

(二) 熔模铸造

熔模铸造是用易熔材料制造模样，然后用造型材料将其包覆并经过硬化处理后，将易熔模样熔化或烧掉获得无起模斜度、无分型面、带浇注系统的铸型，最后浇注铸造合金获得铸件的铸造方法。由于制作模样的材料主要用石蜡，形成铸型后可将石蜡模样熔化去除，故又称为失蜡铸造，熔模铸造是一种精密铸造方法。

1. 熔模铸造的基本工艺过程

熔模铸造的工艺过程是制造母模和压型⟶制造蜡模⟶制造型壳⟶熔化蜡模⟶焙烧⟶填砂浇注⟶脱壳清理，其工艺过程如图 6-27 所示。

(1) 压型制造。压型如图 6-27 (b) 所示，是用来制造蜡模的专用模具，它是用根据铸件的形状和尺寸制作的母模 [如图 6-27 (a)] 来制造的。压型必须有很高的精度和低的表面粗糙度值，而且型腔尺寸必须包括蜡料和铸造合金的双重收缩率。当铸件精度高或大批量生产时，压型一般用钢、铜合金或铝合金经切削加工制成；对于小批量生产或铸件精度要求不高时，可采用易熔合金（锡、铅等组成的合金）、塑料或石膏直接向母模上浇注而成。

(2) 制造蜡模。蜡模材料常用 50%石蜡和 50%硬脂酸配制而成。将蜡料加热至糊状，在一定的压力下压入型腔内，待冷却后，从压型中取出得到一个蜡模，如图 6-27 (c) 所示。为提高生产率，常把数个蜡模熔焊在蜡棒上，成为蜡模组，如图 6-27 (d) 所示。

(3) 制造型壳。在蜡模组表面浸挂一层以水玻璃和石英粉配制的涂料，然后在上面撒一层较细的硅砂，并放入固化剂（如氯化铵水溶液等）中硬化。使蜡模组外面形成由多层耐火材料组成的坚硬型壳（一般为4～10层），型壳的总厚度为5～7mm，如图6-27（e）所示。

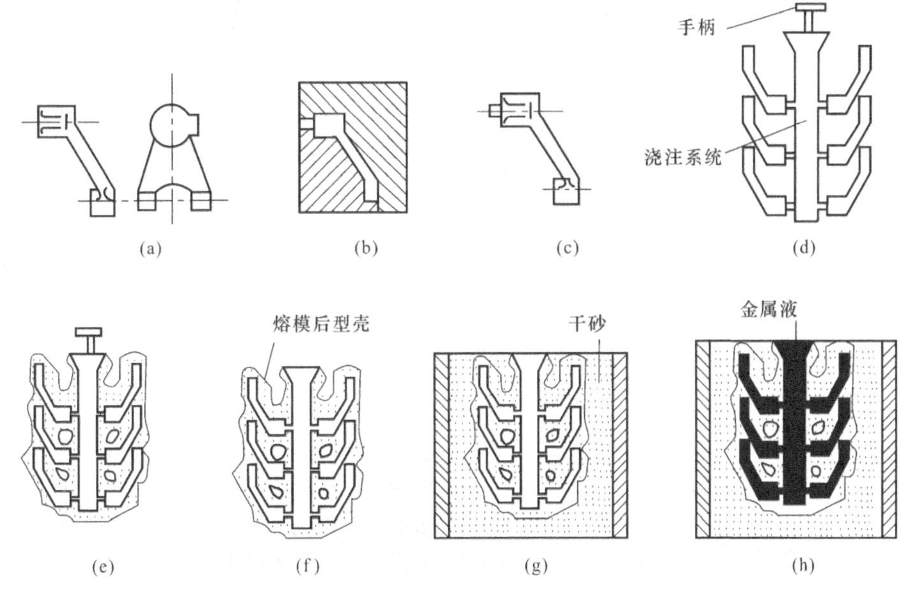

图6-27　熔模铸造工艺过程

（a）母模；（b）压型；（c）蜡模；（d）焊成蜡模组；（e）结壳；（f）脱模；（g）造型、焙烧；（h）浇注

（4）熔化蜡模（脱蜡）。通常将带有蜡模组的型壳放在80～90℃的热水中，使蜡料熔化后从浇注系统中流出。脱模后的型壳，如图6-27（f）所示。

（5）型壳的焙烧。把脱蜡后的型壳放入加热炉中，加热到800～950℃，保温0.5～2h，烧去型壳内的残蜡和水分，净洁型腔。为使型壳强度进一步提高，可将其置于砂箱中，周围用粗砂充填，即"造型"，如图6-27（g）所示，然后再进行焙烧。

（6）浇注。将型壳从焙烧炉中取出后，周围堆放干砂，加固型壳，然后趁热（600～700℃）浇入合金液，并凝固冷却，如图6-27（h）所示。

（7）脱壳和清理。用人工或机械方法去掉型壳、切除浇冒口，清理后即得铸件。

2. 熔模铸造的特点及应用

（1）熔模铸造的优点。熔模铸造的铸件精度高，表面粗糙度低，可铸出形状复杂的薄壁铸件；铸造合金种类不受限制，钢铁及非铁合金均可适用；生产批量不受限制，单件、小批、成批、大量生产均可适用。

（2）熔模铸造的缺点。材料昂贵、工艺过程复杂、生产周期长（4～15天），铸件成本比砂型铸造高数倍；此外，难以实现全盘机械化和自动化生产，且铸件不能太大（或太长），一般为几十克到几千克重，最大不超过25kg。

（3）熔模铸造的应用。熔模铸造最适用于25kg以下的高熔点、难以切削加工的合金铸件的成批、大量生产，目前主要用于生产汽轮机及燃气轮机的叶片（如图6-28所示），泵的叶轮，切削刀具，以及飞机、汽车、拖拉机、风动工具和机床上的小型零件。

图6-28　汽轮机叶片

（三）陶瓷型铸造

用陶瓷浆料制成的铸型生产铸件的铸造方法称为陶瓷型铸造，是在砂型铸造和熔模铸造的基础上发展起来的一种精密铸造方法。

1. 陶瓷型铸造的基本工艺过程

陶瓷型铸造有不同的工艺方法，应用较为普遍的一种如图 6-29 所示。

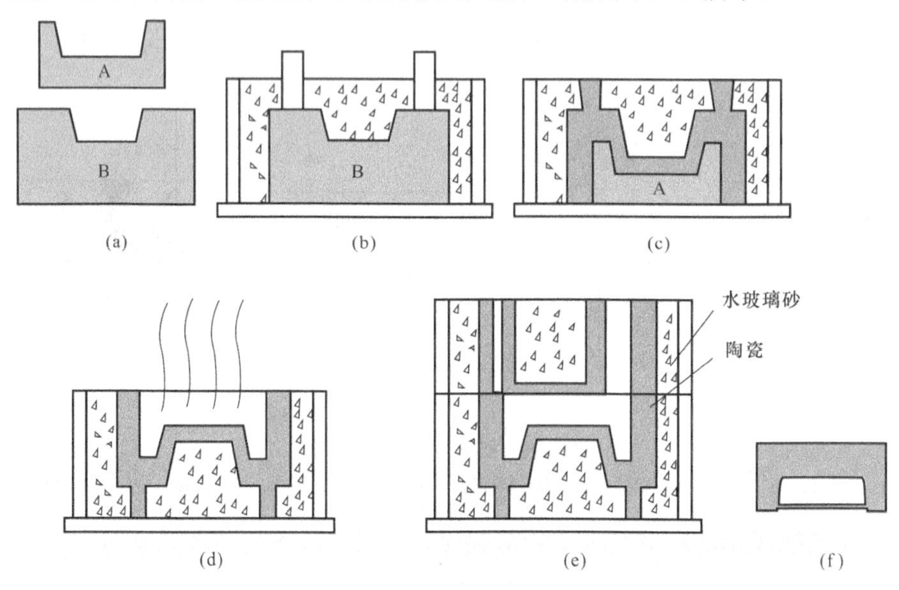

图 6-29 陶瓷型铸造工艺过程示意图

（a）模样；（b）砂套造型；（c）灌浆；（d）喷烧；（e）合型；（f）铸件

（1）砂套造型。为节省昂贵的陶瓷材料和提高铸型的透气性，通常先用水玻璃砂制出砂套（相当于砂型铸造的背砂）。制造砂套的模样比铸件母模应增大一个陶瓷材料的厚度。砂套的制造方法与砂型铸造相同。

（2）灌浆与胶结。即制造陶瓷面层，其过程是将铸件母模固定于平板上，刷上分型剂，扣上砂套，将配制好的陶瓷浆由浇注口注满，几分钟后，陶瓷浆便开始结胶。陶瓷浆由耐火材料（如刚玉粉、铝矾土等）、黏结剂（硅酸乙酯水溶液）、催化剂 [如 $Ca(OH)_2$、MgO]、透气剂（双氧水）等组成。

（3）起模与喷烧。灌浆 5～15min 后，在浆料还有一定弹性时便可起出模样。为加速固化过程，必须用明火均匀地喷烧整个型腔。

（4）焙烧与合型。浇注前，陶瓷型要在 350～550℃焙烧 2～5h，以烧去残存的乙醇、水分等，并使铸型的强度进一步提高。

（5）浇注。浇注温度可略高，以便获得轮廓清晰的铸件。

2. 陶瓷型铸造的特点及应用

（1）陶瓷型铸造的优点。陶瓷型的材料与熔模铸造的壳型相似，故铸件的精度和表面质量与熔模铸造相当；可适合于高熔点、难加工材料的铸造；而且与熔模铸造相比，铸件大小基本不受限制，工艺简单、投资少、生产周期短。

（2）陶瓷型铸造的缺点。陶瓷型铸造原材料价格贵，因有灌浆工序，不适宜铸造大批量、形状复杂的铸件，且生产工艺过程难以实现自动化和机械化。

（3）陶瓷型铸造的应用。目前，陶瓷型铸造主要用来生产厚大的精密铸件，如冲模、锻模、玻璃器皿模、压铸模、模板等铸件，也可用来生产中型铸钢件。

（四）离心铸造

将液态金属浇入高速旋转（通常为 250～1500r/min）的铸型中，使其在离心力作用下充填铸型和凝固而形成铸件的液态成形工艺称为离心铸造。离心铸造用的机器称为离心铸造机。

1. 离心铸造的基本类型

按照铸型的旋转轴方向不同，离心铸造机分为卧式、立式两种，如图 6-30 所示。卧式离心铸造机主要用于浇注各种管状铸件，如灰铸铁、球墨铸铁的水管和煤气管，管径最小 75mm，最大可达 3000mm，此外可浇注造纸机用大口径铜辊筒，各种碳钢、合金钢管以及要求内外层有不同成分的双层材质钢轧辊。立式离心铸造机则主要用以生产各种环形铸件和较小的非圆形铸件。

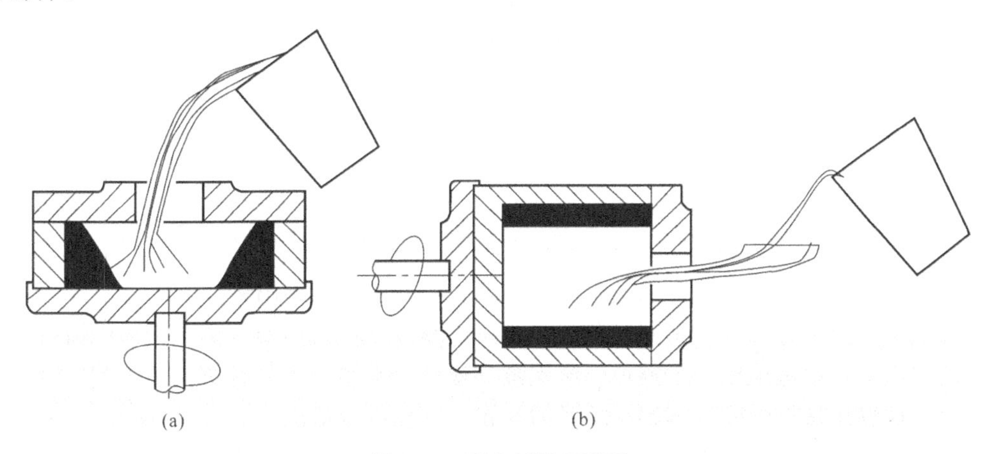

图 6-30 离心铸造示意图

（a）立式离心铸造机；（b）卧式离心铸造机

2. 离心铸造的特点及应用

（1）离心铸造的优点。用离心铸造生产空心旋转体铸件时，可省去型芯、浇注系统和冒口；在离心力作用下，密度大的金属被推往外壁，而密度小的气体、熔渣向自由表面移动，形成自外向内的定向凝固，因此补缩条件好，铸件组织致密，力学性能好；便于浇注“双金属”轴套和轴瓦，如在钢套内镶铸一薄层铜衬套，可节省价格较贵的铜料。

（2）离心铸造的缺点。铸件内自由表面粗糙，尺寸误差大，品质差；不适用于偏析大的合金（如铅青铜）及铝、镁等轻合金。

（3）离心铸造的应用。离心铸造主要用来大量生产管筒类铸件，如铁管、铜套、缸套、双金属钢背铜套、耐热钢辊道、无缝钢管毛坯、造纸机干燥滚筒等，还可用来生产轮盘类铸件，如泵轮、电动机转子等。

（五）压力铸造

压力铸造（简称压铸）是在高压作用下将液态或半液态金属快速压入金属压铸型（也可称为压铸模或压型）中，并在压力下凝固而获得铸件的液态成形方法。压力铸造是一种发展较快、切削少或无须切削的精密加工工艺。

压铸所用的压力一般为30～70MPa，充填速度可达5～100m/s，充型时间为0.05～0.2s。金属液在高压下以高速充填压铸型，是压铸区别于其他铸造工艺方法的重要特征。

1. 压力铸造的生产工艺

压铸时所用的模具叫压型。压型与垂直分型的金属型相似，由定型（或静模）、动型（或动模）、拔出金属型芯的机构和自动顶出铸件的机构而组成，如图6-31所示为压力铸造工艺过程示意图。压型常用耐热合金钢制成，加工精度和表面质量很高，还经过了严格的热处理。

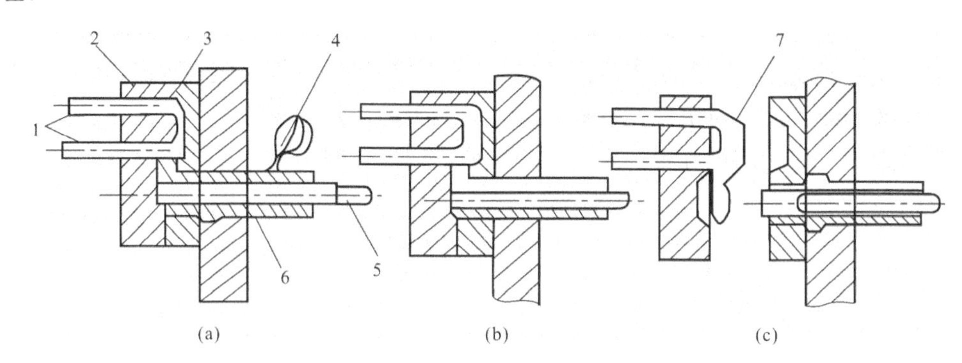

图6-31 压力铸造工艺过程示意图

（a）合型浇入金属液体；（b）高压充型；（c）开型顶出铸件

1—顶杆；2—动型；3—静型；4—金属液体；5—活塞；6—压缩室；7—铸件

压力铸造的主要工序有闭合压型、压入金属、打开压型和顶出铸件。

压铸机按压射部分特点的不同可分为热压室式和冷压室式两类。热压室式压铸机是将熔化金属用的坩埚与压室连成一个整体，压室浸在液态金属中，以杠杆机构或压缩空气为动力进行压铸。这种压铸机仅能压铸熔点较低的金属，一般很少用。

冷压室式压铸机的压室不与坩埚炉相连，只有在压铸时才将液态金属浇入。这种压铸机一般采用高压油为动力，合型力很大。冷压室式压铸机按其压射活塞运动方向不同又可分为立式冷压室式和卧式冷压室式两种。

2. 压力铸造的特点及应用

（1）压力铸造的优点。压力铸造生产率高，便于实现自动化；铸件的精度高、表面质量好；组织细密、性能好；能铸出形状复杂的薄壁铸件。

（2）压力铸造的缺点。压力铸造设备投资大，压铸型制造周期长、成本高；受压型材料熔点的限制，目前不能用于高熔点铸铁和铸钢件的生产；由于浇注速度大，常有气孔残留于铸件内，因此铸件不宜热处理，以防气体受热膨胀，导致铸件变形破裂。

（3）压力铸造的应用。目前，压力铸造主要用于大批量生产铝、锌、铜、镁等非铁金属与合金件。如汽车、仪表、计算机、航空、摩托车、日用品等行业各类中小型薄壁铸件，如发动机气缸体、气缸盖、仪表壳体、电动转子、照相机壳体、各类工艺品、装饰品等。如图6-32所示为汽车上的部分压铸件。

（六）低压铸造

低压铸造是介于金属型铸造和压力铸造之间的一种铸造方法，是在0.02～0.07 MPa的低压下将金属液注入型腔，并在压力下凝固成形而获得铸件的方法。

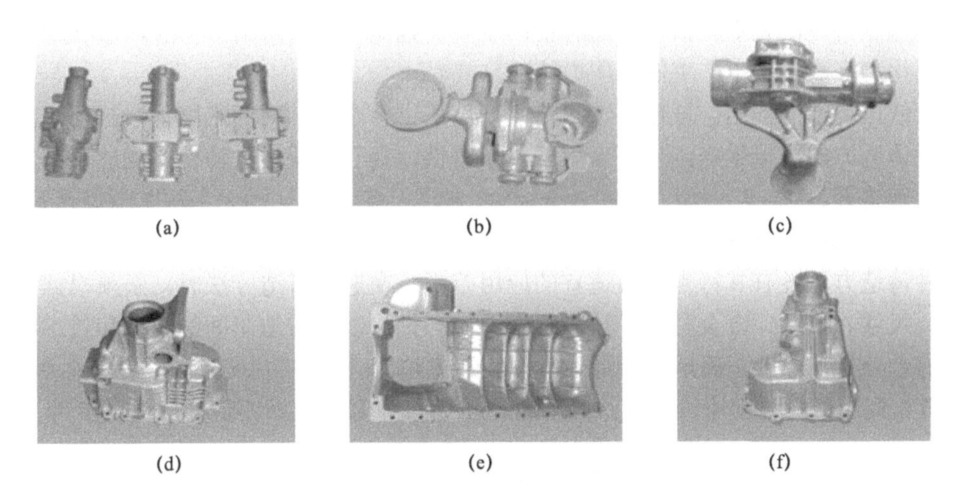

(a) (b) (c)

(d) (e) (f)

图 6-32 汽车压铸件

(a) 双 H 壳体系列；(b) 汽车下体；(c) 汽车泵体；(d) 轴动油底座；(e) 油底壳；(f) 加长轴动油底座

1. 低压铸造的工作原理

低压铸造机如图 6-33 所示。将干燥的压缩空气或惰性气体通入盛有金属液的密封坩埚中，使金属液在低压气体作用下沿升液管上升，经浇道进入铸型型腔；当金属液充满型腔后，保持（或增大）压力直至铸件完全凝固；然后使坩埚与大气相通，撤销压力，使升液管和浇道中尚未凝固的金属液在重力作用下流回坩埚；最后开启上型，由顶杆顶出铸件。

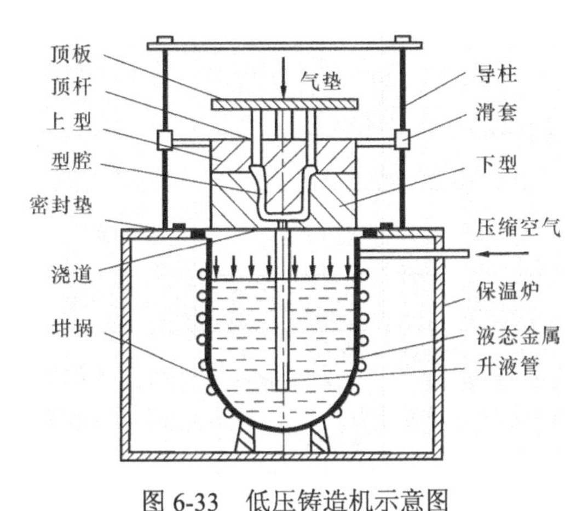

图 6-33 低压铸造机示意图

2. 低压铸造的特点及应用

（1）低压铸造的优点。低压铸造可弥补压力铸造的某些不足，利于获得优质铸件。其主要优点是浇注压力和速度便于调节，可适应不同材料的铸型（如金属型、砂型、熔模型壳等）；同时，充型平稳，对铸型的冲击力小，气体较易排除，尤其能有效地克服铝合金的针孔缺陷；便于实现定向凝固，以防止缩孔和缩松，使铸件组织致密，力学性能好；不用冒口，金属的利用率可达 90～98%；铸件的表面质量高于金属型铸件，可生产出壁厚为 1.5～2mm 的薄壁铸件；此外，低压铸造设备费用较压铸设备低。

（2）低压铸造的缺点。低压铸造存在的主要问题是升液管寿命短，金属液在保温过程中易产生氧化和夹渣，且生产率低于压力铸造。

（3）低压铸造的应用。低压铸造目前主要用于铝合金铸件（如汽缸体、缸盖、活塞、曲轴箱、壳体等）的大量生产，也可以用于球墨铸铁、铜合金等较大铸件，如球墨铸铁曲轴、铜合金螺旋桨等。

三、各种铸造工艺方法的比较

各种铸造方法各有其特点和最适宜的应用范围。在选择铸造方法时，必须根据铸件的结构形状、尺寸、重量、合金种类、技术要求、生产批量以及铸造车间的设备和技术状况等进行全面综合分析，才能正确地选择最适宜的铸造方法。

表 6-6 列出了几种常用铸造方法的综合比较，可为合理选择铸造方法提供参考。

表 6-6 几种常用铸造方法的综合比较

铸造方法 比较项目	砂型铸造	熔模铸造	金属型铸造	压力铸造	低压铸造	离心铸造
适用金属	不限	钢件为主	有色金属为主	铝、锌、镁等为主	有色金属为主	铸铁、铜合金为主
适用铸件大小	不限	小型	中、小型	小型	中、小型	中、小型
铸件精度、表面质量	低	较高	较高	高	取决于铸型种类	取决于铸型种类
内部质量、机械性能	差	较好	较好	好	较好	较好
加工余量	大	小或不加工	小	不加工	小	内表面大
生产率	低、中	低、中	较高	高	中	较高
设备费用	较高（机械造型）	较高	较低	较高	中等	中等
适宜生产批量	不限	成批	大批	大批、大量	成批	成批
应用举例	各种铸件	飞机发动机涡轮叶片、复杂刀具、汽车和拖拉机零件等	铝活塞、水暖器材、水轮机叶片、一般非铁合金铸件等	飞机、汽车、拖拉机、仪表及日用五金零件等	发动机缸体缸盖、箱体、船用螺旋桨等	各种铸铁管、套、环、滑动轴承等

四、铸造技术发展趋势

近年来铸造技术主要在三个方面有明显进展：一是新的造型方法不断涌现；二是计算机在铸造生产中的应用已进入实质性阶段；三是铸造生产的集约化和清洁化。

（一）造型生产线和造型新方法

（1）造型生产线是将工艺流程中的各种设备联结起来，组成机械化或自动化的铸造系统。据不完全统计，目前我国自国外引进现代化的高紧实度湿砂造型线近 120 条；树脂砂造型生产线 100 多套。

（2）湿型砂铸造法是造型生产线上使用最广、最方便的铸造方法，湿砂造型可采用多触头高压造型、气压造型、微震压实造型等多种造型方法。但湿型铸造易使铸件产生夹砂、气孔、砂眼、结疤等铸造缺陷。这种方法主要是用于汽车、柴油机、拖拉机等行业生产 300～500kg 以下的薄壁铸铁件。

（3）自硬树脂砂造型也是目前造型生产线上广泛使用的方法之一，20 世纪 80 年代以来国内大面积推广使用呋喃树脂自硬砂，其具有较高的高温强度，可用于铸钢、铸铁及厚大的有色金属铸件生产。但由于呋喃树脂的退让性和溃散性差，易使铸件产生热裂，故不适宜生产厚大铝合金铸件。

（4）实型铸造（EPC）目前也已较多应用在造型生产线，1999 年国家科技部将其列为国家重点推广的铸造新技术。

（二）计算机技术在铸造生产中的应用

计算机技术在铸造中的应用大致有三大方面：一是计算机辅助设计技术（铸件设计、铸造工艺设计）；二是数值模拟技术；三是计算机辅助铸造工艺过程（熔炼、造型、清理、管理、检测技术等）。

1. 铸造生产中的计算机辅助设计（CAD）

通过铸造数据库软件提取设计所需的原始数据，进行铸件设计和铸造工艺设计，并在计算机中显示出铸件实体的三维造型。这样可代替原来根据图纸制作模样及工艺装备的试制过程，从而缩短设计和试制的时间。目前，常用实体造型软件有 STL、STEP、IGES、ANSYS、Pro/E、UG 等。

2. 铸造中的计算机辅助工程（CAE）

铸造过程计算机数值模拟技术是典型的 CAE 技术，通过数值模拟，在计算机屏幕上直观地显示铸造过程中金属的充型、铸件的冷却凝固过程、模拟结晶过程、晶粒的大小和形状、铸造缺陷的形成过程等。通过数值模拟可预测铸件热裂倾向最大部位、产生缩孔和缩松的倾向，从而决定铸件的修改及判断冒口和冷铁设置的合理性等。通过上述 CAD 软件生成的实体造型数据文件，可直接与数值模拟软件进行数据交换，数值模拟软件可以对 CAD 文件进行加工，并生成计算网络。

3. 铸造中的计算机辅助制造（CAM）

（1）计算机在模样加工中的应用。用数控机床加工出形状复杂的模样和金属铸型；利用快速成型（Rapid Prototyping，RP）技术可根据 CAD 生成的三维实体造型的数据，通过快速成型机，将其一层层的材料堆积成实体模型，大大地缩短了产品开发和加工周期，试制周期可缩短 70%以上。

（2）计算机在砂处理中的应用。利用计算机控制砂处理工部，先将砂和附料加入混砂机，干混后再加水湿混，计算机不断地对混合料中的水分、温度及紧实度进行控制，有的还可根据造型工部的要求及时自动改变配比和其他性能参数。

（3）计算机在熔炼中的应用。炉前主要是进行自动化记录和控制调整。计算机能对铁液温度、熔化速度、风量、焦耗等主要变量进行检测，又能根据铁液成分、温度等工艺参数的变化综合调整熔化速度、送风强度、铁液温度等，使冲天炉稳定在最佳工作状态。

（三）铸造业的集约化与清洁生产

铸造业是能源消耗大户，若不采取措施，会对环境造成污染。我国铸件的年产量约为 1350 万 t，已是世界上三个产量最高国之一，因此，降低能耗，减少污染势在必行。

（1）铸造集约化。所谓集约化是通过提高投入的人才、科技、资财的数量尤其是质量，科学地经营和管理以获得最大的产出和社会经济效益。采用先进的铸造技术，使铸造不断地从经验技艺走向科学，先进的铸造技术以熔体洁净、铸件组织致密、表面光洁、尺寸精度高为主要特征。在我国铸造集约化清洁生产还是崭新课题，应着力宣传和推广。

（2）铸造清洁生产（Cleaning Production）。是指合理使用资源，尽量少用或使用可再生材料和能源，进行清洁加工（Cleaning Processing）。生产现场及环境安全、清洁、舒适、宁静，产生的排放物少害、无毒。

铸造生产中应推广冲天炉除尘和节能技术。采用捕集冲天炉废气，使废气中的 CO 进一步燃烧，用来预热向冲天炉吹送的空气，这样不仅使 CO 的排放量减少 90%～95%，同时又可明显降低生产单位铸铁件的能耗；在治理冲天炉排放的粉尘污染方面，发达国家现已采用专用的喷嘴将冲于炉炉气直接自风口吹入炉内，进行炉气再循环以提高热效率，降低能耗。

采用绿色环保型造型材料可改善车间的生产环境。如酚醛树脂砂和改性水玻璃砂具有很好的环保效果，目前已用于铸钢和铸铁件生产，特别适合于铸钢件；动物胶砂采用的是以蛋白质为基的天然高分子聚合物做黏结剂，不产生有毒气体，是一种理想的铝合金造型材料，型（芯）砂回用性好，旧砂可使用上百次，减少了废砂的排放量，且为天然蛋白质为基的氨基酸物质，可直接排放农田，不但不污染环境，还有助于农作物的生长，是目前铸造中最理想的环保型黏结剂。这种黏结剂在 20 世纪 90 年代受到国内外重视，在我国也已取得了重要突破，使强度和固化速度明显提高；另外，采用淀粉砂和食用油脚料提炼铸造黏结剂也可达到减少污染、减少废弃物的目的。

发达国家为达到环境认证体系（如 ISO14000 等）的指标，主要采取的措施是减少铸造用砂，减少能源消耗（电力、燃料），改用天然气，减少烟尘排放，热和空气再循环利用，采用更好的炉衬材料，采用污染集中防治，搞好废砂回复利用等方法。

清洁生产不仅是企业节能降耗提高产品质量、减少污染、降低成本和提高效益所必需，也是冲破工业发达国家设置的绿色壁垒，稳固地占领国际大市场所必需。

第三节 铸件结构的工艺设计

铸件结构工艺性是指铸件的结构满足铸件工艺要求的程度。铸件结构的工艺设计是否合理，对于铸件的质量、生产率和生产成本有着很大的影响。在设计铸件结构时，除了应满足零件力学性能要求和机械加工工艺要求外，还必须满足铸造的制模、制芯、合箱装配、清理以及合金铸造性能对铸造结构的要求，力求使工艺过程简单并减少和防止铸造缺陷，保证铸件的质量。

一、铸造工艺对铸件结构的要求

铸造工艺对铸件结构的要求主要是从便于造型、制芯、清理，以减少铸造缺陷的考虑出发的，包括对铸件外形和铸件内腔的要求等方面。

（一）铸件的外形设计

铸件的外形设计原则是力求简单、造型方便。

1. 尽量减少分型面数目，避免三箱造型

图 6-34 为支腿铸件两种外形结构设计方案。图 6-34（a）结构需要两个分型面，采用三箱造型。若改为图 6-34（b）结构，只需要一个分型面，采用两箱造型即可，这样不仅节省砂箱，简化工艺造型，有可能进行机器造型，而且不容易错箱，铸件毛刺少，便于清理。

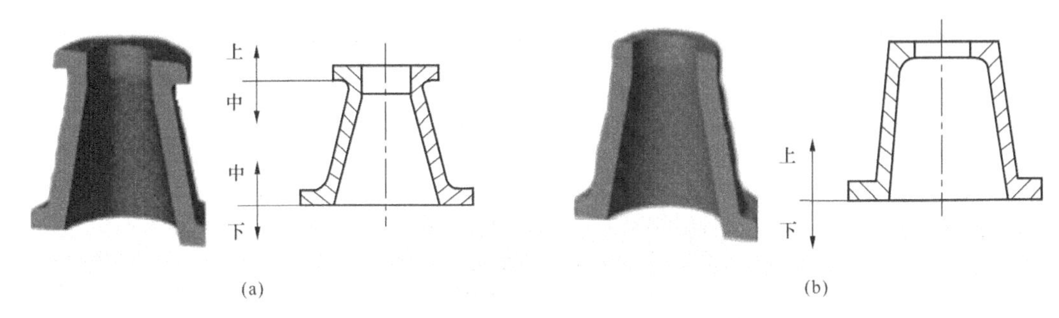

图 6-34　支腿铸件两种外型结构设计方案
（a）两个分型面；（b）一个分型面

2. 避免外形侧凹

铸件在起模方向上若有侧凹，如图 6-35（a）所示的机床铸件设计，就必须在造型时增加较大的外壁型芯才能起模。若将其改成如图 6-35（d）所示的结构，将凹坑一直扩展到底部，则可省去外型芯。

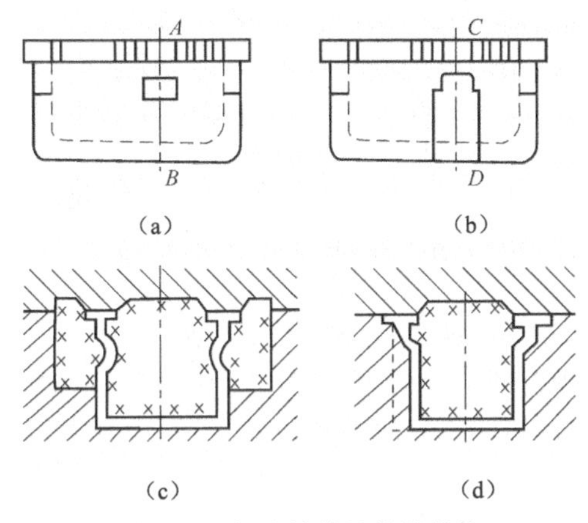

图 6-35　机床铸件结构的设计
（a）*AB* 剖面；（b）*CD* 剖面；（c）不合理；（d）合理

3. 起模应方便

起模的方向应设计出结构斜度，相关数据见表 6-7。非加工面设计出斜坡，这样便于起模且易保持砂型。如图 6-36（a）所示结构，无起模斜度，结构不合理；如图 6-36（b）所示结构有起模斜度，结构合理。

表 6-7　　铸件的结构斜度

斜度 a∶h	角度β	适 用 范 围
1∶5	11°30′	h<25mm 的铸钢和铸铁件
1∶10	5°30′	h=25～500mm 的铸钢和铸铁件
1∶20	3°	h>500mm 的铸钢和铸铁件
1∶50	1°	h>500mm 的铸钢和铸铁件
1∶100	30′	非铁合金铸件

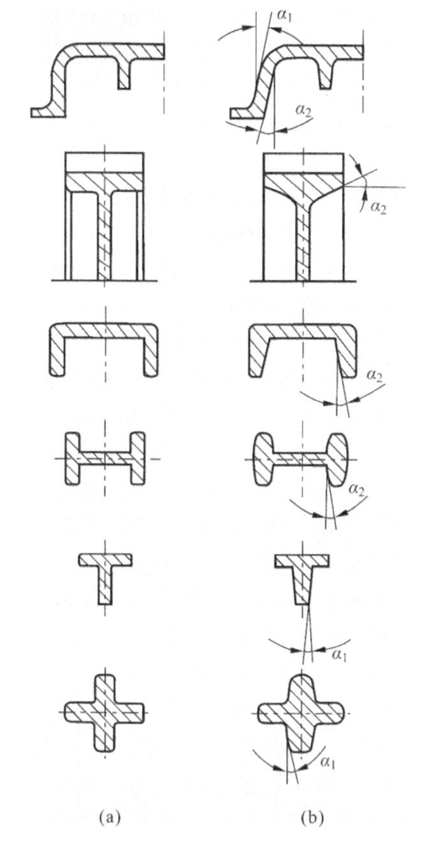

图 6-36　铸件的结构斜度

（a）无起模斜度；（b）有起模斜度

4. 铸件的凸块、凹缘和凹槽布置应不阻碍起模

如图 6-37（a）所示铸件上的凸块阻碍起模，当单件、小批量生产时可采用活块造型；在大批量生产时，应将结构改为如图 6-37（b）所示的形式。改进后的结构便于起模，也不需要采用活块造型。

（二）铸件的内腔设计

铸件的内腔设计原则是减少形芯数量，利于型芯的固定、排气和清理。

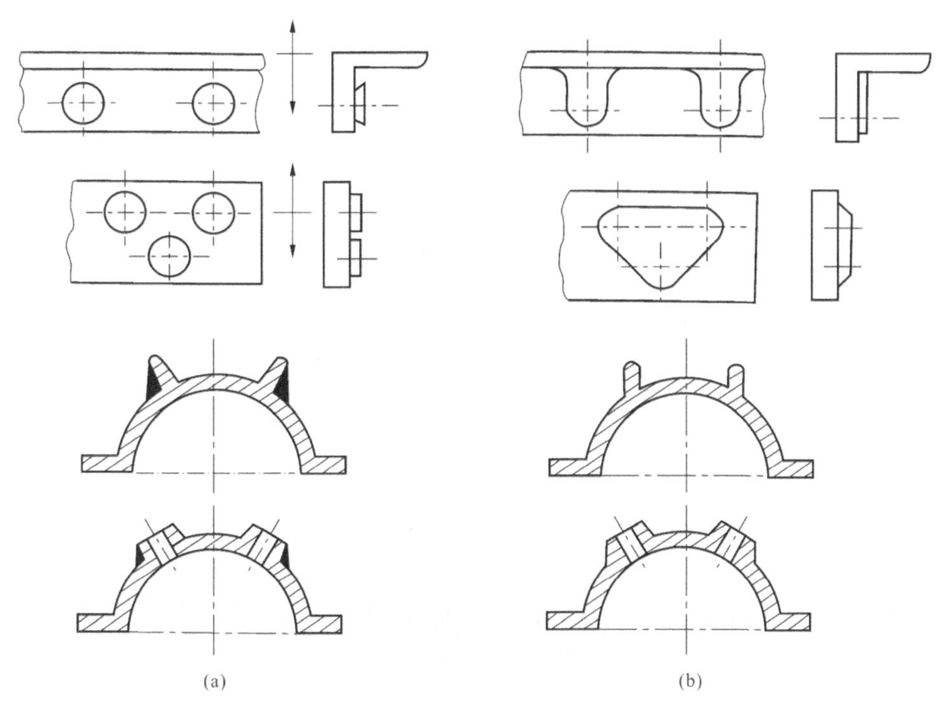

图 6-37　铸件上凸块的改进
（a）改变前；（b）改变后

1. 尽量不用或少用型芯

不用或少用型芯，可以避免造芯过程中的变形以及装配合箱的误差，提高铸件精度。所以，铸件的内腔应尽量简单，不用或少用型芯。如图 6-38 所示为支柱的结构，改为工字形截面后可省去型芯，并不影响零件本身的功用。

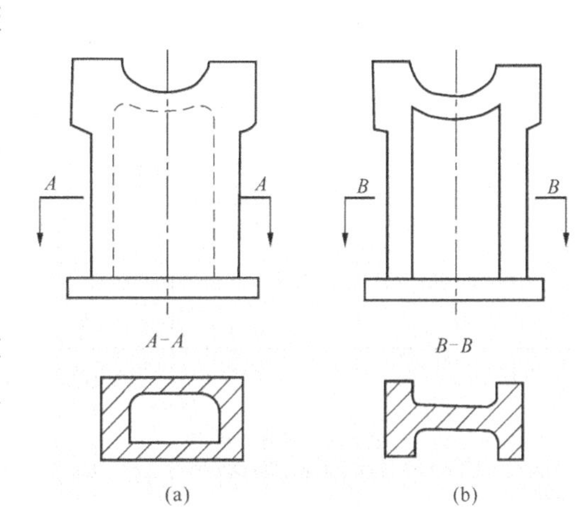

图 6-38　支柱铸件的两种结构
（a）框形截面；（b）工字形截面

2. 型芯定位准确，安放稳固，排气通畅

型芯的定位、安放、排气主要是依靠型芯头。具有复杂内腔的大型铸件，应该有足够数量和大小的型芯头来定位和固定型芯，必要时可采用工艺孔来加强型芯的固定和排气。

图 6-39（a）所示的轴承架铸件内腔设计方案需用两个型芯，且其中一个较大的、呈悬臂状的型芯须用型芯撑作辅助支承。若改为图 6-39（b）所示的设计方案，只需要一个型芯，可大大提高型芯的稳固性，而且型芯排气顺畅、容易清理。

3. 铸件结构应便于清砂

如图 6-40 所示为机床床身结构示意图。图 6-40（a）采用闭式结构，给清砂带来一定困难。在铸件刚度足够的前提下，若改用图 6-40（b）所示的开式结构，清砂就方便。

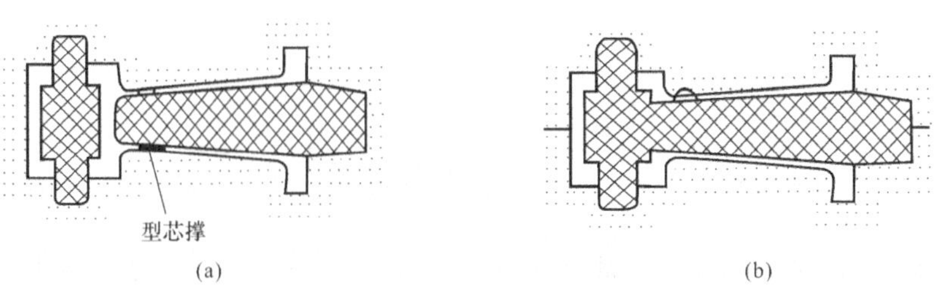

图 6-39 轴承支架铸件

（a）工艺性差；（b）工艺性好

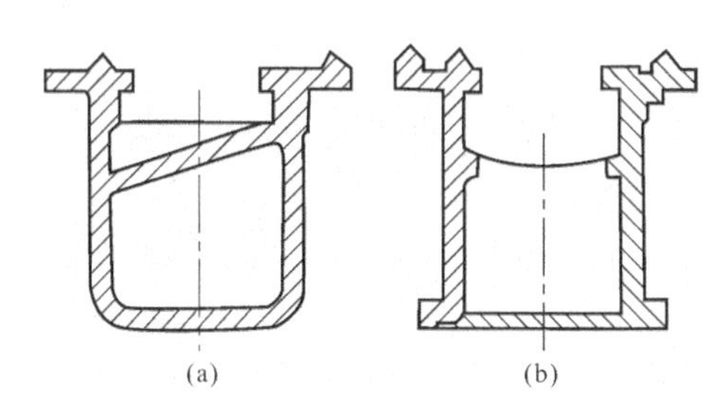

图 6-40 机床床身结构

（a）闭式结构；（b）开式结构

二、铸造性能对铸件结构的要求

缩孔、变形、裂纹、气孔和浇不足等铸件缺陷的产生，有时是由于铸件结构设计不够合理，未能充分考虑合金铸造性能的要求所致。合金铸造性能与铸件结构之间的关系见表 6-8。

表 6-8 合金铸造性能与铸件结构之间的关系

对铸件结构的要求	不好的铸件结构	较好的铸件结构
铸件的壁厚应尽可能均匀，否则易在厚壁处产生缩孔、缩松、内应力和裂纹	缩松	
铸件内表面及外表面转角的连接处应为圆角，以免产生裂纹、缩孔、黏砂和掉砂缺陷	裂纹	
铸件上部大的水平面（按浇注位置）最好设计成倾斜面，以免产生气孔、夹砂和积聚非金属夹杂物		出气口

续表

对铸件结构的要求	不好的铸件结构	较好的铸件结构
为了防止裂纹，应尽可能采用能够自由收缩或减缓收缩受阻的结构，如轮辐设计成弯曲形状	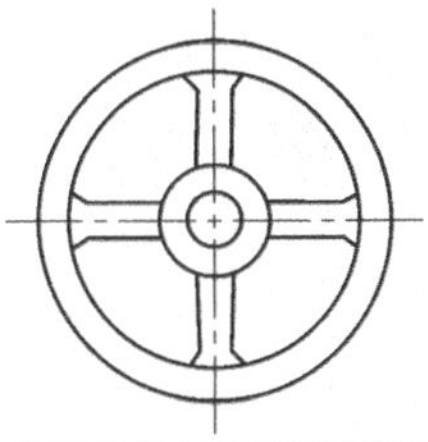	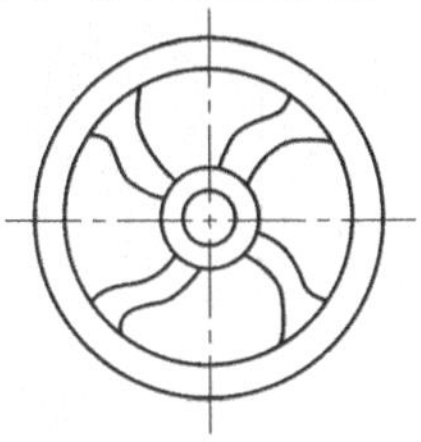
在铸件的连接或转弯处，应尽量避免金属的积聚和内应力的产生，厚壁与薄壁相连接要逐步过渡，并不能采用锐角连接，以防止出现缩孔、缩松和裂纹	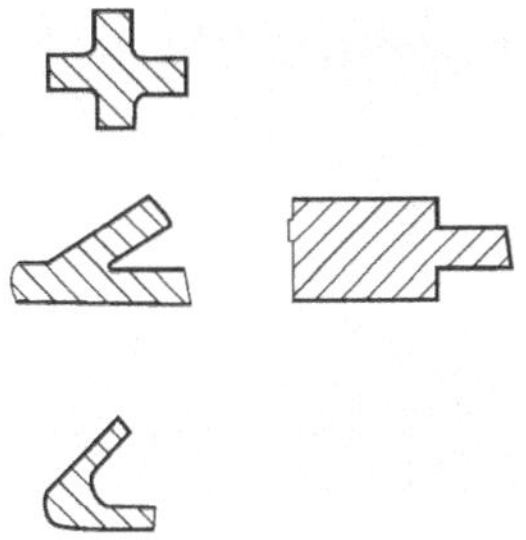	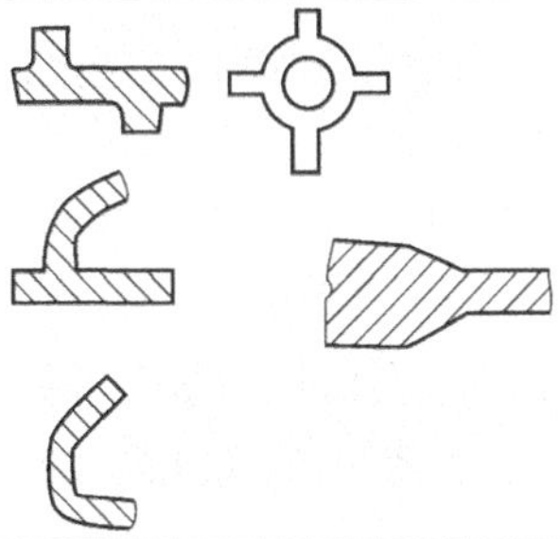
对细长件或大而薄的平板件，为防止弯曲变形，应采用对称或加肋的结构	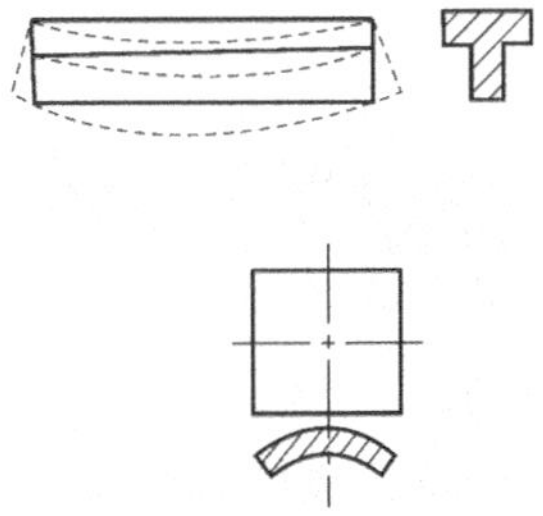	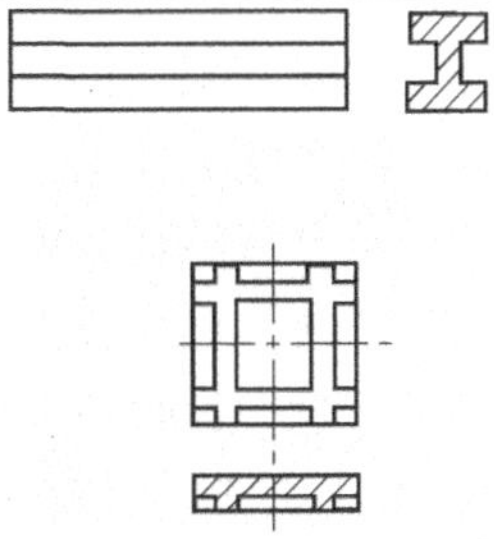

复习思考题

1．形状复杂的零件为什么用铸造毛坯？受力复杂的零件为什么不采用铸造毛坯？

2．液态金属填充能力的影响因素有哪些，各有何影响？

3．缩孔和缩松是如何产生的，如何防止？

4．试填写下列铸造生产工艺流程图。

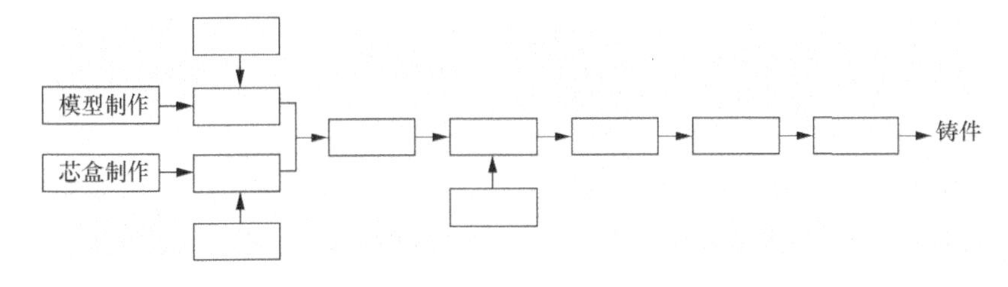

5．与砂型铸造比较，金属型铸造有何优缺点？

6．标出铸型装配图（如图 6-41 所示）及浇注系统（如图 6-42 所示）的名称，并简述其主要作用。

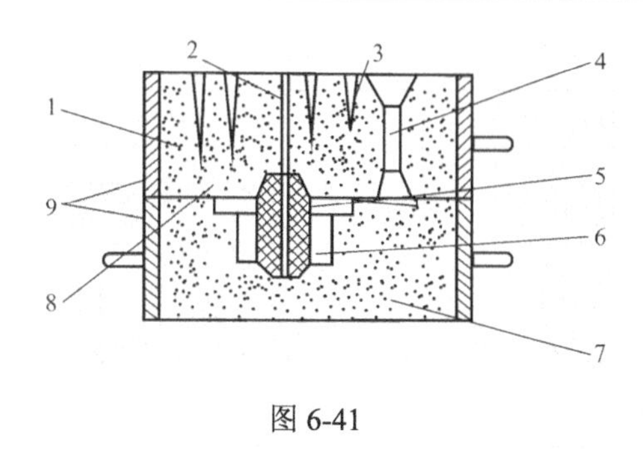

图 6-41

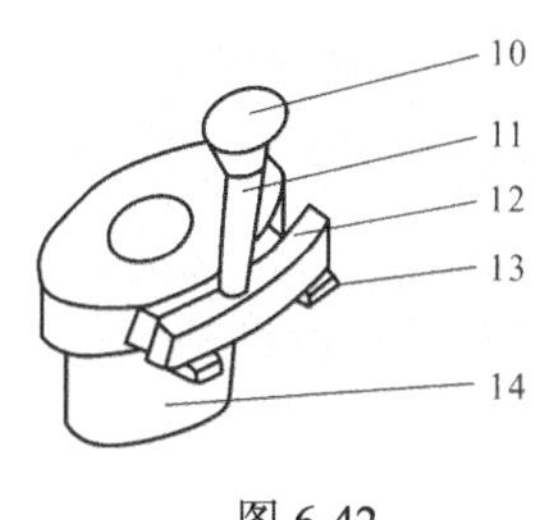

图 6-42

7．什么叫铸造工艺图？它包括哪些内容？绘制工艺图为什么首先要考虑浇注位置的选择？

8．试分析如下工件的铸造工艺方法。

（1）车床床身（铸铁，成批）。

（2）大口径污水管（铸铁，大批）。

（3）摩托车气缸体（铝合金，大批）。

（4）复杂刀具（高合金工具钢，成批）。

（5）仪表支架（铝合金，大批）。

（6）汽车喇叭（铝合金，大批）。

（7）双金属轴瓦（钢、铜，成批）。

（8）活塞（铝合金，大批）。

（9）大直径齿轮坯（铸钢，单件）。

（10）小型飞机涡轮叶片（高温合金，成批）。

第七章　锻　压　成　形

利用外力的作用使金属产生塑性变形，从而获得具有一定形状、尺寸和力学性能的原材料、毛坯或零件的成形工艺，称为金属塑性加工（或称金属压力加工）工艺。凡具有一定塑性的金属，如钢和大多数有色金属及其合金等，都可以进行塑性加工。

锻压属于金属塑性加工的范畴，是锻造和冲压的总称。锻造通常是将金属坯料加热至高温在塑性状态下进行，按照所用设备和变形方式不同，分为自由锻和模锻两大类。冲压加工的对象主要是金属薄板，一般在常温下进行，习惯上称为板料冲压或冷冲压，较厚的板料也可在加热后进行冲压。

一、金属塑性加工方法

锻压方法是以生产毛坯或零件为主，除此之外，金属塑性加工方法还有轧制、挤压、拉拔，这三种方法是以生产金属原料为主，如金属型材（见图 7-1）、板材、管材和线材。

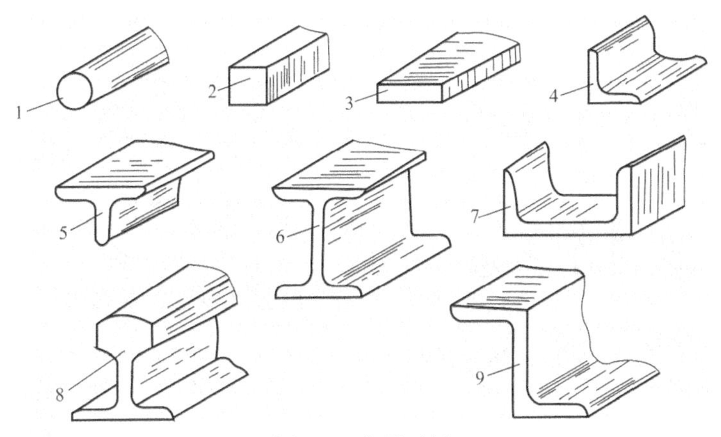

图 7-1　金属型材

1—圆钢；2—方钢；3—扁钢；4—角钢；5—T 字钢；
6—工字钢；7—槽钢；8—钢轨；9—Z 字钢

几种典型的金属塑性加工方法的工序实例如图 7-2 所示。

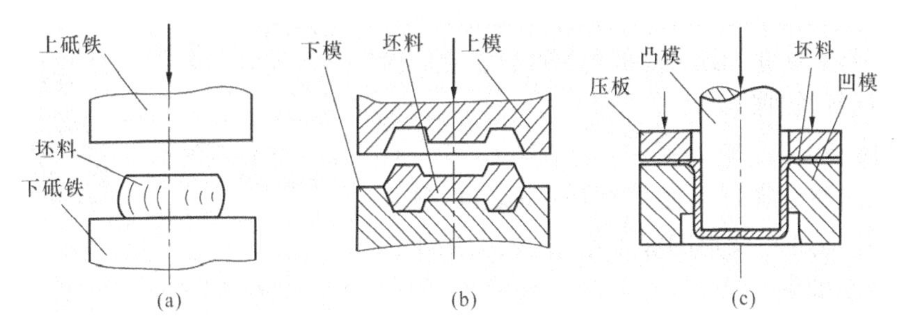

图 7-2　金属塑性加工的典型方法（一）

（a）自由锻造；（b）模型锻造；（c）板料冲压

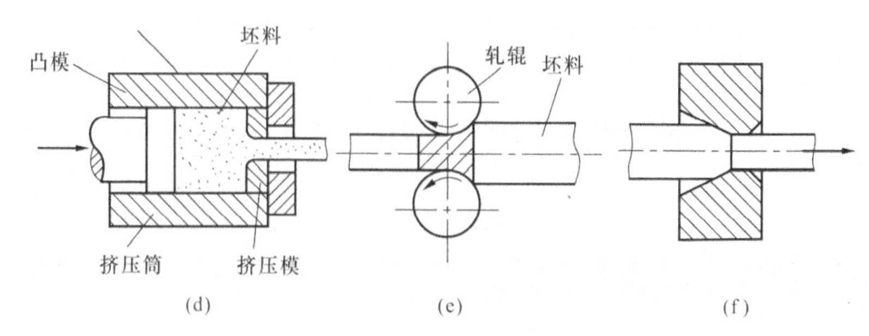

图 7-2　金属塑性加工的典型方法（二）
（d）挤压；（e）轧制；（f）拉拔

1. 挤压

挤压是将金属坯料从挤压模孔或间隙挤出而成形的加工方法。挤压可获得各种复杂截面的型材或零件（见图 7-3），适用于低碳钢、有色金属及其合金的加工，如采取适当的工艺措施，还可对合金钢和难熔合金进行加工。

2. 轧制

轧制是使金属坯料通过一对回转轧辊之间的空隙而产生塑性变形的加工方法，可轧制出不同截面的原材料（见图 7-4），如钢板、型材和无缝钢管等，也可直接轧制出毛坯或零件。

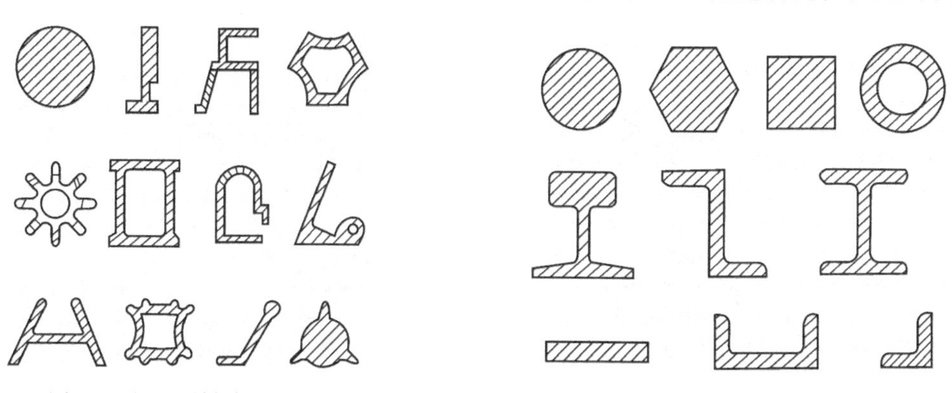

图 7-3　挤压型材截面形状图　　　　图 7-4　轧制型材截面形状图

3. 拉拔

拉拔是将金属坯料从拉拔模模孔中拉出而成形的塑性加工方法。拉拔工艺主要用于制造各种细线材（如电缆等）、薄壁管和特殊几何形状的型材（如图 7-5），多数情况下是在冷态下进行的，所得到的产品精度高，故常用于轧制件的再加工，以提高产品质量。低碳钢和大多数有色金属及其合金都可以经拉拔成形。

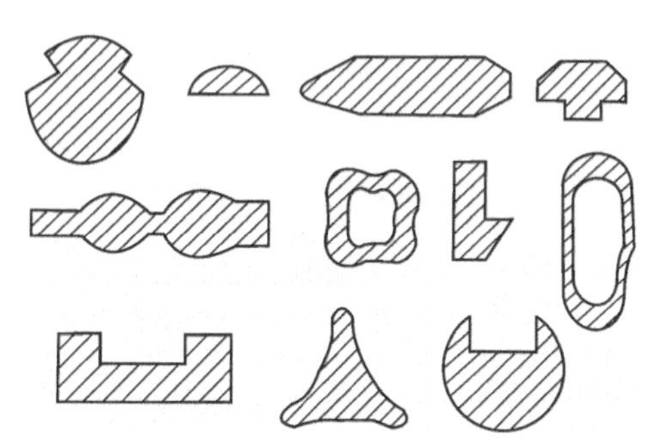

图 7-5　拉拔型材截面形状图

4. 自由锻造

自由锻造是将金属坯料置于上下砧铁之间，施加冲击力或压力，使坯料变形的加工方法，主要用于锻件毛坯的单件小批生产。

5. 模型锻造

模型锻造是将金属坯料放在锻模模膛内，然后施加冲击力或压力，使坯料充满模膛而成形的方法，主要用于中小型锻件的成批生产。

6. 板料冲压

板料冲压是将金属板料放在冲压模中，施加作用力，使板料产生分离或变形的加工方法，常用的方法有剪切、冲裁、拉伸、弯曲等，用于各种板材零件的成批生产。

金属塑性加工在机械制造中占有重要的地位。各类机械中受力复杂的重要零件，如传动轴、机床主轴、重要齿轮、起重机吊钩等，大都采用锻件做毛坯。对于飞机，锻压件制成的零件约占各类零件质量的 85%，而汽车、拖拉机、机车约占 60%～80%。各类仪器、仪表、电器以及生活用品中的金属制件绝大多数都是冲压件。

二、金属塑性加工优点

金属塑性加工之所以能获得广泛应用，在于其具有以下优点：

1. 机械性能高

金属铸锭经塑性变形后其内部缺陷（如微裂纹、气孔等）得到焊合，并可获得较致密的细晶组织，因而改善了金属的机械性能。承受重载的零件一般都采用锻件做毛坯。

2. 节省金属

由于提高了金属的机械性能，在同样的受力和工作条件下，可以缩小零件的截面尺寸，减轻质量，延长使用寿命。

3. 易实现机械化和自动化，生产率高

多数压力加工方法，特别是轧制、挤压、拉拔等，金属连续变形，变形速度很高，故生产率高。很多压力加工方法都可达到每台机器每分钟生产几十个甚至上百个零件。

塑性加工与铸造相比也有不足之处，由于在锻造过程中金属的变形受到较大的限制，因此一般来说，锻件形状所能达到的复杂程度不如铸件，锻件的材料利用率也比铸件低。冲压件由于模具制造成本很高，只适用于大批量生产。

第一节 锻压成形工艺基础

一、金属塑性变形的实质

具有一定塑性的金属材料受外力作用而变形，变形随着金属内应力的增加而由弹性变形进入弹性—塑性变形。在弹性变形阶段，金属的应变与应力存在线性关系，变形过程也是可逆的，应力消除变形也消失。但是，进入弹性—塑性变形后，即使应力消除，变形也不能完全消失，只能消失弹性变形部分，而另一部分变形被保留下来，这部分变形就是塑性变形。

金属的塑性变形实际上就是组成金属的晶粒的变形，晶粒的变形包括晶粒内部的变形（晶内变形）和晶粒之间的变形（晶间变形）。单晶体的塑性变形，属于晶内变形，其变形过程如图 7-6 所示。多晶体的塑性变形可以看成是组成多晶体的许多单个晶粒产生晶内变形的综合效果，同时，晶粒与晶粒之间也有滑移和转动，即晶间变形，如图 7-7 所示。

二、塑性变形对金属组织结构和性能的影响

塑性变形会对金属内部组织结构和性能产生重要影响，综合起来主要有以下几方面。

1. 产生纤维组织

在塑性变形中，随着变形量的增加，可看到金属的晶粒沿着变形方向被拉长，由等轴晶

粒变为扁平形或长条形，当变形量较大时，晶粒被拉成纤维状，此时的组织称为纤维组织或流线。它使金属材料由原来的各向同性变成了各向异性，即沿着纤维方向的强度大于垂直纤维方向的强度。

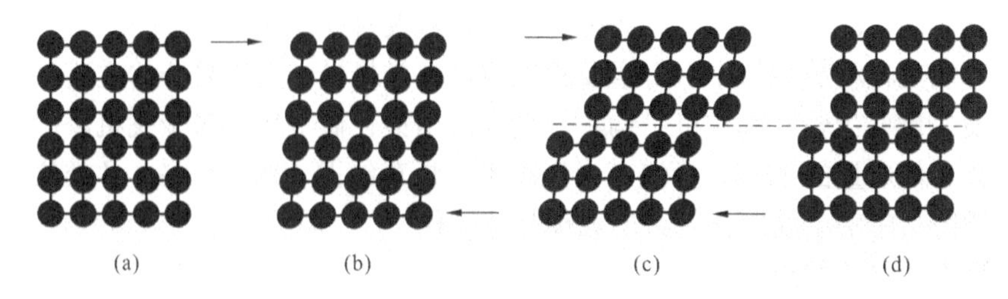

图 7-6 单晶体变形过程
（a）未变形；（b）弹性变形；（c）弹塑性变形；（d）塑性变形

纤维组织的化学稳定高很强，纤维分布形态不能通过热处理消除，只能通过不同方向上的锻压才能改变。

2. 产生加工硬化

金属在塑性变形过程中，随着其形状的改变，内部的组织结构会发生一系列变化：晶粒沿变形最大的方向伸长；晶格和晶粒均发生扭曲，产生内应力；晶粒间产生碎晶。组织结构的变化使其机械性能、物理和化学性能都发生变化，而机械性能的变化最为明显。

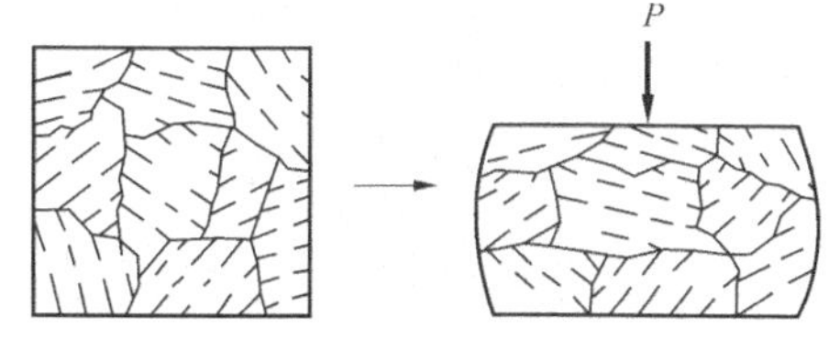

图 7-7 多晶体塑性变形示意图

随着变形程度的增加，金属的强度和硬度逐渐升高，而塑性和韧性降低，这种现象称为加工硬化。加工硬化可提高金属材料的强度，是强化金属材料的一种手段，尤其适用于用热处理工艺不能强化的金属材料。但是，加工硬化会阻碍金属进一步塑变，给金属的进一步加工带来困难。例如，钢板在冷轧过程中会越轧越硬，以致完全不能产生变形。为此，需安排中间退火工序，通过加热消除加工硬化现象，恢复塑性变形能力，使轧制得以继续进行。

3. 产生残余内应力

金属材料经塑性变形后，外力对材料所做的功约有 90%转变成热能散发掉了，但是约有10%以残余内应力形式留在材料中，使内能增加。残余内应力就是指平衡于金属内部的，当外力去除后仍然保留下来的应力。它的产生是由于金属内部各区域的变形不均匀以及相互之间的牵制作用所致。金属在塑性变形后通常要进行退火处理，以消除或降低残余内应力。

三、回复与再结晶

对塑性变形组织进行加热，变形金属将相继发生回复、再结晶和晶粒长大三个阶段的变化，如图 7-8 所示。

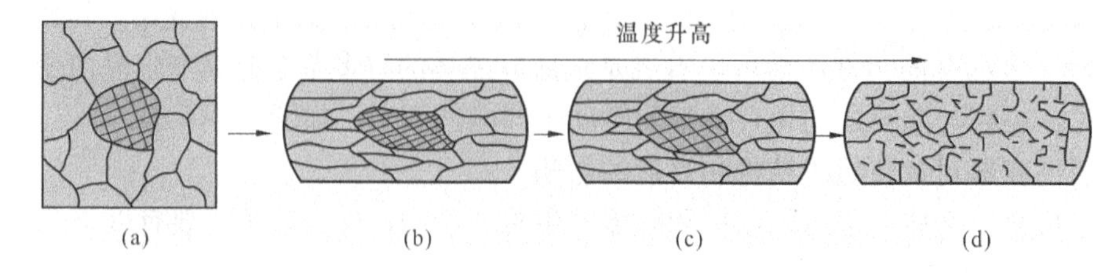

图 7-8 金属的回复和再结晶示意图
（a）塑性变形组织；（b）塑性变形后的组织；（c）金属回复后的组织；（d）再结晶组织

1. 回复

回复是指将塑性变形后的金属加热至一定温度后，使原子回复到平衡位置，晶内残余应力大大减小的现象。

回复时不改变晶粒形状，金属的强度、硬度略有下降；塑性、韧性有所回升；内应力有较明显下降；某些物理、化学性能则显著减小。冷拔弹簧钢丝绕制弹簧后常进行低温退火，其实质就是利用回复保持冷拔钢丝的高强度，消除冷卷弹簧时产生的内应力。

2. 再结晶

再结晶是指当加热温度较高时，塑性变形后的金属组织与性能在加热时全部恢复的过程，也是被拉长了的晶粒重新生核长大，变为细小、均匀等轴晶粒的过程。再结晶恢复了变形金属的可锻性。

再结晶是在一定的温度范围内进行的，开始产生再结晶现象的最低温度称为再结晶温度。金属的再结晶温度与变形程度、杂质（或合金元素）的含量及加热速度、加热时间等有关。如变形程度越大，再结晶温度便越低。

在压力加工生产中，加工硬化给金属继续进行塑性变形带来困难，应予以消除。生产中在高于再结晶温度下加热已加工硬化的金属，使其发生再结晶而再次获得良好的塑性，这种工艺操作称为再结晶退火。如冷轧、冷拉、冷冲压过程中，需在各工序中穿插再结晶退火。

3. 晶粒长大

塑性变形的金属经再结晶后，一般都会得到细小均匀的等轴晶粒。但若继续升高温度或过分延长加热时间，晶粒便会继续长大。因为晶粒长大是一个自发过程，它可减少晶界的面积，使表面能降低，使组织处于更稳定的状态。

四、冷热塑性变形对金属组织结构和性能的影响

金属的塑性变形可分为冷变形和热变形。两者以金属的再结晶温度为界限，即在其再结晶温度以上的变形为热变形，在其再结晶温度以下的变形为冷变形。如铁的最低再结晶温度为450℃，故它在420℃的加工变形仍应属于冷变形；又如铅的再结晶温度在0℃以下，故它在室温的加工变形也是热变形。

（1）冷变形过程中只有加工硬化而无再结晶现象，变形后的金属只具有加工硬化组织。由于产生加工硬化，冷变形需要很大的变形力，而且变形程度也不宜过大，以免缩短模具寿命和使工件破裂。但冷变形加工的产品具有表面质量好，尺寸精度高，力学性能好的优点，一般不需再进行切削加工。常温下，低碳钢在冷镦、冷挤、冷轧及冷冲压中的变形都属于冷变形。

（2）热变形产生的加工硬化立即随金属的再结晶而消失，变形后金属具有细而均匀的再结晶等轴晶粒组织而无任何加工硬化痕迹。金属只有在热变形的情况下，才能在较小的变形功的作用下产生较大的变形，加工出尺寸较大和形状较复杂的工件；同时，能获得具有较高力学性能的再结晶组织。但是，由于热变形是在高温下进行的，因而金属在加热过程中，表面容易形成氧化皮，产品尺寸精度和表面质量较低。金属在自由锻、热模锻、热轧、热挤压中的变形都属于热变形。

五、金属的可锻性

金属的可锻性（可变形性）是衡量材料经受压力加工难易程度的工艺性能。其优劣常用塑性和变形抗力综合衡量。变形抗力是指塑性成形时，变形金属施加于工模具单位面积上的反作用力。塑性反映金属塑性变形的能力，变形抗力则反映塑性变形的难易程度。因此，材料的塑性高，变形抗力小，则可锻性好。

金属的可锻性取决于金属的内在因素和外部加工条件。

（一）金属的内在因素

1. 化学成分

不同材料具有不同的塑性和变形抗力。纯金属比合金的塑性高，而且变形抗力较小，所以纯金属的可锻性优于合金。对钢来说，含碳量越低，可锻性越好；含合金元素越多，可锻性越差。如碳素钢的可锻性比合金钢好，低合金钢的可锻性比高合金钢好。

2. 金属组织

金属的组织结构不同，可锻性有很大差别。纯金属与固溶体具有良好的可锻性，金属化合物，因其高硬度和低塑性，故不具备好的可锻性。另外，金属中晶粒越细小，越均匀，其塑性越高，可锻性越好。

具有面心立方晶格的奥氏体，其塑性比具有体心立方晶格的铁素体高，比机械混合物的珠光体更高，所以钢材大多加热至奥氏体状态进行锻压加工。

（二）外部加工条件

外部加工条件是指变形时的温度、速度、应力状态和坯料表面状况等。

1. 变形温度

在一定的变形温度范围内，变形温度高，金属的塑性好，变形抗力小。但温度过高，会产生氧化、过热等缺陷，甚至使锻件产生过烧（晶界发生氧化或熔化）而报废，所以应严格控制锻造温度范围。锻造温度范围是指锻件由始锻温度到终锻温度的区间，始锻温度指金属开始锻造的温度，终锻温度指金属停止锻造的温度，确定锻造温度范围的理论依据是合金状态图。常用金属材料的锻造温度范围如表 7-1 所示。

表 7-1 常用金属材料的锻造温度范围

材料种类	始锻温度（℃）	终锻温度（℃）	材料种类	始锻温度（℃）	终锻温度（℃）
低碳钢	1200～1250	800	低合金工具钢	1100～1150	850
中碳钢	1150～1200	800	变形铝合金	450～500	350～380
合金结构钢	1100～1180	850	压力加工铜合金	800～900	650～700

2. 变形速度

变形速度指单位时间内的变形程度，它对金属的可锻性的影响是矛盾的。一方面由于变形速度增大，使再结晶滞后，从而不能及时消除冷变形强化，因此变形抗力增加，塑性下降，可锻性变坏；另一方面变形速度增加时，变形热效应也增加，导致温度升高，变形抗力降低和塑性增加，又能改善其可锻性。根据这个原理，利用高速锤锻造、爆炸成形等工艺加工低塑性材料，可显著提高其可锻性。

3. 应力状态

采用不同的变形方法，在金属中产生的应力状态是不同的，因而表现出不同的可锻性。例如，金属在挤压时三向受压［见图 7-9（a)]，表现出较高的塑性和较大的变形抗力；拉拔时两向受压、一向受拉［见图 7-9（b)]，表现出较低的塑性和较小的变形抗力。实践证明，三个方向中压应力数目越多，可锻性越好；拉应力数目越多，可锻性越差。因此，许多用普通锻造效果不好的材料改用挤压后可达到加工的目的。

4. 坯料表面状况

坯料的表面状况对塑性有密切影响，特别在冷变形时尤为显著。坯料表面粗糙或有刻痕、微裂纹和粗大夹杂物等，都会在变形过程中产生应力集中而引起开裂。故压力加工前应对坯料表面进行清理，消除缺陷。

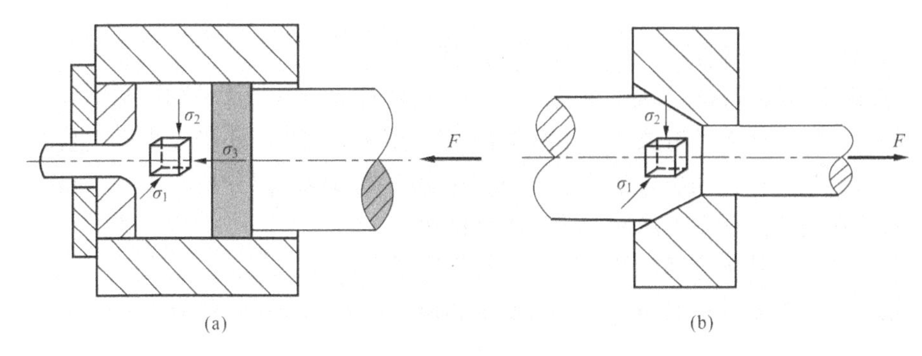

图 7-9 不同变形方法时金属的应力状态

（a）挤压；（b）拉拔

第二节 锻 造 成 形

利用冲击力或静压力使加热后的坯料在锻压设备上、下砧之间产生塑性变形，以获得所需尺寸、形状和质量的锻件加工方法称为锻造。常用的锻造方法有自由锻、模锻和胎膜锻。

一、自由锻

利用冲击力或静压力使经过加热的金属在锻压设备的上、下砧间向四周自由流动产生塑性变形，获得所需锻件的加工方法称为自由锻。自由锻分为手工锻造和机器锻造两种。手工锻造只能生产小型锻件，机器锻造是自由锻的主要方式。自由锻主要应用于单件、小批量生产，修配以及大型锻件的生产和新产品的试制等。

自由锻使用的工具简单、通用，生产准备周期短，灵活性大，所以使用范围广，而且自由锻还是大型锻件唯一的成形方法，在重型机械中占有重要的地位。如水轮机主轴、多拐曲轴、大型连杆、重要的齿轮等零件在工作时都承受很大的载荷，要求具有较高的力学性能，常采用自由锻方法生产毛坯。但自由锻的生产率低，对操作工人的技术要求高，工人的劳动强度大，锻件精度差，后续机械加工量大，这些缺点导致自由锻在锻件加工中的应用日趋减少。

（一）自由锻的主要设备

自由锻的设备分为锻锤和液压机两大类。生产中使用的锻锤有空气锤和蒸汽—空气锤。液压机是以液体产生的静压力使坯料变形的，生产中使用的液压机主要是水压机，它的吨位（产生的最大压力）较大，可以锻造质量达 500t 的锻件，是生产大型锻件的唯一设备。

（二）自由锻的工序

自由锻工序分为基本工序、辅助工序和精整工序三大类。

1. 基本工序

基本工序是指锻造过程中使金属产生塑性变形，从而达到锻件所需形状和尺寸的工艺过程，如镦粗、拔长、冲孔、弯曲、扭转、切割和错移等。

（1）镦粗。使毛坯高度减小，横断面积增大的锻造工序。镦粗工序主要用于锻造齿轮坯、圆饼类锻件。镦粗工序可以有效地改善坯料组织，减小力学性能的异向性。镦粗与拔长的反复进行，可以改善高合金工具钢中碳化物的形态和分布状态。

镦粗主要有以下两种形式：

1）完全镦粗。完全镦粗是将坯料竖直放在砧面上，在上砧的锤击下，使坯料产生高度减小、横截面积增大的塑性变形，如图 7-10（a）所示。

2）局部镦粗。将坯料加热后，一端放在漏盘或胎模内，限制这一部分的塑性变形，然后锤击坯料的另一端，使之镦粗成形，如图 7-10（b）所示，多用于小批量生产；胎模镦粗的方法，多用于大批量生产。在单件生产条件下，可将需要镦粗的部分局部加热，或者全部加热后将不需要镦粗的部分在水中激冷，然后进行镦粗。

为了防止镦粗时坯料弯曲，坯料高度 h 与直径 d 之比 $h/d \leqslant 2.5$。

（2）拔长。也称延伸，它是使坯料横断面积减小、长度增加的锻造工序。拔长常用于锻造杆、轴类零件。拔长的方法主要有以下两种。

1）在平面上拔长，如图 7-11（a）所示。

2）在芯轴上拔长。锻造时，先将芯棒插入冲好孔的坯料中，然后当作实心坯料进行拔长，如图 7-11（b）所示。拔长时，一般不是一次拔成，先将坯料拔成六角形，锻到所需长度后，再倒角滚圆，取出芯棒。为便于取出芯棒，芯棒的工作部分应有 1:100 左右的斜度。这种拔长方法可使空心坯料的长度增加，壁厚减小，而内径不变，常用于锻造套筒类长空心锻件。

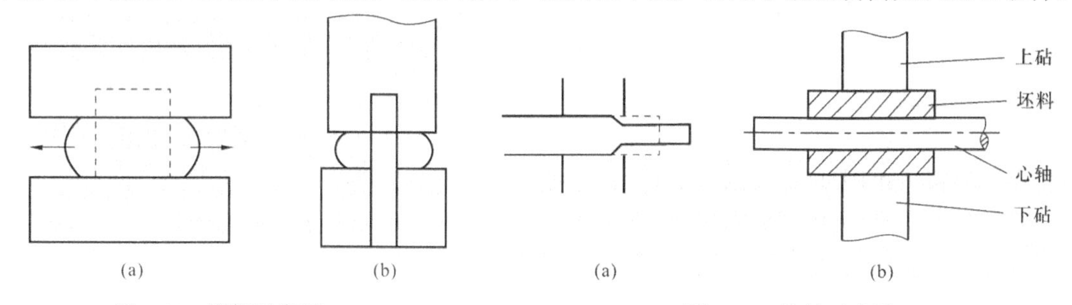

图 7-10 镦粗示意图
（a）完全镦粗；（b）局部镦粗

图 7-11 拔长示意图
（a）在平面上拔长；（b）在芯轴上拔长

（3）冲孔。是指利用冲头在工件上冲出通孔或盲孔的操作过程。常用于锻造齿轮、套筒和圆环等空心锻件，对于直径小于 25mm 的孔一般不锻出，而是采用钻削的方法进行加工。

在薄坯料上冲通孔时，可用冲头一次冲出。若坯料较厚时，可在坯料的一边冲到孔深 H 的 2/3 深度后，拔出冲头，翻转工件，从反面冲通，以避免在孔的周围冲出毛刺，如图 7-12 所示。

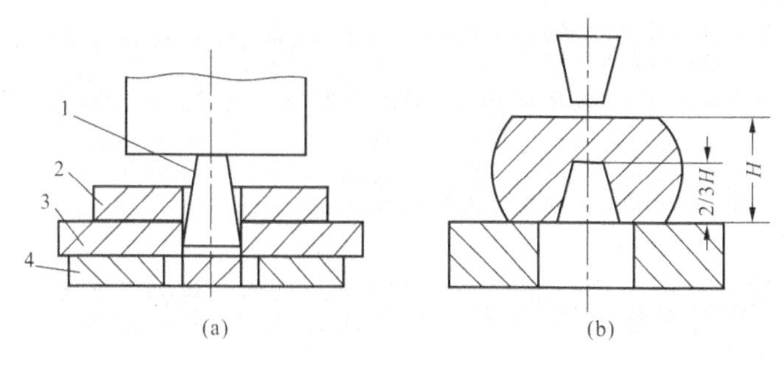

图 7-12 冲孔
（a）薄坯料冲孔；（b）厚坯料冲孔
1—冲头；2—坯料；3—垫环；4—芯料

（4）弯曲。采用一定的工模具将坯料弯成所规定的外形的锻造工序，称为弯曲。常用的弯曲方法有以下两种，如图 7-13 所示。

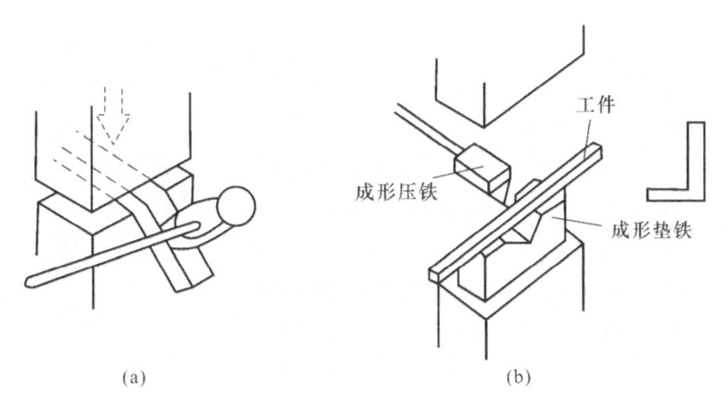

图 7-13　弯曲示意图

（a）锻锤压紧弯曲；（b）模弯曲

1）锻锤压紧弯曲法。坯料的一端被上、下砧压紧，用大锤打击或用吊车拉另一端，使其弯曲成形。

2）模弯曲法。在垫模中弯曲能得到形状和尺寸较准确的小型锻件。

（5）扭转。是将坯料的一部分相对于另一部分绕其轴线旋转一定角度的锻造工序。该工序多用于锻造多拐曲轴和校正某些锻件。小型坯料扭转角度不大时，可用锤击方法。

（6）切割。是指将坯料分成几部分或部分地割开，即从坯料的外部割掉一部分或从内部割出一部分的锻造工序。

（7）错移。是指将坯料的一部分相对另一部分平行错开一段距离，但仍保持轴心平行的锻造工序，常用于锻造曲轴零件，如图 7-14 所示。错移时，先对坯料进行局部切割，然后在切口两侧分别施加大小相等、方法相反且垂直于轴线的冲击力或压力，使坯料实现错移。

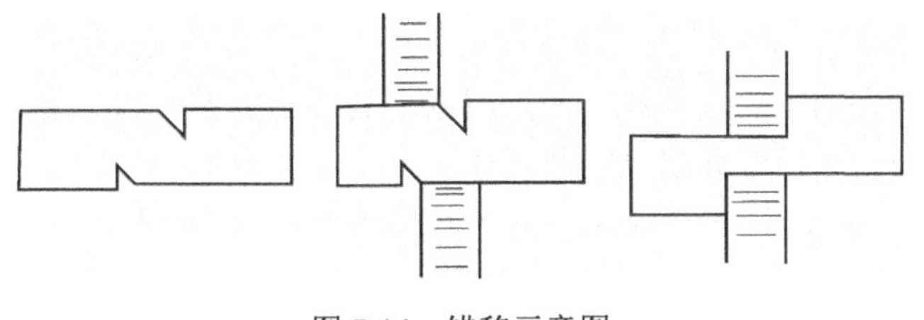

图 7-14　错移示意图

2. 辅助工序

辅助工序是为基本工序操作方便而进行的预先变形工序，如压钳口、压钢锭棱边、切肩等。

3. 精整工序

精整工序是用以减少锻件表面缺陷而进行的工序，如清除锻件表面凹凸不平及整形等，一般在终锻温度下进行。

（三）自由锻工艺设计

自由锻工艺设计包括绘制锻件图，计算坯料质量和尺寸，确定锻造工序，选择锻造设备和工具，确定锻造温度范围以及制订加热、冷却热处理规范等。

1. 绘制锻件图

锻件图是锻造加工的主要依据，它是以零件图为基础，并考虑以下几个因素绘制而成的。

（1）锻件敷料。又称余块，是为了简化锻件形状，便于锻造加工而增加的一部分金属。由于自由锻只能锻造出形状较为简单的锻件，当零件上带有较小的凹槽、台阶、凸肩、法兰和孔等难以用自由锻方法锻出的结构时，必须暂时添加一部分金属以简化锻件的形状，如图 7-15 所示。

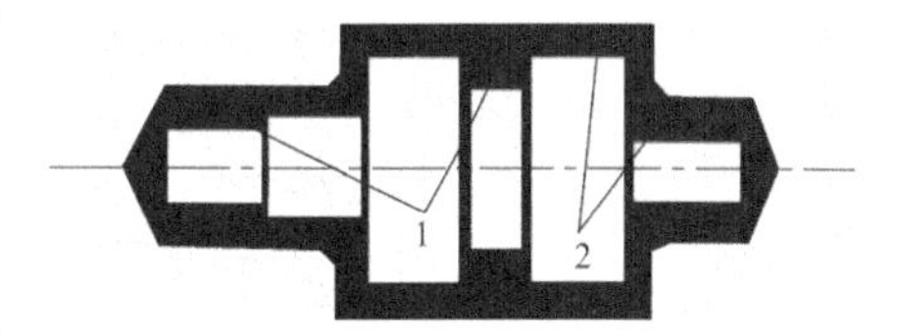

图 7-15 锻件余量及敷料

1—敷料；2—锻件余量

（2）机械加工余量。是指锻件在机械加工时被切除的金属。自由锻工件的精度和表面质量均较差，因此，零件上需要进行切削加工的表面均需在锻件的相应部分留有一定的金属层，作为锻件的切削加工余量，其值大小与零件的材料、形状、尺寸、批量大小、生产实际条件等因素有关。零件越大，形状越复杂，则余量越大。

（3）锻件公差。是指锻件尺寸所允许的偏差范围。其数值大小需根据锻件的形状、尺寸来确定，同时应考虑生产实际情况。

自由锻件余量和锻件公差可查有关手册。钢轴自由锻件的余量和锻件公差见表 7-2。

表 7-2 钢轴自由锻件的余量和锻件公差（双边） （mm）

零件长度	零件直径					
	<50	50～80	80～120	120～160	160～200	200～250
	锻件余量和锻件公差					
<315	5±2	6±2	7±2	8±3	—	—
315～630	6±2	7±2	8±3	9±3	10±3	11±4
630～1000	7±2	8±3	9±3	10±3	11±4	12±4
1000～1600	8±3	9±3	10±3	11±4	12±4	13±4

图 7-16 为台阶轴的典型锻件图。通常在锻件图上用粗实线画出锻件的最终轮廓，在锻件尺寸线上方标注出锻件的主要尺寸和公差，用双点划线画出零件的主要轮廓形状，并在锻件尺寸线的下面或右面用圆括号标注出零件尺寸。

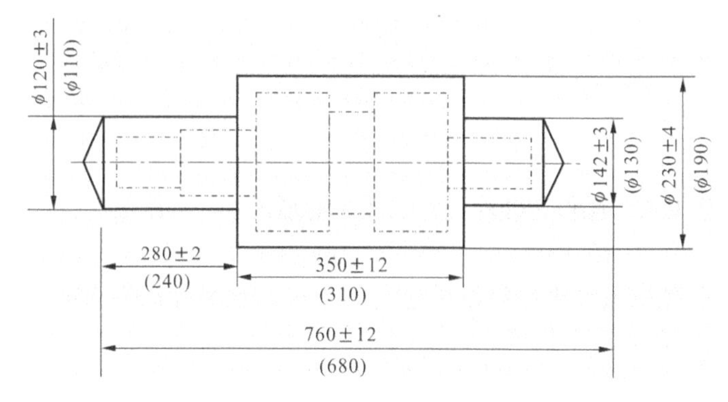

图 7-16 典型锻件图

2. 计算坯料质量和尺寸

（1）确定坯料质量。自由锻所用坯料的质量为锻件的质量与锻造时各种金属消耗的质量之和，即

$$G = G_1 + G_2 + G_3$$

式中 G——坯料质量，kg；

G_1锻件——锻件质量，kg；

G_2烧损——加热时坯料因表面氧化而烧损的质量第一次加热取被加热金属质量分数的2%～3%，以后各次加热取1.5%～2.0%，kg；

G_3——锻造过程中被冲掉或切掉的那部分金属的质量，如冲孔时坯料中部的料芯，修切端部产生的料头等，kg。

对于大型锻件，当采用钢锭作坯料进行锻造时，还要考虑切掉的钢锭头部和尾部的质量。

（2）确定坯料尺寸。根据塑性加工过程中体积不变原则和采用的基本工序类型（如拔长、镦粗等）的锻造比、高度与直径之比等计算出坯料横截面积、直径或边长等尺寸。

典型锻件的锻造比见表7-3。

表7-3　典型锻件的锻造比

锻件名称	计算部位	锻造比	锻件名称	计算部位	锻造比
碳素钢轴类锻件	最大截面	2.0～2.5	锤头	最大截面	≥2.5
合金钢轴类锻件	最大截面	2.5～3.0	水轮机主轴	轴身	≥2.5
热轧辊	辊身	2.5～3.0	水轮机立柱	最大截面	≥3.0
冷轧辊	辊身	3.5～5.0	模块	最大截面	≥3.0
齿轮轴	最大截面	2.5～3.0	航空用大型锻件	最大截面	6.0～8.0

3. 锻件分类及变形工序

自由锻锻造工序的选取应根据工序特点和锻件形状来确定。一般而言，盘类零件多采用镦粗（或拔长—镦粗）和冲孔等工序；轴类零件多采用拔长、切肩和锻台阶等工序。一般锻件的分类及采用的工序见表7-4。

表7-4　锻件分类及所需锻造工序

锻件类别	图例	锻造工序
盘类零件		镦粗（或拔长—镦粗）、冲孔等
轴类零件		拔长（或镦粗—拔长）、切肩、锻台阶等
筒类零件		镦粗（或拔长—镦粗）、冲孔、在芯轴上拔长等
环类零件		镦粗（或拔长—镦粗）、冲孔、在芯轴上扩孔等

续表

锻件类别	图例	锻造工序
弯曲类零件	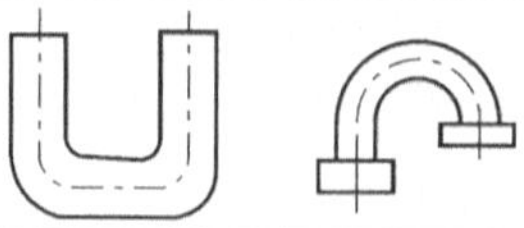	拔长、弯曲等

自由锻工序的选择与整个锻造工艺过程中的火次（即坯料加热次数）和变形程度有关。所需火次与每一火次中坯料成形所经历的工序都应明确规定出来，写在工艺卡片上。

4. 锻造设备

自由锻锻造设备的选择主要是根据坯料的种类、质量及锻造基本工序、设备锻造能力等因素，结合工厂具体条件来确定锻造设备。设备吨位太小，锻件内部锻不透，质量不好，生产率低；吨位太大，不仅浪费设备和动力，而且操作不便，也不安全。实际中吨位选择可查有关手册。

5. 确定锻造温度范围

锻造温度范围应尽量选宽一些，以减少锻造火次，提高生产率。加热的始锻温度一般取固相线以下 100～200℃，以保证金属不发生过热与过烧。终锻温度一般高于金属的再结晶温度 50～100℃，以保证锻后再结晶完全，锻件内部得到细晶粒组织。碳素钢和低合金结构钢的锻造温度范围，一般以铁碳平衡相图为基础，且其终锻温度选在高于 A_{r3} 点（见图 4-2），以避免锻造时相变引起裂纹。高合金钢因合金元素的影响，始锻温度下降，终锻温度提高，锻造温度范围变窄。

6. 填写工艺卡片

现以某齿轮坯为例，说明自由锻造工艺卡片的填写，见表 7-5。

表 7-5　　齿轮坯自由锻造工艺卡

锻件名称	齿轮毛坯	工艺类型	自由锻造
材料	45	设备	65kg 空气锤
加热次数	1 次	锻造温度范围	850～1200℃
锻件图（mm）		坯料图（mm）	
ϕ28±1.5　29±1　44±1　ϕ58±1　ϕ92±1		ϕ50　125	

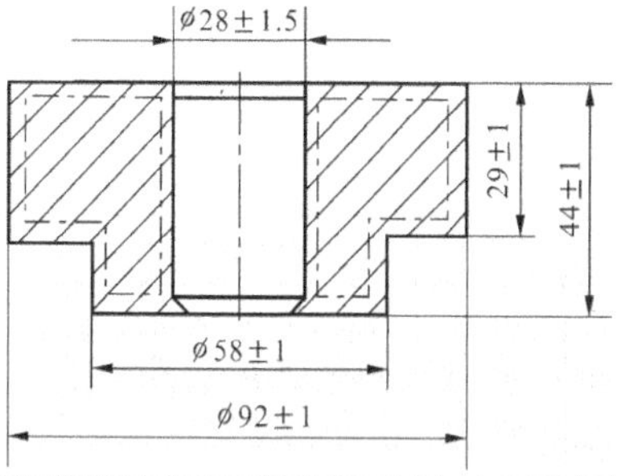

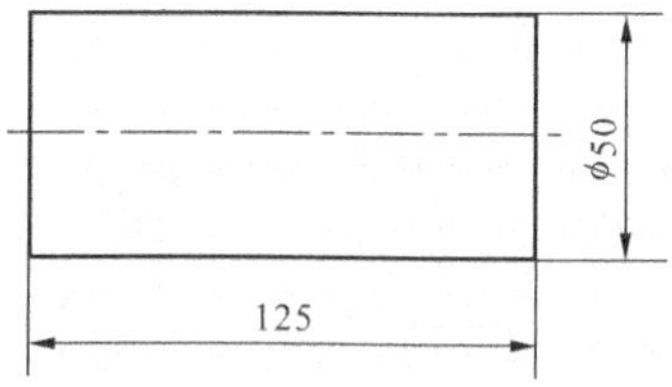

序号	工序名称	工序简图（mm）	使用工具	操作工艺
1	镦粗	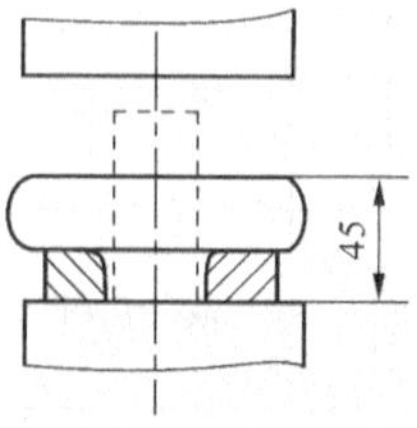 45	火钳、镦粗漏盘	控制镦粗后的高度为镦粗漏盘的 45mm

续表

序号	工序名称	工序简图（mm）	使用工具	操作工艺
2	冲孔	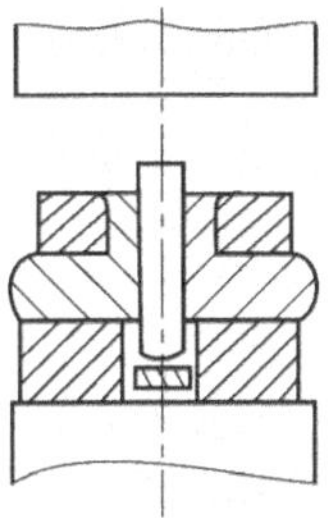	火钳、镦粗漏盘、冲子、冲子漏盘	注意冲子对中
3	修正外圆	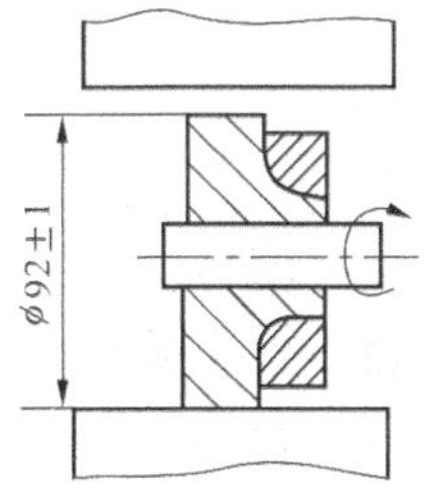 $\phi 92\pm1$	火钳、冲子	边轻打边旋转锻件，使外圆清除鼓形，并达到ϕ92±1
4	修整平面	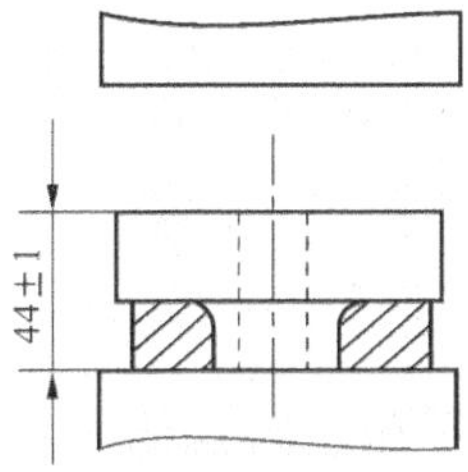 44±1	火钳	轻打（如端面不平还要边打边转动锻件），使锻件厚度达到（44±1）mm

（四）自由锻锻件的结构工艺性

自由锻由于受到锻造设备、工具及工艺特点的限制，在自由锻零件设计时，除满足使用性能外，还应具有良好的结构工艺性。对自由锻件结构工艺性总的要求是，在满足使用要求的前提下，锻件形状应尽量简单和规则，具体要求见表 7-6。

表 7-6　自由锻锻件的结构工艺性

要　求	举　例		说　明
	不　合　理	合　理	
避免锥体和斜面结构	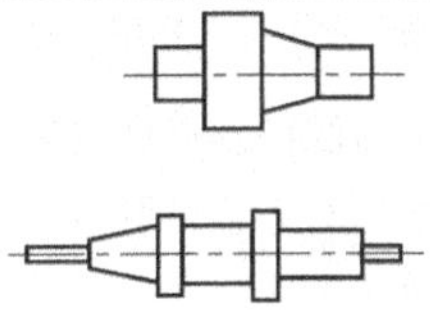	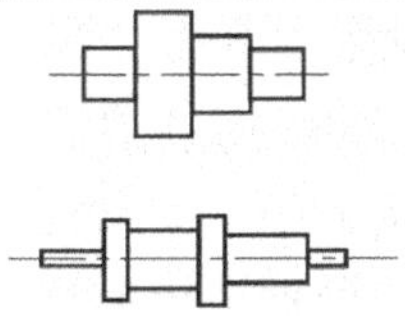	圆锥体的锻造须用专门工具，锻造比较困难，工艺过程复杂，应尽量避免
避免椭圆形、工字形等复杂形状的截面，特别要避免曲面相交的空间曲线	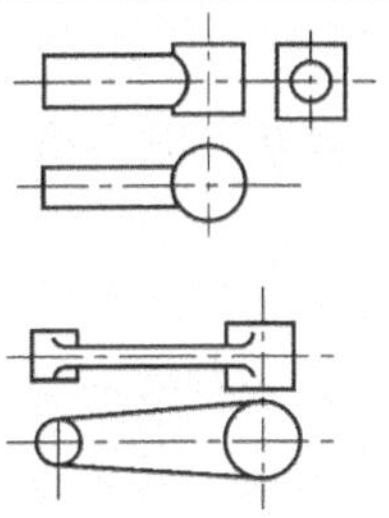	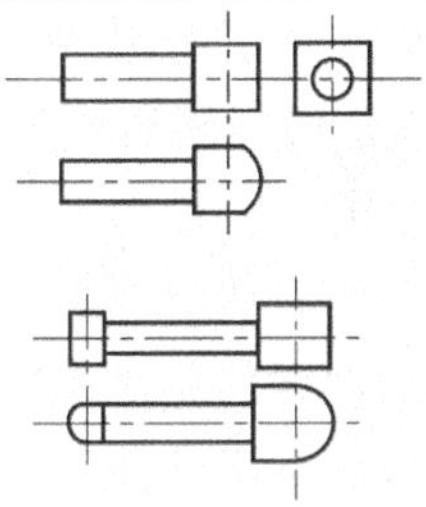	圆柱体与圆柱体交接处的锻造很困难，应改成平面与圆柱体交接或平面与平面交接，消除空间曲线

续表

要 求	举 例		说 明
	不 合 理	合 理	
避免凸台、加强筋等	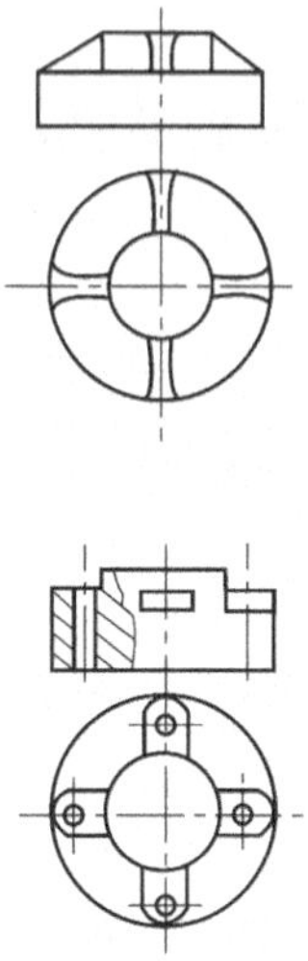	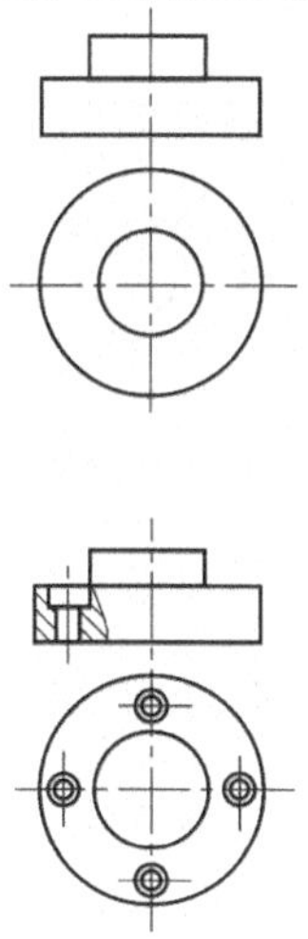	加强筋与表面凸台等结构难以用自由锻方法获得，应避免这种设计
尽量避免横截面急剧变化或形状复杂的情况	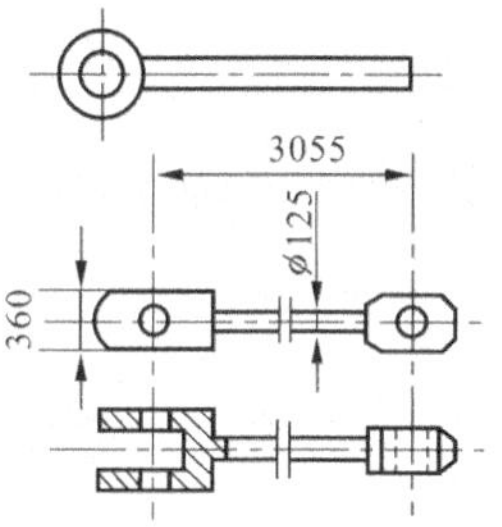 3055 ϕ125 360	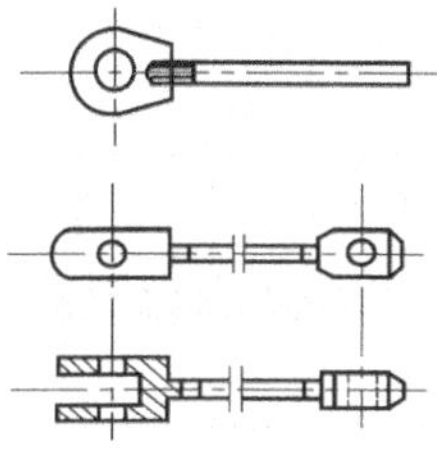	横截面积急剧变化或形状复杂的零件，应分成几个易锻造的简单部分，再用焊接或机械连接方式组合成整体

二、模型锻造

模型锻造是将加热到锻造温度的金属坯料放入模膛内，在冲击力或压力作用下使金属坯料被迫流动成型充满模膛而获得锻件的加工方法，简称模锻。在变形过程中，由于模膛对金属坯料流动的限制，锻造终了时能得到和模膛形状相符的锻件。

与自由锻相比，模锻具有生产率高、锻件的形状和尺寸精度高、加工余量小、能锻制出形状复杂的锻件特点等，因此，可以节省金属材料和减少切削加工工时。但是，模锻制造周期长，成本高，受模锻设备吨位的限制，模锻件不能太大，质量一般在 150kg 以下，因此，模锻适用于中小型锻件的成批和大量生产。由于现代化大生产的要求，模锻生产越来越广泛地应用到国防工业和机械制造业中，如飞机零件、汽车或拖拉机的主轴、轴承等的制造。

模膛塑性变形分为固定模膛锻造成形与胎模锻造成形。

（一）固定模膛锻造成形

根据成形设备的不同，固定模膛锻造成形工艺主要分为锤上模锻和压力机上模锻。其中，锤上模锻是我国目前应用最多的一种模锻方法。

1. 锤上模锻

锤上模锻是在自由锻、胎模锻的基础上发展起来的一种效率更高的锻造成形工艺，用于大批量锻件的生产。所用设备有蒸汽—空气锤、无砧座锤、高速锤等。一般工厂主要使用蒸汽—空气锤，如图 7-17 所示。其工作原理与自由锻用的蒸汽—空气锤基本相同，仅是模锻的机架直接安装在砧座上形成封闭结构，导轨长且和锤头之间的间隙较小，所以锤头上下运动精确，上下模能对准，可以保证锻件的精度，同时机架与砧座相连，以提高打击效率。模锻锤的吨位（落下部分的质量）为 1～16t，可用于 0.5～150kg 的模锻件。

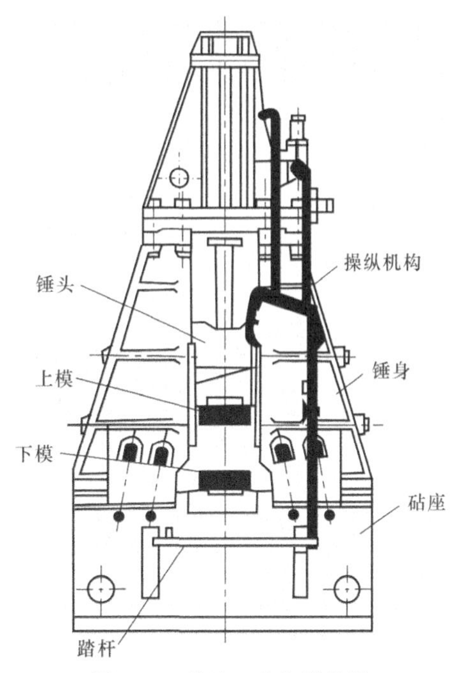

图 7-17 蒸汽－空气模锻锤

由于锤上模锻在工作中存在振动、噪声大、劳动条件差、蒸汽效率低、能源消耗多等难以克服的缺点，因此，近年来大吨位模锻锤有逐步被压力机所取代的趋势。压力机上模锻常用的设备有曲柄压力机、摩擦压力机、平锻机和模锻水压机等。

（1）锻模结构。锤上模锻用的锻模（如图 7-18 所示）是由带有燕尾槽的上模和下模两部分组成。下模用紧固楔铁固定在模垫上，上模靠楔铁紧固在锤头上，随锤头一起做上下往复运动。上下模合在一起则形成完整的模膛。模膛根据其功用的不同，可分为制坯模膛、预锻模膛和终锻模膛。当锻件形状比较复杂时，应将坯料先在制坯模腔中制坯，使其形状和尺寸逐步接近锻件，制坯模膛的基本类型有镦粗模膛、拔长模膛、滚压模膛、弯曲模膛和切断模膛等。预锻模膛可使金属坯料进一步变形并接近锻件几何形状和尺寸，减少终锻变形量。终锻模膛用来完成锻件的最终成型，其形状和尺寸都是按锻件设计。终锻模膛四周有飞边槽（见图 7-19），用于承纳多余的金属，并增大金属流出模膛的阻力，有助于金属坯料更好地充满模膛。

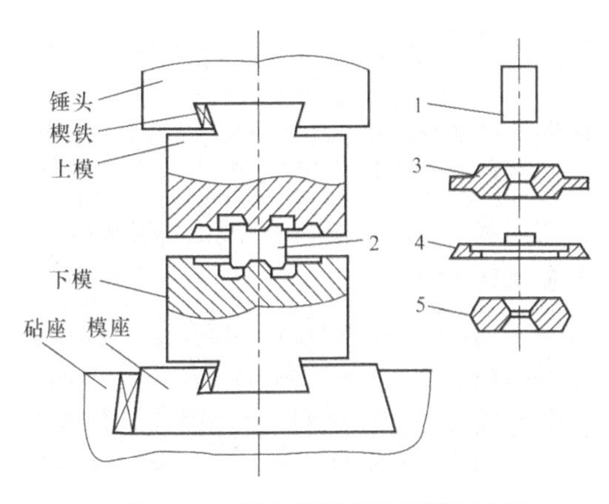

图 7-18 锤上模锻用的锻模示意图

1—坯料；2—锻造中的坯料；3—带飞边和连皮的锻件；4—飞边和连皮；5—锻件

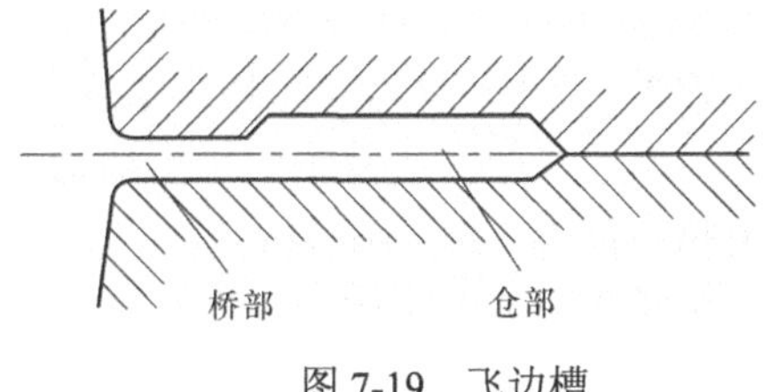

图 7-19 飞边槽

根据模锻件的复杂程度不同，所需变形的模膛数量不等，可将锻模设计成单膛锻模或多膛锻模。单膛锻模是在一副锻模上只具有终锻模膛一个模膛，如齿轮坯模锻件就可将截下的圆柱形坯料，直接放入单膛锻模中成形。多膛模锻是在一副锻模上具有两个以上模膛的锻模，如弯曲连杆模锻件即为多膛锻模（见图 7-20）。

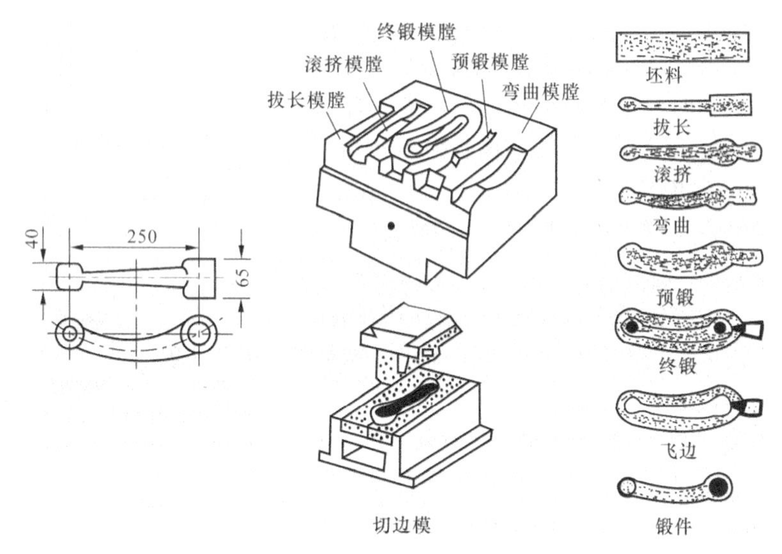

图 7-20　弯曲连杆的多模膛模锻及锻造过程（mm）

（2）模锻工艺规程的制定。锤上模锻成形的工艺过程一般为切断坯料→加热坯料→模锻→切除模锻件的飞边→校正锻件→锻件热处理→表面清理→检验→入库存放。

锤上模锻工艺设计包括制订锻件图、计算坯料尺寸、确定模锻工步（选择模膛）、选择设备及安排修整工序等，最主要的是制订锻件图和确定模锻工步。

1）制订模锻件图。锻件图是设计和制造锻模、计算坯料及检查锻件的依据，与模锻件的最终质量有很大关系。绘制模锻件图时应考虑如下几个问题：

① 选择模锻件的分模面。分模面即是上下锻模在模锻件上的分界面。锻件分模面位置选择合适与否，关系到锻件成形、锻件出模、材料利用率等一系列问题。选择分模面的原则如下：

a．分模面应选在锻件最大截面处，以便于锻件顺利脱模；

b．分模面应尽量为平面，以简化模具结构，方便模具制造；

c．分模面应使模膛深度最浅，且上、下模深度基本一致，以便于金属充满模膛；

d．分模面应保证锻件所需敷料最少，以节省金属材料；

如图 7-21 所示为齿轮坯模锻件的几种分模方案，根据以上分模原则可知：若选 *a-a* 面为分模面，则无法从模膛中取出锻件；若选 *b-b* 面为分模面，不仅模膛加工较麻烦，而且由于模膛窄而深，坯料难以充满，另外锻件上的孔无法锻出，相应部位要加余块，既浪费金属，又增加切削加工工时，这是最差的方案；若选 *c-c* 面为分模面，则当上、下模发生错模时，难以从锻件的外观上及时发现，易造成废品。按上述原则综合分析，*d-d* 面是最合理的分模面。

② 确定模锻件的机械加工余量及尺寸公差。和自由锻比较，模锻中金属坯料是在锻模中成形的，因此模锻件的尺寸较精确，尺寸公差和机械加工余量较小。

③ 确定模锻斜度和圆角。模锻件上垂直于分模面的表面要取一定的斜度（见图 7-22）以

利于锻件从模膛中取出。外壁斜度α（锻件外壁上的斜度）一般取5°～10°，内壁斜度β（锻件内壁上的斜度）比外壁斜度α大1到2级，一般取7°～15°。模锻斜度与模膛深度h和该部分宽度b的比值h/b有关，比值越大，斜度应越大。

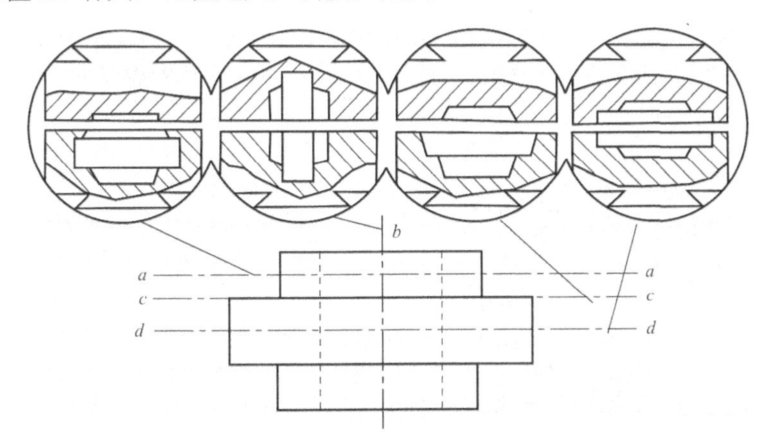

图7-21　齿轮坯模锻件分模面的选择比较图

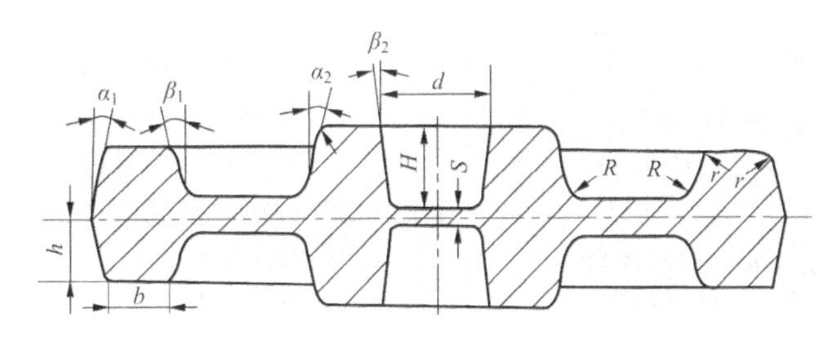

图7-22　模锻斜度、圆角半径

锻件上所有面与面交角处均需设计出圆角，这样有利于金属流动，防止在锻模交角处产生应力集中。设计时，一般外圆角半径r取1.5～12mm，内圆角半径$R=(2\sim3)r$，模膛越深，则圆角半径越大。

④ 留冲孔连皮。锻件上直径小于25mm的孔一般不锻出或只压出球形凹穴，大于25mm的通孔也不能直接模锻，而必须在孔内保留一层连皮（见图7-23），这层连皮以后需冲除。冲孔连皮的厚度δ与孔径d有关。

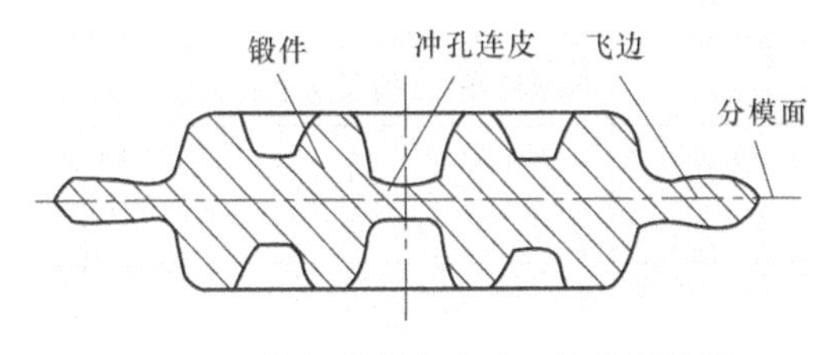

图7-23　带有冲孔连皮及飞边的模锻件

2）确定模锻工步。确定变形工步的主要依据是锻件形状和尺寸。模锻件按形状可分为两大类：一类是长轴类零件，如台阶轴、曲轴、连杆、弯曲摇臂等；另一类为盘类模锻件，如齿轮、法兰盘等。它们的变形工步和特点见表7-7。

表 7-7　　锤上模锻件分类和变形工步示例

模锻件分类		变形工步示例	主要变形工步	特　点
盘类		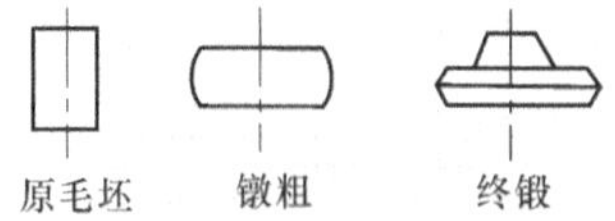 原毛坯　镦粗　终锻	镦粗（预锻）、终锻	在分模面上的投影为圆形或长度接近于宽度的锻件。锻造过程中锤击方向与坯料轴线方向相同，终锻时金属沿高度、宽度及长度方向均产生流动
长轴类	直轴类	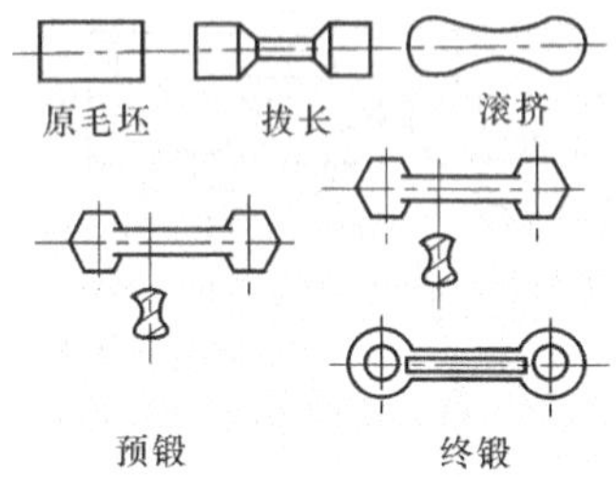 原毛坯　拔长　滚挤　预锻　终锻	拔长、滚压（预锻）、终锻	分模面上的投影长度与宽度之比较大，轴线是直线
	弯轴类	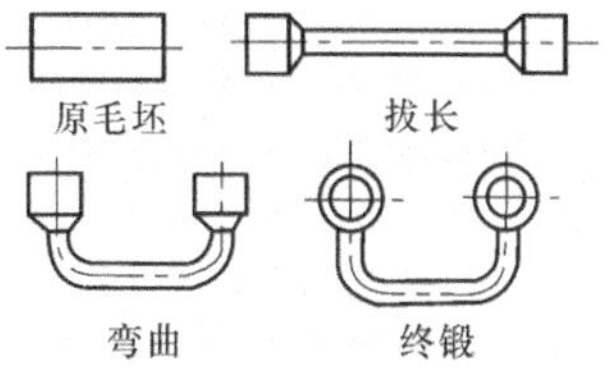 原毛坯　拔长　弯曲　终锻	拔长、滚压、弯曲（预锻）、终锻	分模面上的投影长度与宽度之比较大，轴线是弯曲线
	叉类	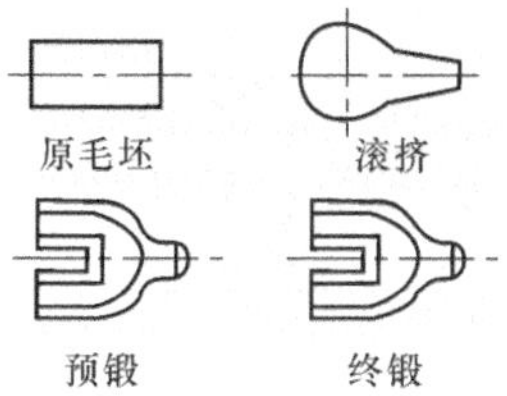 原毛坯　滚挤　预锻　终锻	拔长、滚压、预锻、终锻	在分模面上的投影为叉形
	枝芽类	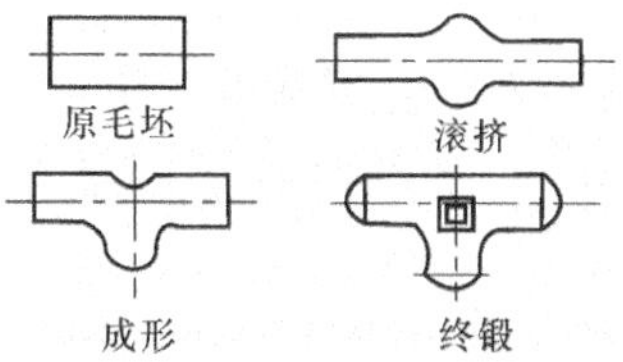 原毛坯　滚挤　成形　终锻	拔长、滚压、成形（预锻）、终锻	在分模面上的投影具有局部突起

（3）模锻零件的结构工艺性。设计模锻零件时，应根据模锻特点和工艺要求，使零件结构符合表 7-8 原则，以便于模锻生产和降低成本。

表 7-8　　模锻件的结构工艺性

要　求	举　例	
	不 合 理	合　理
模锻件必须有一个合理的分模面，有利于坯料充满模膛，节约金属材料，便于模具加工，减少错移量，以保证锻件能从锻模中顺利取出来	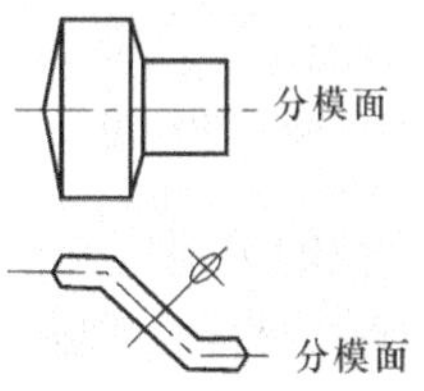 分模面 分模面	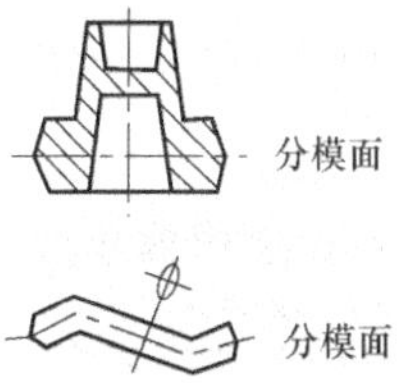 分模面 分模面

续表

要　求	举　例	
	不 合 理	合　理
应有适当的模锻斜度和截面形状，便于脱模		
应尽量具有对称结构，利于简化模具的设计与制造		
不宜在锻件上设计出过高、过窄的肋板或过薄辐板，减少模具劳动量，简化模具制造，提高模具寿命	5 90	

2. 压力机上模锻

锤上模锻具有工艺适应性广的特点，目前，在锻压生产中得到广泛应用。但是，模锻锤在工作中存在振动和噪声大、劳动条件差、蒸汽效率低、能源消耗多等难以克服的缺点。因此，近年来大吨位模锻锤有逐步被压力机取代的趋势。

压力机上模锻常用的设备有曲柄压力机、摩擦压力机、平锻机和模锻水压机等。

（二）胎模锻造成形

胎模锻是在自由锻设备上使用可移动的模具（称为胎模）生产模锻件的方法。它也是介于自由锻和模锻之间的一种锻造方法。常采用自由锻的镦粗或拔长等工序初步制坯，然后在胎膜内终锻成形。

胎模的结构简单且形式较多，如图 7-24 所示为其中的一种合模，它由上、下模块组成，模块间的空腔称为模膛，模块上的导销和销孔可使上、下模膛对准，手柄供搬动模块用。

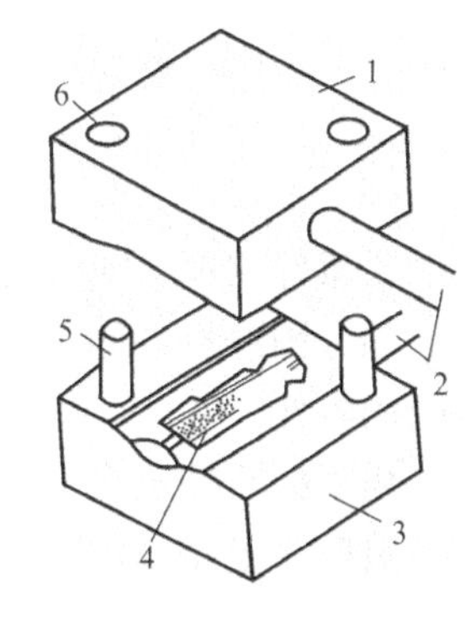

图 7-24　胎模

1—上模块；2—手柄；3—下模块；4—模膛；5—导销；6—销孔

胎模锻同时具有自由锻和模锻的某些特点。与模锻相比，不需昂贵的模锻设备，模具制造简单且成本较低，但不如模锻精度高，且劳动强度大、胎膜寿命低、生产率低；与自由锻相比，坯料最终是在胎膜的模膛内成形，可以获得形状较复杂，锻造质量和生产率较高的锻件。因此，正由于胎膜锻所用的设备和模具比较简单、工艺灵活多变，故在中、小工厂得到广泛应用，适合小型锻件的中、小批生产。

胎模的种类很多，常用的主要有三种。

1. 扣模

扣模用于对坯料进行全部或局部扣形，扣模的结构如图 7-25 所示。主要生产长杆非回转体锻件，也可为合模锻造制坯。用扣模锻造时毛坯不转动。

2. 套模

分为开式和闭式套模两种形式，套模的结构如图 7-26 所示。开式套模的上模为上砧铁，主要用于锻造齿轮、法兰盘等回转体盘类零件。闭式套模由冲头和垫模组成，主要用于锻造端面有凸台或凹坑的锻件。

3. 合模

合模由上、下模及导向装置组成，如图 7-27 所示。由于上模受下模限制，因此，在锻打时不易错移。主要用于各类锻件的最终成型，特别是形状复杂的非回转体锻件，如连杆、叉形锻件等。

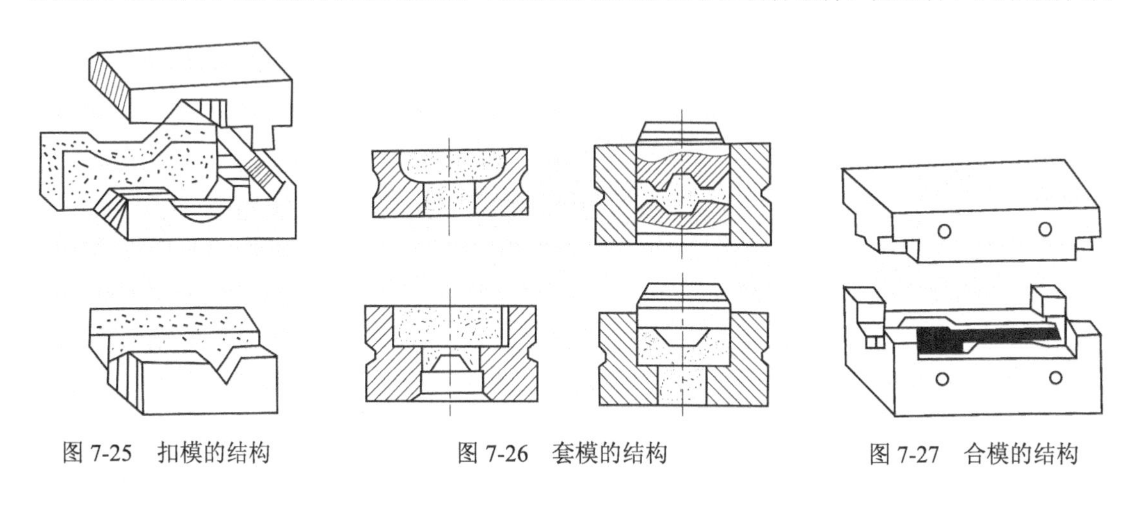

图 7-25　扣模的结构　　图 7-26　套模的结构　　图 7-27　合模的结构

第三节　冲　压　成　形

板料冲压成形是利用冲模使板料产生分离或变形的加工方法，通常是在常温下进行的，所以又叫冷冲压。板料冲压具有如下特点：

（1）板料冲压生产过程的主要特征是依靠冲模和冲压设备完成加工，所以便于实现自动化，生产率高，操作方便。

（2）冲压件一般不需再进行切削加工，因而节约材料，节约能源消耗。

（3）板料冲压常用的原材料有低碳钢以及塑性高的合金钢和非铁金属，从外观上看多是表面质量好的板料或带料，所以产品质量好、强度高、刚性好。

（4）因冲压件的尺寸公差由冲模来保证，所以产品尺寸稳定，互换性好，可以加工形状复杂的零件。

由于板料冲压具有上述独到的特点，因此在批量生产中得到广泛的应用。在汽车、拖拉机、航空、电器、仪表、国防及日用品工业中，冲压件所占的比例都相当大。我国目前已进行了计算机辅助设计（CAD）和计算机辅助制造（CAM）模具的研制和应用，加快了产品更新换代的步伐，板料冲压技术发展更快，应用更广。

一、冲压主要设备

冲压所用的设备种类有多种，主要设备有剪床和冲床。

1. 剪床

剪床是下料用的基本设备，它是将板料切成一定宽度的条料或块料，以供给冲压所用。

反映剪床的主要技术参数是它所能剪板料的厚度和长度，如 Q11-2×1000 型剪床，表示能剪厚度为 2mm、长度为 1000mm 的板材。剪床的传动机构如图 7-28 所示。

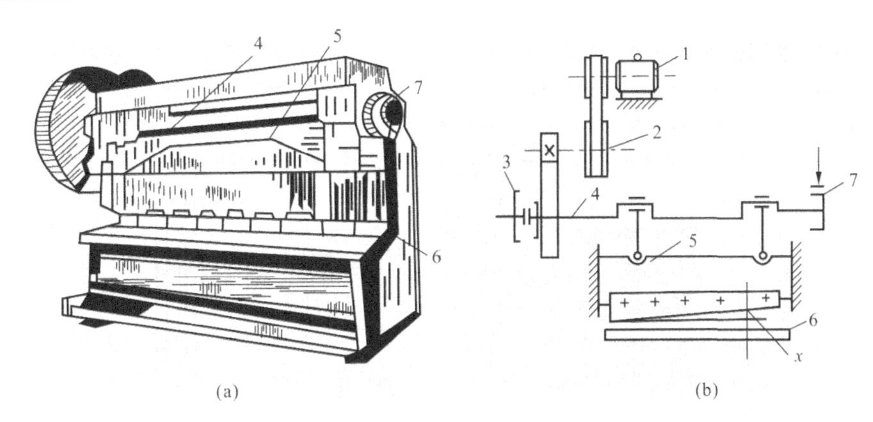

图 7-28 剪床的传动机构示意图

(a) 外形图；(b) 传动系统简图

1—电动机；2—传动轴；3—离合器；4—曲轴；5—滑块；6—工作台；7—制动器

电动机带动带轮和齿轮转动，离合器闭合使曲轴旋转，带动装有上刀片的滑块沿导轨作上下运动，与装在工作台上的下刀片相剪切而进行工作。为了减小剪切力和利于剪切宽而薄的板料，一般将上刀片作成具有斜度为 6°～9° 的斜刃，对于窄而厚的板料则用平刃剪切；挡铁起定位作用，便于控制下料尺寸；制动器控制滑块的运动，使上刀片剪切后停在最高位置，便于下次剪切。

2. 冲床

冲床是进行冲压加工的基本设备，它可完成除剪切外的绝大多数冲压基本工序。冲床按其结构可分为单柱式和双柱式、开式和闭式等；按滑块的驱动方式分为液压驱动和机械驱动两类。机械式冲床的工作机构主要由滑块驱动机构（如曲柄、偏心齿轮、凸轮等）、连杆和滑块组成。

如图 7-29 所示为开式双柱式冲床的外形和传动简图。电动机通过减速系统带动带轮转动。当踩下踏板后，离合器闭合并带动曲轴旋转，再经连杆带动滑块沿导轨作上、下往复运动，完成冲压动作。冲模的上模装在滑块的下端，随滑块上、下运动，下模固定在工作台上，上、下模闭合一次即完成一次冲压过程。踏板踩下后立即抬起，滑块冲压一次后便在制动器作用下，停止在最高位置，以便进行下一次冲压。若踏板不抬起，滑块则进行连续冲压。

二、冲压基本工序

由于用冷冲压加工的零件的形状、尺寸、精度要求、生产批量、原材料性能各不相同，因此，生产中采用的冷冲压工艺是多种多样的，概括起来可分为两大类，即分离工序和变形工序。

(一) 分离工序

分离工序是使坯料的一部分与另一部分相互分离的工序，如落料、冲孔、切断等。

1. 落料和冲孔

落料和冲孔（统称冲裁）是使坯料按封闭轮廓分离的工序。在落料和冲孔中，坯料变形过程和模具结构均相似，只是材料的取舍不同。落料时，被分离的部分为成品，而留下的部分是废料；冲孔时，被分离的部分为废料，而留下的部分是成品。例如，冲制平面垫圈，制取外形的冲裁工序称为落料，而制取内孔的工序称为冲孔。

落料及冲孔的结构工艺性要求如下：

(1) 落料件的外形和冲孔件的孔形应力求简单、对称，尽可能采用圆形、矩形等规则形状。同时应避免窄条、长槽及细长悬臂结构。否则制造模具困难、模具寿命低。图 7-30 所示零件为工艺性很差的落料件。

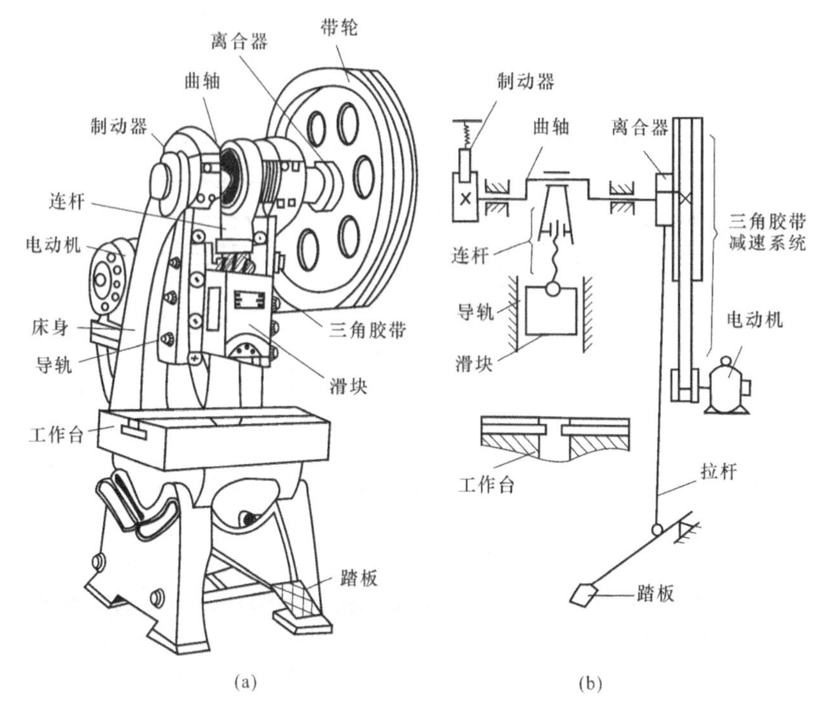

图 7-29 冲床的传动机构示意图

（a）外观图；（b）传动简图

（2）孔径、孔距不宜太大，其尺寸应满足图 7-31 的要求。

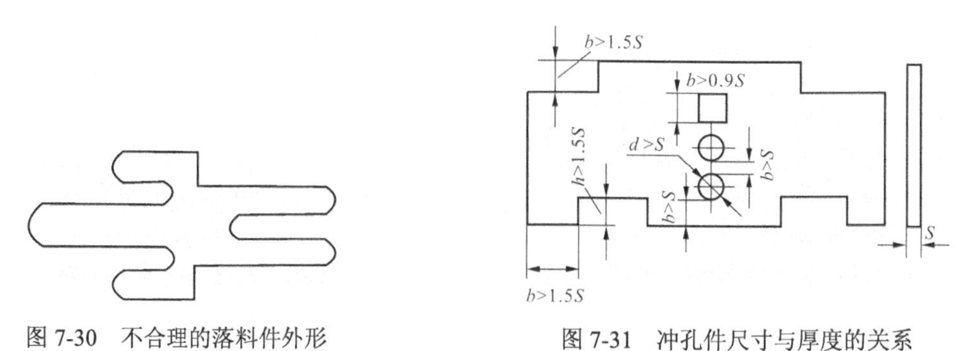

图 7-30 不合理的落料件外形

图 7-31 冲孔件尺寸与厚度的关系

（3）冲孔件或落料件上直线与直线、曲线与直线的交接处，均应用圆弧连接，以避免尖角处因应力集中而被冲模冲裂。

（4）冲裁件的排样。排样是指落料件在条料、带料或板料上进行合理布置的方法。排样合理可使废料最少，材料利用率大为提高。图 7-32 所示为同一个冲裁件采用四种不同的排样方式材料消耗对比。

2. 切断

切断是指用剪刃或冲模将板料沿不封闭轮廓进行分离的工序。剪刃安装在剪床上，把大板料剪成一定宽度的条料，供下一步冲压工序用。而冲模是安装在冲床上，用以制取形状简单、精度要求不高的平板零件。

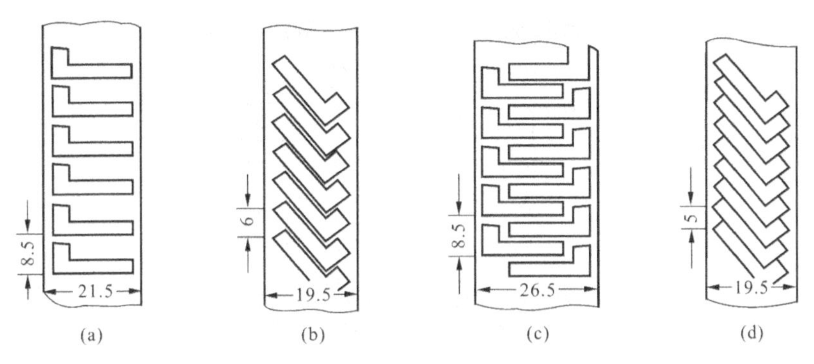

图 7-32 不同排样方式材料消耗对比（mm^2）
（a）182.7；（b）117；（c）112.63；（d）97.5

3. 修整

修整是利用修整模沿冲裁件外缘或内孔刮削一薄层金属，以去除塌角、剪裂带和毛刺等，从而使冲裁制品获得较高的精度和较低的表面粗糙度。只有对冲裁件的质量要求较高时才需要增加修整工序。修整机理与冲裁完全不同，与切削加工相似。

修整工序在专用的修整模上进行（见图 7-33）。修整冲裁件的外形称外缘修整，修整冲裁件的内孔称内缘修整。模具的单边间隙取 0.006～0.01mm，修整时的单边切除量为 0.05～0.2mm，修整后冲裁件的尺寸精度可达 IT6～IT7，表面粗糙度 *Ra* 值可达 0.25～0.63μm。

（二）变形工序

变形工序是使坯料的一部分相对于另一部分产生位移而不破裂的工序，如拉深、弯曲、翻边、胀型、旋压等。

1. 拉深

拉深是在压力机的压力作用下，利用模具使金属板料产生塑性变形成为中空杯形或盒形成品的一种冲压工艺。利用拉深工艺可以生产锅、盆、壶等各种各样的日用品，在汽车、拖拉机、电器、仪表及航空工业中也得到极其广泛的应用。

拉深变形的过程是置于拉延凹模洞口上的平板毛坯在拉延凸模压力作用下，凸模部分材料产生塑性流动被拉入凹模，成为开口空心工件。利用拉深工艺可以获得圆筒形、方筒形各种复杂形状的圆筒件，圆筒件拉深示意图如图 7-34 所示。

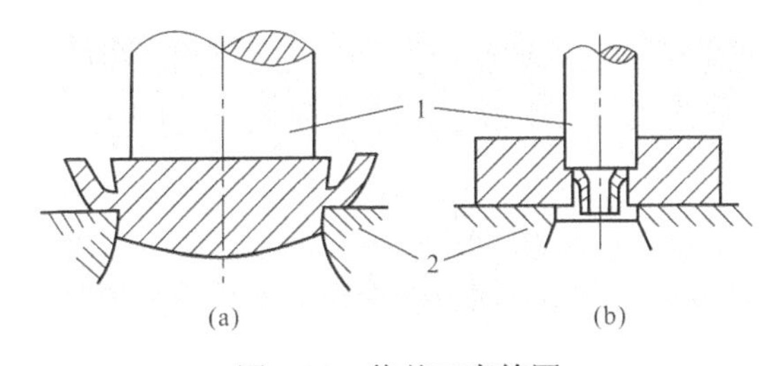

图 7-33 修整工序简图
（a）外缘修整；（b）内孔修整
1—凸模；2—凹模

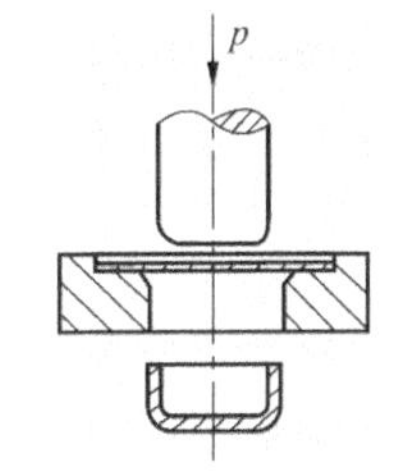

图 7-34 圆筒件拉深示意图

拉深件结构工艺性要求：

（1）外形力求简单、对称，且不宜太深，以减少拉深次数，并容易成形。

（2）圆角半径不宜太小。在不增加工艺的情况下，圆角半径的最小许可值如图 7-35 所示。

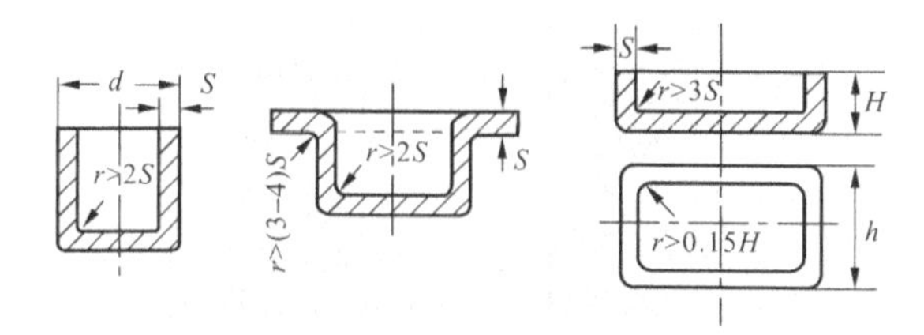

图 7-35 圆角半径的最小许可值

2. 弯曲

弯曲是使坯料的一部分相对于另一部分弯曲或具有一定曲率和角度的变形工序（见图 7-36）。弯曲时，坯料内侧受压缩，外侧受拉伸，当外侧拉应力超过坯料的抗拉强度极限值时，即会造成金属破裂。

弯曲时还应尽可能使弯曲线与坯料纤维方向垂直（见图 7-37）。若弯曲线与纤维方向一致，则容易产生破裂，此时可用增大最小弯曲半径的方法避免破裂。

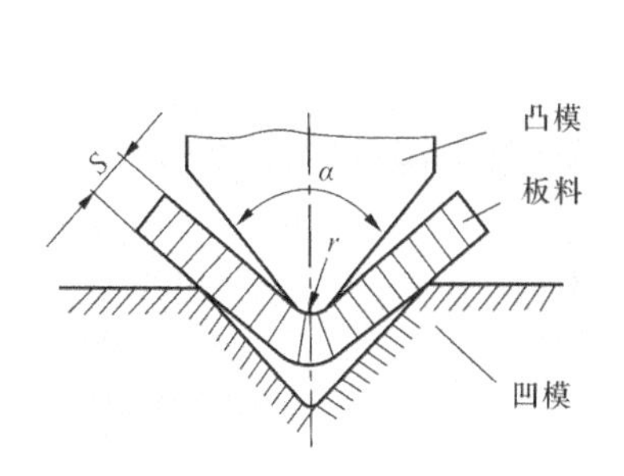

图 7-36 弯曲过程示意图

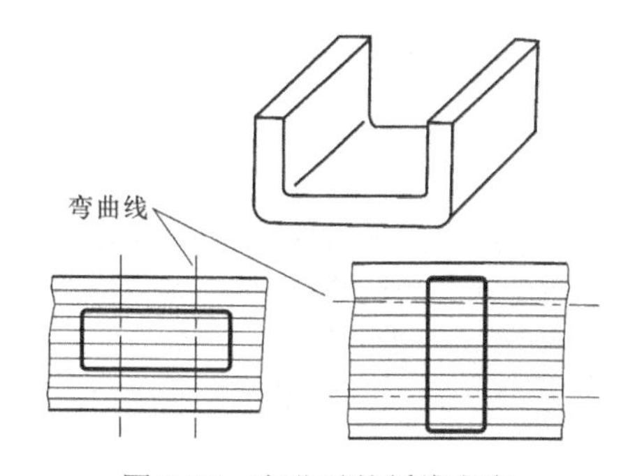

图 7-37 弯曲时的纤维方向

弯曲件结构工艺性要求：

（1）最小弯曲半径。弯曲件的最小弯曲半径不能小于材料许可的最小半径，否则会造成弯曲处外层材料的破裂。

（2）弯曲件的直边高度。弯曲臂过短不易弯成，应使臂弯曲边高 $H>2S$（见图 7-38）。如必须是短臂，应先弯成长臂，再切去多余部分。

（3）弯曲件孔边距。带孔件弯曲时，为避免孔被拉成椭圆，孔的位置应在圆角的圆弧之外（见图 7-39），且先弯曲再打孔。图中孔边缘距离圆弧边缘的最小距离 L 应大于（1.5～2）S。

图 7-38 弯曲边高

图 7-39 带孔的弯曲件

（4）弯曲件半径较小的弯边交接处，容易因应力集中而产生裂纹，应事先在交接处钻出工艺孔，以预防裂纹的产生。

3. 其他冲压成形工艺

其他冲压成形工艺是指除弯曲和拉深以外的冲压成形，包括胀形、翻边、缩口和旋压等。这些成形工序的共同特点是通过材料的局部变形改变坯料或零件的形状。

（1）翻边。是使带孔坯料孔口周围获得凸缘的工序。外缘翻边与拉深相似，内孔翻边如图 7-40 所示。内孔翻边是使工件上预制孔的孔径扩大并同时弯出筒形边的冲压工艺。内孔翻边时，孔缘附近的材料受到切向拉应力作用，容易产生裂纹，这是内孔翻边时的主要质量问题。因此，一般内孔翻边高度都不能太大，若翻边高度较大，则需要采用多次翻边的方式，中间进行退火工艺，以消除加工硬化，恢复材料塑性。

翻边工艺具有以下特点：

1）可加工形状复杂且具有良好刚度和合理空间形状的零件。

2）可代替无底拉深件和拉深后切底工序，减少工序和模具，提高生产率，降低成本，节省原材料。

3）可代替某些复杂零件形状的拉深工作，故翻边特别适用于小批量试制性生产。

翻边工序广泛应用于汽车、拖拉机、车辆制造等部门的机器零件中。

（2）胀形。是利用局部变形使已成形半成品的部分内径增大的冲压成形工艺，常用的方法有橡皮成形与液压成形。橡皮胀形加工示意图如图 7-41 所示，其用橡皮芯子来增大半成品中间部分的尺寸。

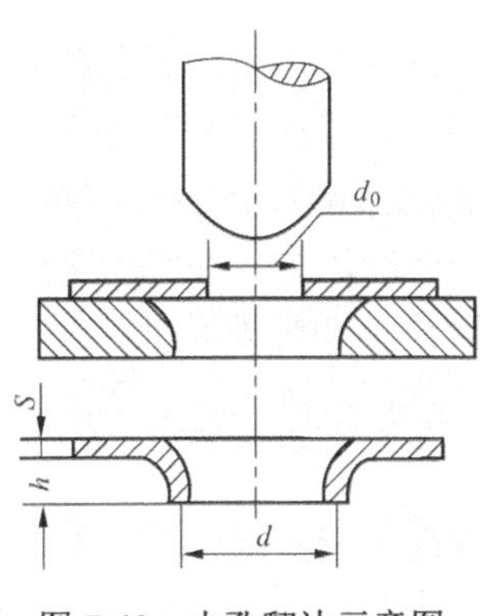

图 7-40 内孔翻边示意图

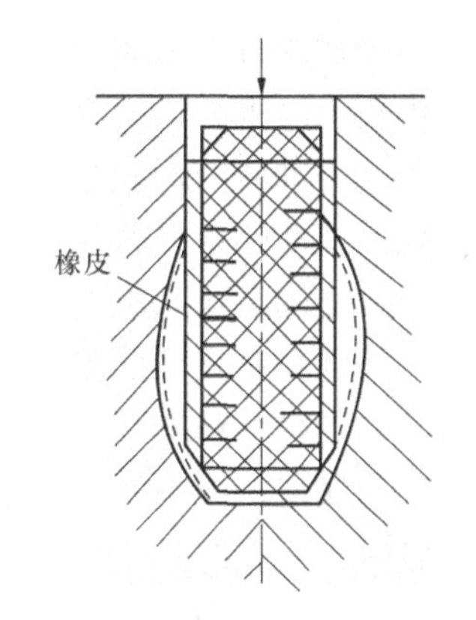

图 7-41 橡皮胀形加工示意图

胀形工艺具有以下特点：

1）局部塑性变形，材料不向变形区外转移，也不从变形区外进入变形区内。

2）零件变形区内的材料，处于两相受拉的应力状态，膨胀时零件一般要变薄。

3）胀形极限变形程度，主要取决于材料塑性。塑性越好，极限变形程度越大。

4）胀形零件表面光洁，质量较好，零件回弹现象小。

胀形工艺主要用于圆柱形空心毛坯的胀形，如水壶嘴。管类毛坯的胀形（如波纹管）也常用于平板毛坯的局部胀形（如压制突起、凹坑、加强筋、花纹图案及标记等）。

（3）旋压。旋压过程示意图如图 7-42 所示。顶块把坯料压紧在模具上，机床主轴带动模具和坯料一同旋转，手工操作使擀棒加压于坯料，反复压碾，于是由点到线，由线及面，使坯料逐渐贴于模具上而成形。旋压的基本要点是合理的转速、合理的过渡形状、合理加力。

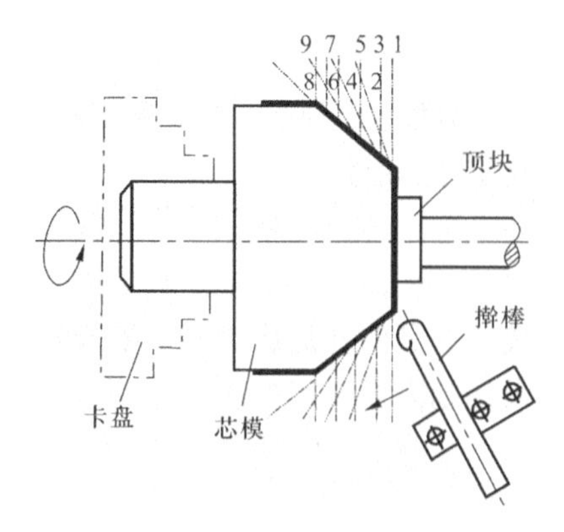

图 7-42　用圆头擀棒的旋压过程示意图
1～9—坯料的连续位置

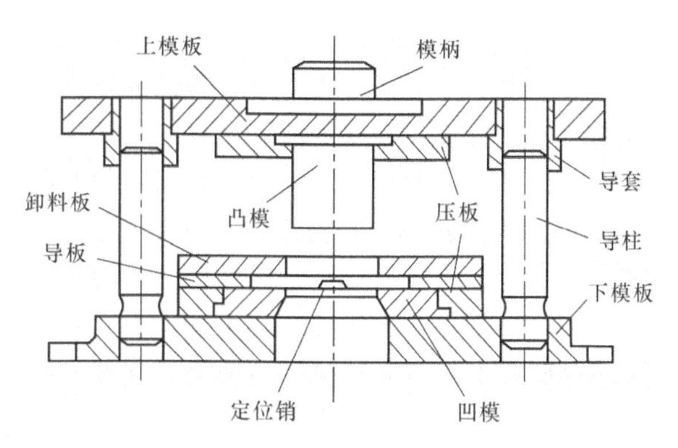

图 7-43　简单冲模

旋压成形虽然是局部成形，但是，如果材料的变形量过大，也易产生起皱甚至破裂缺陷，所以，变形大的工件需要多次旋压成形。在加工过程中，由于旋压件加工硬化严重，多次旋压时必须经过中间退火。

三、冲模的分类和结构

冲模是冲压生产中必不可少的模具，可分为简单冲模、连续冲模和复合冲模三种。

1. 简单冲模

在冲床的一次冲程中只完成一个工序的冲模，称为简单冲模，如图 7-43 所示。凹模用压板固定在下模板上，下模板用螺栓固定在冲床的工作台上，凸模用压板固定在上模板上，上模板则通过模柄与冲床的滑块连接，因此，凸模可随滑块上下运动。为了使凸模向下运动并能对准凹模孔，在凸凹模之间保持均匀间隙，通常采用导柱和导套的结构来保证。坯料在凹模上沿两个导板之间送进，直至碰到定位销为止，凸模向下冲压时，冲下的零件（或废料）进入凹模孔，而坯料则夹住凸模并随凸模一起回程向上运动，坯料碰到卸料板（固定在凹模上）时被推下，这样坯料继续在导板间送进。重复上述动作，冲下第二个零件。简单冲模的结构简单，容易制造，成本低，主要用于小批量生产。

2. 连续冲模

在冲床的一次冲程中，在模具不同部位上同时完成数道冲压工序的模具，称为连续冲模，如图 7-44 所示。工作时，定位销对准预先冲出的定位孔，上模向下运动，凸模进行冲孔。当上模回复时，卸料板从凸模上推下残料，这时再将坯料向前送进，执行第二次冲裁。如此循环进行，每次送进距离由挡料销控制。使用连续冲模加工，能有效提高生产率和零件的精度，适于大批量生产。

3. 复合冲模

在冲床的一次冲程中，在模具同一部位上同时完成数道冲压工序的模具，称为复合冲模，如图 7-45 所示。复合冲模的最大特点是模具中有一个凸凹模。凸凹模的外圆是落料凸模刃口，内孔则成为拉深凹模。当滑块带着凸凹模向下运动时，坯料首先在凸凹模和落料凹模中落料，落料件被下模中的拉深凸模顶住；然后滑块继续向下运动时，凸凹模随之向下运动进行拉深；最后推件板和顶板在滑块的回程中将拉深件推出模具。复合冲模适用于产量大、精度高的冲压件。

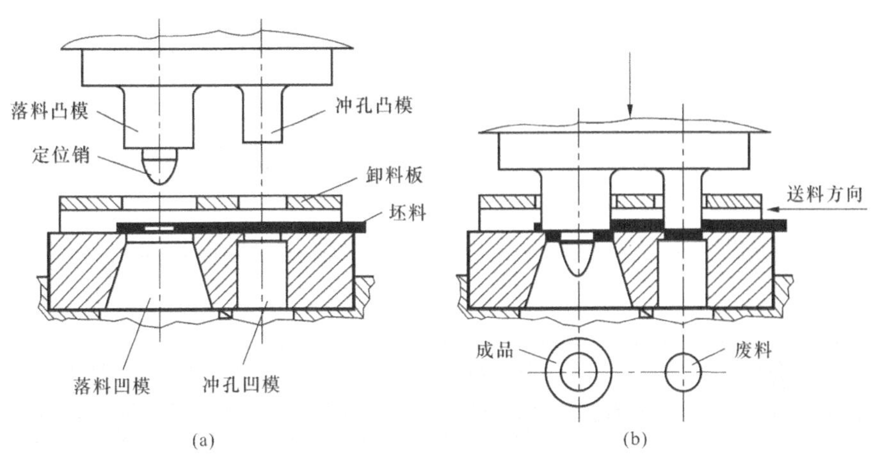

图 7-44　连续冲模
(a) 工作前；(b) 工作后

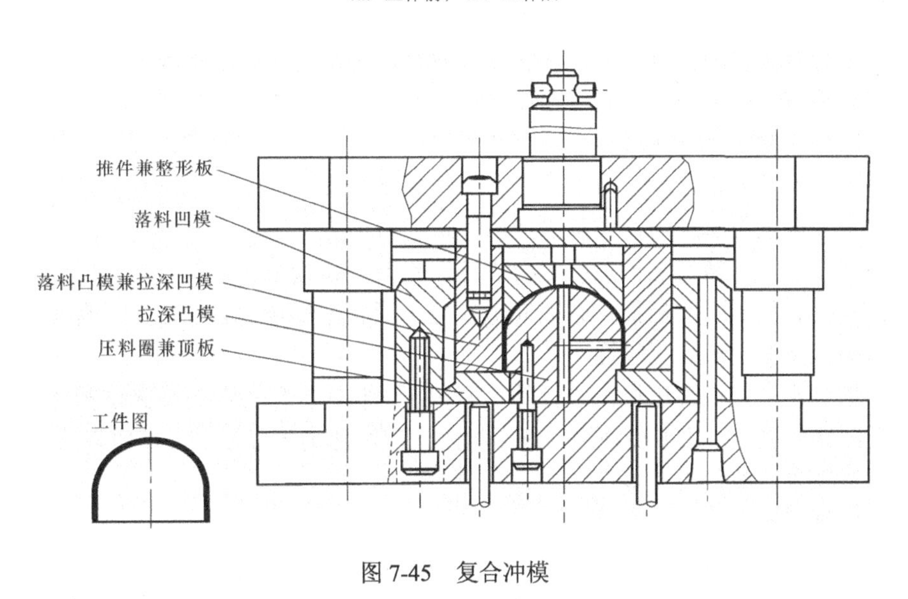

图 7-45　复合冲模

第四节　锻压新技术简介

近年来在锻压生产中出现了许多新技术，其具备以下特点：

(1) 实现少、无切屑加工；

(2) 提高锻件的性能和质量；

(3) 做到清洁生产；

(4) 利用 IT 技术，发展高柔性和高效率的自动化锻压设备，提高零件的生产率，降低生产成本等。

下面介绍部分成熟的锻压新技术。

一、精密模锻

精密模锻是在模锻设备上锻造出形状复杂、锻件精度高的锻件的模锻工艺。例如，精密模锻伞齿轮，齿形部分可直接锻出而不必再经切削加工。模锻件尺寸精度可达 IT12～IT15，表面粗糙度 Ra=3.2～1.6μm。

精密模锻件的主要工艺特点如下：

（1）需要精确计算原始坯料的尺寸，严格按坯料质量下料；否则，增大锻件尺寸公差，降低精度。

（2）精密模锻的锻件精度在很大程度上取决于锻模的加工精度，因此，精锻模膛的精度必须很高。

（3）精密模锻一般都在刚度大、精度高的模锻设备上进行。

二、多向模锻

多向模锻是将坯料放于锻模内，用几个冲头从不同方向同时或先后对坯料加压，以获得形状复杂的精密锻件的模锻工艺。多向模锻可获得形状复杂、尺寸精确、无飞边、无模锻斜度并带有孔腔、形状和尺寸最大限度地接近成品零件尺寸的锻件，从而显著提高零件的材料利用率，减少机械加工工时和大幅降低锻件成本。由于多向模锻在实现锻件精密化和改善锻件品质等方面具有独特的优点，因此，它在工业发达国家已被广泛采用。

三、液态模锻

液态模锻的实质是把金属液直接浇到金属模内，然后在一定时间内以一定的压力作用于液态（或半液态）金属上，使之成形，并在此压力下结晶和产生局部塑性变形。它是在压力铸造的基础上逐渐发展起来的，类似于挤压铸造的一种先进工艺。

液态模锻实际上是铸造加锻造的组合工艺，它既有铸造工艺简单、成本低的优点，又有锻造产品性能好、品质可靠的优点。因此，在生产形状较复杂而在性能上又有一定要求的工件时，液态模锻更能发挥其优越性。

液态模锻基本上是在液压机上进行的。摩擦压力机因为压力和速度无法控制，冲击力很大，而且无法保持恒压，故很少使用。液压机的速度和压力可以控制，操作容易，施压平稳，不易产生飞溅现象，故使用较多。

四、超塑性成形

超塑性成形是利用金属在特定条件（一定的变形温度、一定的变形速率和一定的组织条件）下所具有的超塑性（超高的塑性和超低的变形抗力）进行塑性加工的方法。一般工业材料在室温下的伸长率为百分之几到百分之几十，而超塑性材料的伸长率可超过 100%以上，如钢的伸长率超过 500%，纯钛超过 300%，铝锌合金超过 1000%。

超塑性成形方法包括模锻、挤压、轧制、无模拉拔、压锻、深冲、模具凸胀成形、液压凸胀成形、压印加工以及吹塑和真空成形。超塑性成形的优点如下：

（1）工具成本低。

（2）具有超塑性和很低的变形抗力。

（3）可以精确复制细微结构。

（4）生产准备时间短。

（5）材料的横向疲劳强度、韧性及耐蚀性均优良。

目前，常用的超塑性成形材料主要是锌合金、铝合金、钛合金及某些高温合金。

五、高能高速成形

高能高速成形是一种在极短时间内释放高能量而使金属变形的成形方法。高能高速成形的历史可追溯到一百多年前，但当时由于成本太高及工业发展的局限，该工艺并未得到应用。随着航空及导弹技术的发展，高能高速成形方法才进入生产实践中。

高能高速成形主要包括利用高压气体使活塞高速运动生产动能的高能成形、利用火药爆炸产生化学能的爆炸成形、利用电能的电液成形、利用磁场力的电磁成形及高速锻造。

1. 爆炸成形

爆炸成形是利用炸药爆炸时产生的高能冲击波，通过不同的介质使坯料产生塑性变形的方法。成形时在模膛内置入炸药，炸药爆炸时产生的大量高温、高压气体呈辐射状传递，从而使坯料成形。爆炸成形具有以下特点：

（1）模具简单；

（2）零件精度高，表面品质高；

（3）可提高材料的塑性变形能力；

（4）利于采用复合工艺。

该方法适合于多品种小批生产，如用于制造柴油机罩子、扩压管及汽轮机空心汽叶的整形等。

2. 电液成形

电液成形是指利用在液体介质中高压放电时所产生的高能冲击波，使坯料产生塑性变形的方法。电液成形的原理与爆炸成形有相似之处。它是利用放电回路中产生的强大的冲击电流，使电极附近的水汽化膨胀，从而产生很强的冲击压力，使金属坯料成形。与爆炸成形相比，电液成形时能量控制和调整简单，成形过程稳定、安全、噪声低、生产率高。但电液成形受设备容量的限制，不适合于较大工件的成形，特别适合于管类工件的胀形加工。

3. 电磁成形

电磁成形是指利用电流通过线圈所产生的磁场，其磁力作用于坯料使工件产生塑性变形的方法。成形线圈中的脉冲电流可在很短的时间内迅速增长和衰减，并在周围空间形成一个强大的变化磁场。坯料置于成形线圈内部，在此变化磁场的作用下，坯料内产生感应电流，坯料内感应电流形成的磁场和成形线圈磁场相互作用的结果，使坯料在电磁力的作用下产生塑性变形。这种成形方法所用的材料应当具有良好的导电性，如铜、铝和钢等。如果加工导电性差的材料，则应在坯料表面放置用薄铝板制成的驱动片，促使坯料成形。电磁成形不需要用水和油等介质，工具几乎没有消耗，设备清洁，生产率高，产品质量稳定，适合于加工厚度不大的小零件、板材或管材等。

4. 高速锻造

高速锻造是指利用高压空气或氮气发出来的高速气体，使滑块带着模具进行锻造或挤压的加工方法。高速锻造可以锻打高强度钢、耐热钢、工具钢等，锻造工艺性能好，质量和精度高，设备投资少，适合于加工叶片、涡轮、壳体等工件。

六、计算机技术在锻压技术中的应用

计算机技术在锻压技术中的应用主要体现在计算机辅助设计（CAD）和计算机辅助制造（CAM）上。

锻压模具 CAD 是在设计人员的控制下，由计算机对锻压模具完成尽可能多的分析、计算和制图工作。CAM 则是由计算机根据模具 CAD 的数据结果为数控机床编制模具零件加工的 NC 程序，NC 程序通过介质（穿孔纸带、磁盘等）或直接传送给 NC 机床来控制机床的工作。将 CAD 的结果通过计算机辅助编制加工工艺（CAPP）直接传送给 CAM 的系统叫做

CAD 和 CAM 的集成，简写为 CAD/CAM。

模锻模具 CAD 前，尚须进行模锻工艺 CAD，即利用计算机在人参与的情况下，进行包括工艺参数确定在内的常规设计、冷热锻件设计以及工步和坯料设计。进行 CAD 需要 CAD 系统，由一定的硬件和软件组成的供 CAD 使用的系统称为 CAD 系统。

（一）CAD 系统的组成

1．CAD 的硬件除计算机本身和通常的外围设备外，CAD 主要使用的图形输入输出设备。

2．CAD 的软件

CAD 的软件是 CAD、CAM 的核心，包括计算机本身的系统软件如操作系统、各种程序设计语言的编译程序及数据库管理系统。

（二）CAD/CAM 的主要优点

（1）提高设计效率，与人工相比，可达 20:1。

（2）可将多方面的经验和研究成果结合起来，方便地应用于设计和加工，从而可提高模具的设计质量和加工精度。

（3）可大量减轻设计人员繁重的重复劳动，使之发挥更大的作用。

（4）设计可以实现多方案比较，从而达到优化的目的，而且设计便于修改和存储，具有良好的柔性。

（5）可缩短设计周期，降低产品成本和研制开发费用。目前，锻压模具 CAD/CAM 在我国仍处于开发阶段，用它来取代传统的锻压模具设计制造方式是必然的发展趋势。

复 习 思 考 题

1．什么是加工硬化和再结晶？

2．自由锻造有哪些基本工序？其应用范围如何？

3．简述锻造与铸造相比的优缺点。

4．模锻件上为什么要设置模锻斜度和圆角？

5．板料冲压有哪些基本工序？冲孔和落料有何区别？

6．依据什么来评定金属的锻造性能？其影响因素有哪些？

7．如图 7-46 所示，有 3 种分模方案，选择最佳的分模面，并说明理由。

8．判断如图 7-47 所示自由锻件的结构工艺性，如不良，则修改并说明理由。

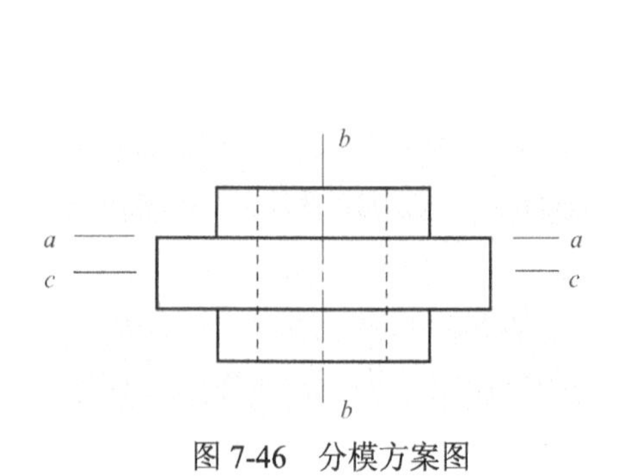

图 7-46 分模方案图

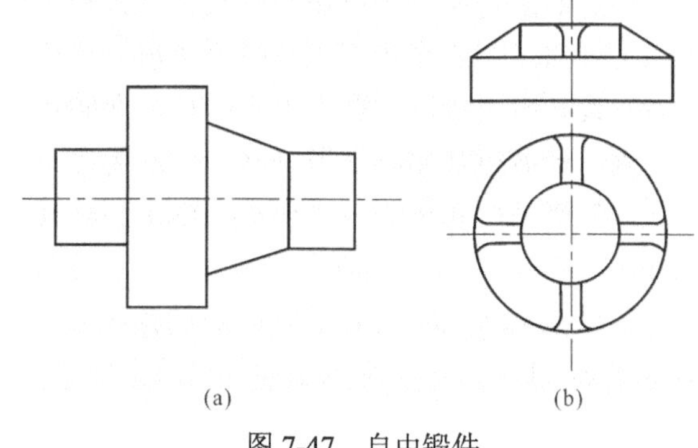

图 7-47 自由锻件

（a）轴类自由锻件；（b）盘类自由锻件

第八章 焊 接 成 形

第一节 焊接成形工艺基础

一、焊接的定义和特点

焊接是用加热或加压、两者并用等工艺措施，使分离表面产生原子间的结合与扩散作用，从而形成不可拆卸接头的材料成形方法。焊接与其他连接方法的重要区别是通过原子之间的结合而实现连接。

焊接成形的特点如下：

1. 成形方便

焊接方法灵活多样，工艺简便，能在较短的时间内生产出复杂的焊接结构。在制造大型或复杂的结构时，可先把材料化大为小，化复杂为简单，再逐次装配焊接而成。例如，万吨水压机的横梁和立柱的生产便是如此。

2. 适应性强

采用相应的焊接方法，既能生产微型、大型和复杂的金属构件，也能生产气密性好的高温、高压设备和化工设备；既适应单件小批量生产，也适应于大批量生产。同时，采用焊接方法，还能连接异类金属和非金属。例如，原子能反应堆中金属与石墨的焊接、硬质合金刀片与车刀刀杆的焊接。现代船体、车辆底盘、各种桁架、锅炉、容器等，都广泛采用了焊接结构。

3. 生产成本低

能够减轻结构质量，节省金属材料。与铆接相比，焊接一般能节省金属材料 10%～20%，减轻设备、构件的自重，降低成本。小批量生产时，焊接生产比铸造和锻造具有更好的经济性。另外，采用焊接结构能够在结构的不同部位，按强度、耐磨性、耐腐蚀性、耐高温等要求选用不同材料，具有更好的经济性。

4. 成形质量高

焊接接头强度高，密封性好。焊接可用于压力锅炉、高压容器、储油罐、舰体、船体等要求接头强度高、密封性好的结构件。一般情况下，焊接接头的强度不低于型材的强度。

除了上述优点，焊接技术也存在一些不足之处，如结构不可拆，更换修理不方便；焊接接头组织性能变坏；存在焊接应力，容易产生焊接变形；容易出现焊接缺陷等。

二、焊接的分类

根据焊接过程的工艺特点，可将焊接分为熔焊、压焊和钎焊三大类，依据其工艺特点又可将每一类分成若干种不同的焊接方法。主要焊接方法分类如图 8-1 所示。

1. 熔焊

熔焊是指焊接过程中，将焊件接头加热至熔化状态，不加压力完成焊接的方法。其中电弧焊、气焊应用最为广泛。这一类方法的共同特点是把焊件局部连接处加热至熔化状态，形成熔池，待其冷却凝固后形成焊缝，将两部分材料焊接成一体。

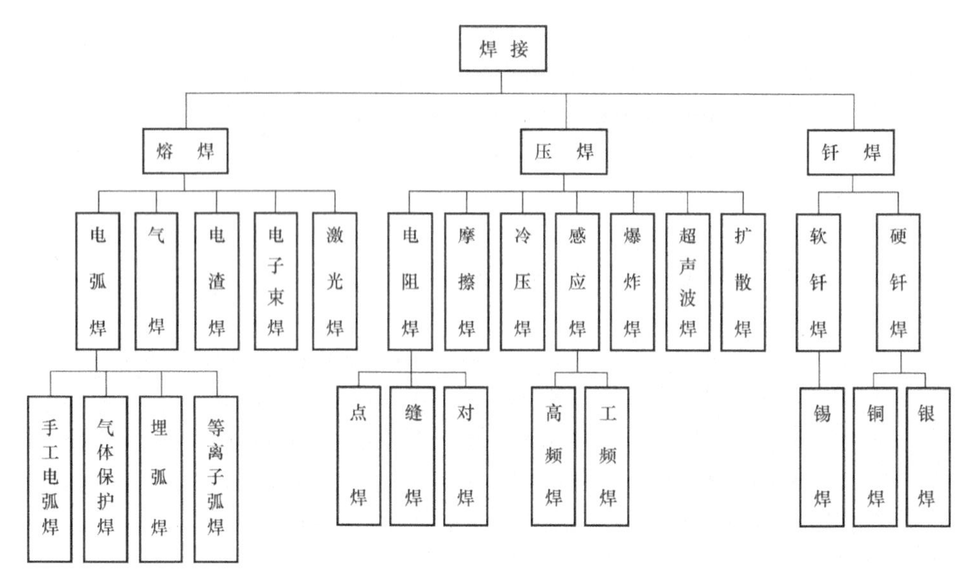

图 8-1 主要焊接方法分类框图

2. 压焊

压焊是指焊接过程中必须对焊件施加压力（加热或不加热），以完成焊接的方法。其中电阻焊应用较多。

3. 钎焊

钎焊是指采用比母材熔点低的金属材料作钎料，将焊件和钎料加热到高于钎料熔点低于母材熔点的温度，利用液态钎料润湿母材，填充接头间隙，并与母材互相扩散，实现连接焊件的方法。如铜焊。

三、焊接的应用

焊接主要用于制造金属结构件，如锅炉、压力容器、船舶、桥梁、建筑、管道、车辆、冶金设备；生产机器零件或毛坯，如重型机械和冶金设备中的机架、底座、箱体、轴、齿轮等；修补铸、锻件的缺陷和局部损坏的零件。世界上主要工业国家每年生产的焊件结构约占钢总产量的 45%。

目前，焊接技术正向高温、高压、高容量、高寿命、高生产率方向发展，随着计算机技术在焊接领域的应用、各种先进焊接工艺方法的普及和应用，以及焊接生产机械化、自动化程度的提高，焊接质量和生产率也将不断提高。

四、材料的可焊性

对于不同的材料，在一定的焊接条件下，采用一定的焊接方法，获得优质焊接接头的难易程度叫做材料的可焊性。对于同一种金属材料，采用不同的焊接方法及焊接材料，其可焊性可能也有很大的差别。

金属的可焊性包括工艺可焊性和使用可焊性两个方面，这两方面的可焊性可通过估算和实验方法确定。

（1）工艺可焊性。是指焊接过程中，焊接接头产生工艺缺陷的倾向，尤其是出现各种焊接裂纹的可能性。

（2）使用可焊性。是指焊接工件在使用过程中其焊接接头的可靠性，包括焊接接头的机械性能和其他特殊性能。

可焊性是金属的一种加工性能，它决定于金属材料的本身性质和加工条件。就目前的焊接技术水平，工业上应用的绝大多数金属材料都是可以焊接的，只是焊接的难易程度不同而已。

（一）钢的可焊性

焊接结构所用的金属材料大多数为钢材，影响钢可焊性的主要因素是化学成分。在各种化学元素中，碳对钢的可焊性的影响最为明显，因此，可以将其他元素对钢的可焊性的影响转化为产生相同影响的一定量的碳（称为碳当量，用 W_{CE} 表示）来分析，利用碳当量对钢的可焊性进行估算。碳当量越高，钢的可焊性越差。

碳素钢及低合金钢常用的碳当量计算公式为

$$W_{CE}=\left(W_C+\frac{W_{Mn}}{6}+\frac{W_{Cr}+W_{Mo}+W_V}{5}+\frac{W_{Ni}+W_{Cu}}{15}\right)\times 100\%$$

式中 W_C、W_{Mn}、W_{Cr}、W_{Mo}、W_V、W_{Ni}、W_{Cu}——钢中 C、Mn、Cr、Mo、V、Ni、Cu 含量的百分数。

碳当量对钢的可焊性的影响见表 8-1。

表 8-1 碳当量对钢的可焊性的影响

碳当量 W_{CE}	淬硬倾向	可焊性	焊接工艺特点
＜0.4%	不明显	好	除特大件或在低温下焊接外，一般不需加热
0.4%～0.6%	明显	较差	焊接时需适当预热和采取一定的工艺措施
＞0.6%	强	差	焊接时要求较高的预热温度和采取严格的工艺措施

（二）有色金属的可焊性

一般来讲，有色金属的可焊性比钢差，主要原因有以下几个方面：

（1）有色金属容易氧化，所生成的氧化物又往往与基体金属形成共晶体，分布在晶界上，导致焊接裂纹。

（2）有色金属在液态时吸气性较强，易在焊缝处形成化合物夹渣或气孔。

（3）有色金属的导热系数和线膨胀系数往往比较大，焊接冷却后产生的焊接应力大并且易导致焊接裂纹。

因此，有色金属的焊接比较困难，然而有了氩弧焊以后，能够有效地保护熔池，较好地解决了有色金属易氧化的问题，使有色金属的焊接变容易了。

（三）铸铁的可焊性

铸铁的可焊性较差，原因如下：

1. 焊缝中容易产生白口组织

由于局部加热，焊后铸铁焊补区冷却速度比铸造时快得多，因而很容易产生白口组织，硬度很高，焊后很难进行机械加工。

2. 易产生裂纹

铸铁强度低、塑性差，当焊接应力较大时，就会在焊缝及热影响区产生裂纹，甚至沿焊缝整个断裂。此外，当采用非铸铁组织的焊条或焊丝冷焊铸铁时，铸铁中碳、硫、磷杂质含量高，如母材过多熔入焊缝中，则容易产生热裂纹。

3. 易产生气孔

铸铁含碳量高，焊接时易产生CO、CO_2气体，铸铁凝固时由液态变为固态时间较短，熔池中的气体往往来不及逸出而形成气孔。

另外，铸铁流动性好，立焊时熔池中金属液容易流失，所以一般采用气焊、手弧焊（个别大件可采用电渣焊）来焊补铸铁件，按焊前是否预热可分为热焊法与冷焊法两大类。

五、焊接质量

金属构件在焊接以后，总要发生变形和产生焊接应力，且两者是彼此伴生的。

焊接应力的存在，对结构质量、使用性能和焊后机械加工精度都有很大影响，甚至导致整个构件断裂；焊接变形不仅给装配工作带来很大困难，还会影响结构的工作性能。变形量超过允许数值时必须进行矫正，矫正无效时只能报废。因此，在设计和制造焊接结构时，应尽量减小焊接应力与变形。

（一）焊接应力与变形的产生原因

焊接过程中，对焊件进行不均匀加热和冷却，是产生焊接应力和变形的根本原因。以平板对焊为例，焊接时，由于焊缝区被加热到很高的温度，而离焊缝越远温度越低，因此，焊缝邻近区域会因温度不同产生大小不等的纵向膨胀。受两侧金属所制约，使应受热膨胀的金属不能自由伸长而被塑性压缩，向厚度方向展宽；冷却时同样会受到两侧金属制约而不能自由收缩，尤其当焊缝区金属温度降至弹性变形阶段后，由于焊件各部分收缩不一致，必然导致焊缝区乃至整个焊件产生应力和变形。焊接构件由焊接而产生的内应力称为焊接应力；焊后残留在焊件内的焊接应力称为焊接残余应力。焊件因焊接而产生的变形称为焊接变形；焊后焊件残留的变形称为焊接残余变形。

当材料塑性较好、结构刚度较小时，焊件能自由收缩，焊接变形较大，焊接应力较小，此时应主要采取预防和矫正变形的措施，使焊件获得所需的形状和尺寸；当材料塑性较差，结构刚度较大时，焊接变形较小，焊接应力较大，此时应主要采取减小或消除应力的措施，以避免裂缝的产生。

（二）焊接变形的基本形式

常见的焊接变形有收缩变形、角变形、弯曲变形、扭曲变形和波浪变形5种形式（见图8-2）。实际的焊接变形可能是其中的一种，也可能是几种形式的组合。

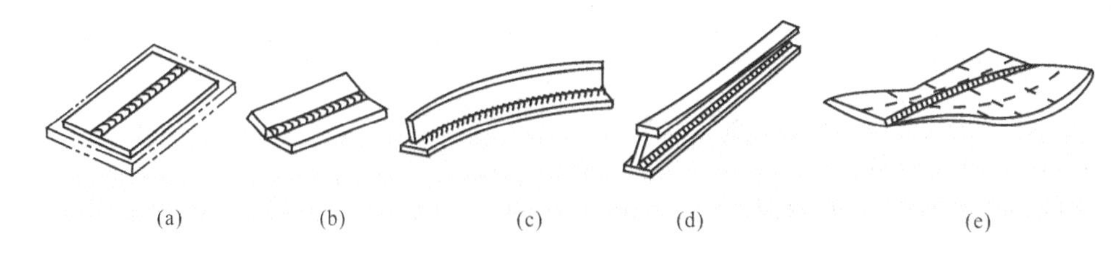

图8-2 焊接变形的基本形式

（a）纵向和横向收缩变形；（b）角变形；（c）弯曲变形；（d）扭曲变形；（e）波浪变形

（三）减少焊接应力和变形的工艺措施

焊接变形不但影响结构尺寸的准确性和外形美观，严重时还可能降低承载能力，甚至造成事故，所以在焊接过程中要加以控制。减少焊接应力和变形的工艺措施如下：

（1）预留收缩变形量。根据理论值和经验值，在焊件备料及加工时预先考虑收缩余量，以便焊后工件达到所要求的形状、尺寸。根据经验在工件下料尺寸上加一定的余量，通常为0.1%～0.2%，以弥补焊后的收缩变形。

（2）反变形法。通过试验或计算，预先确定焊后可能发生变形的大小与方向，将工件安装在相反方向位置上，或者预先使焊件向相反方向变形，以抵消焊后所发生的变形，使结构构件得到正确形状（图 8-3）。

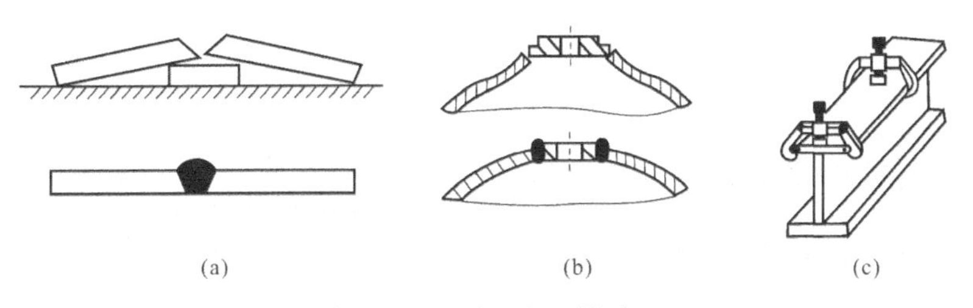

图 8-3　几种反变形措施

（3）刚性固定法。当焊件刚性较小时，可利用外加刚性固定以减小焊接变形，这种方法能有效地减小焊接变形，但会产生大的焊接应力，只适用于塑性较好的低碳钢结构，不能用于铸铁和淬硬倾向大的钢材，以免焊后断裂。图 8-4 所示为刚性固定法拼焊薄板的例子。

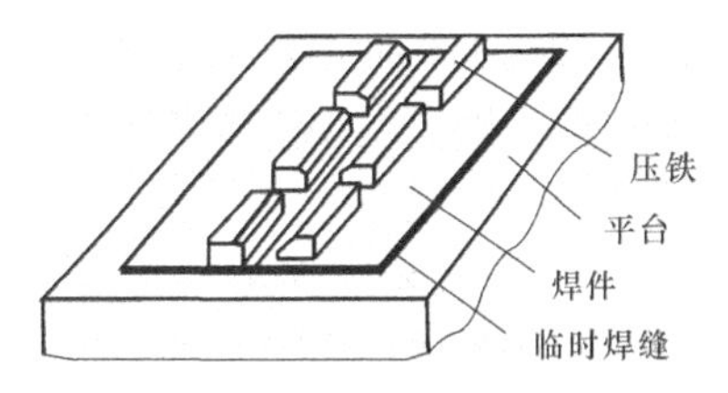

图 8-4　拼焊钢板的刚性固定法

（4）选择合理的焊接顺序，尽量使焊缝自由收缩。拼焊如图 8-5 所示的钢板时，应先焊错开的短焊缝，再焊直长焊缝，以防在焊缝交接处产生裂纹。如焊缝较长，可采用图 8-6 所示的逐步退焊法和跳焊法，使温度分布较均匀，从而减少了焊接应力和变形。

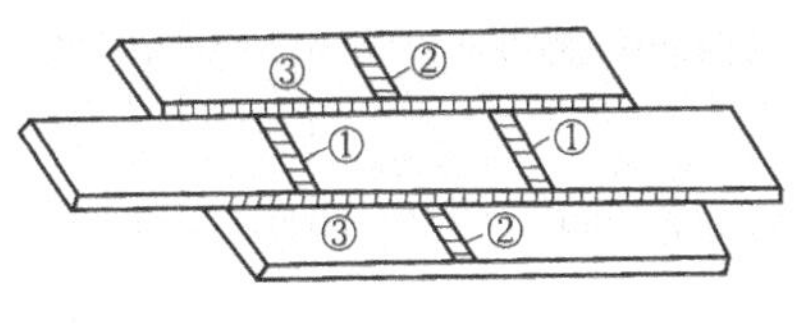

图 8-5　拼焊钢板的焊接顺序

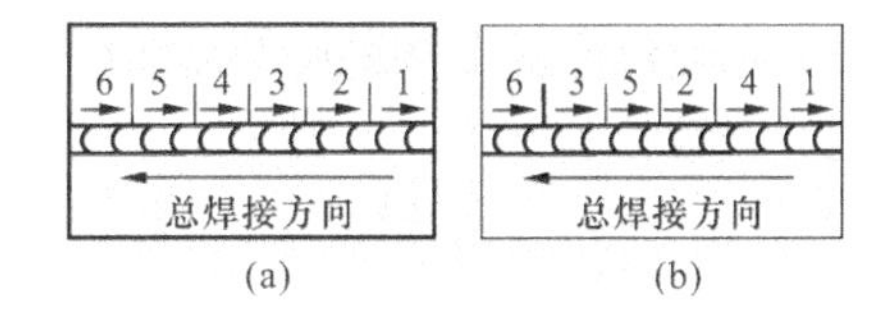

图 8-6　长焊缝的分段焊法

（a）逐步退焊法；（b）跳焊法

（5）焊前预热和焊后缓冷。预热可以减小焊件各部分温差，降低焊后冷却速度，减小残余应力。在允许的条件下，焊后进行去应力退火或用锤子均匀地敲击焊缝，使之得到延伸，均可有效地减小残余应力，从而减小焊接变形。

（四）焊接变形的矫正

在焊接过程中，即使采用了上述措施，有时也会产生超过允许值的焊接变形，因此，需要对变形进行矫正。其实质是使焊接结构产生新的变形，以抵消原有的焊接变形。

（1）机械矫正。在机械力的作用下矫正焊接变形，使焊件恢复到要求的形状和尺寸，如图 8-7 所示。可采用辊床、压力机、矫直机等机械矫正，也可用手工锤击矫正。这种方法适用于低碳钢和普通低合金钢等塑性好的材料。

（2）火焰加热矫正。利用火焰（通常是氧—乙炔火焰)对焊缝局部加热，使工件在冷却收缩时产生与焊接变形反方向的变形，从而矫正焊接所产生的变形，如图 8-8 所示。火焰加热矫正法主要用于低碳钢和部分低合金钢，加热温度也不宜过高，一般在600～800℃之间。

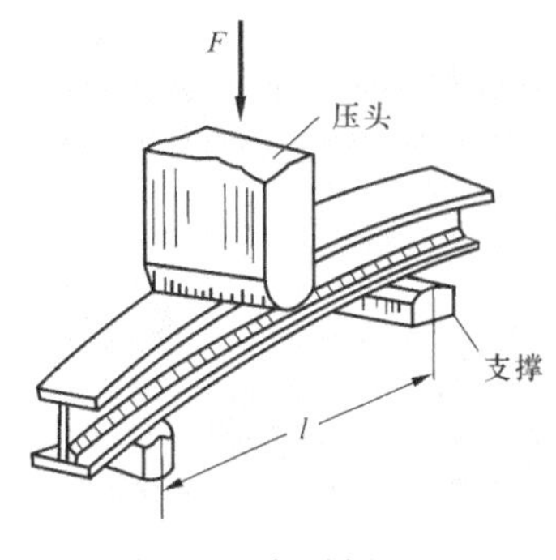

图8-7 机械矫正法

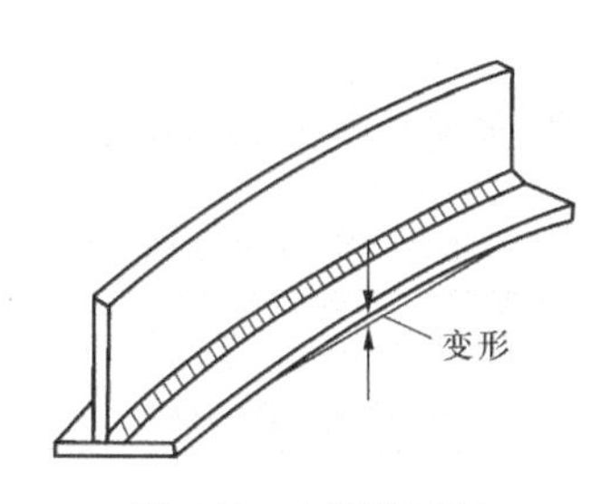

图8-8 火焰矫正法

（五）焊接检验

1. 焊接检验过程

焊接检验过程包括焊前、焊接生产过程中和焊后成品检验。焊前检验主要内容有原材料检验、技术文件、焊工资格考核等。焊接过程中的检验主要是检查各生产工序的焊接参数执行情况，以便发现问题及时补救，通常以自检为主。焊后成品检验是检验的关键，是焊接质量最后的评定。

2. 焊接检验方法

焊接检验的主要目的是检查焊接缺陷。焊接缺陷包括外部缺陷（如外形尺寸不合格、弧坑、焊油、咬边、飞溅等）和内部缺陷（如气孔、夹渣、未焊透、裂纹等）。针对不同类型的缺陷通常采用破坏性检验和非破坏性检验（无损检验）。破坏性检验主要有力学性能试验、化学成分分析、金相组织检验和焊接工艺评定；非破坏性检验是检验的重点，主要方法如下：

（1）外观检验。用肉眼或放大镜检查外部缺陷。外观检验合格后，方可进行下一步检验。

（2）无损检验。

1）射线检验。借助射线（x射线、γ射线或高能射线等）的穿透作用检查焊缝内部缺陷，通常用照相法。

2）超声波检验。利用频率在20 000Hz以上的超声波的反射，探测焊缝内部缺陷的位置、种类和大小。

3）磁粉检验。对被检工件进行磁化后，利用工件表面漏磁场吸附磁粉的现象，来判断工件有无缺陷的一种方法。此法不适用于非铁磁性材料。

4）着色检验。借助渗透性强的渗透剂和毛细管的作用检查焊缝表面缺陷。

（3）焊后成品强度检验。主要是水压试验和气压试验。用于检查锅炉、压力容器、压力管道等焊接接头的强度。

（4）致密性检验。

1）煤油检验。在被检焊缝的一侧刷上石灰水溶液，另一侧涂煤油，借助煤油的穿透能力，若有裂缝等穿透性缺陷，石灰粉上呈现出煤油的黑色斑痕，据此发现焊接缺陷。

2）吹气检验。在焊缝一侧吹压缩空气，另一侧刷肥皂水，若有穿透性缺陷，该部位便现出气泡，即可发现焊接缺陷。

上述各种检验方法均可依照有关产品技术条件、有关检验标准及产品合同的要求进行。

第二节 焊接成形方法

一、熔焊工艺

熔焊的基本原理是将填充材料（焊条或焊丝）和工件连接区的基体材料共同加热到熔化状，在连接处形成熔池，熔池中的液态金属冷却后形成牢固的焊接接头，将工件连接在一起。根据焊接能源种类、能量传递介质和传递方式的不同，熔焊又分为电弧焊、气焊、电渣焊、电子束焊、激光焊和等离子弧焊等。焊接时，熔池中的液态金属与周围的熔渣及空气接触，产生复杂、激烈的化学反应，是焊接中的冶金过程。

（一）熔焊的三个要素

1. 合适的热源

热源的能量要集中，温度要高，以保证金属快速熔化，减小热影响区。满足要求的热源有电弧、等离子弧、电渣热、电子束和激光等。

2. 良好的熔池保护

熔池金属在高温下与空气作用会产生诸多不良反应，形成气孔、夹渣等缺陷，影响焊缝品质。进行熔池保护，可隔绝空气，防止熔池氧化，减少散热，防止强光辐射，并可进行脱氧、脱硫、脱磷，向熔池过渡合金元素，以改善焊接接头性能。常用的熔池保护方法有渣保护、气体保护和渣—气联合保护三类方法。

3. 焊缝填充金属

填充金属是指焊芯与焊丝，主要作用有两个方面：一方面补充材料使焊缝被金属填满；另一方面是给焊缝过渡合金元素，改善焊缝的机械性能。

（二）焊接接头的组织与性能

1. 焊接热循环

在焊接加热和冷却过程中，焊缝及其附近的母材上某点的温度随时间变化的过程叫做焊接热循环。焊缝及其附近的母材上各点在不同时间经受的加热和冷却作用是不同的，在同一时间各点所处的温度变化也不同，因而冷却后的组织和性能也不同。焊接热循环的特点是加热和冷却速度很快。受焊接热循环的影响、焊缝附近的母材因焊接热循环作用而发生组织或性能变化的区域称为焊接热影响区。因此，焊接接头由焊缝区、熔合区和热影响区组成。

2. 焊缝区

热源移走后，熔池中的液态金属立刻开始冷却结晶。晶粒以垂直熔合线的方向向熔池中心生长，成为树枝状枝晶（见图 8-9）。这样，低熔点物质被推向焊缝最后结晶部位，形成成分偏析区。宏观偏析的分布与焊缝成形系数 B/H 有关，当 B/H 很小时，形成中心线偏析，易产生热裂纹。

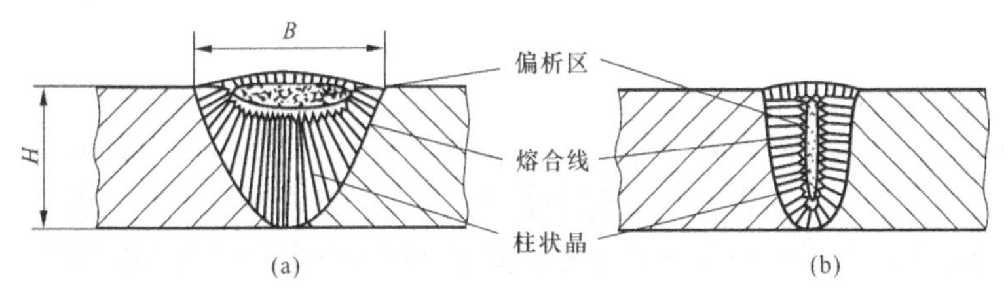

图 8-9 焊缝的结晶

（a）B/H 较大；（b）B/H 较小

焊缝金属冷却快，其宏观组织形态是细晶粒柱状晶，存在成分偏析严重问题，影响焊缝性能。但是，通过严格控制化学成分，降低碳、磷、硫等含量；通过渗合金调整焊缝的化学成分，使其含有一定的合金元素，能使焊缝金属的强度与母材相当，一般都能达到“等强度”的要求。

3. 熔合区

熔合区中熔合有填充金属与母材金属的多种成分，故成分不均，其组织为粗大的过热组织或淬硬组织，是焊接接头中性能最差的部位。

4. 热影响区

热影响区中不同点的最高加热温度不同，组织变化也不同。低碳钢焊接接头中最高加热温度曲线及室温下的组织如图 8-10（a）所示［图 8-10（b）为简化了的铁碳相图］。低碳钢的热影响区可再细分为以下几个部分。

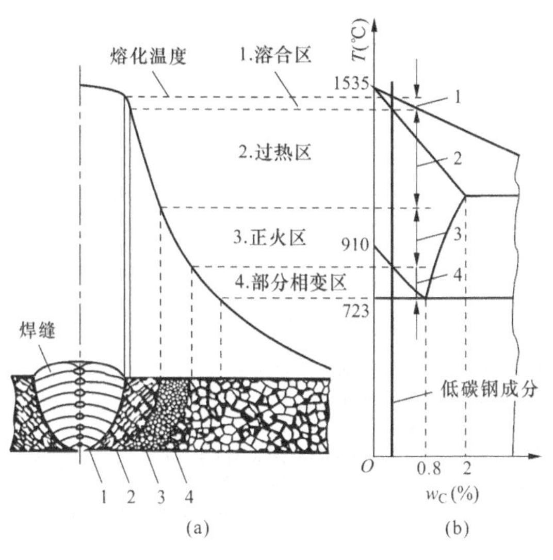

图 8-10 低碳钢焊接热影响区的组织变化

（a）温度曲线及组织图；（b）Fe-C 相图

（1）过热区。过热区晶粒粗大，塑性差，易产生过热组织，是热影响区中性能最差的部位。

（2）正火区。正火区因冷却时奥氏体发生重结晶而转变为珠光体和铁素体，所以晶粒细小，性能好。

（3）部分相变区。部分相变区存在铁素体和奥氏体两相，其中铁素体在高温下长大，冷却时不变，最终晶粒粗大；而奥氏体发生重结晶转变为珠光体和铁素体，使晶粒细化，所以，此区晶粒大小不均，性能较差。

熔合区、焊接热影响区是影响焊接接头性能的关键部位。焊接接头的断裂往往不是出现在焊缝区中，而是出现在接头的熔合区、热影响区中，尤其是多发生在熔合区及过热区中，因此，必须对焊接热影响区进行控制。

一般来说，在保证焊接过程正常进行的前提下，提高焊接速度、减小焊接电流都能使热影响区减小，但焊接热影响区在焊接过程中是不可避免的。焊接一般低碳钢构件时，热影响区较窄，危害性较小，焊后不进行热处理就能正常使用；对于一些容易产生较大焊接应力的结构件，可进行去应力退火；对重要的钢件，焊后要进行正火处理，用来细化晶粒、减少和消除焊接应力，以改善焊接接头的性能。

（三）熔焊工艺方法

1. 手工电弧焊

电弧焊是熔化焊中最基本的焊接方法，也是应用最普遍的焊接方法，其中最简单最常见的是用手工操作电焊条进行焊接的电弧焊，称为手工电弧焊，简称手弧焊。焊接电弧是指发生在电极与工件之间的强烈、持久的气体放电现象。

（1）手工电弧焊的原理。是以有药皮的焊芯为一个电极，以工件为一个电极，通过短路引燃电弧，在电弧的高温作用下，药皮产生大量的气体和熔渣，以实现渣—气联合保护。电弧熔化焊芯和焊缝处的母材金属，手工操作，沿焊缝均匀移动电弧，形成焊缝，药皮用以保证焊缝的化学成分和力学性能。手工电弧焊的焊接过程如图 8-11 所示。

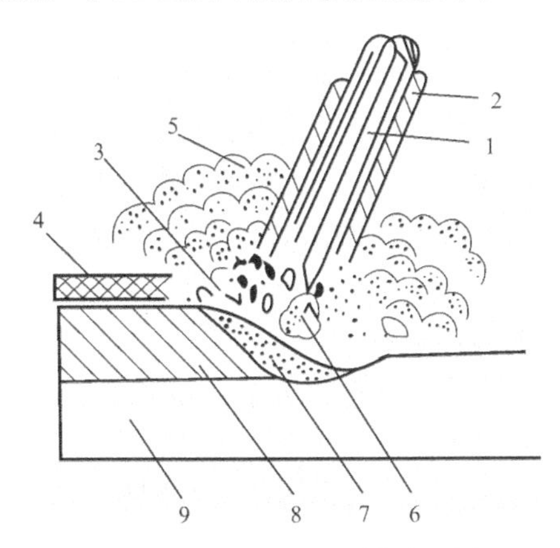

图 8-11 手工电弧焊的焊接过程

1—焊条芯；2—焊条药皮；3—液态熔渣；4—固态渣壳；5—气体；
6—金属熔滴；7—熔池；8—焊缝；9—工件

（2）手工电弧焊的设备。手工电弧焊的主要设备是弧焊机，俗称电焊机或焊机，它是焊接电弧的电源。弧焊机分为直流弧焊机和交流弧焊机。直流弧焊机具有电弧燃烧稳定、焊接质量较好的优点。但结构复杂，成本高，维修困难，噪声大，损耗大，适于焊接较重要的工件。交流弧焊机效率较高，结构简单，制造方便，成本较低，使用可靠，维护、保养容易，噪声小，但电弧不够稳定。

（3）手工电弧焊的工具。

常用的手弧焊工具有焊钳、面罩、清渣锤、钢丝刷等（如图 8-12 所示），以及焊接电缆和劳动保护用品。

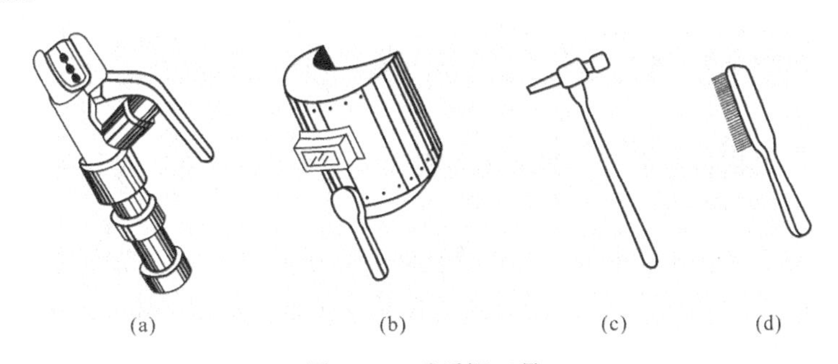

图 8-12 手弧焊工具

（a）焊钳；（b）面罩；（c）清渣锤；（d）钢丝刷

（4）手工电弧焊的焊条。由焊芯和药皮两部分组成，如图 8-13 所示。焊芯起导电和作为填充焊缝的金属作用。药皮的作用有稳弧，产生保护性气体使金属熔滴、熔池与空气隔绝，造渣保护焊缝，加入合金元素提高焊缝的机械性能。

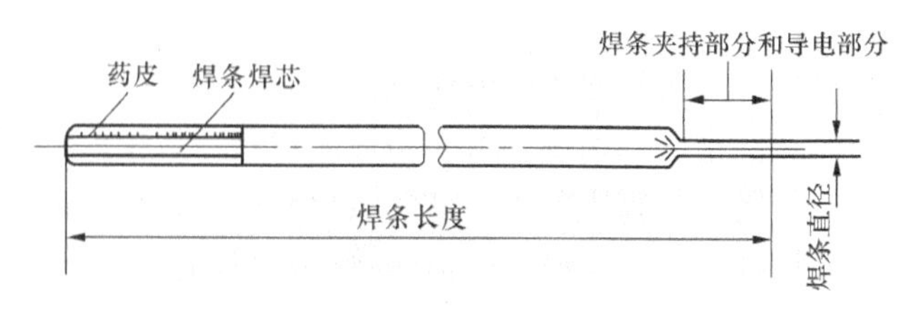

图 8-13 电焊条的结构

1）焊条的分类。焊条的品种繁多，有如下分类方法：

① 按用途可分为七大类，即碳钢焊条、低合金钢焊条、不锈钢焊条、堆焊焊条、铸铁焊条、铜及铜合金焊条和铝及铝合金焊条。其中碳钢焊条使用最为广泛。

② 按药皮熔化成的熔渣化学性质分为酸性焊条和碱性焊条两大类。药皮熔渣中以酸性氧化物（如 SiO_2，TiO_2，Fe_2O_3）为主的焊条称为酸性焊条。药皮熔渣中以碱性氧化物（如 CaO、FeO、MnO、MgO）为主的焊条称为碱性焊条。在碳钢焊条和低合金钢焊条中，低氢型焊条（包括低氢钠型、低氢钾型和铁粉低氢型）是碱性焊条，其他涂料的焊条均属酸性焊条。

酸性焊条具有良好的焊接工艺性，电弧稳定，对铁锈、油脂和水分等不易产生气孔，脱渣容易，焊缝美观，可使用交流或直流电源，应用较为广泛。但酸性焊条氧化性强，合金元素易烧损，脱硫、磷能力也差，因此焊接金属的塑性、韧性和抗裂性能不高，适用于一般低碳钢和相应强度的结构钢的焊接。

碱性焊条氧化性弱，脱硫、磷能力强，所以焊缝塑性、韧性高，扩散氢含量低、抗裂性能强。因此，焊缝接头的力学性能较使用酸性焊条的焊缝要好，但碱性焊条的焊接工艺性较差，仅适于直流弧焊机，对锈、水、油污的敏感性大，焊件易产生气孔，焊接时产生有毒气体和烟尘多，应注意通风。

③ 按焊接工艺及冶金性能要求、焊条的药皮类型将焊条分为十大类，如氧化钛型、钛钙型、低氢钾型、低氢钠型等。

2）焊条的选用。焊条的种类与牌号很多，选用得是否恰当将直接影响焊接质量、生产率和产品成本。选用时应考虑下列原则：

① 同成分。例如，焊接碳钢或普通低合金钢，应选用结构钢焊条；焊接不锈钢或耐热钢等有特殊性能要求的钢材，应选用相应的专用焊条，以保证焊缝金属的主要化学成分和性能与母材相同。

② 等强度。可根据钢材强度等级来选用相应强度等级的焊条，对异种钢焊接，应选用与强度等级低的钢材相适应的焊条。

③ 抗裂性。对于结构形状复杂、厚度大的焊件，因其刚性大，焊接过程中有较大的内应力，容易产生裂纹，应选用抗裂性好的低氢型焊条；在母材中碳、硫、磷等元素含量较高时，也应选用低氢型焊条；承受动载荷或冲击载荷的焊件应选择强度足够、塑性和韧性较高的低氢焊条。

④ 工艺性。焊条工艺性能要满足施焊操作需要，如在非水平位置焊接时，应选用适合于各种位置焊接的焊条。

⑤ 低成本。在满足使用要求的前提下，尽量选用工艺性能好、成本低和效率高的焊条。

（5）手工电弧焊的特点和应用。

手工电弧焊具有如下特点：

1）操作灵活，可在室内、室外、高空等各种场所施焊。

2）所用设备简单，容易维护，焊钳小，使用灵活、方便。

3）焊接质量较差。

4）焊接生产率低，主要适用于单件小批生产。

根据手工电弧焊的特点，手工电弧焊主要用于可焊性好的低碳钢和低合金钢的单件小批的焊接生产。

（6）手工电弧焊工艺。

1）焊接接头形式。焊缝的形式是由焊接接头的形式来决定的。根据焊件厚度、结构形状和使用条件的不同，最基本的焊接接头形式有对接接头、搭接接头、角接接头、T 形接头，如图 8-14 所示。

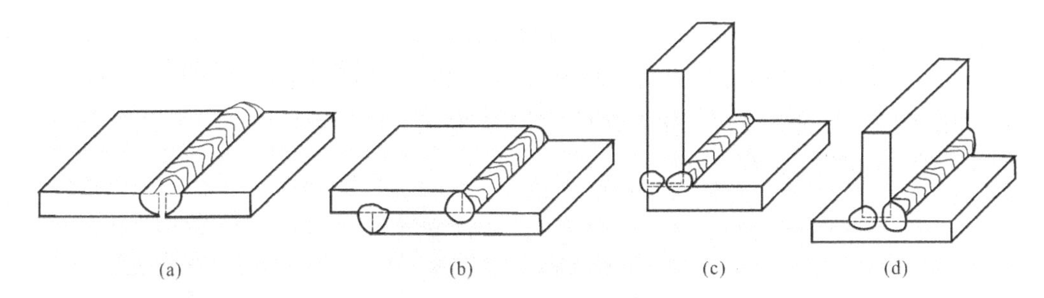

图 8-14　焊接接头形式

（a）对接；（b）搭接；（c）角接；（d）T 形接

对接接头受力比较均匀，使用最多，重要的受力焊缝应尽量选用。

2）焊缝坡口形式。焊接前把两焊件间的待焊处加工成所需的几何形状的沟槽称为坡口。坡口的作用是为了保证电弧能深入焊缝根部，使根部能焊透，便于清除熔渣，以获得较好的焊缝成形和保证焊缝质量。坡口加工称为开坡口，常用的坡口加工方法有刨削、车削和乙炔火焰切割等。

坡口形式应根据被焊件的结构、厚度、焊接方法、焊接位置和焊接工艺等进行选择；同时，还应考虑能否保证焊缝焊透、是否容易加工、节省焊条、焊后减少变形以及提高劳动生产率等问题。

坡口包括斜边和钝边，为了便于施焊和防止焊穿，坡口的下部都要留有 2mm 的直边，称为钝边。

对接接头的坡口型式有 I 形、Y 形、双 Y 形（X 形）、U 形和双 U 形，如图 8-15 所示。

焊件厚度小于 6mm 时，采用 I 形，如图 8-15（a）所示，不需开坡口，在接缝处留出 0～2mm 的间隙即可。焊件厚度大于 6mm 时，则应开坡口，其形式如图 8-15（b）～图 8-15（e）所示，Y 形加工方便；双 Y 形，由于焊缝对称，焊接应力与变形小；U 形容易焊透，焊件变形小，用于焊接锅炉、高压容器等重要厚壁件；在板厚相同的情况下，双 Y 形和 U 形的加工比较费工。

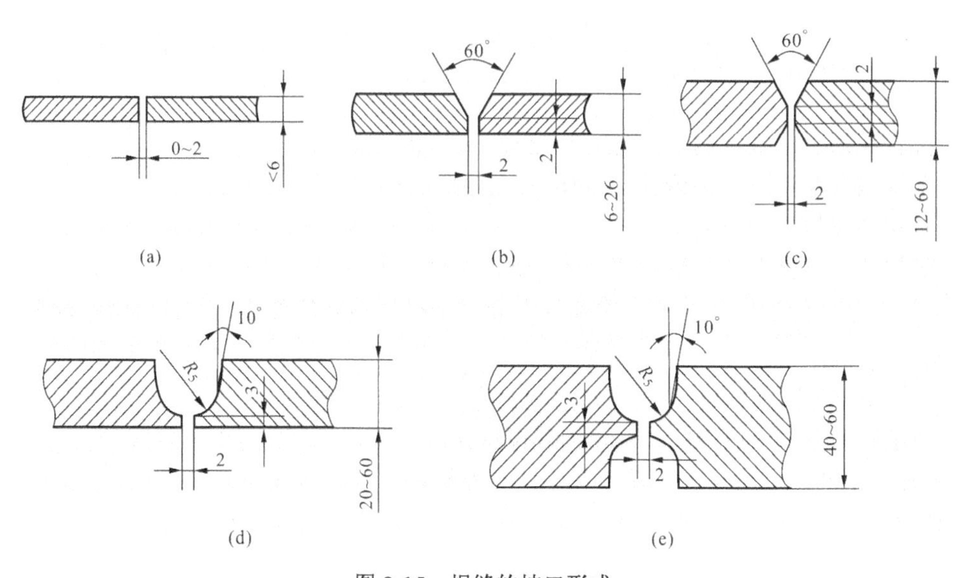

图 8-15　焊缝的坡口形式

（a）I 形坡口；（b）Y 形坡口；（c）双 Y 形（X 形）坡口；（d）U 形坡口；（e）双 U 形坡口

3）焊接位置。熔化焊时，焊件接缝所处的空间位置，称为焊接位置，有平焊、横焊、立焊和仰焊位置，如图 8-16 所示。

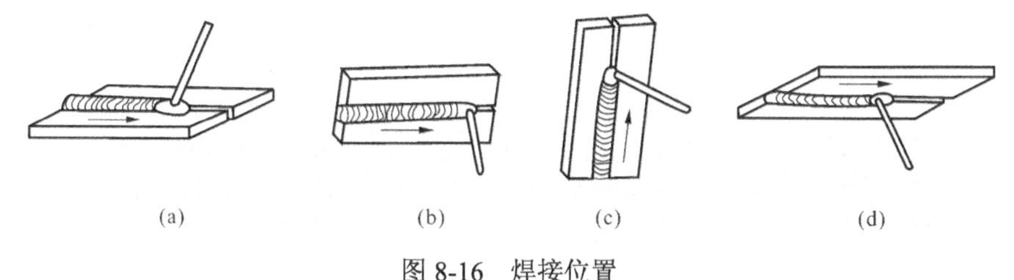

图 8-16　焊接位置

（a）平焊；（b）横焊；（c）立焊；（d）仰焊

焊接位置对施焊的难易程度影响很大，从而也影响了焊接质量和生产率。其中，平焊操作方便，劳动强度小，熔化金属不会外流，飞溅物较少，易于保证质量，是最理想的操作空间位置，应尽可能地采用。立焊和横焊熔化金属有下流倾向，不易操作。而仰焊位置最差，操作难度大，不易保证质量。

（7）手工电弧焊的基本操作。

1）焊接接头处的清理。焊接前接头处应除尽铁锈、油污，以便于引弧、稳弧和保证焊缝质量。除锈要求不高时，可用钢丝刷；要求高时，应采用砂轮打磨。

2）操作姿势。

以对接接头的平焊和立焊从左向右进行操作为例，如图 8-17 所示，操作者应位于焊缝前进方向的右侧；左手持面罩，右手握焊钳；在采取蹲位操作时，左肘应放在左膝上，以控制身体上部不作向下跟进动作；大臂必须离开肋部，不要有依托，应伸展自由。

图 8-17 焊接时的操作姿势
（a）平焊的操作姿势；（b）立焊的操作姿势

3）引弧。使焊条与焊件之间产生稳定的电弧，以加热焊条和焊件进行焊接的过程。常用的引弧方法有划擦法和敲击法两种，如图 8-18 所示。焊接时将焊条端部与焊件表面通过划擦或轻敲接触，形成短路，然后迅速将焊条提起 2～4mm 距离，电弧即被引燃。若焊条提起距离太高，则电弧立即熄灭；若焊条与焊件接触时间太长，就会粘条，产生短路，这时可左右摆动拉开焊条重新引弧或松开焊钳，切断电源，待焊条冷却后再作处理；若焊条与焊件经接触而未起弧，往往是焊条端部有药皮等妨碍了导电，这时可重击几下，将这些绝缘物清除，直到露出焊芯金属表面。

4）运条。焊条的操作运动简称为运条。焊条的操作运动实际上是一种合成运动，即焊条同时完成三个基本方向的运动，如图 8-19 所示。焊条沿焊接方向逐渐移动（图 8-19 中数字 2 所指方向）；焊条向熔池方向作逐渐送进运动（图 8-19 中数字 1 所指方向）；焊条的横向摆动（图 8-19 中数字 3 所指方向）。常用的运条方法如图 8-20 所示。

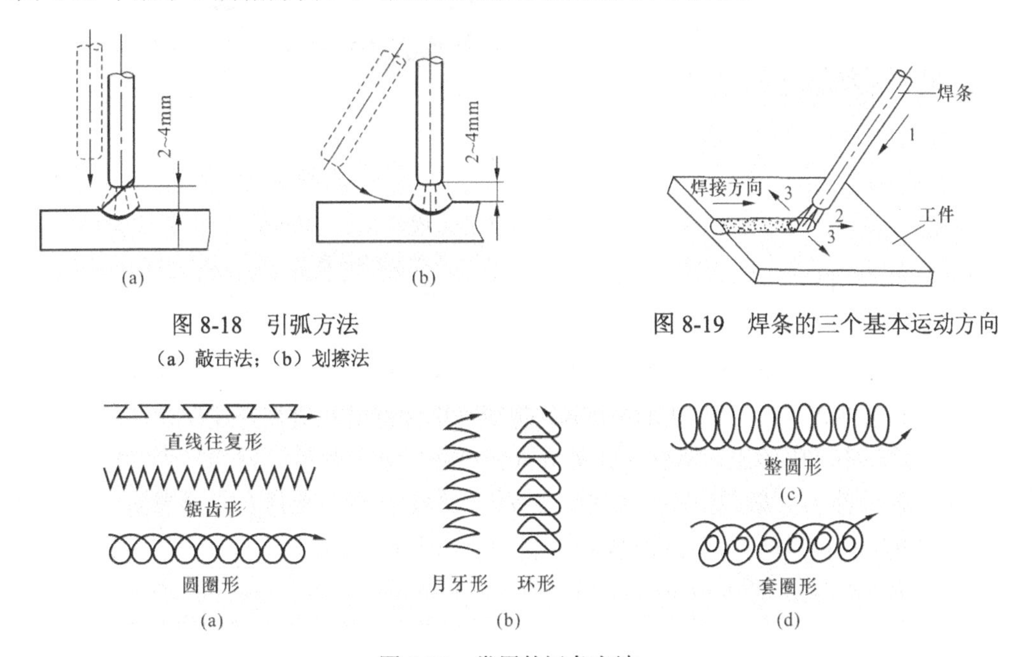

图 8-18 引弧方法
（a）敲击法；（b）划擦法

图 8-19 焊条的三个基本运动方向

图 8-20 常用的运条方法
（a）平焊运条方法；（b）立焊运条方法；（c）横焊运条方法；（d）仰焊运条方法

5）收尾。是指一条焊缝焊完后，应把收尾处的弧坑填满。一般收尾动作有划圈收尾法、反复断弧收尾法和回焊收尾法等，如图 8-21 所示。

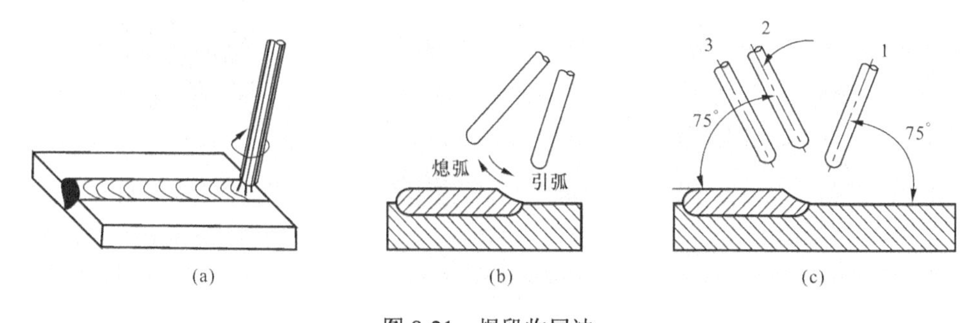

图 8-21　焊段收尾法

（a）划圈收尾法；（b）反复断弧收尾法；（c）回焊收尾法

注：1、2、3 表示焊条的不同位置。

6）焊件清理。焊后用钢丝刷等工具将焊渣和飞溅物清理干净。

2. 埋弧自动焊

埋弧自动焊是由机械自动送进作为填充金属的焊丝（焊接时作为填充金属或同时作为导电用的金属丝），使电弧在较厚的焊剂层下燃烧的熔化焊。其因电弧埋在焊剂下，看不见弧光而得名，又称为焊剂层下自动焊，如图 8-22 所示。

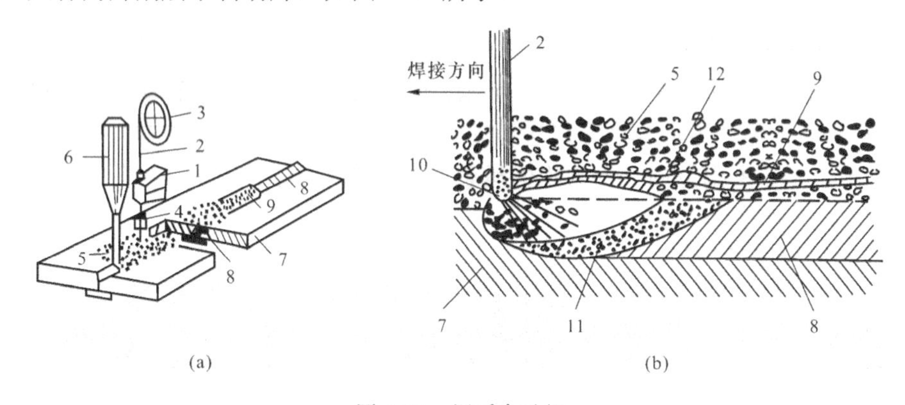

图 8-22　埋弧自动焊

（a）埋弧自动焊示意图；（b）焊缝区纵截面图

1—自动焊机头；2—焊丝；3—焊丝盘；4—导电嘴；5—焊剂；6—焊剂漏斗；7—工件；8—焊缝；9—渣壳；10—电弧；11—熔池；12—熔化了的焊剂

焊接时，自动焊机机头将光焊丝自动送入电弧区，调整送进速度可保证选定的弧长。电弧在焊剂层下面燃烧，焊机机头由焊接小车带动沿焊件焊缝轨迹做等速运动，电弧也随之运动。焊剂从漏斗中不断流出，撒在焊缝处并保证堆积一定的高度，作用与手工电弧焊焊条药皮的作用基本相同。焊接过程中，部分焊剂熔化、形成熔渣，覆盖在焊缝表面，结成渣壳，大部分焊剂未熔化，可回收重新使用。

埋弧自动焊具有如下特点：

（1）生产率高。电弧在焊剂包围下燃烧，所以热效率。高埋弧焊电流比焊条电弧焊高 6～8 倍，不需更换焊条，没有飞溅物，生产率提高 5～10 倍。

（2）焊缝质量好。电弧和熔池被封闭在液态熔池中，保护效果好，焊接规范、自动控制，故焊接质量稳定，焊缝形成稳定。

（3）节省材料。金属利用率高，焊件品质好。

（4）劳动条件好。弧光埋在焊剂层下面，看不到弧光，焊接烟雾少且不需手工操作，改善了劳动条件。

埋弧自动焊的缺点是设备结构较复杂，投资大，调整等准备工作量较大。

埋弧自动焊适用于成批生产中长直焊缝和较大直径环缝的平焊，广泛用于大型容器和钢结构焊接生产中。对于狭窄位置的焊缝以及薄板焊接，则受到一定限制。

3. 气体保护焊

气体保护焊全称为气体保护电弧焊，是指在焊接过程中，从特殊的焊炬或电极的喷嘴中喷出保护气体，使电弧、熔池与周围空气隔开，使焊缝区得到保护，从而获得优质焊缝的焊接方法。气体保护焊具有埋弧自动焊的高质量、高效率和手工电弧焊的适应性广的优点。

气体保护焊有直接电弧法和间接电弧法两种形式。直接电弧法是焊丝直接作为电极在焊接过程中熔化作为填充金属，故又称为熔化极气体保护焊，间接电弧法的电极为不熔化的钨极，填充金属由另外输入的焊丝提供，故又称为非熔化极气体保护焊，如图 8-23 所示。

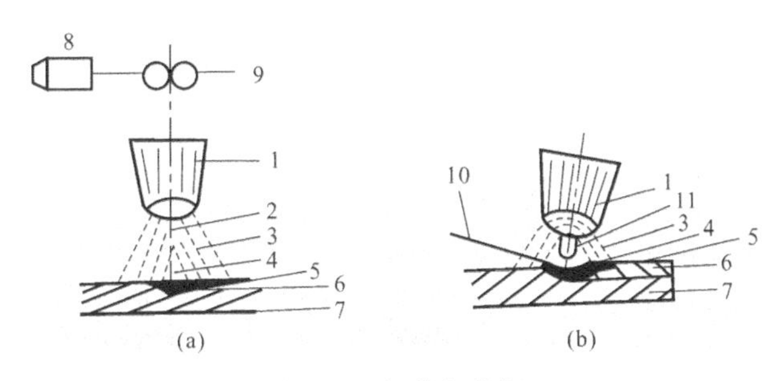

图 8-23　气体保护焊

（a）熔化极气体保护焊；（b）非熔化极气体保护焊

1—喷嘴；2—焊丝；3—保护气体；4—电弧；5—熔池；6—焊缝；7—焊件；8—送丝电极；9—送丝辊轮；10—填充焊丝；11—电极

根据所用保护气体的不同，气体保护焊有以氩气作为保护气体的氩弧焊和以二氧化碳作为保护气体的二氧化碳气体保护焊两种具体焊接工艺。

（1）氩弧焊。是以纯度高达 99.9%的氩气作为保护气体，主要用于薄板的非熔化极气体保护焊焊接。

氩弧焊具有如下特点：

1）由于采用惰性气体保护，不仅可以杜绝空气中的氧、氮、氢的介入，而且氩气本身也不与金属起反应，故很适宜焊接易被氧化的有色金属。

2）由于电弧在气流压缩下燃烧，热量集中，熔池较小，所以焊接速度快，热影响区窄，焊接后工件变形小。

3）由于电弧稳定，飞溅小，所以焊缝致密，且表面无熔渣。

4）明弧可见，操作方便。

氩弧焊几乎可以焊接所有的金属材料，但氩气成本较高，氩弧焊设备及控制系统比较复杂。而且，为了防止保护气流被破坏，氩弧焊只能在室内进行。目前，氩弧焊主要用于焊接铝、镁、钛及其合金以及耐热钢、不锈钢等。

（2）二氧化碳气体保护焊。是以二氧化碳作为保护气体，用焊丝作为电极，靠焊丝和焊件之间产生的电弧熔化金属，以自动或半自动方式进行焊接，主要用于熔化极气体保护焊，如图 8-24 所示。目前，应用较多的是半自动焊，即焊丝送进靠机械自动进行，由焊工手持焊炬进行焊接操作。二氧化碳气体保护焊常用于各种碳素钢、低合金钢薄板和厚板的焊接，在汽车、船舶、化工设备等部门应用广泛。

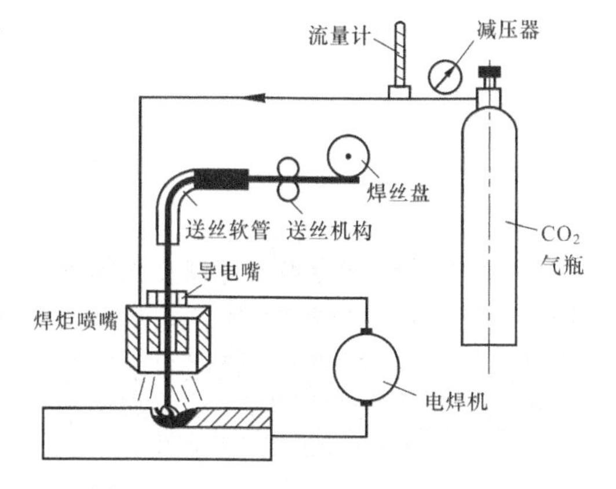

图 8-24 二氧化碳气体保护焊示意图

二氧化碳保护焊具有下列特点：

1）由于使用廉价的二氧化碳气体保护，所以成本低。

2）由于电弧在气流压缩下燃烧，所以焊接质量好。

3）焊丝自动送进，生产率高。

4）明弧可见，便于操作。

4. 电渣焊

电渣焊是利用电流通过熔渣时产生的电阻热加热并熔化焊丝和母材进行焊接的一种熔焊工艺方法，可分为丝极电渣焊、板极电渣焊、熔嘴电渣焊和熔管电渣焊（如图 8-25 所示）。

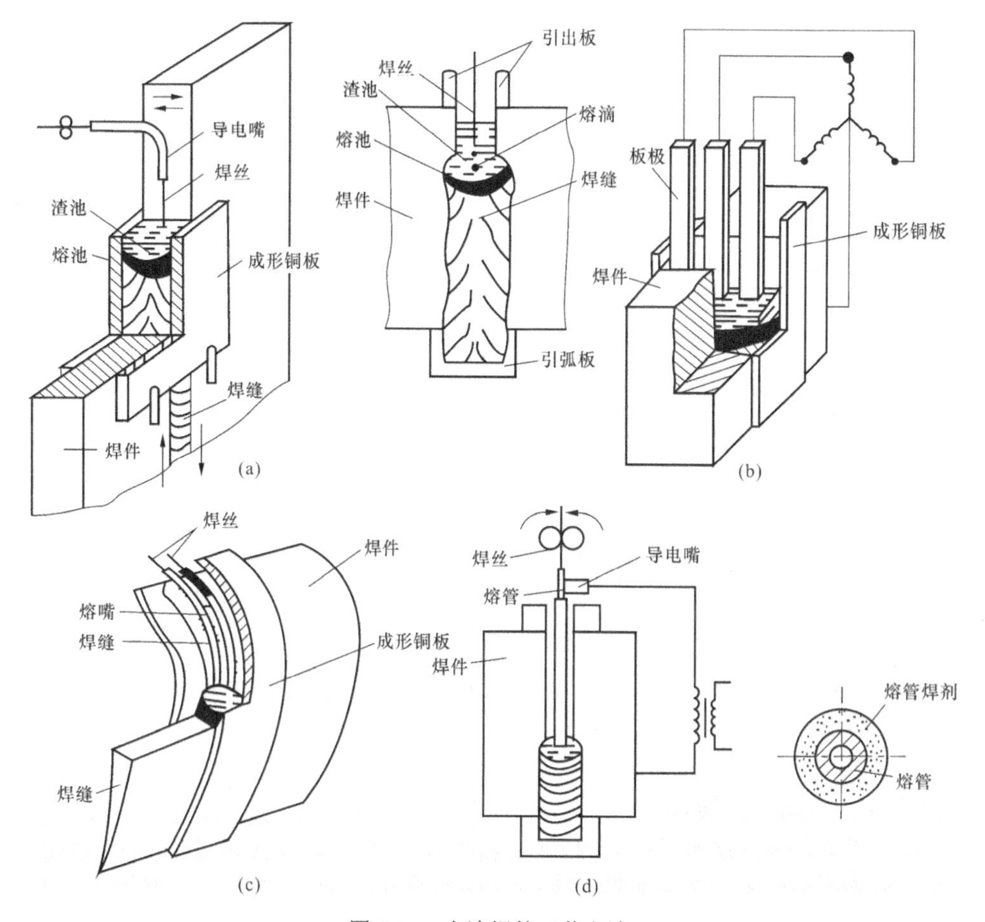

图 8-25 电渣焊的工艺方法

（a）丝极电渣焊；（b）板极电渣焊；（c）熔嘴电渣焊；（d）熔管电渣焊

在电渣焊时，焊接电源的一个极连接在焊丝的导电嘴上，另一个极连接在工件上。焊丝由机头上的送丝机构上的送丝滚轮驱动，通过导电嘴送入渣池。焊丝在其自身电阻热和渣池电阻热的作用下加热熔化，形成熔滴后穿过渣池进入渣池下面的金属熔池，使渣池的最高温度达到 2200K 左右（焊钢时）。同时，渣池的最低温度约为 2000K，位于渣池内的渣产生剧烈的涡流，使整个渣池的温度比较均匀，并迅速地把渣池中心的热量不断带到渣池四周，从而使工件边缘熔化，这部分熔化金属也进入金属熔池。随着焊丝金属向熔池的过渡，金属熔池液面及渣池表面不断升高。

电渣焊时，保持合适的渣池深度也是获得良好焊缝的重要条件之一。因此，电渣焊要在垂直位置或接近垂直的位置进行，并且在焊缝的两侧加水冷铜滑块或固定垫板以防止电渣流失。水冷铜滑块是随同机头一起上移的。

电渣焊生产率高，焊件变形小，焊缝金属化学成分容易控制，很少产生夹渣和气孔，焊缝质量好，适用于焊接厚度大于 40mm 的碳钢、低合金钢、不锈钢板，也可用来焊接铝、镁、钛、铜及其合金，还可用于环绕的焊接。电渣焊广泛用于锅炉制造、重型机械和石油化工等行业。

5. 等离子弧焊

等离子弧焊是利用机械压缩效应（电弧通过细小孔道时被迫收缩）、热压缩效应（在冷气流的强迫冷却下，离子和电子这两种带电粒子向弧柱中心集中）和电磁收缩效应（弧柱带电粒子的电流线为平行电流线，相互间磁场作用使电流线产生相互吸引而收缩）将电弧压缩为细小的等离子体的一种焊接工艺。等离子弧焊发生器原理如图 8-26 所示。

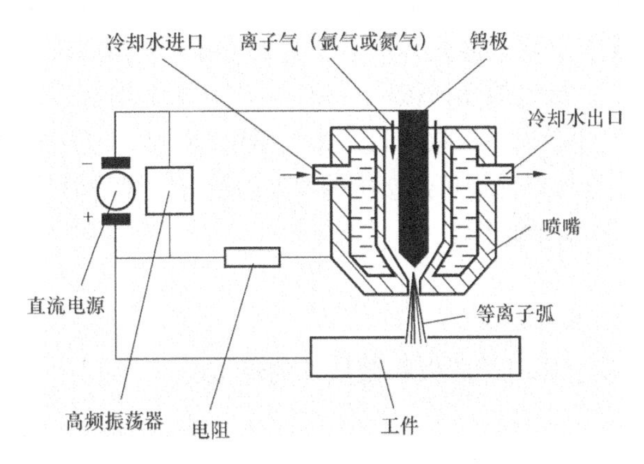

图 8-26 等离子弧发生器原理图

等离子弧温度高达 24 000K 以上，能量密度可达 105～106W/cm^2，因而可一次性熔化较厚的材料。等离子弧焊可用于焊接和切割。

等离子弧焊除了具有氩弧焊优点外，还有以下两方面特点：

一是有小孔效应且等离子弧穿透能力强，所以 10～12mm 厚度焊件可不开坡口，能实现单面焊双面自由成型。

二是微束等离子弧焊可用以焊很薄的箔材。因此，广泛地应用于航空航天等尖端技术所用的铜合金、钛合金、合金钢、钼、钴等金属的焊接，如钛合金导弹壳体、波纹管及膜盒、微型继电器、飞机上的薄壁容器等。

等离子弧焊设备比较复杂，气体耗量大，只适合于室内焊接。

6. 真空电子束焊

现代原子能和航天、航空技术大量应用了锆、钛、钼、铌、铍等稀有、难熔或活性金属，用一般焊接方法难以得到满意的结果，20 世纪 50 年代研制出的真空电子束焊接方法成功地实现了这些金属的焊接。真空电子束焊是把工件放在真空内，由真空室内的电子枪产生的电子束经聚焦和加速，撞击工件后动能转化为热能的一种熔化焊。真空电子束焊一般不加填充焊丝，若要求焊缝的正面和背面有一定堆高时，可在接缝处预加垫片。焊前必须严格除锈和清洗，不允许残留有机物。对接焊缝间隙不得超过 0.2mm。

真空电子束焊具有如下特点：

（1）保护效果好，焊缝品质好，适用范围广。特别适合于焊接化学活泼性强、纯度高和极易被大气污染的金属，如铝、钛、锆、钼、高强钢、不锈钢等。

（2）能量密度大，穿透能力强，可焊接厚大截面的工件和难熔金属。如焊接钢板的厚度可达 200～300mm，焊接铝合金的厚度已超过 300mm。

（3）加热范围小，焊接变形小。可以焊接一些已机械加工好的组合零件，如多联齿轮组合零件等。

（4）电子束焊成本高。

真空电子束焊在原子能、航空航天等尖端技术部门应用日益广泛，主要用于微型电子线路组件、导弹外壳、核电站锅炉汽包和精度要求高的齿轮等工件的焊接。

7. 激光焊

激光焊是利用高能量的激光脉冲，对材料进行微小区域内的局部加热，使材料熔化后形成特定熔池以完成焊接的工艺。目前激光焊中应用的激光器有固体和气体介质两种。固体激光器常用的激光材料有红宝石、钕玻璃和掺钕钇石榴石；气体激光器所用激光材料是二氧化碳。激光焊分为脉冲激光焊和连续激光焊，脉冲激光焊主要用于微电子工业中的薄膜、丝、集成电路内引线和异种材料焊接；连续激光焊可焊接中等厚度的板材，焊缝很小。激光焊具有下列特点：

（1）高能高速焊，无焊接变形。

（2）灵活性大。

（3）生产率高，材料不易氧化。

（4）设备复杂，目前主要用于薄板和微型件的焊接。

二、压力焊工艺

（一）压力焊的定义

压力焊是指通过加热使金属达到塑性状态，通过加压使其产生塑性变形、再结晶和原子扩散，最后使两个分离表面的原子接近到晶格距离（0.3～0.5nm），形成金属键，从而获得不可拆卸接头的一类焊接方法。

在压力焊中，为使金属达到塑性状态，提高原子的扩散能力，通常要对焊接处进行加热，热源形式为电阻热、高频热和摩擦热等。

为使金属产生塑性变形和再结晶，通常要对焊接区施加一定的力，作用形式可为静压力、冲击力（锻压力）和爆炸力等。

（二）压力焊工艺方法

1. 电阻焊

电阻焊又称接触焊，是利用电流通过焊件接触处产生的电阻热，将焊件局部加热到塑性或熔化状态，然后施加一定压力形成焊接接头的方法。电阻焊按接头形式可分为点焊、缝焊和对焊，如图 8-27 所示。

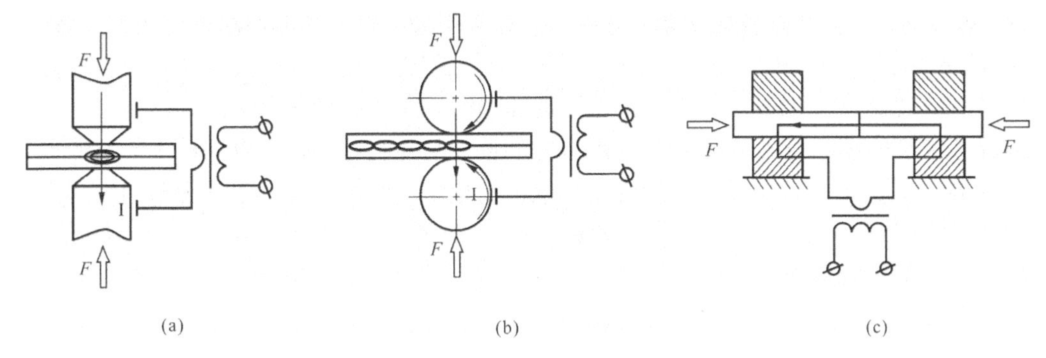

图 8-27 电阻焊分类示意图
(a) 点焊；(b) 缝焊；(c) 对焊

(1) 点焊。点焊时将焊件装配成搭接接头，并压紧在两电极之间，通过加热，使焊件在接触点熔化形成熔核，然后断电，待熔核凝固后去掉压力，即形成焊点。点焊的设备是点焊机，由机座、加压机构、焊接回路、电极、传动机构和开关及调节装置组成，如图 8-28 所示。点焊可以焊接薄板冲压结构和钢筋构件，广泛应用于汽车、电子器件、仪表和生活用品的生产中。

(2) 缝焊。缝焊时，焊件搭接或对接，并置于可以旋转的滚动电极之间，滚轮电极压紧焊件并转动，连续或断续通电，即形成一条连续的焊缝。缝焊主要用于焊接 3mm 以下焊缝较为规则、要求密封的薄壁结构，如油箱、管道等。

(3) 对焊。对焊是将焊件对接接头沿整个接触面连接起来的一种电阻焊方法。按工艺方法不同，可分为电阻对焊和闪光对焊两种，如图 8-29 所示。

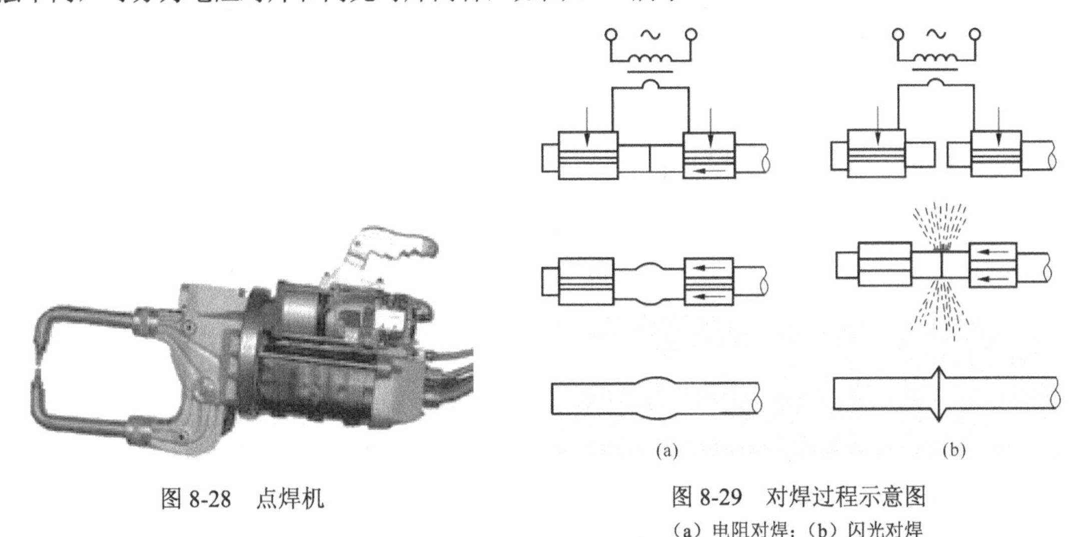

图 8-28 点焊机

图 8-29 对焊过程示意图
(a) 电阻对焊；(b) 闪光对焊

1) 电阻对焊。是将焊件装配成对接接头，使其端面紧密接触，利用电阻热加热至塑性状态，然后断电并迅速施加顶锻力完成焊接的方法。

对焊操作简单，接头外形较圆滑。但焊前对接头端面清理要求严格，否则端面加热不均匀，容易产生氧化物夹杂，质量不易保证。因此，电阻对焊一般仅用于截面简单、直径小于20mm和强度要求不高的工件。

2）闪光对焊。是将焊件装配成对接接头，接通电源，使其端面逐渐移近达到局部接触，利用电阻热加热这些接触点，在大电流作用下，产生闪光，使端面金属熔化，直至端部在一定深度范围内达到预定温度时，断电并迅速施加顶锻力完成焊接的方法。

闪光对焊的接头质量比电阻焊好，焊缝力学性能与母材相当，而且焊前不需要清理接头的预焊表面。闪光对焊常用于重要焊件的焊接，在建筑、汽车、电气工程等部门得到广泛应用。可焊同种金属，也可焊异种金属（如铝—钢、铝—铜等）；可焊0.01mm的金属丝，也可焊20 000mm的金属棒和型材。

2. 摩擦焊

摩擦焊是利用工件接触面相对旋转运动中相互摩擦所产生的热使端部达到塑性状态，然后迅速顶锻、完成焊接的一种压力焊方法。

摩擦焊是利用工件相互摩擦产生的热量同时加压而进行焊接的，其工艺过程如图8-30所示。两工件都具有圆形截面，焊接前，一个焊件[图8-30（a）和图8-30（b）中的左工件]被夹持在可旋转的夹头上，另一个焊件［图8-30（a）和图8-30（b）中的右工件］被夹持在能够沿轴向移动加压的夹头上。首先，左焊件高速旋转（步骤Ⅰ）；右焊件向左焊件靠近，与左焊件接触并施加足够大的压力（步骤Ⅱ）；这时，焊件开始摩擦，摩擦表面消耗的机械能直接转变成热能，温度迅速上升（步骤Ⅲ）；当温度达到焊接温度以后，左焊件立即停止转动，右焊件快速向左对接头施加较大的顶锻压力，使接头产生一定的顶锻变形量（步骤Ⅳ）；保持一定时间后，焊接完成，这时可松开夹头，取出焊件。全部焊接过程只需2～3s。

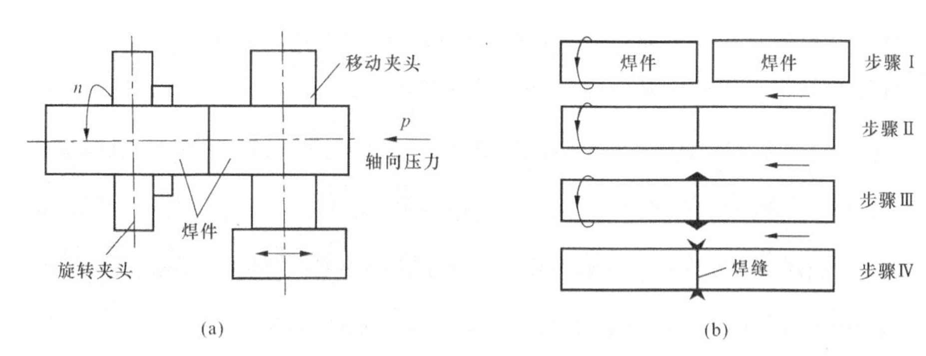

图8-30　摩擦焊示意图

（a）焊机结构原理；（b）工艺过程

摩擦焊具有如下优点：

（1）接头质量好而且稳定，焊后组织致密，不易产生气孔、夹渣等缺陷。

（2）焊接生产质量高，如我国蛇形管接头摩擦焊为120件/h，而闪光焊只有20件/h，另外，它不需焊接材料，容易实现自动控制。

（3）可焊接的金属范围广，适于焊接异种金属，如碳钢、不锈钢、高速工具钢、镍基合金、铜与不锈钢焊接，铝与钢焊接等。

（4）设备简单（可用车床改装），电能消耗少（只有闪光对焊的1/15～1/10）。但刹车和加压装置要求灵敏。

摩擦焊主要用于等截面的杆状工件焊接，也可用于不等截面焊接，但要有一个焊件为圆形或管状。摩擦焊的一次投资较大，所以更适合于大批量集中生产。目前，摩擦焊主要用于锅炉、石油化工机械、刀具、汽车、飞机、轴瓦等重要零部件的焊接。

3. 扩散焊

扩散焊是在真空或保护气氛中，使被焊接表面在热和压力的同时作用下，发生微观塑性流变后相互紧密接触，通过原子的相互扩散，经过一定时间保温（或利用中间扩散层及过渡相加速扩散过程），使焊接区的成分、组织均匀化，最终达到完全冶金连接的过程。扩散焊装置如图 8-31 所示。扩散焊分为固态扩散焊和瞬时液相扩散焊两类。

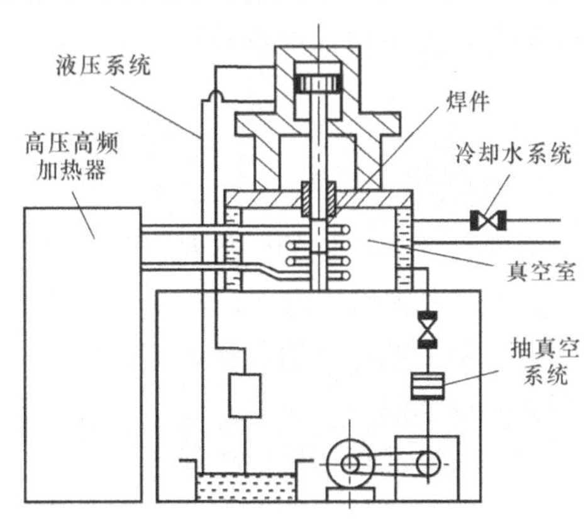

图 8-31 扩散焊装置示意图

扩散焊具有如下特点：

（1）焊接温度低（为焊件熔点的 40%～80%），可焊接熔化焊难以焊接的材料，如高温合金及复合材料。

（2）可焊接结构复杂、精度要求高的焊件。

（3）可焊接各种不同材料。

（4）焊缝可与母材成分、性能相同，无热影响区。

（5）要求焊件表面十分平整和光洁。

扩散焊可用于高温合金涡轮叶片、超音速飞机中钛合金构件的焊接，钛—陶瓷静电加速管的焊接，异种钢的焊接，高温合金、铝及铝合金、钛及钛合金、复合材料、金属与陶瓷等的焊接。

三、钎焊工艺

钎焊是将熔点比焊件熔点低的钎料与焊件共同加热到高于钎料熔点、低于焊件熔点的温度，此时，焊件不熔化，而钎料熔化并润湿钎焊面，通过钎料与焊件间的相互扩散和钎料凝固，形成钎焊接头的工艺方法。根据钎料熔点不同，钎焊可分为软钎焊和硬钎焊两类。

1. 软钎焊

软钎焊的钎料熔点低于 450℃，焊接接头强度低于 70MPa。常用的钎料是锡铅合金（俗称焊锡）。软钎焊主要用于焊接受力小的仪表、电子元件及薄钢板等。

2. 硬钎焊

硬钎焊的钎料熔点在 450℃以上，接头强度在 200～450MPa。常用的钎料有铜基钎料和银基钎料等，常用的钎剂有硼砂、硼酸、氯化物、氟化物等。硬钎焊主要用于受力较大的钢、铜合金和铝合金及工具的焊接，如硬质合金刀具、自行车架等。

钎焊按加热方法可分为烙铁加热、火焰加热、电阻加热、感应加热、炉内加热、盐浴（浸沾）加热等，可根据钎料种类、焊件形状与尺寸、接头数量、品质要求与生产批量等，经过综合考虑后进行选择。烙铁加热温度较低，一般只适合于软钎焊。

钎焊具有如下特点：

（1）钎焊过程中，工件加热温度较低，组织和力学性能变化很小，变形小，接头光滑、平整，工件尺寸精确。

（2）钎焊可以焊接性能差异很大的异种金属，对工件厚度差也没有严格限制。

（3）对工件整体加热钎焊时，可同时钎焊由多条（甚至上千条）接缝组成的、形状复杂的构件，生产率很高。

（4）钎焊设备简单，生产投资小。

但钎焊的接头强度较低，尤其是动载强度低，允许的工作温度不高，焊接前清理要求严格，且钎料价格较高。因此，钎焊不适合一般钢结构和重载、动载机件的焊接，主要用来焊接精密仪表、电气零部件、异种金属构件及某些复杂薄板结构，如夹层结构件和汽车水箱散热器等，也常用来焊接各类导线与硬质合金刀具。

第三节 焊接件的结构工艺设计

在设计焊接件的结构时，除应考虑结构的使用性能、环境要求和国家的技术标准与规范外，还应考虑结构的工艺性和现场的实际情况，以满足降低生产成本，提高经济效益的要求。焊接结构工艺性一般包括焊接结构材料、焊接方法的选择以及焊缝的布置和焊接接头设计等方面的内容。

一、选择焊接结构材料

随着焊接技术的发展，工业上常用的金属材料一般均可焊接。但材料的焊接性不同，焊后接头质量差别就很大。因此，应尽可能选择可焊性好的焊接材料来制造焊接构件，特别是优先选用低碳钢和普通低合金钢等材料，其价格低廉，工艺简单，易于保证焊接质量。选材是工艺设计的重要环节，在满足计算载荷的前提下，还应考虑如下方面：

（1）工艺性能方面的要求，例如焊接性、切割性、冷热加工性等。

（2）使用性能方面的要求，例如车、船设备应选低合金钢代替普通低碳钢，以减轻结构质量。

（3）协调质量与价格关系，例如强度低的钢材，价格低，焊接性好，但不适于重载。

（4）优先选用型材，确保焊件质量，减少焊缝数量，降低成本。

二、选择焊接方法

焊接方法的选择应考虑被焊材料的焊接性、接头的类型、焊件厚度、焊缝空间位置、焊件结构特点及现场工作条件等方面。选择原则是在保证产品质量的条件下优先选择常用的方法。若生产批量较大，还必须考虑提高生产率和降低生产成本。常用焊接方法的比较见表 8-2。

表 8-2 常用焊接方法的比较

<table>
<tr><th>焊接方法</th><th>主要接头形式</th><th>焊接位置</th><th>钢板厚度 δ（mm）</th><th>可焊材料</th><th>生产率</th><th>应用范围</th></tr>
<tr><td>焊条电弧焊</td><td>对接、搭接、T形接、卷边接</td><td>全焊位</td><td>3～20</td><td>碳素钢、低合金钢、铸铁、铜及铜合金</td><td>较高</td><td>在静止、冲击或振动载荷下工作的构件，补焊铸铁件缺陷和损坏的构件</td></tr>
<tr><td>埋弧焊</td><td rowspan="3">对接、搭接、T形接</td><td>平焊</td><td>4.5～60</td><td>碳素钢、低合金钢、铜及铜合金</td><td>高</td><td>在各种载荷下工作，成批生产、中厚板长直焊缝和较大直径环缝</td></tr>
<tr><td>氩弧焊</td><td>全焊位</td><td>0.5～25</td><td>铝、铜、镁、钛及钛合金、耐热钢、不锈钢</td><td>较高</td><td rowspan="2">要求致密、耐蚀、耐热的焊件</td></tr>
<tr><td>CO_2焊</td><td>全焊位</td><td>0.8～25</td><td>碳素钢、低合金钢、不锈钢</td><td>很高</td></tr>
</table>

续表

焊接方法	主要接头形式	焊接位置	钢板厚度 δ（mm）	可焊材料	生产率	应用范围
电渣焊	对接	立焊	40～450	碳素钢、低合金钢、不锈钢、铸铁	很高	一般用来焊接大厚度铸、锻件
等离子弧焊	对接	全焊位	0.025～12	不锈钢、耐热钢、铜、镍、钛及钛合金	较高	用一般焊接方法难以焊接的金属及合金
对焊	对接	平焊	≤20	碳素钢、低合金钢、不锈钢、铝及铝合金	很高	焊接杆状零件
点焊	搭接	全焊位	0.5～3	碳素钢、低合金钢、不锈钢、铝及铝合金	很高	焊接薄板壳体
缝焊	搭接	平焊	<3	碳素钢、低合金钢、不锈钢	很高	焊接薄壁容器和管道
钎焊	搭接、套接	平焊	—	碳素钢、合金钢、铸铁、铜及铜合金	高	用其他焊接方法难以焊接的焊件，以及对强度要求不高的焊件

三、合理布置焊缝位置

焊缝的布置应考虑以下几点：

（1）应尽量避免仰焊缝，减少立焊缝，多采用平焊缝。

（2）焊缝应尽可能分散，以便减小焊接热影响区，防止粗大组织的出现，如图 8-32 所示。

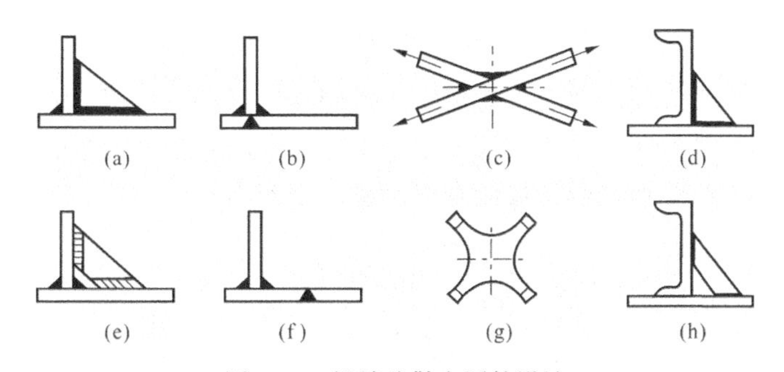

图 8-32　焊缝分散布置的设计

（a）～（d）不合理；（e）～（h）合理

（3）焊缝位置要便于施焊。在布置焊缝时，应留有足够的操作空间，以保证焊接质量。图 8-33（a）所示的焊缝布置不合理，无法施焊，改为图 8-33（b）所示的焊缝布置较合理。

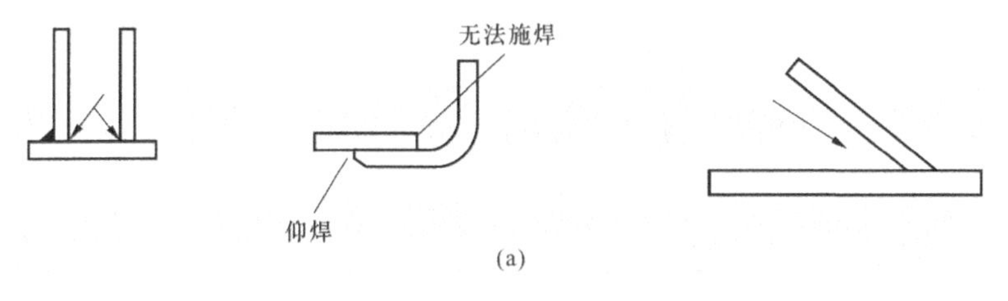

图 8-33　焊缝位置要便于施焊（一）

（a）不合理

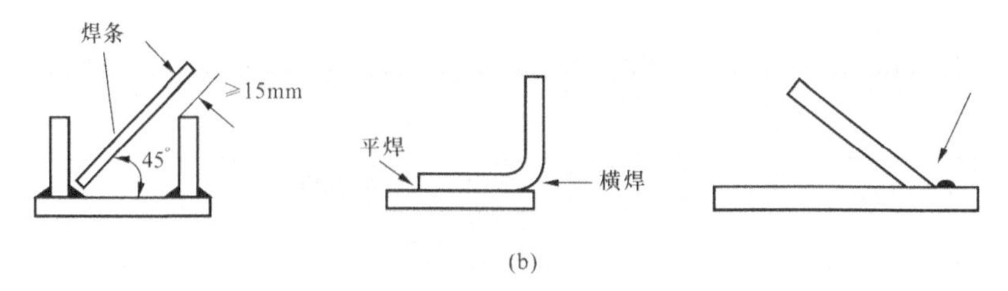

图 8-33 焊缝位置要便于施焊（二）
（b）合理

（4）焊缝应尽量远离机械加工面。对焊接结构的位置精度要求较高时，采用焊后机械加工，以免焊接变形影响加工精度。对焊接结构的位置精度要求不高时，可先机械加工再组合焊接。为了防止已加工面受热而影响其形状和尺寸精度，焊缝位置应远离机械加工面。图 8-34（a）所示的焊缝位置靠近加工面，不合理。图 8-34（b）所示焊缝位置离机械加工面较远，是合理的。

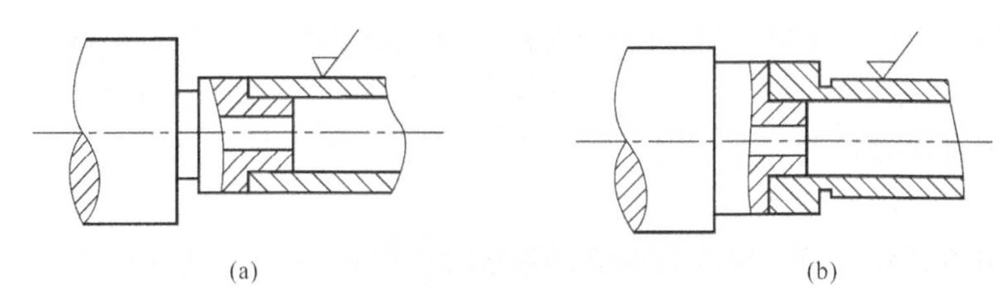

图 8-34 焊缝远离机械加工表面的设计
（a）不合理；（b）合理

（5）焊缝布置应尽量对称，使各条焊缝产生的焊接变形相互抵消。如图 8-35 所示，其中，图 8-35（a）、图 8-35（b）所示结构焊缝布置不对称，会产生较大的弯曲变形，图 8-35（c）、图 8-35（d）、图 8-35（e）所示结构焊缝布置对称，变形小。

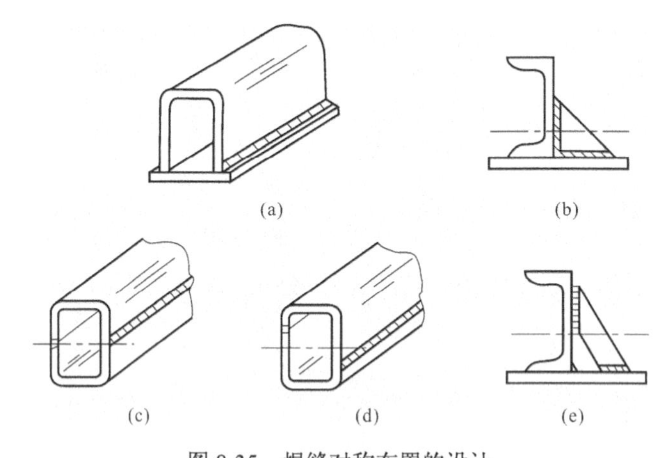

图 8-35 焊缝对称布置的设计
（a）、（b）不合理；（c）～（e）合理

复习思考题

1．焊芯和药皮在电弧焊中分别起什么作用？

2．什么是可焊性？试比较低碳钢、有色金属、铸铁的可焊性。

3．熔焊的三个要素是什么？

4．软钎焊、硬钎焊各应用于什么场合？

5．产生焊接应力和变形的原因是什么？焊接变形如何矫正？

6．给表 8-3 中材料或结构的焊件选择合理的焊接方法。

备选焊接方法为氩弧焊、电渣焊、埋弧焊、焊条（手工）电弧焊、点焊、钎焊。

表 8-3　　焊接方法选择表

焊　　件	焊 接 方 法
Q235 钢支架	
硬质合金刀头与 45 钢刀杆	
不锈钢	
厚度为 3mm 的薄板冲压件	
锅炉筒身环缝	
壁厚 60mm 的大型构件	

7．如图 8-36 所示的两种焊接结构中哪种比较合理？为什么？

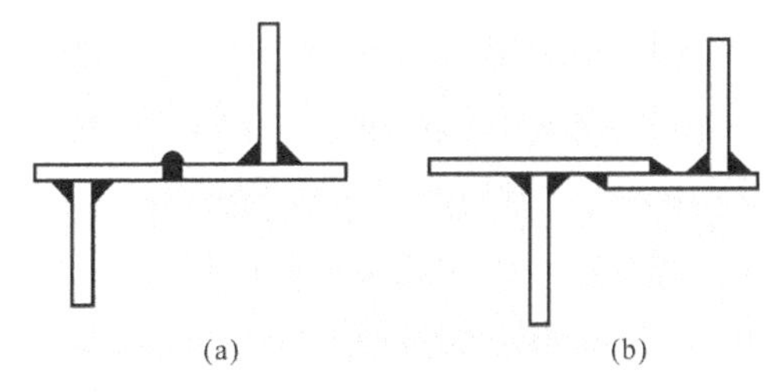

(a)　(b)

图 8-36　两种焊接结构

（a）结构一；（b）结构二

8．如图 8-37 所示焊接结构是否合理？为什么？若不合理，应如何改正？

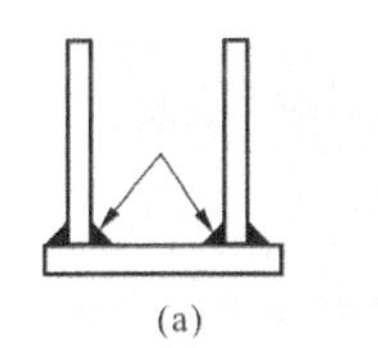

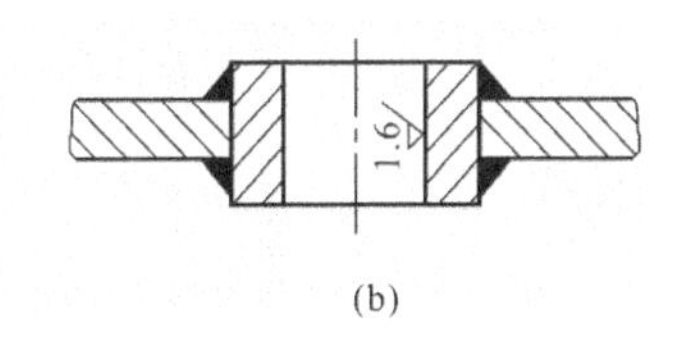

(a)　(b)

图 8-37　焊接结构

（a）手弧焊；（b）焊接件

第三篇　切　削　成　形

在制造系统中，切削成形的主要功能是从坯料上去除多余的材料，从而获得具有规定要求的几何形状、尺寸、精度和表面质量的零件。

随着科学技术的发展，现代化机器和技术装置的精度和性能指标要求越来越高，这对组成机器或装置的大部分零件的加工质量提出了更高的要求。采用液态成形、固态成形、连接成形等方法很难直接满足零件的加工要求，而由于切削加工的适应范围广，且能达到很高的精度和很低的表面粗糙度，因此，大多数零件需要通过切削成形方法（车、铣、刨、磨、镗、特种加工等方法）达到零件的最后要求。如机械装备中常用的传动轴，其外圆表面一般需要经过车削、磨削加工才能达到技术要求。而惯性仪表中有些零件的制造精度都要求达到小于微米级；人造卫星的仪表轴承是真空无润滑的轴承，其孔和轴的表面粗糙度达到 1nm，其圆度和圆柱度要求均以 nm 为单位；这些要求只能通过超精密加工才能保证。因此，切削成形在整个机械制造系统中占有重要的地位。

切削成形工艺系统主要由机床、工件、传递介质（刀具、磨具等）、夹具、量具等部分组成。其工艺流程为输入加工对象（毛坯或半成品），经过切削加工，最后输出成品（合格零件）。由于零件的生产类型、材料、形状、尺寸和技术要求的不同，需要采用不同的切削成形方法，以获得优质、高效、低消耗、低成本的效果。

本篇主要介绍切削成形的基础知识、常用金属切削成形工艺和数控加工基础等内容。

第九章　切 削 成 形 基 础

切削加工是利用切削刀具、磨具或磨料把坯料上多余的材料切除，使坯料形状、尺寸精度及表面质量达到预定要求的一种机械加工方法。

第一节　切削运动与切削要素

一、切削运动

在切削加工过程中，多余的金属材料切除是通过刀具和工件之间特定的相对运动实现的，这种相对运动即切削运动。不同的工件形状需要刀具和工件运动的形式不同。如图 9-1 所示，切削运动包括主运动（图 9-1 中Ⅰ）和进给运动（图 9-1 中Ⅱ）。

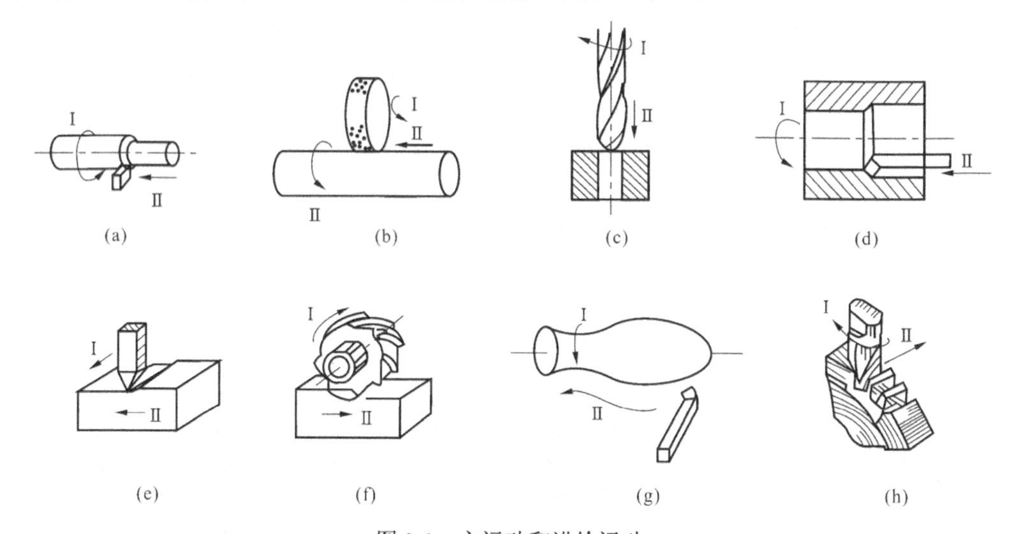

图 9-1　主运动和进给运动

（a）车外圆面；（b）磨外圆面；（c）钻孔；（d）车床上镗孔；（e）刨平面
（f）铣平面；（g）车成形面；（h）铣成形面

1. 主运动

主运动是切除工件上被切削层的最基本的运动，它在切削过程中速度最高、消耗机床动力最多。切削加工中只有一个主运动，其形式有旋转和直线运动两种，可由刀具完成，也可由工件完成。如车削时工件的旋转，钻削时刀具的旋转，铣削时铣刀的施转，牛头刨床刨削时刨刀的直线移动，磨削时砂轮的旋转等。

2. 进给运动

进给运动是不断地把切削层投入切削，以逐渐切出整个工件表面的运动。在切削过程中，进给运动是使刀具连续切下金属层所需的运动，是提供继续切削可能性的运动。通常它的速度较低，消耗动力较少，其形式有旋转和直线运动两种，而且既可连续也可间歇，进给运动的数量不一定是唯一的，可以有一个或几个进给运动，也可以只有主运动没有进给运动。如车削时车刀有纵向进给运动、横向进给运动，钻床钻削时钻头的直线运动，铣削时工件的上下、左右、前后方向上的运动，磨削外圆时工件的旋转和往复运动等。对于拉床，拉削运动是由拉刀的直线运动完成的主运动，没有进给运动。

二、切削要素

切削要素包括切削用量要素和切削层参数要素。由于车削是最基本的切削加工方法，下面以车削圆柱面为例介绍这些切削要素。

（一）切削用量要素

切削用量三要素如图 9-2 所示。切削用量是切削时三种运动参数切削速度 v_c、进给量 f 和切削深度 a_p 的总称。在机床使用中必须以这些运动参数为依据进行机床调整，计算切削力、切削功率和工时定额等。

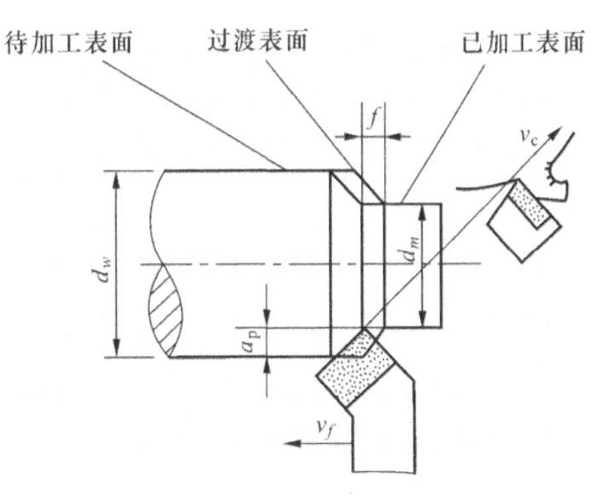

图 9-2　切削用量三要素

1. 切削速度 v_c

刀具切削刃上某一点相对于工件待加工表面在主运动方向上的瞬时速度，称为切削速度，单位为 m/s。车削加工时刀尖点所对应的工件圆周位置其线速度为切削速度，其计算公式为

$$v_c = \frac{\pi dn}{1000 \times 60} \tag{9-1}$$

式中　d——工件待加工表面直径，mm；

　　　n——工件转速，r/min；

从式（9-1）可以看出，切削速度由转速 n 和直径 d 共同决定，如果选定点不同，即使转速 n 一定，切削速度也会不同。考虑刀具的磨损和切削功率等原因，在实际生产中确定切削速度 v_c 时，一律以刀具或工件进入切削状态的最大直径作为计算依据。

2. 进给量 f

用单齿刀具（如车刀、刨刀等）加工时，进给量常用刀具或工件每转或每行程刀具在进给运动方向上相对工件的位移量来度量，称为每转进给量或每行程进给量，以 f 表示，单位为 mm/r 或 mm/s。

用多齿刀具（如铣刀、钻头等）加工时，进给运动的瞬时速度称进给速度，以 v_f 表示，单位为 mm/s 或 mm/min。刀具每转或每行程中每齿相对工件在进给运动方向上的位移量，称每齿进给量，以 f_z 表示，单位为 mm/z。

f_z、f、v_f 之间的关系为

$$v_f = fn = f_z zn \tag{9-2}$$

式中　n——刀具或工件转速，r/s（r/min）；

　　　z——刀具的齿数。

3. 切削深度 a_p（或背吃刀量）

刀具切入工件的深度，在车削中为工件的待加工表面与已加工表面的半径之差，见图 9-2，单位为 mm。计算公式为

$$a_p = \frac{d_w - d_m}{2} \tag{9-3}$$

式中　d_w——待加工表面直径，mm；

d_m——已加工表面直径，mm。

（二）切削层参数要素

切削加工中，刀具的切削刃在一次进给中从工件待加工表面上切除的金属层，称为切削层。切削层参数就是这个切削层的截面尺寸。如图 9-3 所示，工件转一圈，车刀由位置Ⅰ进给到位置Ⅱ，车刀切除的一层金属，其尺寸即为切削层参数，包含三个基本尺寸。

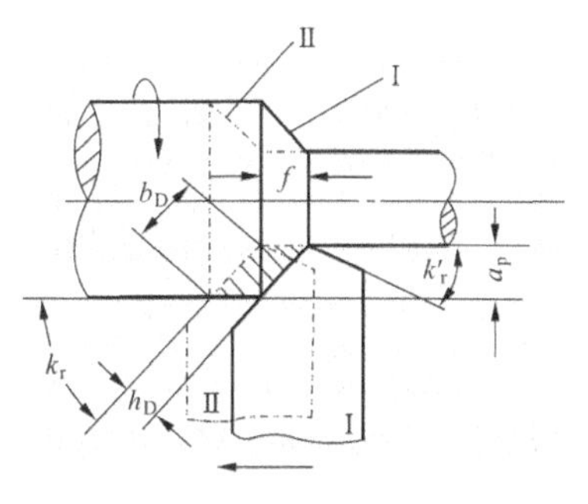

图 9-3　切削层参数

1. 切削层公称横截面积 A_D

如图 9-3 中阴影所示，公称横截面积是切削层在其尺寸平面内的实际横截面积，用"A_D"表示，单位为 mm^2。

2. 切削层公称宽度 b_D

切削层公称宽度指在切削层尺寸平面内，沿切削刃方向所测得的切削层尺寸。用"b_D"表示，单位为 mm。切削层公称宽度通常等于切削刃的工作长度。

3. 切削层公称厚度 h_D

在同一瞬间的切削层横截面积与其公称切削层宽度之比。用符号"h_D"表示，单位为 mm。切削层公称厚度，代表了切削刃的工作负荷。

从图 9-3 可以看出，如果假定切削是在理想状态下进行，主切削刃为直线，刀尖圆弧半径很小，以上切削要素的关系计算公式为

$$A_D = h_D b_D = a_p f \tag{9-4}$$

从式（9-4）可知，主偏角值会对切削层公称厚度与切削层公称宽度产生较大影响，从而影响切削过程的切削机理。当切削速度一定时，切削层公称横截面积与生产率成正比。

第二节　切 削 刀 具

切削刀具是金属切削加工中最重要的工具，刀具材料的选择直接影响加工性能；刀具的尺寸形状与结构决定工件加工质量与刀具使用寿命，影响加工效率。

一、刀具材料

刀具由切削部分和刀柄组成，刀柄材料一般选用优质碳素结构钢，刀具切削部分必须由专门的刀具材料制成，根据被加工件的材料与加工质量选用。

（一）刀具切削部分材料的性能

金属切削是在高速运动的条件下进行的，刀具与工件在相对运动的过程中，其切削部分会承受较大的冲击、振动，较高的压力和温度，剧烈的摩擦。为此，在选用刀具材料时，必须具备以下基本条件：

（1）高硬度和高耐磨性。

（2）足够的强度和韧性。

（3）高的红硬性和导热性。

（4）良好的工艺性和经济性等。

（二）常用刀具材料的性能及应用

刀具切削部分的材料主要有碳素工具钢、合金工具钢、高速钢、硬质合金、陶瓷以及超硬材料等。表 9-1 为常用刀具材料的主要性能及用途。

表 9-1　常用刀具材料的主要性能及用途

材料种类	常用牌号	硬度	密度（g/cm^3）	耐热性（℃）	用途
碳素工具钢	T8～T10，T12A，T13A	63～65HRC	7.6～7.8	200～250	用于手动工具，如锉刀、锯条等
合金工具钢	9SiCr，SiWMn	63～66HRC	7.7～7.9	300～400	用于低速成形刀具，如丝锥、扳牙、铰刀等
高速钢	W18Cr4V，W6Mo5Cr4V2	63～70HRC	8.0～8.8	600～700	用于中速及形状复杂的刀具，如钻头、铣刀、齿轮刀具等
硬质合金	YG8，YG6，YG3，YT5，YT15，YT30	89～94HRA	8.0～15	800～1000	用于高速切削刀具，如车刀、铣刀、刨刀等
陶瓷	SG4，AT6	91～95HRA	3.6～4.7	1200	精加工优于硬质合金，可加工淬火钢等
立方氮化硼	FD，LBN-Y	8000～9000HV	3.44～3.49	1200	切削性能优于陶瓷，可加工淬火钢等

其中，碳素工具钢与合金工具钢虽然耐热性差，但抗弯强度高，焊接与刃磨性能好，故广泛用于中、低速切削的成形刀具，不宜高速切削。机械加工中使用最多的是高速钢和硬质合金。

（三）新型刀具材料的性能及应用

1. 涂层刀具

涂层刀具是在强度和韧性较好的硬质合金或高速钢（HSS）基体表面，利用气相沉积方法涂覆一薄层耐磨性好的难熔金属或非金属化合物（也可涂覆在陶瓷、金刚石和立方氮化硼等超硬材料刀片上）而获得的。涂层作为一个化学屏障和热屏障，减少了刀具与工件间的扩散和化学反应，从而减少了月牙槽磨损。涂层刀具具有表面硬度高、耐磨性好、化学性能稳定、耐热耐氧化、摩擦因数小和热导率低等特性，切削时可比未涂层刀具提高刀具寿命 3～5 倍以上，提高切削速度 20%～70%，提高加工精度 0.5～1 级，降低刀具消耗费用 20%～50%。因此，涂层刀具已成为现代切削刀具的标志，在刀具中的使用比例已超过 50%。目前，切削加工中使用的各种刀具，包括车刀、镗刀、钻头、铰刀、拉刀、丝锥、螺纹梳刀、滚压头、铣刀、成形刀具、齿轮滚刀和插齿刀等都可采用涂层工艺来提高它们的使用性能。

2. 陶瓷刀具材料

陶瓷刀具材料的主要成分是硬度和熔点都很高的 Al_2O_3、Si_3N_4 等氧化物、氮化物，加入少量的金属碳化物、氧化物或纯金属等添加剂，经压制成形后烧结而成的一种刀具材料。陶瓷刀具材料硬度可达到 HRA91～95，在 1200℃的切削温度下仍可保持 HRA80 的硬度。它的化学惰性大，摩擦系数小，耐磨性好，加工钢件时的寿命为硬质合金的 10～20 倍。其最大缺点是脆性大，抗弯强度和冲击韧性低。因此，主要用于半精加工和精加工高硬度、高强度钢和冷硬铸铁等材料。

3. 超硬刀具材料

超硬刀具材料是指比陶瓷材料更硬的刀具材料。包括单晶金刚石、聚晶金刚石（PCD）、聚晶立方氮化硼（PCBN）和 CVD 金刚石等。超硬刀具主要是以金刚石和立方氮化硼为材料制作的刀具，其中以人造金刚石复合片（PCD）刀具及立方氮化硼复合片（PCBN）刀具占主导地位。许多切削加工概念，如绿色加工、以车代磨、以铣代磨、硬态加工、高速切削、干式切削等都因超硬刀具的应用而起，故超硬刀具已成为切削加工中不可缺少的重要手段。

4. 立方氮化硼（CBN）

立方氮化硼是由六方氮化硼（俗称白石墨）在高温高压下加入催化剂转变而成的。硬度可达到 8000～9000HV，立方氮化硼具有比金刚石更好的热稳定性，其耐热性可达 1300～1400℃，其高温硬度高于陶瓷刀具。立方氮化硼具有比金刚石更好的化学惰性，在 1000℃以下时，不发生氧化现象，与铁系金属在 1200～1300℃时也不易起化学反应。立方氮化硼的热导率比金刚石低（约为金刚石的 1/2），但远高于陶瓷刀具，且热导率随温度的升高而增加。这一性能对降低刀尖处的温度大有好处，并且摩擦系数小。

二、刀具切削部分的组成

金属切削刀具种类繁多，形状各异，但是它们参加切削的部分在几何特征上大体一致。外圆车刀的切削部分是其他各类刀具切削部分的基本形态，其他刀具可看作车刀的演变。

（一）车刀的组成

图 9-4 为车刀切削部分的组成。

1. 前刀面

前刀面指刀具上切屑流过的表面。

2. 主后刀面

主后刀面指刀具上与工件过渡表面相对的表面。

3. 副后刀面

副后刀面指刀具上与工件上已加工表面相对的表面。

4. 主切削刃

主切削刃指前刀面与主后刀面的交线，用于切出工件上的过渡表面，完成主要的金属切除。

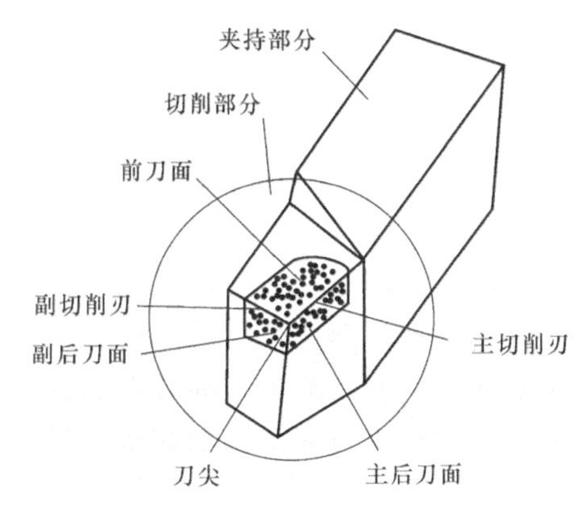

图 9-4 车刀切削部分的组成

5. 副切削刃

副切削刃指前刀面与副后刀面的交线，形成工件已加工表面，配合主切削刃完成切削工作。

6. 刀尖

刀尖指主切削刃与副切削刃相交成的一个尖角，它不是一个几何点，而是具有一定圆弧半径的切削刃。

7. 切削部分

直接与工件接触的部分，切削中会与工件产生摩擦与磨损。

8. 夹持部分

刀具通过夹持部分固定在刀架上。

（二）麻花钻的组成

麻花钻主要用于孔的粗加工，IT11 级以下；表面粗糙度 *Ra* 为 25～6.3μm。

1. 麻花钻的结构组成（见图 9-5）

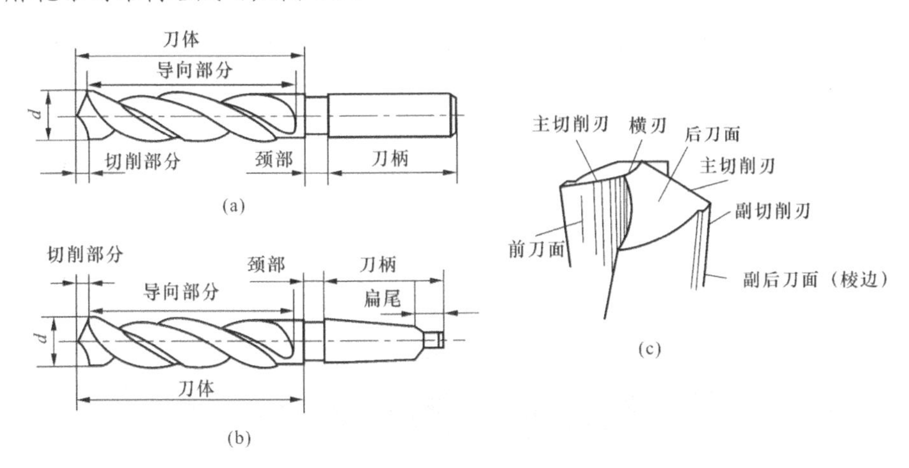

图 9-5　麻花钻的结构组成

（a）直柄麻花钻；（b）锥柄麻花钻；（c）几何结构

（1）刀体（工作部分）。由切削部分和导向部分组成。切削部分由导向部分的前端磨出一个钻尖和两个后刀面而形成。导向部分有两条对称的螺旋槽，可用于容屑和排屑及切削液通道。导向部分的外径有倒锥。

（2）颈部。刀体和刀柄的连接部分，磨削刀柄时供砂轮退刀用，当刀体与刀柄材料不同时对焊部位，上面刻有钻头标记。

（3）刀柄（尾部）。用于装夹钻头和传递力矩。刀柄有直柄（用于直径小于等于 12mm 的钻头）和锥柄（用于直径大于 12mm 的钻头）两种。

如图 9-5（c）所示为麻花钻的结构组成，麻花钻属多刃刀具，其刀齿数为 2。每一齿上都有前刀面、后刀面、副后刀面（与工件已加工表面相对的棱边）、主切削刃、副切削刃（棱边与螺旋槽的交线）。两后刀面在钻心处的交线形成一个横刃。

2. 麻花钻的切削部分结构组成

如图 9-6 所示，麻花钻头工作部分有两条对称的螺旋槽，是容屑和排屑的通道。

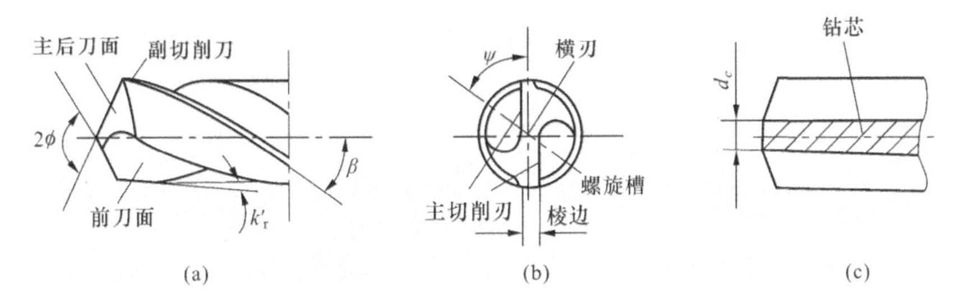

图 9-6　麻花钻的切削部分结构

（a）麻花钻刀面；（b）麻花钻横刃；（c）麻花钻钻芯

导向部分磨有两条棱边。为了减少与加工孔壁的摩擦，棱边直径磨有（0.03～0.12）/100 的倒锥量（即直径由切削部分顶端向尾部逐渐减小），从而形成了副偏角 k_r'。

三、刀具的几何角度

刀具的几何形状和几何角度对刀具的使用寿命与切削质量有着直接的影响，因此，刀具要具有合理的几何角度。

（一）参考坐标系

为确定刀面和切削刃的空间位置，必须建立一定的空间参考坐标系和辅助坐标平面。如图 9-7 所示。

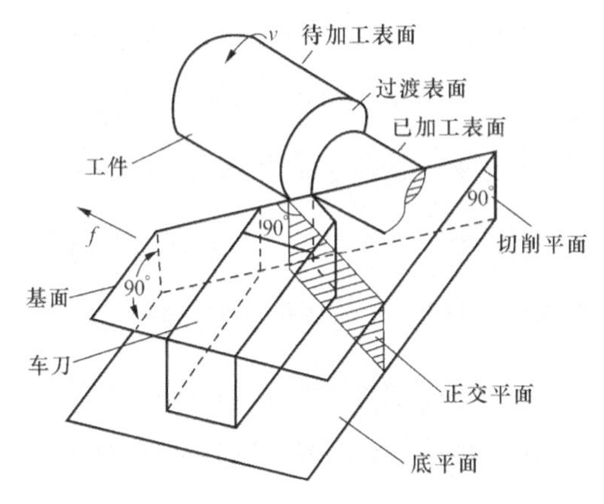

图 9-7 车刀的三个辅助平面

1. 基面

通过切削刃上选定点，垂直于主运动方向的平面。

2. 切削平面

通过切削刃上选定点，与主切削刃相切并垂直于基面的平面。

3. 正交平面

通过切削刃上选定点并同时垂直于基面和切削平面的平面。

（二）刀具的几何角度及其合理选用

如图 9-8 所示为车刀的主要标注角度。

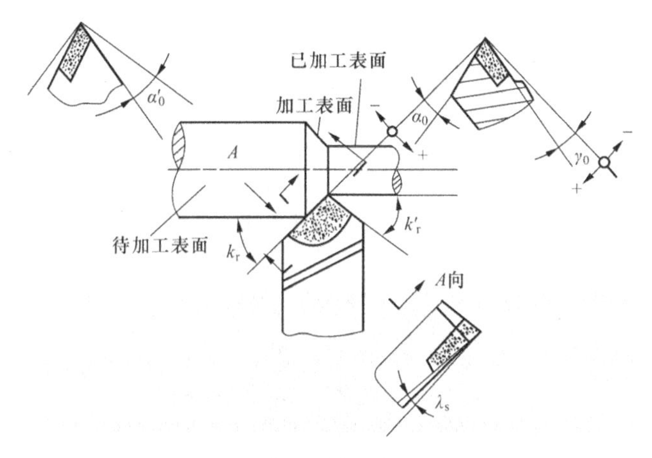

图 9-8 车刀的主要标注角度

1. 在基面内测量的角度

（1）主偏角 k_r。指进给运动方向主切削刃在基面上投影的夹角。

主偏角一般在 45°～90°之间选取。增大主偏角，可使进给力加大，背向力减小，有利于消除振动，但刀具磨损加快，散热条件差。

（2）副偏角 k_r'。指副切削刃与进给运动反方向在基面上投影的夹角。

副偏角一般在 5°～10°之间选取。增大副偏角可减小副切削刃与工件已加工表面之间的摩擦，改善散热条件，但表面粗糙度数值增大。

2. 在正交平面内测量的角度

（1）前角 γ_o。指前刀面与基面间的夹角。前角有正、负和零度之分，当刀具前刀面在基面之下时前角为正值，当刀具前刀面在基面之上时前角为负值，前刀面与基面重合时前角为零。

前角一般在–5°～+25°之间选取。切削时，切屑是沿着刀具的前刀面流出的。增大前角，则刀刃锋利，切屑变形小，切削力小，使切削轻快，切削热也小。但前角太大，使楔角减小，则刀刃强度降低。

（2）后角 α_o。指主后刀面与切削平面间的夹角。后角一般不能为零，更不能为负值。

后角在粗加工时一般取 6°～8°，精加工时可取 10°～12°。后角能减少刀具与工件的摩擦。增大后角，可减小刀具主后面与工件间的摩擦，但后角太大，刀刃强度降低。

3. 在切削平面内测量的角度

刃倾角 λ_S 指主切削刃与基面主切削平面投影的夹角。当刀尖是主切削刃的最高点时刃倾角为正值，反之为负，当主切削刃在基面内时，刃倾角为零。

刃倾角一般在–5°～+10°之间。刃倾角主要影响切屑流向和刀体强度。

（三）麻花钻的主要几何参数

1. 螺旋角 β

螺旋角 β 指钻头最外缘处螺旋线的切线与钻头轴线的夹角，见图 9-6（a）。螺旋角的大小不仅影响排屑情况，而且它就是钻头的轴向前角。

2. 顶角 2ϕ

顶角 2ϕ 指两主切削刃在与它们平行的平面上投影的夹角。顶角越小，主切削刃越长，单位切削刃上负荷越小，刀尖角增加，散热体积增大，耐用度提高；同时，轴向力减小，纵向稳定性好。顶角过小时，钻尖强度弱，切屑薄，变形大，扭矩大。标准麻花钻的顶角 $2\phi_0$=118°，此时主切削刃为直线。

3. 横刃斜角 Ψ

端面投影中，横刃与主切削刃之间的夹角。顶角与后角越大，横刃斜角 Ψ 越小，横刃越长。钻削时，横刃处金属被挤刮，变形严重，轴向力大。因此，必须对横刃形状进行改进（修磨横刃），以提高钻头的切削性能。

4. 钻芯直径 d_c

如图 9-6（c）所示，麻花钻的两个主切削刃由钻芯连接，为了增加钻头的强度和刚度，钻芯制成正锥体［锥度为（1.4 – 2）/100］，从钻尖向柄部逐渐增大，可提高钻头的强度和刚度。

四、刀具磨损与刀具耐用度

切削加工过程中，刀具在高切削阻力、高切削热和高强度摩擦的作用下工作，会出现磨钝、磨损现象。刀具磨损到一定程度（磨钝标准），即须更换或刃磨后再使用。新使用或刃磨后的刀具从开始切削至达到磨钝标准时，所用的切削时间称为刀具耐用度。刀具磨损和刀具耐用度是影响切削加工的效率、表面加工质量和生产成本的重要因素。

（一）刀具磨损的形式和原因

刀具磨损分正常磨损和非正常磨损。非正常磨损又称破损，主要与使用不当有关。正常磨损是指刀具在设计与使用合理、制造与刃磨质量符合要求的情况下，在切削过程中逐渐产生的磨损。刀具的正常磨损可分为如图 9-9 所示三种形式。

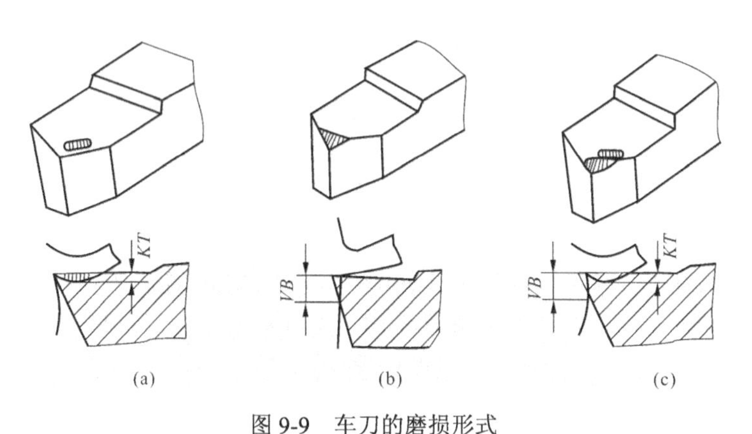

图 9-9　车刀的磨损形式

（a）刀具前面磨损；（b）刀具主后面磨损度；（c）刀具前面、后面同时磨损

1. 刀具前刀面磨损

在切削塑性材料、切削速度较高、切削厚度较大的情况下，切屑对前刀面的压力大，摩擦剧烈，温度高，就会在前刀面上磨出一个月牙洼，月牙洼扩大到一定程度，刀具就会崩刃。前刀面磨损量的大小，用月牙洼最大深度 KT 表示。

2. 刀具主后刀面磨损

在切削塑性材料、切削速度较低、切削厚度较小时，前刀面上的压力和摩擦力不大，温度较低；或者在切削脆性材料时，切屑是崩碎形状，不容易在刀具前刀面连续存留，这时磨损主要发生在主后刀面上。磨损程度用后刀面磨损量 VB 表示。

3. 刀具前刀面、主后刀面同时磨损

以中等切削速度和中等切削层公称厚度切削塑性材料时，常会发生前刀面、主后刀面同时磨损。

一般情况下，无论是加工塑性材料还是脆性材料，刀具的后刀面都会产生磨损，刀具磨损的大小常用后刀面磨损量 VB 的大小表示。

（二）刀具的磨钝标准与耐用度

在使用刀具时，应该控制刀具产生急剧磨损，在产生急剧磨损前必须重磨或更换新切削刃。这时刀具的磨损量称为磨钝标准或磨损限度。由于后刀面磨损最常见，且易于控制和测量。因此，规定将后刀面上均匀磨损区平均磨损量允许达到的最大值 VB 作为刀具的磨钝标准。实际生产中磨钝标准应根据加工要求制定。精加工，主要保证加工精度和表面质量，因此，磨钝标准 VB 规定的较小。粗加工时，为了减少磨刀次数，提高生产率，磨钝标准 VB 规定的较大。

刀具的耐用度是指两次刃磨之间的刀具实际切削的时间，不包括对刀、测量等非切削时间。例如，硬质合金车刀的耐用度大致为 60～90min；钻头的耐用度大致为 80～120min；硬质合金端铣刀的耐用度大致为 90～180min；齿轮刀具的耐用度大致为 200～300min。

刀具寿命是指一把新刀从投入使用到报废为止总的切削时间，刀具的寿命等于刀具耐用度乘以重磨次数。

(三) 刀具耐用度合理数值的确定

刀具耐用度的选择与生产率、成本有直接关系。选择耐用度高的刀具，会限制切削速度，这就影响到生产率；若选择过低的耐用度，则会增加磨刀次数，增加辅助时间和刀具材料消耗，仍然影响到生产率和成本。所以应根据切削条件选用合理的刀具耐用度。

确定刀具耐用度的合理数值的方法一般有以下两种：

一是根据加工一个零件花费时间最少的观点来制订刀具耐用度，称为最大生产率耐用度。

二是根据加工一个零件的成本最低的观点来制订刀具耐用度，称为最低成本耐用度。生产中常采用最低成本耐用度，只有当生产任务紧急或生产中出现不平衡环节时，才选用最低生产率耐用度。

第三节 切削过程的基本规律

金属切削过程的实质是金属工件在刀具的作用下被挤压、变形、切离的过程。在这个过程中会形成切屑和成形表面，同时伴随有切削力、切削热的产生，刀具在使用过程中会产生摩擦与磨损现象。通过研究与合理利用切削过程中的这些规律与现象，可以提高生产率、降低生产成本、控制生产加工质量和促进切削加工技术的发展。

一、切削加工的三个变形区

如图 9-10 所示，在切削过程中，被切金属层在前刀面的推动作用下产生剪应力，当剪应力达到并超过工件材料的屈服极限时，被切金属层将沿着某一方向产生剪切滑移变形而逐渐累积在前刀面上，随着切削运动的进行，这层累积物将连续不断地沿前刀面流出，从而形成了被切除的切屑。通常按照刀具周围不同的位置将金属层划分为以下三个变形区：

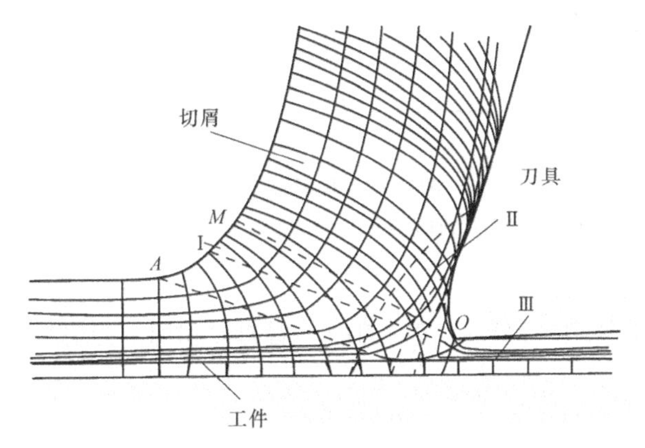

图 9-10 剪切滑移线与三个变形区示意图

1. 第一变形区 I（金属的剪切滑移变形）

第一变形区 I 指近切削刃处切削层内产生的塑性变形区。从 *OA* 线（称始滑移线）开始发生塑性变形，到 *OM* 线（称终滑移线）晶粒的剪切滑移基本完成。

2. 第二变形区 II（金属的挤压摩擦变形）

第二变形区 II 指与前刀面接触的切削层产生的变形区。当剪切滑移形成的切屑沿刀具前刀面排出时，切屑底层进一步受到前刀面的挤压和摩擦，使靠近前刀面处的金属再次发生剪切变形，从而形成不同形状的切屑。

第一变形区和第二变形区是相互关联的，前刀面上的摩擦力大时，切屑排出不顺，挤压变形加剧，以致第一变形区的剪切滑移变形增大。

3. 第三变形区Ⅲ（金属的挤压摩擦变形）

第三变形区Ⅲ指近切削刃处已加工表面产生的变形区。已加工面受到切削刃钝圆部分与刀具后面的挤压和摩擦，产生变形与回弹，造成塑性变形与加工硬化，会影响已加工表面质量。

三个变形区汇集在切削刃附近，此处的应力比较集中而复杂，金属的被切削层就在此处与工件母体材料分离，大部分变成切屑，很小的一部分留在已加工表面上。

二、积屑瘤

1. 积屑瘤的形成

在切削塑性材料过程中，切屑对刀具前面产生剧烈的摩擦和巨大的压力，与前刀面接触的切屑底层金属较其上层金属流动速度缓慢而形成滞流层，在一定温度下，滞流层就会与前面黏结而留在刀具前面上，相当于“冷焊”效果，形成第一层黏结层，连续流动的切屑从黏结层上流动时，又会形成新的滞留层，使黏结层在前一层的基础上积聚，这样一层又一层地堆积，黏结层越来越大，最后长成积屑瘤。积屑瘤的硬度是工件硬度的 2～3 倍，如图 9-11 所示。

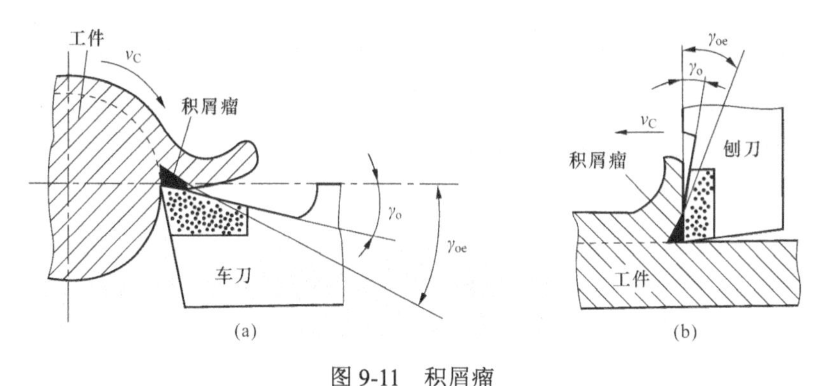

图 9-11　积屑瘤

（a）车刀上的积屑瘤；（b）刨刀上的积屑瘤

2. 积屑瘤对切削加工的影响

（1）积屑瘤包围着切削刃，可以代替前刀面、后刀面和切削刃进行切削，从而保护了刀刃，减少了刀具的磨损。

（2）如图 9-11 所示，刀具前角为γ_o，积屑瘤使刀具的实际工作前角γ_{oe}增大，而且，积屑瘤越高，实际工作前角γ_{oe}越大，刀具越锋利，减小了切削阻力。

（3）积屑瘤前端伸出切削刃外，直接影响加工尺寸精度。

（4）积屑瘤直接影响工件加工表面的形状精度和表面粗糙度。

3. 对积屑瘤控制与利用

积屑瘤是在一定温度和一定压力作用下形成的，在切削的过程中这些条件是变化的，因此，积屑瘤存在也是不稳定的，这对金属切削过程产生了一定的影响。积屑瘤增大了刀具的工作前角，易使切屑变形和减小切削力。所以，粗加工时产生积屑瘤有一定好处。同时，由于积屑瘤参与切削，保护了刀具、减小了刀具磨损。但积屑瘤会在已加工表面刻划出不均匀的沟痕，其不稳定性，会影响尺寸精度，引起振动，降低被加工件表面质量。所以精加工时应避免产生积屑瘤。生产中要对积屑瘤进行控制，常采用以下方法：

（1）通过热处理降低工件材料的塑性，提高硬度，可抑制积屑瘤的生成。

（2）中速切削时，切削温度在300～400℃，是形成积屑瘤的适宜温度，此时摩擦系数最大，积屑瘤生长得最高，表面质量最差。低速切削时，切屑流动较慢，切削温度较低，切屑与刀具前刀面摩擦系数小，切屑与前刀面不易发生黏结，不易形成积屑瘤；高速切削时，切削温度高，切屑底层金属软化，加工硬化和变形强化消失，也不易生成积屑瘤。

（3）减小进给量、增大刀具前角、刀具前刀面的粗糙度值减小，都可抑制积屑瘤的生成。

（4）使用切削液，降低切削温度，可抑制积屑瘤的生成。

三、切削力

切削过程中产生的切削力会影响切削热、刀具磨损与耐用度、加工精度和已加工表面质量。在生产中，切削力又是计算切削功率，设计机床、刀具和夹具时进行强度、刚度计算的主要依据。

（一）切削力的来源

切削力是被切工件抵抗刀具切削时产生的阻力。切削力来源于以下两个方面：

一是三个变形区内金属材料产生的弹性变形抗力和塑性变形抗力；

二是刀具、工件与切屑之间的摩擦力，这两个方面的合力即为总切削力。

（二）切削力的分解

切削时的总切削力一般为空间力，其方向和大小受多种因素影响而不易确定，为了便于分析切削力的作用和测量计算其大小，便于生产实际的应用，一般把总切削力 F 分解为三个互相垂直的切削分力 F_c、F_p 和 F_f，如图 9-12 所示。

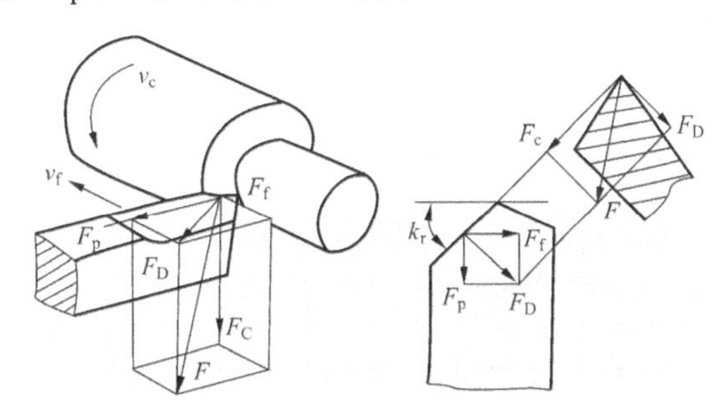

图 9-12　切削力的分解

1. 主切削力 F_c

主切削力指总切削力在主运动方向上的分力。主切削力的大小约占总切削力的90%以上。主切削力的反作用力作用于工件上，并通过卡盘传递到机床主轴箱，它是计算机床动力、设计主传动系统的零件、夹具强度和刚度的主要依据；主切削力是计算刀柄、刀体强度和选择切削用量的依据。

2. 背向力 F_p

背向力指总切削力在吃刀方向上的分力，在外圆车削中又称径向力。背向力对工件的加工精度影响最大。由于在背向力方向上没有相对运动，所以背向力不消耗切削功率，但它作用在工件和机床刚性最差的方向上，易使工件在水平面内变形，影响工件精度，并易引起振动。背向力是校验机床刚度的主要依据。

3. 进给力 F_f

进给力指总切削力在进给运动方向上的分力，在外圆车削中又称轴向力。进给力的存在，影响零件的几何精度。例如，车端面时，表面呈现凹心或凸肚状态。进给力是校验机床进给机构强度和刚度的主要依据。

注：F_D是合力，是力的分解过程中形成的虚拟力。

在切削过程中，切削力能使工件、机床、刀具与夹具变形，影响加工精度；同时，切削力又会产生切削热，并进而影响刀具的磨损和寿命以及工件加工精度和表面质量。

（三）影响切削力大小的主要因素

1. 工件材料的影响

工件材料的强度、硬度越高，切削力越大。

2. 切削用量的影响

切削用量中，背吃刀量与进给量增大时，切削层的公称横截面积增大，变形抗力和摩擦阻力增加，因而切削力随之增大。

3. 刀具几何角度的影响

（1）前角增大、刃口锋利，切削力下降。

（2）主偏角对进给力和背向力影响较大。当主偏角增大时，进给力增大，背向力减小，主偏角对主切削力影响较小。

（3）刃倾角对主切削力的影响较小，对进给力和背向力影响较大。当刃倾角逐渐由正值变为负值时，进给力增大，背向力减小。

四、切屑的类型

金属切削所产生的切屑形状会因为被加工材料性能与切削条件的不同而不同。常见的切屑有以下四种（如图 9-13 所示）。

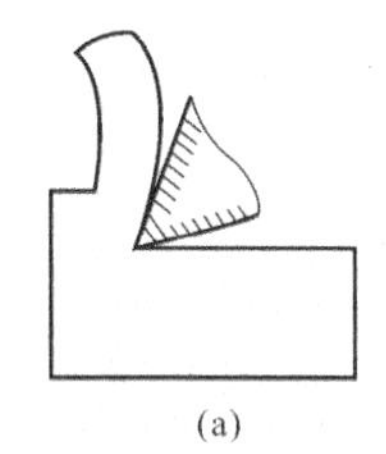
(a)
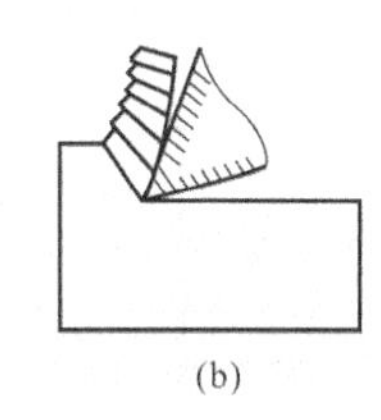
(b)
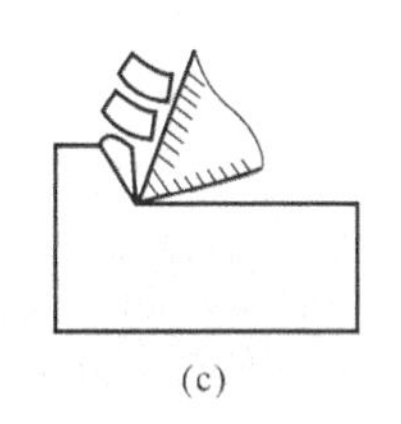
(c)
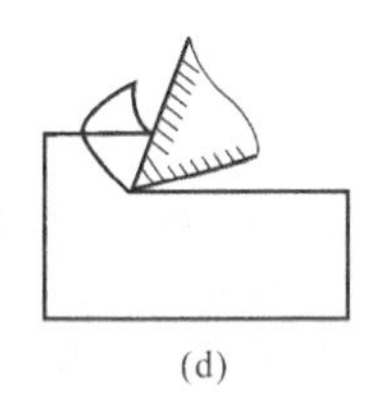
(d)

图 9-13 切屑的类型

（a）带状切屑；（b）节状切屑；（c）单元切屑；（d）崩碎切屑

1. 带状切屑

在加工塑性金属材料时，如果切削速度较高，切削厚度较薄，刀具前角较大，切屑的变形没有达到材料的破坏程度，较易形成带状切屑。形成带状切屑时，切削力波动小，切削过程比较平稳，已加工表面粗糙度较小，但带状切屑不易折断，易缠绕在刀具和工件上，且不利于切屑的清除和运输。需采取断屑措施，保证正常生产，尤其是自动生产线和自动机床生产。生产上常采用在车刀上磨断屑槽等方法断屑。

2. 节状切屑

节状切屑又称挤裂切屑。节状切屑的背面呈锯齿形，底面有时出现裂纹。一般在加工中等塑性金属材料（如黄铜）时，用较低的切削速度和较大的进给量，选用较小的刀具前角时，容易得到节状切屑。形成节状切屑时切削力波动较大，切削过程不平稳，已加工表面粗糙度值较大。

3. 单元切屑

单元切屑又称粒状切屑。如果在节状切屑的剪切面上，裂纹扩展到整个面上，就会使整个单元被切离，成为梯形的单元切屑。采用小前角或副前角，以极低的切削速度和大的切削层公称厚度切削时，会形成这种切屑。形成粒状切屑时，切削力波动大，切削过程不平稳，已加工表面粗糙度值大。

4. 崩碎切屑

切削铸铁、青铜等脆性材料时，切削层通常在弹性变形后不经过塑性变形就被挤裂，切屑呈不规则的碎块状的崩碎切屑。工件材料越脆硬，刀具前角越小，切削层公称厚度越大，越易产生崩碎切屑。产生崩碎切屑过程中，切削热和切削力都集中在主切削刀和刀尖附近，刀尖易磨损，切削过程不平稳，影响表面质量。

带状切屑、节状切屑和单元切屑都是塑性材料可能形成的切屑，其形状的不同是由于切削条件不同而引起的，加大前角、提高切削速度或减小进给量可将节状切屑转变成带状切屑。生产上常根据具体情况采取不同措施，以得到所需形状的切屑，保证切削顺利进行。

五、切削热和切削温度

切削热和由此产生的较高切削温度是切削过程中对切削质量和刀具寿命有重要影响的物理现象之一。切削运动所做的功会转化为等量的热能。这些热量少量散发到空气中，大部分传递给刀具、工件和切屑，使它们的温度升高，造成刀具的磨损和耐用度降低，影响工件加工精度和表面质量，切屑在高温下容易黏结在刀具上形成积屑瘤。因此，切削加工要尽量减少切削热的产生，降低切削温度。

（一）切削热的来源

1. 工件材料的变形做功

工件材料在刀具作用下，发生弹性和塑性变形，属于切削变形功，这是切削热的重要来源。工件材料的强度和硬度越高，加工产生的切削热越多。如果工件材料的热导率大，在产生相同切削热的情况下，热量容易传出，切削温度低。如果工件材料的塑性好，引起切削变形越大，切削中消耗的功越多，因此，切削热越多，切削温度越高。

2. 刀具、工件及切屑摩擦做功

如图 9-14 所示，切削时共有三个发热区，即切削面、切屑与刀具前面接触区、刀具主后面与工件过渡表面接触区，属于切削摩擦功，带来大量的切削热。切削速度越高，摩擦生热越多，刀具前角越钝，切屑与刀面接触越多，摩擦越大，产生热量越多。

图 9-14　切削热的来源

用高速钢车刀及与之相适应的切削速度切削钢料时，切屑传出的热约为 50%～86%；工件传出的热约为 40%～10%；刀具传出的热约为 9%～3%；周围介质传出的热约为 1%。

（二）控制切削温度的措施

1. 控制合理的刀具几何角度

刀具前角和主偏角对切削温度影响较大。

前角γ_0增大，切削变形及切屑与刀具前面的摩擦减小，产生的热量小，切削温度下降。反之，切削温度升高。但前角太大，刀具的楔角减小，散热体积减小，切削温度反而升高。

主偏角k_r增大，刀具主切削刃工作长度缩短，散热面积减少，切削温度升高。反之，主偏角减小，切削温度降低。

2. 控制切削用量

切削用量中，切削速度v_c对切削温度影响最大。切削速度增加，切削的路径增长，切屑底层与刀具前刀面发生强烈摩擦从而产生大量的切削热，切削温度显著升高。

3. 使用切削液

通过切削液吸收大量的切削热直接降温，同时，切削液的润滑功能降低了刀具与工件、切屑之间的摩擦系数，减少了切削热的产生。

第四节 切削加工机床的分类与型号

机床是制造机器的机器，故又被称为工作母机。根据加工工艺方法的不同，机床有几大类，如金属切削机床、锻压机床、电加工机床、坐标测量机床、铸造机床、热处理机床（表面淬火机床）等。本书以介绍金属切削机床为主。金属切削机床品种和规格繁多，为了给选用、管理和维护机床提供方便，必须对机床进行适当的分类和编号。

一、金属切削机床的分类

（1）金属切削机床主要是按加工性质和所用刀具进行分类的。根据GB/T 15375—2008《金属切削机床型号编制方法》，按其工作原理、结构性能特点和使用范围将机床划分为车床、钻床、镗床、磨床、齿轮加工机床、螺纹加工机床、铣床、刨插床、拉床、锯床、其他机床等11大类。

除上述基本分类方法以外，同类型金属切削机床还可以根据其他特征进行分类。

（2）按其应用范围分为通用机床（万能机床）、专门化机床、专用机床。

（3）按照加工精度的不同分为普通精度机床、精密机床和高精度机床。

（4）按照其自动化程度的不同分为手动、机动、半自动、自动和程序控制机床。

（5）按其质量与尺寸分为仪表机床、一般机床、大型机床（重量达10t及以上）、重型机床（重量在30t以上）、超重型机床（重量在100t以上）。

（6）按机床主要工作部件的数目分为单轴、多轴、单刀或多刀机床。

（7）按机床具有的数控功能分为普通机床、一般数控机床、加工中心、特种加工机床和柔性制造单元等。

在每一类机床中，又按工艺范围、布局形式和结构性能等不同，分为若干组，每一组又细分为若干系。

二、金属切削机床的型号编制

机床型号是机床产品的代号，用于简明地表达该机床的类型、主要规格及有关特性等。

按 GB/T 15375—2008 的规定，我国通用机床的型号由汉语拼音字母和阿拉伯数字按一定规律排列组成。型号中的汉语拼音字母一律按其名称读音。下面以通用机床为例予以说明。机床型号由基本部分和辅助部分组成，中间用“/”隔开，读作“之”。基本部分需统一管理，辅助部分纳入型号与否由企业自定。型号构成如图 9-15 所示。

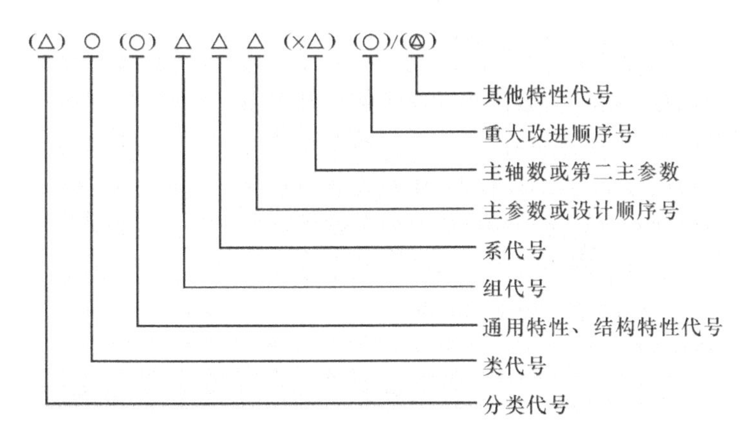

注：1）有“（）”的代号或数字，当无内容时，则不表示，有内容时不带括号；
2）有“○”符号的，为大写的汉语拼音字母；
3）有“△”符号的，为阿拉伯数字；
4）有“◬”符号的，为大写的汉语拼音字母或阿拉伯数字，或两者兼有之。

图 9-15 机床型号的表示方法

1. 机床的分类代号

如前所述，根据机床工作原理分为 11 大类，必要时，每类可分为若干分类，分类代号在类代号前，作为型号的首位，并用阿拉伯数字表示。第一分类代号的“1”可以省略。机床的分类和代号见表 9-2。

表 9-2 普通机床的分类和代号

类别	车床	铣床	刨床	磨床			钻床	螺纹加工机床	齿轮加工机床	镗床	拉床	锯床	其他机床
代号	C	X	B	M	2M	3M	Z	S	Y	T	L	G	Q
读音	车	铣	刨	磨	二磨	三磨	钻	丝	牙	镗	拉	割	其

对于具有两类特性的机床编制进行时，主要特性应放在后面，次要特性应放在前面。例如，铣镗床是以镗为主，铣为辅。

2. 机床的特性代号

机床的特性代号用汉语拼音字母表示，位于类代号之后。

（1）通用特性代号。其有统一的固定含义，在各类机床的型号中，表示的意义相同。当某类型机床，除有普通型外，还有下列某种通用特性时，则在类代号之后加通用特性代号予以区分，如果某类型机床仅有某种通用性能，而无普通型的，则通用特性不予表示。当在一个型号中需要同时使用 2 或 3 个通用特性代号时，一般按重要程度排列顺序。机床通用特性代号见表 9-3。

表 9-3 通用特性代号

通用特性	高精度	精密	自动	半自动	数控	加工中心（自动换刀）	仿形	轻型	加重型	柔性加工单元	数显	高速
代号	G	M	Z	B	K	H	F	Q	C	R	X	S
读音	高	密	自	半	控	换	仿	轻	重	柔	显	速

（2）结构特性代号。对主参数值相同而结构、性能不同的机床，在型号中加结构特性代号予以区分。根据各类机床的具体情况，对某些结构特性代号，可以赋予一定含义。但结构特性代号与通用特性代号不同，它在型号中没有统一的含义，只在同类机床中起区分机床结构、性能的作用。当型号中有通用特性代号时，结构特性代号排在通用特性代号之后。结构特性代号用汉语拼音字母（通用特性代号已用的字母和“I、O”两个字母不能用）表示，当单个字母不够用时，可将两个字母组合使用。

3. 机床的组别代号

机床的组别用一个数字表示。每类机床分为十个组，用数字 0～9 表示，在同类机床中主要布局或使用范围基本相同的机床，即为同一组。

在同一组机床中，其主要结构及布局形式相同的机床，即为同一系，每组又分为若干个系，系别也是用一个数字表示。各类机床组别在机床分类手册中可以查到。

4. 主参数代号和设计顺序号

主参数是机床最主要的一个技术参数，它直接反映机床的加工能力，并影响机床其他参数和基本结构的大小。对于通用机床和专门化机床，主参数通常以机床的最大加工尺寸（最大工件尺寸或最大加工面尺寸）或与此有关的机床部件尺寸来表示。机床型号中主参数用折算值表示，位于系代号之后。一般中型机床的主参数的折算系数为 1/10。

5. 主轴数和第二主参数的表示

（1）主轴数的表示方法。对于多轴车床、多轴钻床等，其主轴数以实际值列入型号，置于主参数之后，用“×”分开，读作“乘”。若为单轴则可省略，不予表示。

（2）第二主参数的表示方法。为了更完整地表示出机床的工作能力和加工范围，有些机床还规定了第二主参数。例如，卧式车床的第二主参数是最大工件长度。第二主参数一般不予表示（多轴机床的主轴数除外），如有特殊情况需要在型号中表示，应按一定手续审批。在型号中的第二主参数也用折算值表示。

6. 机床的重大改进顺序号

当机床的结构、性能有更高的要求，并需按新产品重新设计、试制和鉴定时，才按改进的先后顺序选用 A、B、C……等汉语拼音字母（“I、O”除外），加在型号基本部分的尾部，以区别原机床型号。凡属于局部的小改进或增减某些附件、测量装置及改变装夹工件的方法等，对原机床结构、性能没有作重大改变的，不属于重大改进，其型号不变。

7. 其他特性代号

其他特性代号，置于辅助部分之首。其中同一型号机床的变型代号，一般应放在其他特性代号之首位。

其他特性代号主要用以反映各类机床的特性。如对数控机床，可用它来反映不同控制系统。对于一般机床，可以反映同一型号机床的变型等。

其他特性代号可用汉语拼音字母表示，也可用阿拉伯数字表示，还可用两者组合表示。

以上各代号可以在相关手册中查表得到，本书不作详述。下面是机床型号编制方法举例。

【例 9-1】CA6140 型卧式车床型号：

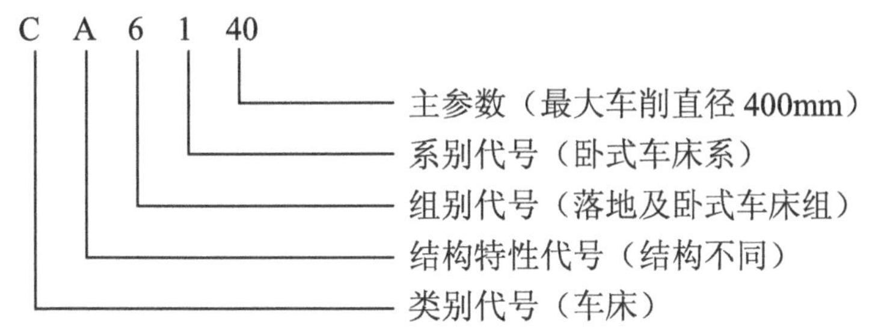

【例 9-2】MG1432A 型高精度万能外圆磨床型号：

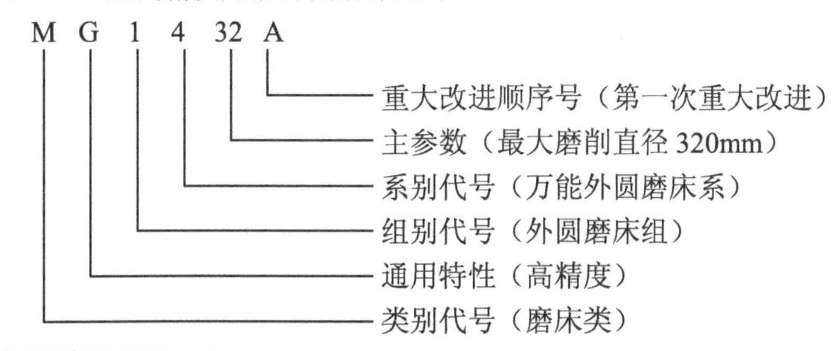

三、切削加工机床的发展方向

随着科学技术和现代工业的飞速发展，材料技术、新能源技术等新技术与制造技术的相互交叉、相互融合，传统意义上的切削加工正朝着高精度、高效率、自动化、柔性化和智能化方向发展，与之相适应的加工设备也正朝着数控机床、精密和高精密机床方向发展。刀具材料朝着超硬材料方向发展，加工精度向纳米级逼近，切削速度向高速和超高速方向发展，可达每分钟数千米。

复习思考题

1．什么是主运动？什么是进给运动？它们之间有什么区别？

2．切削用量包括哪几个参数？指出各参数的含义。

3．简述刀具材料应具备的性能。

4．切屑的形式有哪些？较好的切屑形式有哪几种？怎样控制切屑形式？

5．积屑瘤的成因及对加工过程的影响？

6．控制切削热的产生有哪些途径？

7．按加工性质和所用刀具可以将机床分为哪几类？

8．车削外圆时，工件转速 $n=360\text{r/min}$，切削速度 $v=150\text{m/min}$，试求工件直径 d。

9．已知下列车刀的主要角度，试画出它们切削部分的示意图。

（1）外圆车刀：$\gamma_o=10$；$\alpha_o=8°$；$k_r=60°$；$k'_r=10°$；$\lambda_s=4°$。

（2）切断刀：γ_o=10°；α_o=6°；k_r=90°；k_r'=2°；λs =0°。

10．试说明下列加工方法的主运动和进给运动。

（1）车端面。

（2）在车床上钻孔。

（3）在钻床上钻孔。

（4）在铣床上铣平面。

（5）在平面磨床上磨平面。

（6）在外圆磨床上磨孔。

第十章 常用切削加工方法

切削加工方法很多，根据所用机床与刀具的不同，可以分为车削、铣削、钻削、镗削、刨削、插削、拉削、磨削及特种加工方法，本章主要介绍各种常用切削加工方法及其应用的基本知识。

第一节 车 削 加 工

一、车削的加工范围

车削是在车床上利用车刀对旋转的工件进行切削的加工方法，车削适用于加工回转形表面，如内外圆柱表面、内外圆锥表面、成形回转表面及回转体的端面等。

车削加工范围非常广（见图 10-1），可以车削内外圆柱面、圆锥面，车端面，切槽， 切断，车螺纹，滚花，还可以钻孔、扩孔、铰孔、攻螺纹。另外，在车床上稍作改装，还可以进行镗削、磨削、研磨、抛光等。

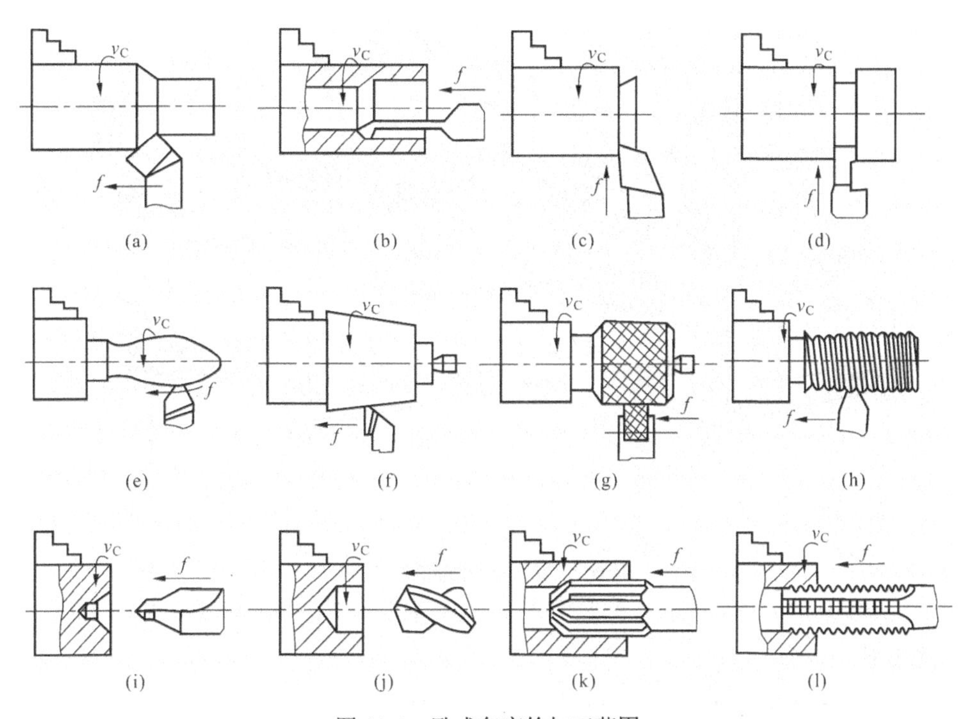

图 10-1 卧式车床的加工范围

(a) 车外圆；(b) 镗孔；(c) 车端面；(d) 车槽；(e) 车成形面；(f) 车圆锥；(g) 滚花；(h) 车螺纹；(i) 钻中心孔；(j) 钻孔；(k) 铰孔；(l) 攻螺纹

车削加工的精度等级为 IT11～IT6，表面粗糙 *Ra* 值为 12.5～0.8μm。

二、车削的加工特点

（1）车削加工容易保证工件各加工面的位置精度。零件各表面具有相同的回转轴线（车床主轴的回转轴线）——一次装夹中加工车削时，同一零件的外圆、内孔、端平面、沟槽等。能保证各外圆轴线之间及外圆与内孔轴线间的同轴度要求。

（2）生产率较高。一般情况下车削加工运动过程是连续进行的，切削过程平稳。由于车削加工的主运动是回转运动，避免了惯性力和冲击的影响，所以车削加工中常采用较大的切削用量，进行高速切削，从而提高生产率。

（3）适用于有色金属和有些低碳不锈钢零件的精加工。有些有色金属和低碳不锈钢零件，因为本身材料硬度低，塑性和韧性较好，一般用砂轮磨削时容易堵塞砂轮，很难得到光洁的表面。因此，对于表面粗糙度值比较小的回转表面零件常采用车削加工方法。

（4）生产成本较低。车刀是刀具中最简单的一种，故刀具费用低，制造、刃磨和安装均较方便。车床附件多，加上切削生产率高，装夹及调整时间较短，故车削成本较低。

三、卧式车床的主要组成部分

车床是金属切削机床中应用最广泛的一类，约占金属切削机床总数的 50%。车床的种类繁多，有卧式车床、立式车床、转塔式六角车床、回轮式六角车床、仿形车床、专门车床、数控车床等，其中尤其以卧式车床应用最广，约占车床类机床的 60%。

现在以 CA6140 型卧式车床为例介绍车床各部分组成，如图 10-2 所示。

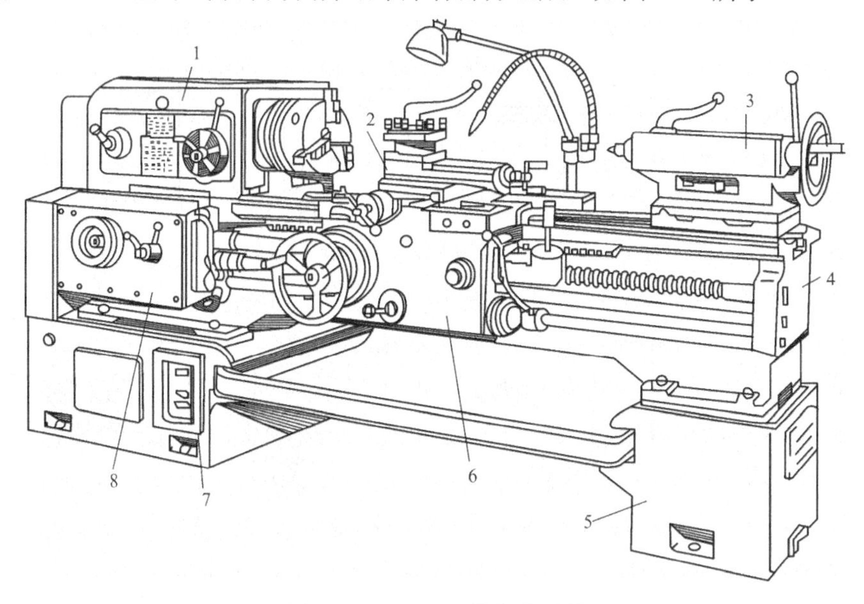

图 10-2　CA6140 型卧式车床

1—主轴箱；2—刀架；3—尾座；4—床身；5—床腿；6—溜板箱；7—床腿（电器箱）；8—进给箱

1. 主轴箱

主轴箱 1 固定在床身 4 的左上方，用以支承主轴并通过变速齿轮机构使之作多种速度的旋转运动，同时主轴通过主轴箱内的另一些齿轮机构将运动传入进给箱。箱体外的手柄是用来调整主轴转速的，但必须在停车状态下才能使用，否则会使主轴箱内的齿轮因打齿而损坏。

2. 刀架

刀架 2 由中滑板、上滑板和方刀架组成。它可沿床身 4 上的导轨作纵向移动。它的功用是装夹车刀，实现纵向、横向或斜向进给运动。

3. 尾座

尾座 3 安装在床身导轨上并可沿导轨移动，它的作用是利用套筒安装顶尖，用来支承较长工件，也可以安装钻头、铰刀等孔加工刀具进行孔加工。将尾架偏移，还可用来车削圆锥体。

4. 床身

床身 4 固定在床腿上，用来支承车床的各个部件，并保证各部件（如床头箱、进给箱、溜板箱等）的相互位置精度。床身上有两条平行的导轨，供刀架和尾架作轴向运动。床身具有足够的刚度和强度，床身导轨表面精度很高，以保证各运动部件有正确的相对位置。

5. 溜板箱

溜板箱 6 安装在刀架下面带动刀架运动，溜板箱内的传动机构将丝杠或光杠传来的旋转运动变为直线运动，从而带动刀架作纵向或横向进给运动。溜板箱上安装有床鞍，俗称大拖板。摇动手轮可使整个溜板箱沿车床导轨作纵向移动。

6. 进给箱

进给箱 8 内装进给运动的变速齿轮机构，用以传递进给运动和调整进给量及螺距，进给量及螺距的调整由箱体外各手柄实现。 进给箱的运动通过光杠或丝杠传给溜板箱。加工普通圆柱面或端面时由光杠传动，加工螺纹时由丝杠传动。

C6140 车床除了上述部件外，还有一些附件，如车床照明灯、冷却系统、中心架、跟刀架等。

四、车削加工方法

车削加工范围广泛，下面分别介绍内外圆柱、内外圆锥和端面等表面的加工。

（一）外圆加工

车外圆是将工件装夹在卡盘上做旋转运动，车刀装在刀架上作纵向进给运动，如图 10-3 所示。外圆车削是车削工作最常见最普通的一种加工方式，而且它与车床其他加工方式有着密切关系，所以我们必须熟练地掌握车外圆的基本功。

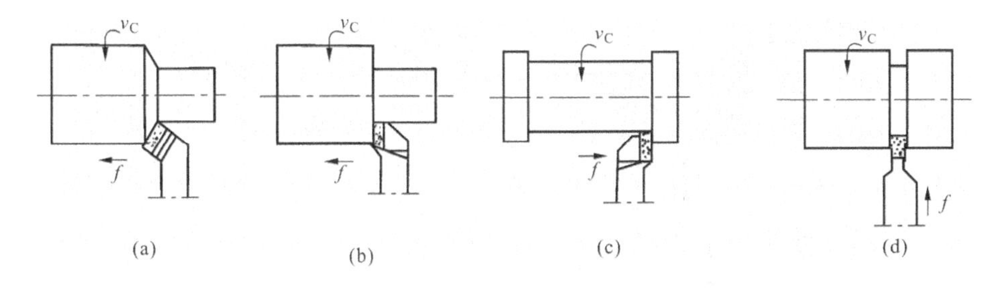

图 10-3　车外圆的方法

（a）45° 弯头刀车外圆；（b）右偏刀车外圆；（c）左偏刀车外圆；（d）车槽

（二）车端面

车平面主要是车端面。图 10-4（a）是用弯头刀车平面，可采用较大背吃刀量，切削顺利，表面光洁，大小平面均可切削；图 10-4（b）是 90° 右偏刀从外向中心进给车平面，适宜车削尺寸较小的平面或一般的台肩端面；图 10-4（c）是 90° 右偏刀从中心向外进给车平面，适宜车削中心带孔的端面或一般的台肩端面（此方法精度要高）；图 10-4（d）是左偏刀车平面，刀头强度较好，适宜车削较大平面，尤其是铸锻件的大平面。

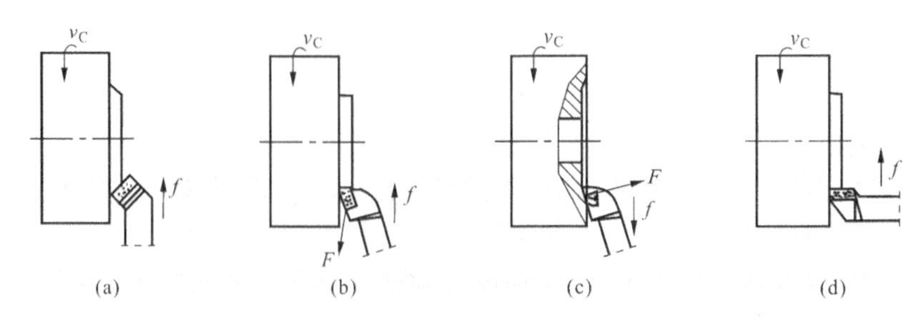

图 10-4 车平面的方法

（a）45° 弯头刀车平面；（b）右偏刀车平面（从外向中心走刀）；
（c）左偏刀车外圆（从中心向外走刀）；（d）左偏刀车平面

（三）车内孔

车内孔是用车削方法扩大工件的孔或加工空心工件的内表面。车盲孔和台阶孔时，车刀先纵向进给，当车到孔的根部时再横向从外向中心进给车端面或台阶端面。车内孔的方法如图 10-5 所示。

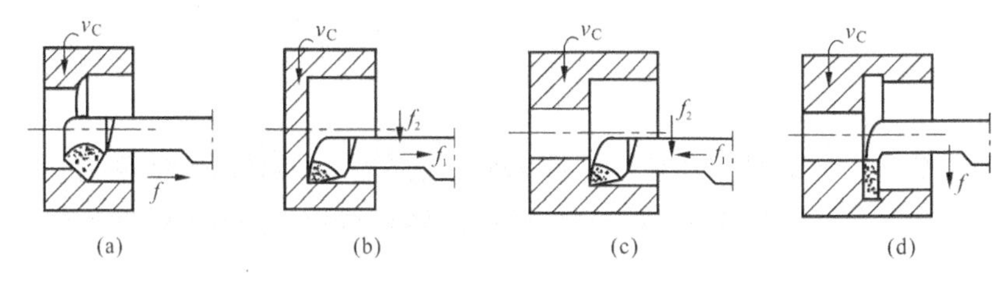

图 10-5 车内孔的方法

（a）车通孔；（b）车盲孔；（c）车台阶孔；（d）车内槽

（四）车锥面

锥面可看作是圆柱的一种特殊形式。车锥面的加工方法如图 10-6 所示。

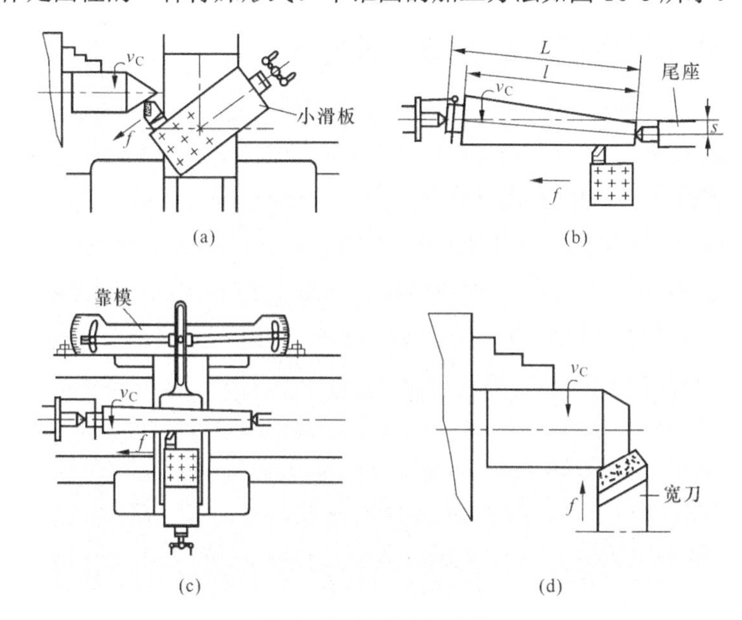

图 10-6 车锥面的方法

（a）小滑板转位法；（b）尾座偏移法；（c）靠模法；（d）宽刀法

1. 小滑板转位法

主要用于单件小批生产中精度较低和长度较短（≤100mm）的内锥面。

2. 尾座偏移法

用于单件或成批生产中轴类零件上较长的外锥面。

3. 靠模法

用于成批和大量生产中较长的内外锥面。

4. 宽刀法

用于成批和大量生产中较短（≤20mm）的内外锥面。

第二节　铣　削　加　工

一、铣削的加工范围

铣削是用旋转的铣刀在工件上切削各种表面或沟槽的加工方法。铣削加工时，铣刀的旋转为主运动，工件或铣刀的直线运动为进给运动。铣削加工范围广泛，适于加工平面、沟槽、成形表面（如花键、齿轮、螺纹）等，如图 10-7 所示。

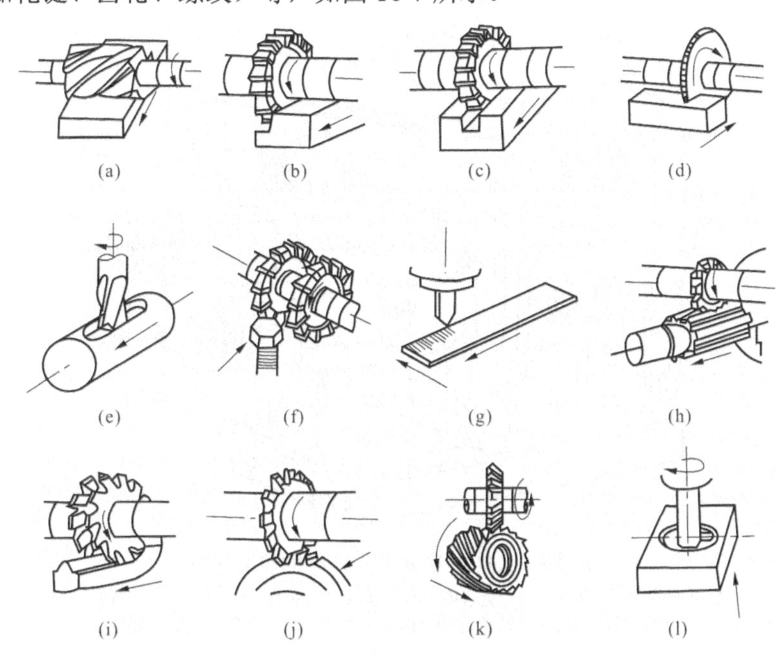

图 10-7　铣削的加工范围

（a）周铣平面；（b）铣台阶面；（c）铣直槽；（d）锯片铣刀切断；（e）铣键槽；（f）组合铣刀铣削；（g）铣刻度；（h）铣花键槽；（i）成形铣刀铣轨道；（j）铣齿轮；（k）铣螺旋齿轮；（l）铣成形面

二、铣削的加工特点

1. 铣削效率高

由于铣刀是多刃刀具，刀齿能连续地依次进行切削，没有空程损失，且主运动为回转运动，可实现高速切削，故铣平面的生产率高。

2. 散热条件好

铣刀是多齿工作刀具，各刀齿周期性地参与间断切削，有冷却时间，散热条件好；但是，切入和切出时热和力的冲击将加速刀具的磨损，甚至可能引起硬质合金刀片的碎裂。

3. 加工过程容易产生振动

多齿刀具每个刀齿在切削过程中的切削厚度是变化的，因此容易产生振动，造成铣削过程不平衡，从而限制了表面质量的提高，经粗铣—精铣后，尺寸精度约为 IT7～IT9 级，表面粗糙度 *Ra* 约为 6.3～1.6μm；振动也会加剧刀具的磨损和破损。

三、铣床的结构组成

铣床按布局形式和使用功能可以分为升降台式铣床、床身式铣床、龙门铣床、工具铣床、仿形铣床及数控铣床等。

升降台式卧式铣床是铣床中应用最多的一种，如图 10-8 所示为 X6132 卧式万能升降台铣床，其主轴是水平放置的，与工作台平行。该铣床由床身、横梁、升降台、纵向工作台、横向工作台、主轴、底座等部分组成。

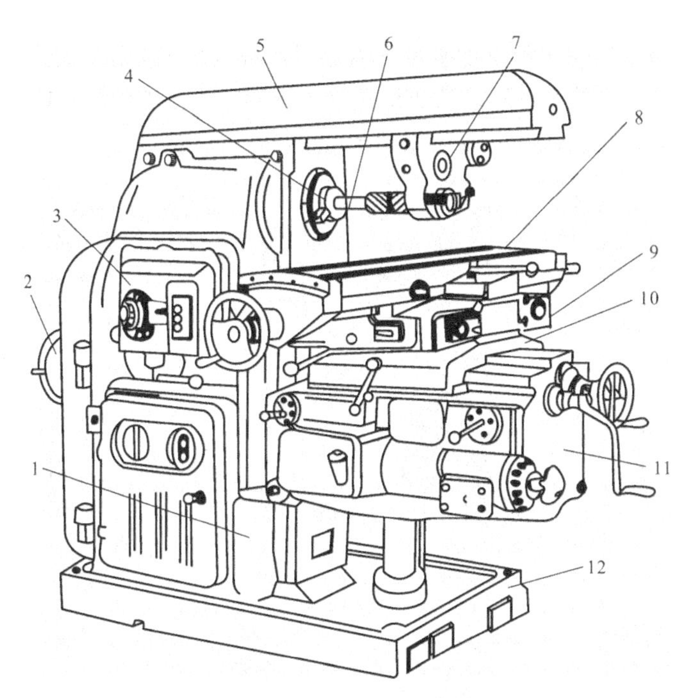

图 10-8 X6132 卧式万能铣床的组成部分

1—床身；2—电动机；3—变速箱；4—主轴；5—横梁；6—刀杆；7—吊架；8—纵向工作台；9—转台；10—横向工作台；11—升降台；12—底座

（1）床身 1 是铣床的主体，用来安装机床的其他部件，它呈箱形，前壁有燕尾形垂直导轨，供升降台上下移动使用，床身顶部有燕尾形水平导轨，供横梁前后移动，床身内部装有主轴传动系统和主轴变速机构。

（2）主轴变速机构由主传动电动机（7.5kW、1450r/min）通过带传动、齿轮传动机构带动主轴旋转，操纵床身侧面的手柄和转盘，可使主轴获得 18 种不同的转速。主轴是一根空心轴，前端有锥度为 7∶24 的圆锥孔，铣刀刀轴一端就安装在锥孔中。主轴前端面有两键槽，通过键连接传递扭矩，主轴通过铣刀轴带动铣刀作同步旋转运动。

（3）升降台 11 装在床身正面的垂直导轨上，用来支撑工作台，并带动工作台上下移动。

升降台中下部有丝杠与底座螺母连接；铣床进给系统中的电动机和变速机构等就安装在其内部。

（4）横梁 5 通过挂架支承刀杆，以增强铣刀轴的刚度，减少切削中的振动。悬梁向外伸出的长度可以根据刀轴的长度进行调节。

（5）纵向工作台 8 用来安装工件或夹具，并带动工件作纵向进给运动。工作台上面有三条 T 形槽，用来安放 T 形螺钉以固定夹具和工件。工作台前侧面有一条 T 形槽，用来固定自动挡铁，控制铣削长度。

（6）横向工作台 10 带动纵向工作台作横向进给。

（7）底座 12 是整部机床的支承部件，具有足够的强度和刚度。底座的内腔盛装切削液，供切削时冷却润滑。

四、铣刀种类

铣刀是一种多刀齿刀具，种类很多，可用来加工各种平面、沟槽、斜面和成形面。常用铣刀如图 10-9 所示。

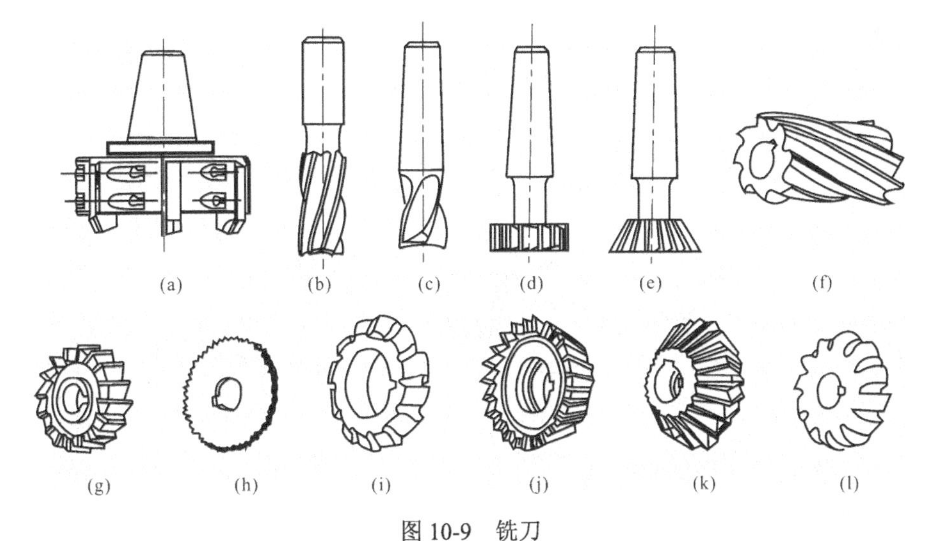

图 10-9　铣刀

（a）硬质合金镶齿面铣刀；（b）立铣刀；（c）键槽铣刀；（d）T 形槽铣刀；（e）燕尾槽铣刀；（f）圆柱铣刀；（g）三面刃铣刀；（h）锯片铣刀；（i）模数铣刀；（j）单角度铣刀；（k）双角度铣刀；（l）凸圆弧铣刀

（1）硬质合金镶齿面铣刀见图 10-9（a）。端铣刀的切削刃分布在铣刀端面。铣刀轴线垂直于被加工表面，多用于立式铣床上加工平面。

（2）立铣刀见图 10-9（b）。其圆柱面上的螺旋切削刃是主切削刃，端面上的切削刃是副切削刃。立铣刀应与麻花钻加以区别，一般不能作轴向进给，可加工平面、台阶面、沟槽等。

（3）键槽铣刀见图 10-9（c），是铣制键槽的专用刀具，仅有两个刃瓣，其圆周和端面上的切削刃都可作为主切削刃，使用时先轴向进给切入工件，然后沿键槽方向进给铣出全槽。

（4）T 形槽铣刀铣削 T 形槽，见图 10-9（d）。

（5）燕尾槽铣刀铣削燕尾槽，见图 10-9（e）。

（6）圆柱铣刀铣削平面，见图 10-9（f）。

（7）三面刃铣刀铣削直槽，见图 10-9（g）。

（8）锯片铣刀切断，见图 10-9（h）。

（9）模数铣刀铣削齿轮，见图 10-9（i）。

（10）铣削角度铣刀。角度铣刀分单角度铣刀，见图 10-9（j）和双角度铣刀（见图 10-9（k），用于铣削沟槽和斜面。

（11）凸圆弧铣刀铣削外凸圆弧，见图 10-9（l）。

根据结构和安装方法的不同，铣刀又分为带柄铣刀和带孔铣刀两类。带柄铣刀多用于立式铣床，又可分为直柄和锥柄两种。带孔铣刀需要装在铣刀心轴上，多用于卧式铣床。

五、铣削加工方法

铣削加工方法分为端铣和周铣，如图 10-10 所示。

1. 端铣

用分布在铣刀端面上的刀齿进行铣削，如图 10-10（a）所示。根据刀具与工件的位置特点，端铣又可分为不对称铣和对称铣，如图 10-11 所示。

2. 周铣

用分布在铣刀圆柱面上的刀齿进行铣削，如图 10-10（b）所示。

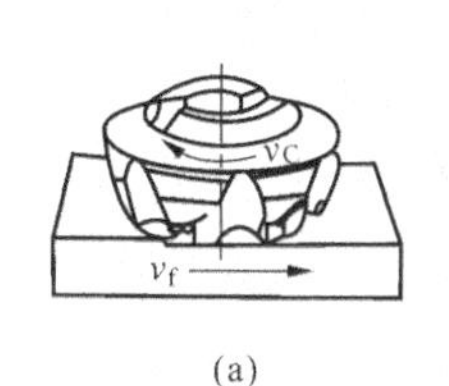

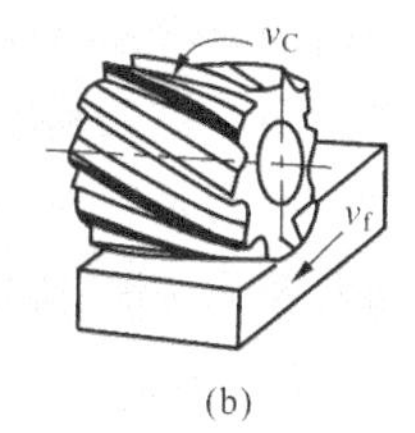

(a) (b)

图 10-10 端铣和周铣

（a）端铣；（b）周铣

根据铣削时刀具与工件的运动方向异同，周铣分为顺铣与逆铣两种见图 10-12。

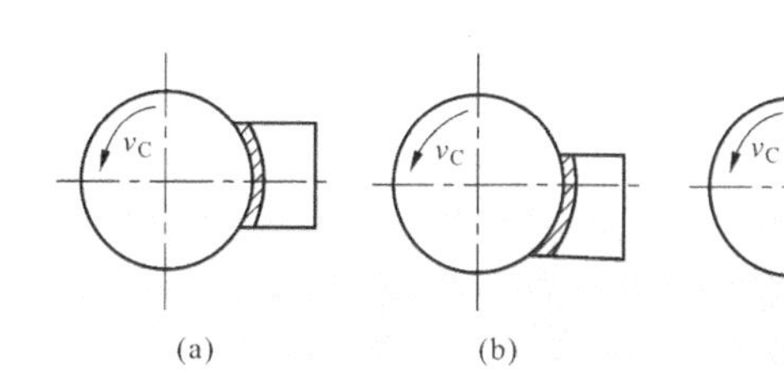

(a) (b) (c)

图 10-11 端面铣削方式

（a）对称铣；（b）、（c）不对称铣

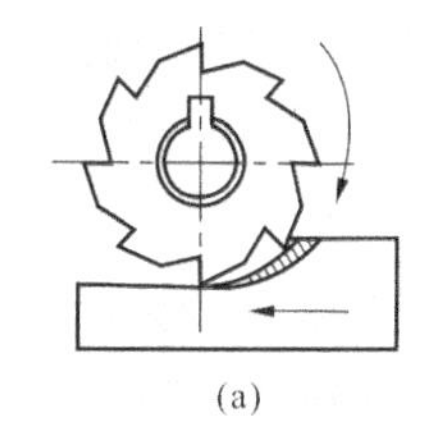

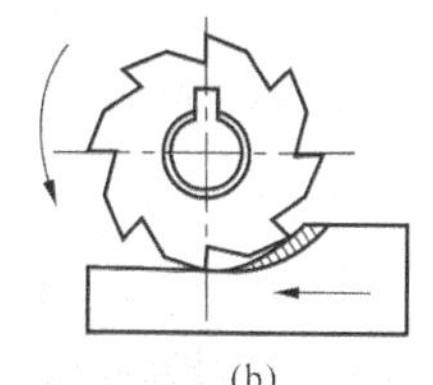

(a) (b)

图 10-12 周铣的铣削方式

（a）顺铣；（b）逆铣

（1）顺铣。工件进给方向与铣刀的旋转方向相同。

（2）逆铣。工件进给方向与铣刀的旋转方向相反。

3. 端铣与周铣特点比较

（1）端铣的生产率高于周铣。端铣时有较多的刀齿同时参加切削，工作过程更为平稳，端铣刀大多数镶有硬质合金刀头，刚性较好，可以采用大的铣削用量；而周铣用的圆柱铣刀多为高速刚制成，刀轴的刚性较差，使铣削用量受到很大的限制。

（2）端铣的加工质量比周铣好。端铣时可利用副切削刃对已加工表面进行修光，只要副偏角选取的合适，就可以减小表面粗糙度；而周铣时只有圆周刃切削，已加工表面实际上由许多圆弧组成，使得表面粗糙度较大。

（3）周铣的适应性比端铣好。周铣可用多种铣刀铣削平面、沟槽、齿形、成型面等，适应性较强；而端铣只能加工平面。比较可知，端铣主要用于大平面的铣削，周铣多用于小平面、各种沟槽和成型面的铣削。

第三节　钻削和镗削加工

一、钻削加工

（一）钻削的加工范围

钻削是利用钻床进行孔加工的切削过程。在钻床上进行钻削加工时，工件固定不动，刀具旋转做主运动，同时沿轴向移动作进给运动。钻床可完成钻孔、扩孔、铰孔、攻螺纹、锪沉头孔和锪端面等工作。钻床的加工方法及所需的运动如图 10-13 所示。

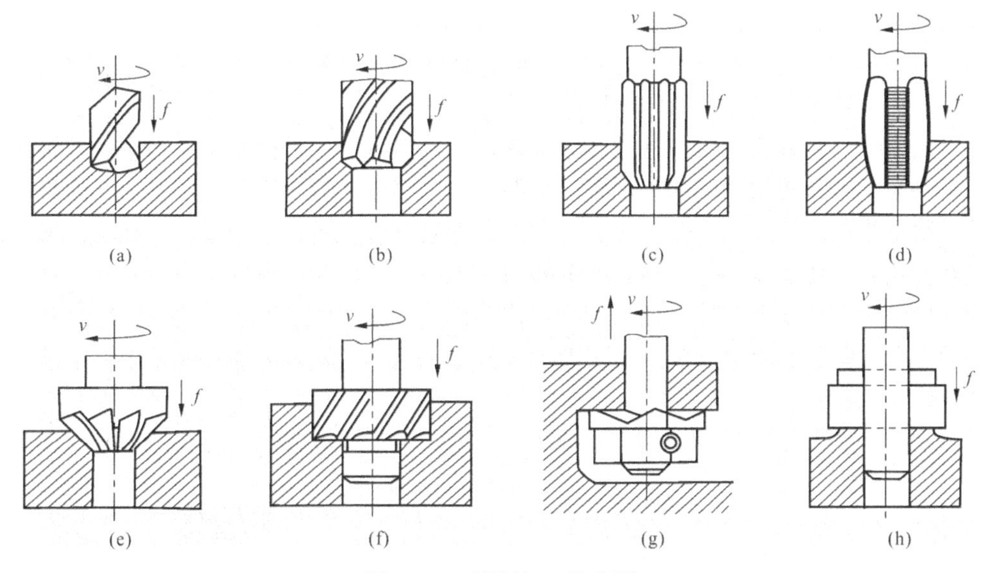

图 10-13　钻削加工的范围

（a）钻孔；（b）扩孔；（c）铰孔；（d）攻螺纹；（e）锪锥孔；（f）锪柱孔；（g）反锪鱼眼孔；（h）锪凸台

刀具的旋转运动是钻床的主运动，刀具在孔深方向的运动为进给运动。

（二）钻削加工的特点及工艺措施

1. 钻削加工的工艺特点

（1）刀具尺寸由被加工工件的尺寸决定，不能任意调整孔径大小；

（2）钻削属于内表面加工，钻头的切削部分始终处于半封闭状态，切屑难以排出；导致加工产生的热量不能及时地散发，因此，切削区温度很高。浇注切削液虽然可以使切削条件有所改善，但由于切削区是在内部，切削液最先接触的是正在排出的热切屑，待其到达切削区时，温度已显著提高，冷却作用已不明显。

（3）为了便于排屑，一般在刀具上面开出两条较宽的螺旋槽，导致钻头的强度和刚度都较差，易发生引偏现象，孔径容易扩大。孔越深越小，引偏现象越严重。

（4）切屑难以排出，容易划伤孔壁，影响孔的加工精度。因此，钻削加工精度一般为 IT11，表面粗糙度 *Ra* 值为 12.5μm，为孔的粗加工工序。

因此，在钻削加工中，冷却、排屑和导向定心是三大突出而又必须重视的问题，尤其在深孔加工中，这些问题更为突出。

2. 钻削加工的工艺措施

针对钻削加工存在的问题，常采取的工艺措施如下：

（1）导向定心问题。预钻锥形定心孔，即先用中心钻钻一个锥形坑，再用所需尺寸的钻头钻孔；对于大直径孔，采用两次钻孔的方法；刃磨钻头，尽可能使两切削刃对称，使径向力互相抵消，减少径向引偏。

（2）冷却问题。采用大流量冷却或压力冷却的方法，保证冷却效果，在普通加工中可以采取分段切削、定时推出的方法对钻头和钻削区进行冷却。

（3）排屑问题。在普通加工时，采用定时回退的方法把切屑排出；在深孔加工中，要采用钻头的结构和冷却措施相结合的方法，以便压力切削液把切屑强制排出。

（三）钻床结构

钻床按用途和结构的不同，分为立式钻床、台式钻床、摇臂钻床、深孔钻床和其他钻床等。下面以摇臂钻床为例介绍钻床的结构。

摇臂钻床是一种摇臂可绕立柱回转和升降，主轴箱可以在摇臂上作水平移动的钻床。如图 10-14（a）所示是摇臂钻床的外观图，工件固定在底座 3 的工作台上，主轴 7 的旋转和轴向进给运动是由电动机通过主轴箱 6 实现的。主轴箱可以在摇臂 5 的导轨上移动，摇臂借助电动机及丝杠 4 的传动能沿外立柱 2 上下移动，见图 10-14（b）。立柱 2 由内立柱和外立柱组成，内立柱固定在底座上，外立柱 2 由滚动轴承支承，外立柱可绕内立柱在±180°范围内回转，因此，主轴能很容易地调整到所需的加工位置。这样，就可在加工时使工件不动而方便地调整主轴 7 的位置。

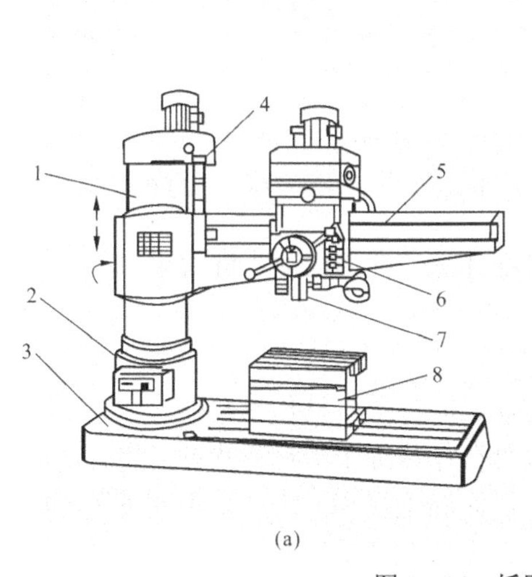

(a)

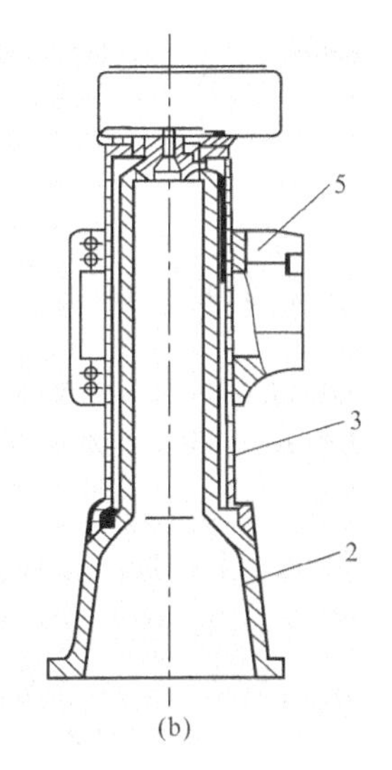

(b)

图 10-14 摇臂钻床

（a）摇臂钻床外形；（b）立柱

1—内立柱；2—外立柱；3—底座；4—摇臂升降丝杠；5—摇臂；
6—主轴箱；7—主轴；8—工作台

二、镗削加工

（一）镗削的加工范围

镗削加工是镗刀回转做主运动，工件或镗刀移动作进给运动的切削加工方法，如图 10-15 所示。镗削一般在镗床、加工中心和组合机床上进行，主要用于加工箱体、支架和机座等工件上的圆柱孔、螺纹孔、孔内沟槽和端面。镗削主要用来加工直径 80mm 以上的孔、孔内环形槽及有较高位置精度的孔系等。对钢铁材料的镗孔精度一般可达 IT7～IT9，表面粗糙度 *Ra* 为 2.5～0.16μm。

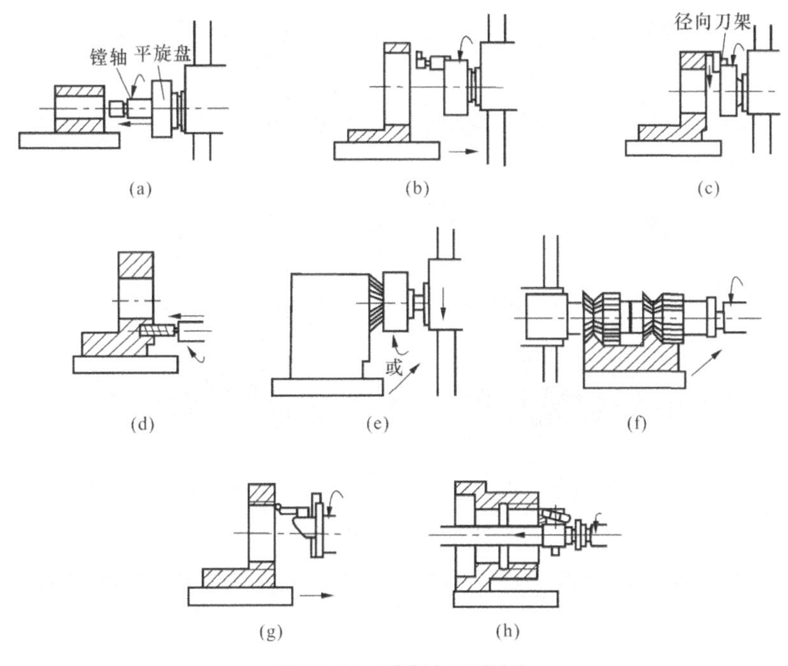

图 10-15　镗削加工范围

（a）镗小孔；（b）镗大孔；（c）镗端面；（d）钻孔；（e）铣平面；（f）铣组合面；（g）镗螺纹；（h）镗深孔螺纹

镗削加工时，工件装夹在工作台上，镗轴带动镗刀做旋转主运动，进给运动可由镗轴带动镗刀作轴向移动来实现，或者由工作台带动工件移动来实现。

（二）镗削加工的特点

（1）镗削加工灵活性大，适应性强。

（2）镗削加工操作技术要求高。

（3）镗刀结构简单，刃磨方便，成本低。

（4）镗孔可修正上一工序所产生的孔的轴线位置误差，保证孔的位置精度。

（三）镗刀的种类

镗刀有单刃镗刀和双刃镗刀，如图 10-16 所示，图 10-16（a）、图 10-16（b）为单刃镗刀，图 10-16（c）、图 10-16（d）为双刃镗刀。

单刃镗刀和双刃浮动镗刀的工艺特点如下：

单刃镗刀结构简单，有较大的灵活性和较高的适应性；可以校正底孔轴线的偏斜和位置误差；镗杆刚性差，切削用量小，生产率低。

双刃浮动镗刀镗刀片径向浮动，加工精度高；镗刀片有修光刃，表面加工质量高；镗刀片两切削刃同时工作，生产率高。

（四）卧式镗床

卧式镗床是镗床类机床中应用最为普遍的一种镗床，其工艺范围非常广泛，除镗孔外，还可以钻孔、扩孔和铰孔，铣削平面、成形面和各种形状的沟槽，车削端面、短外圆柱面内外环形槽和螺纹等。用卧式镗床加工时，可在一次安装中完成大部分或全部加工工序，所以特别适用加工尺寸较大、形状复杂的零件，如各种箱体、床身、机架等。卧式镗床的规格以镗轴直径表示。图 10-17 所示为 T68 型卧式镗床的结构。

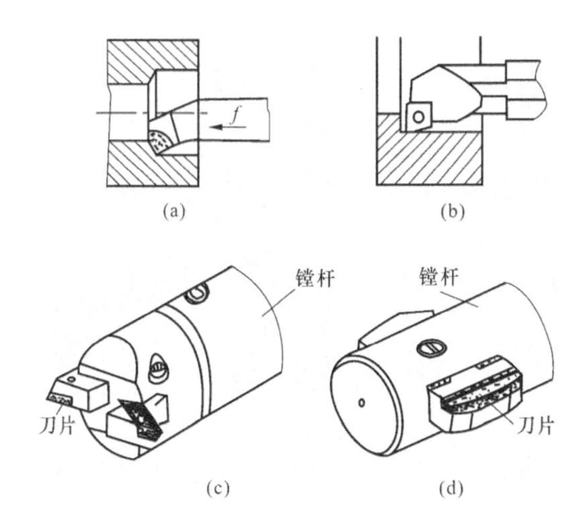

图 10-16 镗刀的种类

（a）焊接式单刃镗刀；（b）可转位式单刃镗刀；（c）固定双刃镗刀；（d）浮动式双刃镗刀

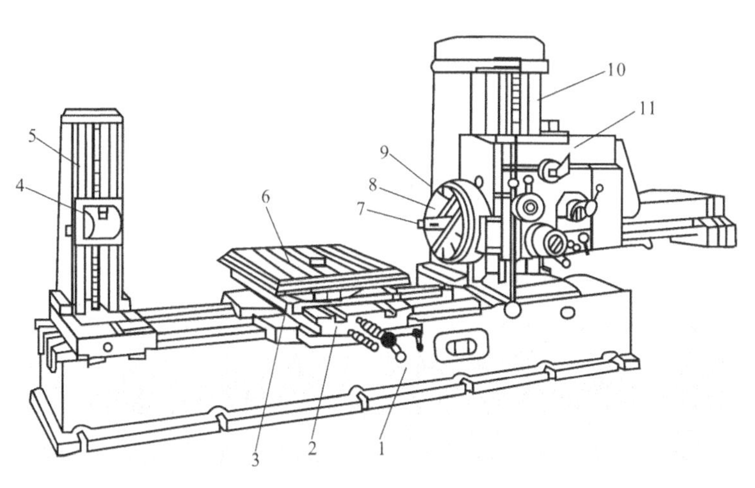

图 10-17 T68 型卧式镗床

1—床身；2—下滑座；3—上滑座；4—后支架；5—后立柱；6—工作台；7—镗轴；8—平旋盘；9—径向刀架；10—前立柱；11—主轴箱

卧式铣镗床的床身固定有前立柱 10。主轴箱 11 可沿前立柱上的导轨上、下移动，主轴箱内有主轴部件，以及主运动、轴向进结运动、径向进给运动的传动机构和相应的操纵机构。主轴前端的镗轴 7 上可以装刀具或镗杆。镗杆上安装刀具，由镗轴带动作旋转主运动，并可作轴向的进给运动。镗轴上也可以装上端铣刀加工平面。主轴前面的平旋盘 8 上也可以装上端铣刀铣削平面，平旋盘的径向刀架 9 上装的刀具可以一边旋转一边作径向进给运动，车削孔端面。后立柱 5 可沿床身导轨移动，后支架 4 能在后立柱的导轨上与主轴箱作同步的升降运动，以支承镗杆的后端，增大其刚度。工作台 6 用于安装工件，它可以随上滑座 3 在下滑座 2 的导轨上作横向进给或随下滑座在床身的导轨上作纵向进给，还能绕上滑座的圆导轨在水平面内旋转一定角度，以加工斜孔及斜面。

第四节　刨削、插削和拉削加工

一、刨削加工

刨削加工是在刨床上利用刨刀来加工工件的。刨削加工的表面有平面（按加工时所处的位置分为水平面、垂直面、斜面）、沟槽（包括直角槽、V 形槽、T 形槽、燕尾槽）和直线形成形面等。刨削后两平面之间的尺寸公差等级可达 IT8～IT9，表面粗糙度 *Ra* 为 1.6～3.2μm。

（一）刨削的加工范围

刨削加工可以在牛头刨床和龙门刨床上进行。牛头刨床多用于单件小批量生产的中小型零件。牛头刨床刨削水平面时，刨刀的往复直线运动为主运动，工件的横向间歇移动为进给运动；牛头刨床刨削垂直面或斜面时，刨刀的往复直线运动为主运动，刨刀的垂向或斜向的间歇移动为进给运动，如图 10-18 所示。

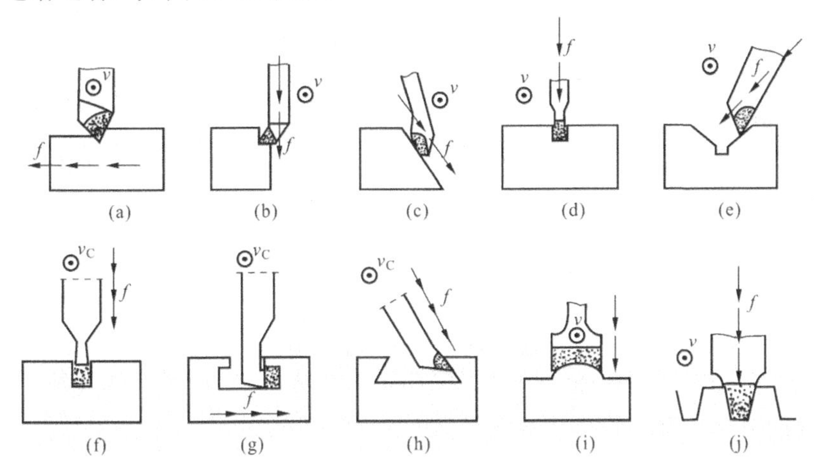

图 10-18　刨削的加工范围

（a）刨水平面；（b）刨垂直面；（c）刨斜面；（d）刨直角；（e）刨 V 形槽；（f）刨直角槽；（g）刨 T 形槽；（h）刨燕尾槽；（i）刨成形面；（j）成形刀刨齿条

（二）刨削加工的特点

（1）刨削过程是一个断续的切削过程，返回行程一般不进行切削，刨刀又属于单刃刀具，因此生产率比较低，但很适宜刨削狭长平面。

（2）刨刀结构简单，制造、刃磨和工件安装比较简便，刨床的调整也比较方便，刨削特别适合于单件、小批量生产的场合。

（3）刨削属于粗加工和半精加工的范畴。

（4）刨床无抬刀装置时，在返回行程刨刀后刀面与工件已加工表面发生摩擦，影响工件的表面质量，也会使刀具磨损加剧。

（5）刨削加工切削速度低和有一次空行程，产生的切削热少，散热条件好。

(三)牛头刨床

牛头刨床主要由床身、滑枕、刀架、工作台、横梁等组成，因其滑枕和刀架形似牛头而得名，如图 10-19 所示。牛头刨床的主运动是滑枕 3 带动刀架 2 在水平方向所作的直线往复运动。滑枕 3 装在床身 4 顶部的导轨上，由床身内部的曲柄摇杆机构传动，实现主运动。通过调整变速机构 6 可以改变滑枕的运动速度，行程长度则可通过滑枕行程调节手柄 6 调节。刀具安装在刀架 2 前端的抬刀板上，转动刀架上方的手轮，可使刀架沿刀架座上的垂直导轨上下移动，以调整刨削深度。调整刀架座可使刀架绕水平轴左右偏转 60°，用以刨削斜面或斜槽。滑枕回程时，抬刀板可将刨刀朝前方抬起，避免刀具擦伤已加工表面。工件装夹在工作台 1 上，可沿横梁 8 上的导轨作间歇的横向进给运动。横梁 8 带动工作台沿床身的竖直导轨上下移动，以调整工件与刨刀的相对位置。

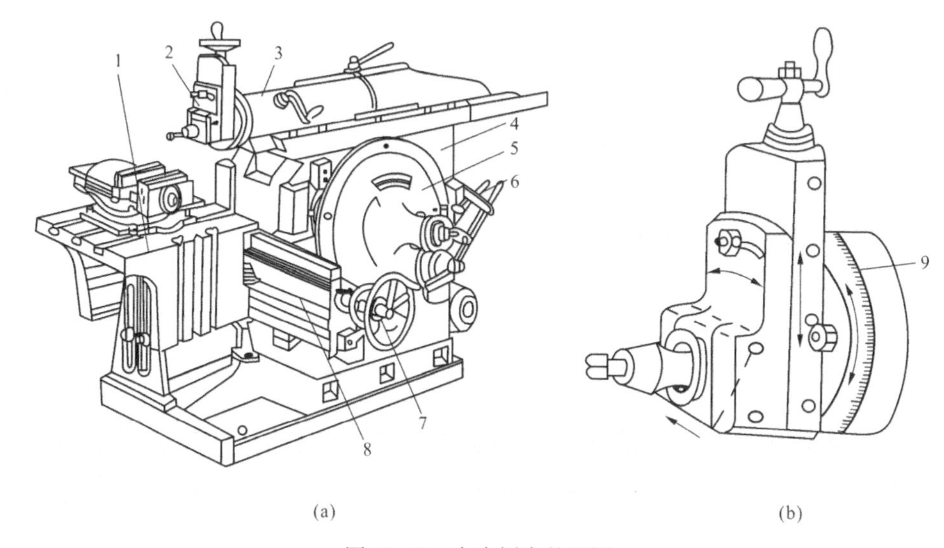

图 10-19　牛头刨床外形图

(a) 牛头刨床外形；(b) 刀架

1—工作台；2—刀架；3—滑枕；4—床身；5—摇臂机构；6—变速机构；7—进给机构；8—横梁；9—转盘

二、插削加工

插削加工指用插刀对工件作铅直相对直线往复运动的切削加工方法。插削的加工精度比刨削的差，插削加工的 Ra 为 1.6～6.3μm。

(一)插削的加工范围

在插床上可以插削孔内键槽、方孔、多边形孔和花键孔等。插削范围如图 10-20 所示。

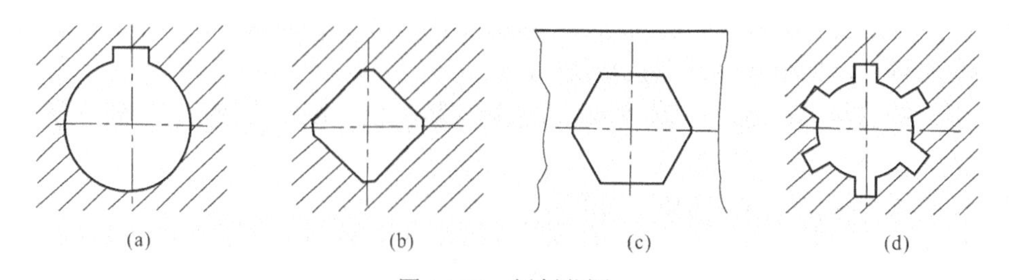

图 10-20　插削范围

(a) 插键槽；(b) 插方孔；(c) 插多边形孔；(d) 插花键孔

（二）插削加工的特点

（1）插床与插刀的结构简单，与刨削一样，插削时也存在冲击和空行程损失，因此，主要用于单件、小批量生产。

（2）插削工作行程受刀杆刚性限制，槽长尺寸不宜过大。

（3）刀架没有抬刀机构，工作台没有让刀机构，因此，插刀在回程时与工件相摩擦，工作条件较差。

（4）除键槽、型孔以外，插削还可以加工圆柱齿轮、凸轮等。

（三）插床

插削与刨削基本相同，只是插削是在插床上沿铅直方向进行，可视为“立式刨床”，如图 10-21 所示。

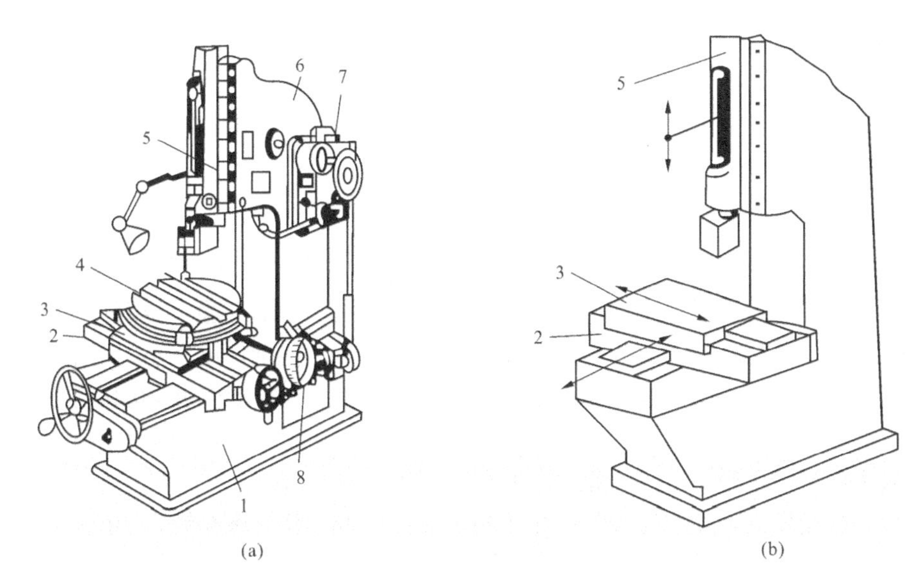

图 10-21　插床

（a）外形图；（b）切削运动示意图

1—床身；2—下滑座；3—上滑座；4—圆工作台；5—滑枕；6—立柱；7—变速箱；8—分度机构

三、拉削加工

拉削加工就是用各种不同的拉刀在相应的拉床上切削出各种内、外几何面的一种加工方式。拉削没有进给运动。拉削主要用于成批、大量生产的场合，但拉削只能加工贯通的等截面表面，特别适于成形内表面的加工。

（一）拉削加工范围

拉刀可以用来加工各种截面形状的通孔、直线或曲线的外表面。图 10-22 所示为拉削加工的典型工件截面形状。

（二）拉削加工特点

拉削加工与其他切削加工方法相比较，具有以下特点。

（1）拉床结构简单。拉削通常只有一个主运动（拉刀直线运动），进给运动由拉刀刀齿的齿升量来完成，因此拉床结构简单，操作方便。

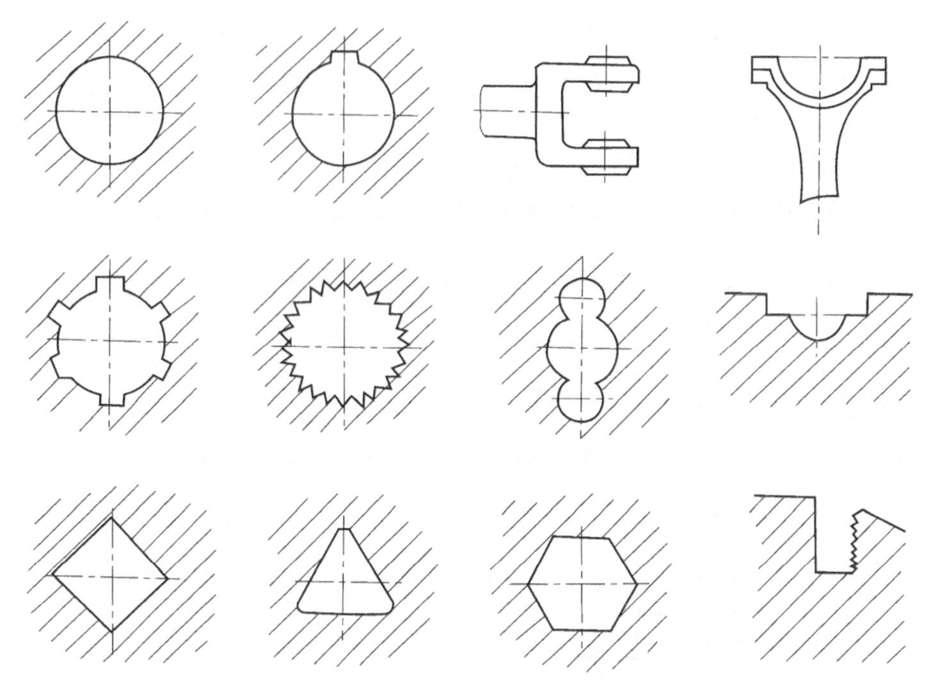

图 10-22 拉削加工的典型工件截面形状

（2）加工精度与表面质量高。一般拉床采用液压系统，传动平稳；拉削速度较低，一般为 0.04～0.2 m/s（约为 2.5～12 m/min），不会产生积屑瘤，切削厚度很小，一般精切齿的切削厚度为 0.005～0.015mm，因此，拉削精度可达 IT7、表面粗糙度值 Ra=0.4～3.2μm。

（3）生产率高。由于拉刀是多齿刀具，同时参加工作的刀齿多，切削刀总长度大，一次行程能完成粗、半精及精加工，因此生产率很高。

（4）拉刀耐用度高，使用寿命长。由于拉削速度较低，拉刀磨损慢，因此拉刀耐用度较高，同时，拉刀刀齿磨钝后，还可磨几次。因此，有较长的使用寿命。

（三）拉刀与拉削加工

图 10-23 为圆孔拉刀的形状与结构。

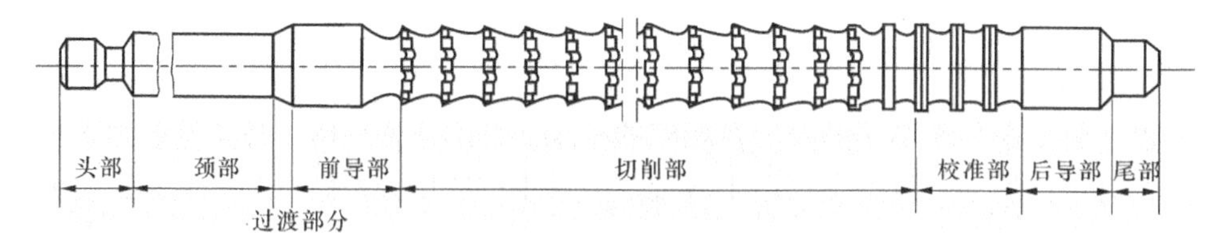

图 10-23 圆孔拉刀的形状与结构

1. 头部

拉刀与机床的连接部分，用以夹持拉刀、传递动力。

2. 颈部

头都与过渡锥之间的连接部分，此处可以打标记（拉刀的材料、尺寸规格等）。

3. 过渡部分

颈部与前导部分之间的锥度部分，起对准中心的作用；使拉刀易于进入工件孔。

4. 前导部

用于引导拉刀的切削齿正确地进入工件孔，防止刀具进入工件孔后发生歪斜，同时，还可以检查预加工孔尺寸是否过小，以免拉刀的第一个刀齿负荷过重而损坏。

5. 切削部

担负切削工作，切除工件上全部的拉削余量，由粗切齿、过渡齿和精切齿组成。

6. 校准部

用以校正孔径、修光孔壁，以提高孔的加工精度和表面质量，也可以作精切齿的后备齿。

7. 后导部

用于保证拉刀最后的正确位置，防止拉刀在即将离开工件时，因工件下垂而损坏已加工表面和刀齿。

8. 尾部

用于支撑拉刀，防止其下垂而影响加工质量和损坏刀齿。只有拉刀既长又重才需要。

拉刀是一种多齿精加工刀具。拉削时后一刀齿（或后一组刀齿）的齿高高于（或齿宽等于）前一刀齿（或前一组刀齿），从而能依次地从工件上切下很薄的金属层，以获得精度高、表面质量好的工件表面，如图10-24所示。

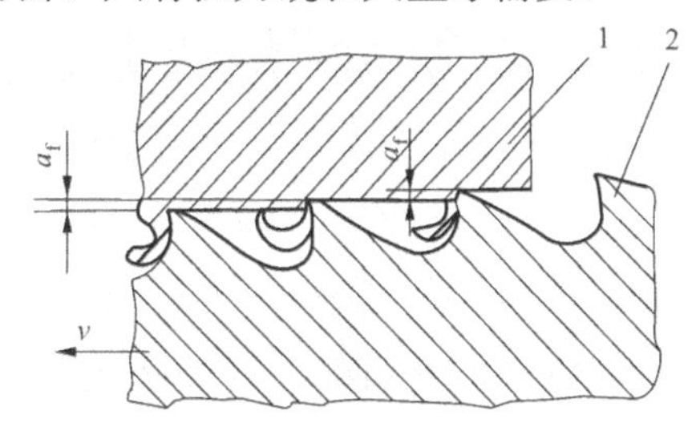

图10-24　拉削过程

1—工件；2—拉刀

（四）拉床结构

拉床分卧式和立式两类，图10-25为卧式拉床示意图。拉削时工作拉力较大，所以拉床一般采用液压传动。常用拉床的额定拉力有100、200、400kN等。

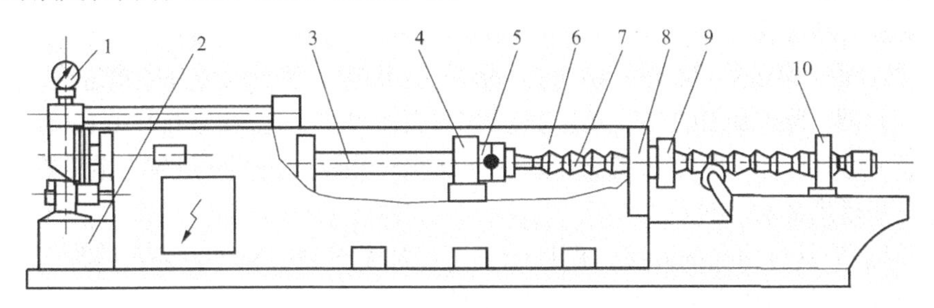

图10-25　卧式拉床示意图

1—压力表；2—液压传动部件；3—活塞拉杆；4—随动支架；5—刀架；6—床身；7—拉刀；8—支撑；9—工件；10—随动刀架

第五节　磨床及其加工

一、磨削加工的范围

磨削是以高速旋转的砂轮作为刀具对工件进行加工的切削方法，可以加工各种表面，如内外圆柱面和圆锥面、平面、渐开线齿廓面、螺旋面及各种成形面（如花键、齿轮、螺纹）等，还可以刃磨刀具和进行切断等，工艺范围十分广泛。常用的几种磨削加工形式如图10-26所示。

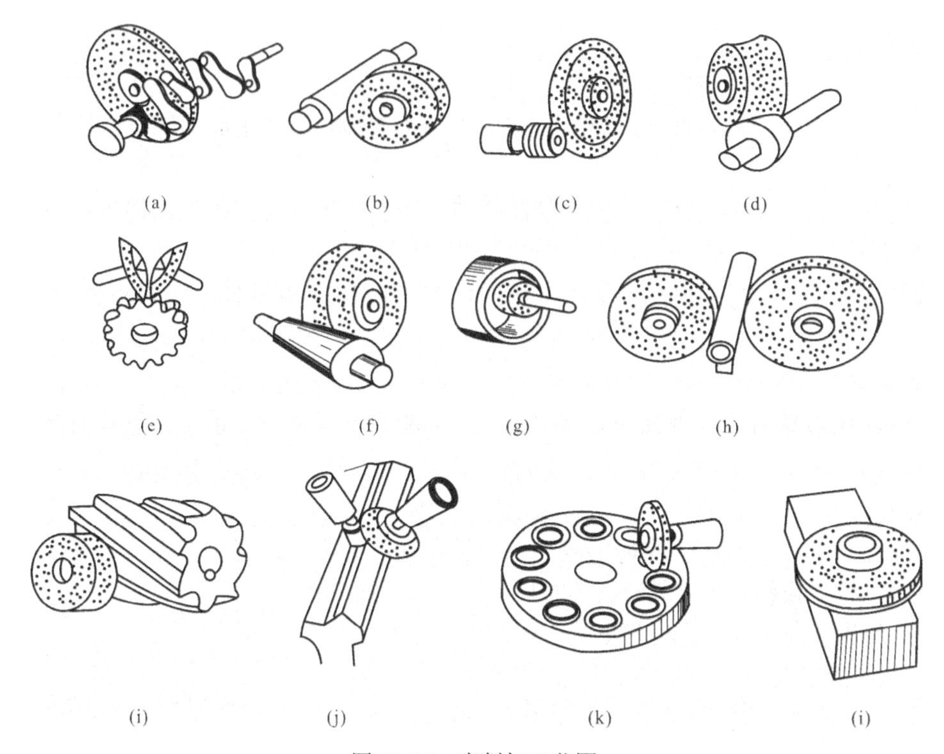

图 10-26 磨削加工范围

（a）磨曲轴；（b）磨外圆；（c）磨削螺纹；（d）磨成形面；（e）磨齿轮；（f）磨锥面；（g）磨内圆；（h）无心磨；（i）磨刀具；（j）磨滑轨；（k）磨平面（周磨）；（l）磨平面（端磨）

二、磨削加工的特点

1. 磨削加工精度高

磨削是靠砂轮上磨粒的刃口进行切削的，磨粒刃口锋利，磨床又能作微量进给，因此，能切下很薄的一层金属。磨削加工的公差等级可达 IT6，表面粗糙度值 Ra 为 0.8～0.1μm。高精度磨削时，公差等级可达 IT5，表面粗糙度值 Ra 为 0.1～0.08μm。因此，磨削一般作为零件的精加工工序。

2. 可对高硬度的材料进行加工

由于砂轮磨粒具有很高的硬度，所以除了可以加工一般材料外，还可以加工一般用刀具难以加工的材料，如硬质合金或经淬火后的工件。

3. 磨削的温度高

磨削时的速度很高，一般可达 30～50m/s，产生的切削热多，砂轮的导热性差，磨削区瞬时磨削温度可达 1000℃。高温可使工件变形、烧伤或机械性能下降。为了减少高温对加工质量的影响，在磨削时要大量使用切削液。磨削钢件时，广泛使用的切削液是苏打水或乳化液。

三、磨削刀具——砂轮

砂轮是磨削的切削工具，它是利用结合剂把磨粒黏结在一起经焙烧而成的具有一定几何形状的多孔体，如图 10-27 所示。

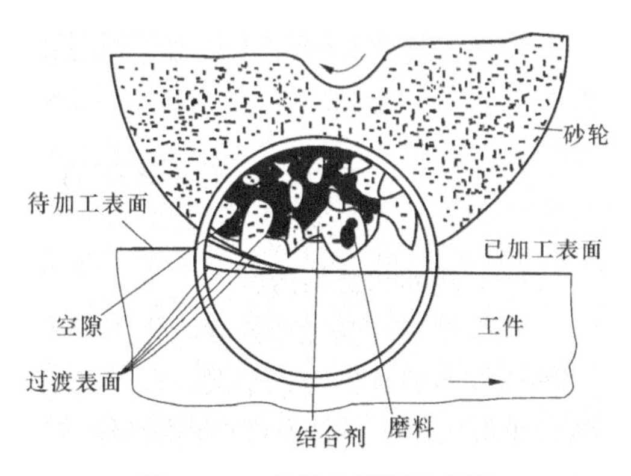

图 10-27 砂轮及磨削示意图

（一）砂轮的组成要素

砂轮是用结合剂把磨粒粘在一起压制成形焙烧出来的，它是疏松的多孔体。砂轮的切削性能决定于以下几个因素：

1. 磨料

磨料直接参加磨削工作，必须具有很高的硬度、耐热性和一定的韧性，还必须具有锋利的棱边和一定的强度。常用的磨料有三类，即氧化物系、碳化物系、高硬磨料系。

氧化物系磨料主要成分是 Al_2O_3，由于它们的纯度不同和加入金属元素不同，而分为不同的品种。其磨料韧性大，适宜磨削各种钢材及可锻铸铁。

碳化物系磨料主要以碳化硅、碳化硼等为基体，因材料的纯度不同而分为不同品种。此类磨料硬度高、性脆而锋利，用于磨削铸铁、黄铜等脆性材料及硬质合金刀具。

高硬磨料系中主要有人造金刚石和立方氮化硼。

2. 结合剂

结合剂是将磨粒粘合成砂轮的结合物质，它的性能在很大程度上决定了砂轮的强度、耐冲击性、耐腐蚀性和耐热性。此外，它对磨削温度与加工表面质量也有一定的影响。常用的结合剂有陶瓷结合剂、树脂结合剂、橡胶结合剂等。

3. 粒度

粒度是指磨料颗粒大小程度。以磨粒刚能通过的筛网的网号来表示磨粒的粒度。粒度号越大，颗粒越小。磨粒粒度对磨削生产率和加工表面粗糙度有很大的影响。一般来说，粗磨用颗粒较粗的磨粒，精磨用颗粒较细的磨粒。当工件材料软、塑性大和磨削面积大时，为了避免堵塞砂轮，也可采用较粗的磨粒。

4. 硬度

砂轮的硬度是指结合剂粘合磨粒的牢固程度，也是磨粒在外力作用下，从砂轮上脱落的难易程度。砂轮的硬度对磨削生产率和磨削表面质量都有很大的影响。

5. 组织

组织是砂轮结构的松紧程度。即指磨粒、结合剂和气孔三者所占体积的比例，磨粒的百分比越大，砂轮的组织就越紧。砂轮组织的级别可分为紧密、中等和疏松三大类。

6. 形状、尺寸

为了适应在不同类型的磨床上磨削各种形状和尺寸的工件的需要，砂轮可以做成各种不同的形状和尺寸，有平形、筒形、碗形、碟形等。

（二）砂轮的选择

选择砂轮应符合工作条件、工件材料、加工要求等各种因素，以保证磨削质量。

（1）磨削钢等韧性材料应选择刚玉类磨料；磨削铸铁、硬质合金等脆性材料应选择碳化硅类磨料。

（2）粗磨时选择粗粒度，精磨时选择细粒度。

（3）薄片砂轮应选择橡胶或树脂结合剂。

（4）工件材料硬度高，应选择软砂轮，工件材料硬度低应选择硬砂轮。

（5）磨削接触面积大应选择软砂轮。因此，内圆磨削和端面磨削的砂轮硬度比外圆磨削的砂轮硬度要低。

（6）精磨和成形磨时砂轮硬度应高一些。

（7）砂轮粒度细时，砂轮硬度应低一些。

（8）磨有色金属等软材料，应选软的且疏松的砂轮，以免砂轮堵塞。

（9）成形磨削、精密磨削时应取组织较紧密的砂轮。

（10）工件磨削面积较大时，应选组织疏松的砂轮。

四、外圆磨床结构

为了适应磨削各种表面、工件形状和生产批量的要求，磨床的种类有很多，主要有外圆磨床、内圆磨床、平面磨床、工具磨床、专门用来磨削特定表面和工件的专门化磨床，如花键轴磨床、凸轮轴磨床、曲轴磨床等。以上均是使用砂轮作切削工具的磨床；此外，还有以柔性砂带为切削工具的砂带磨床，以油石和研磨剂为切削工具的精磨磨床等。

外圆磨床主要用于磨削外圆柱面和外圆锥面，包括万能外圆磨床、普通外圆磨床、无心外圆磨床等。下面介绍万能外圆磨床结构。

图 10-28 所示为 M1432A 万能外圆磨床外形图。它由床身 1、工作台头架 2、内圆磨头 3、砂轮架 5、滑鞍 6 及横向进给机构等部分组成。在床身上面的纵向导轨上装有工作台，台面上装有头架和尾架。被加工工件支承在头架、尾架顶尖上，或夹持在头架主轴的卡盘中，由头架上的传动装置带动旋转，以适应工件长短的需要。工作台沿床身导轨作纵向往复运动，带动头架和尾座，从而带动工件作纵向进给运动。工作台分上、下两部分。上工作台可绕下工作台的心轴在水平面内调整至某一角度位置，以磨削锥度较小的长圆锥面。砂轮架安装在床身后部顶面的横向导轨上，砂轮架内装有砂轮主轴及其传动装置，利用横向进给机构可实现周期的或连续的横向进给运动。同时，它也可绕其垂直轴线旋转一定角度，以满足磨削短圆锥面的需要。装在砂轮架上的内磨装置中，装有磨内孔的砂轮主轴。内圆磨具的主轴有专门的电动机驱动。不磨削内孔时，内圆磨具翻向上方。工作时将其放下。另外，在床身内还有液压部件，在床身后侧有冷却装置。

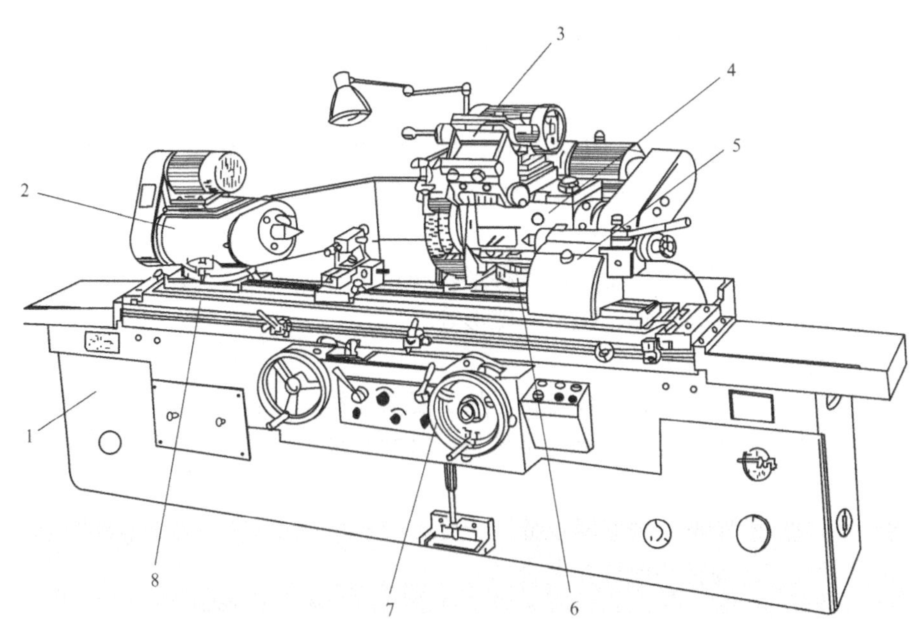

图 10-28 M1432A 万能外圆磨床

1—床身；2—头架；3—内圆磨具；4—砂轮架；5—尾座；6—滑鞍；7—手轮；8—工作台

复习思考题

1．比较铣削时，周铣和端铣的区别。

2．在钻床上使用麻花钻钻孔容易引偏，简述引偏的原因及防止引偏的措施。

3．外圆车刀切削部分结构由哪些部分组成？标注图 10-29 所示组成部分。

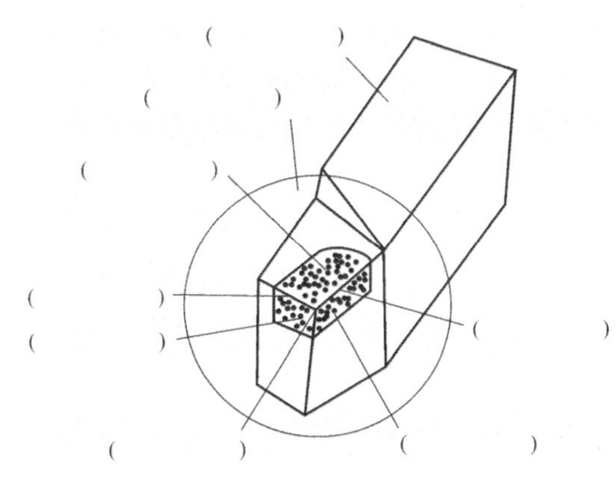

图 10-29　外圆车刀切削部分结构

4．已知工件材料为钢，需钻ϕ10mm 的孔，选择切削速度为 31.4m/min，进给量为 f=0.1mm/r，试求 2min 后钻孔的深度为多少？

5．砂轮的硬度是指什么?为什么磨硬的工件（如淬火钢）要用软砂轮而磨软的工件（如低碳钢）要用硬砂轮?磨削有色金属应选硬砂轮还是软砂轮?为什么?

6．填表 10-1 回答所列加工方法的主运动和进给运动的执行者（工件或刀具）及运动形式（旋转运动、直线运动或往复直线运动）。

表 10-1　　**加工方法的主运动和进给运动**

加工方法	主运动		进给运动	
	执行者	运动方式	执行者	运动方式
圆面	工件	旋转	刀具	直线运动
铣平面				
牛头刨床刨平面				
钻孔（钻床）				
卧式镗削镗孔				

第十一章　数控加工基础

随着科学技术的进步，各类工业新产品层出不穷，传统的制造业开始了根本性变革，产品材料越来越难加工，零件形状也越来越复杂，一种新型的生产设备——数控机床就应运而生了。数控机床又称数字控制（Numerical Control，NC）机床，是相对于模拟控制而言的，是在传统机床技术基础上利用数字控制等一系列自动控制和微电子技术发展起来的高效率、高精度和高柔性化兼有的机床。

第一节　数控加工概述

一、数控机床的加工特点

与普通机床加工相比，数控加工具有如下特点：

1. 自动化程度高

在数控机床上加工工件时，除了手工装卸工件外，全部加工过程都可由机床自动完成。这样大大减轻了操作者的劳动强度，改善了劳动条件。

2. 具有加工复杂形状零件的能力

运动的任意性使其能完成普通加工方法难以完成或者无法进行的复杂形面加工。

3. 生产准备周期短

在数控机床上加工新的零件，大部分准备工作是根据零件图样编制的数控程序，而不是准备靠模、专用夹具等工艺装备，而且编程工作可以离线进行。这样大大缩短了生产的准备时间，因此，应用数控机床十分有利于产品的升级换代和新产品的开发。

4. 加工精度高、质量稳定，生产效率高

数控机床加工尺寸精度在 0.005～0.01mm 之间，且不受零件复杂程度的影响。由于大部分操作都由机器自动完成，因而消除了人为误差，提高了批量零件尺寸的一致性，同时精密控制的机床上还采用了位置检测装置，更加提高了数控加工的精度。

5. 易于建立与计算机间的通信联络

由于机床采用数字信息控制，易于与计算机辅助设计系统连接，形成 CAD/CAM 一体化系统，并且可以建立各机床间的联系，容易实现群控。

二、数控机床的分类

数控机床的分类方法很多，如果按加工工艺方法分类 可分为以下几种：

1. 金属切削类数控机床

与传统的车、铣、钻、磨、齿轮加工相对应的数控机床有数控车床、数控铣床、数控钻床、数控磨床、数控齿轮加工机床等。尽管这些数控机床在加工工艺方法上存在很大差别，具体的控制方式也各不相同，但机床的动作和运动都是数字化控制的，具有较高的生产率和自动化程度。

2. 特种加工类数控机床

除了切削加工数控机床以外，数控技术也大量用于数控电火花线切割机床、数控电火花成型机床、数控等离子弧切割机床、数控火焰切割机床及数控激光加工机床等。

3. 板材加工类数控机床

常见的应用于金属板材加工的数控机床有数控压力机、数控剪板机和数控折弯机等。近年来，其他机械设备中也大量采用了数控技术，如数控多坐标测量机、自动绘图机及工业机器人等。

三、数控机床的组成及工作原理

（一）数控机床的组成

数控机床主要有程序载体、输入输出装置、数控装置、伺服驱动装置和位置检测装置、机床本体及辅助装置等组成，如图 11-1 所示。通常把程序载体、数控装置和伺服系统称为数控系统。

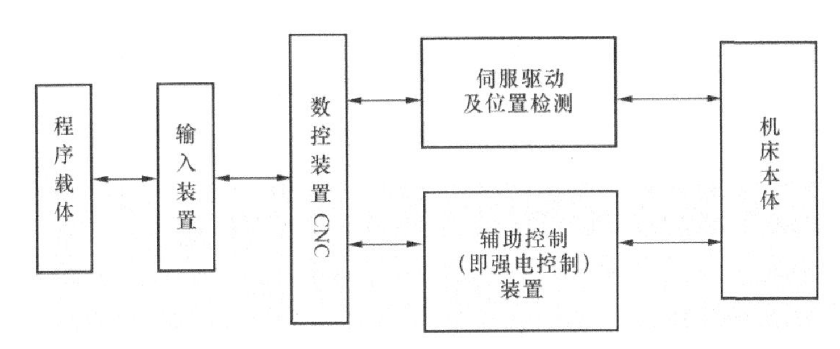

图 11-1 数控机床的基本结构

1. 程序载体

程序载体（又称控制介质）的功能是用来存储工件加工过程中所需的全部数据和指令，以控制机床的运动和各种动作，实现零件的机械加工。常用的程序载体有穿孔纸带、磁带、磁盘及其他可存储物质。

程序载体上的各种加工信息要经输入装置（如光电纸带输入机、磁带录音机和磁盘驱动器等）输送给数控装置。对于用微型计算机控制的数控机床，还可以通过通信接口从其他计算机获得加工信息，也可用操作面板上的按钮和手动键盘将加工信息直接输入并将数控加工程序存入数控装置的存储器中。

2. 输入装置

输入装置的作用是将程序载体（控制介质）上的数控代码传递并存入数控系统内。根据控制存储介质的不同，输入装置可以是光电阅读机、磁带机或软盘驱动器等。数控机床加工程序也可通过键盘用手工方式直接输入数控系统；数控加工程序还可由编程计算机用 RS232C 或采用网络通信方式传送到数控系统中。

3. 数控装置

数控装置是数控机床的核心。数控装置从内部存储器中取出或接受输入装置送来的一段或几段数控加工程序，经过数控装置的逻辑电路或系统软件进行编译、运算和逻辑处理后，输出各种控制信息和指令，控制机床各部分的工作，并使机床进行规定的有序运动和动作。

4. 伺服驱动装置和位置检测装置

驱动装置接受来自数控装置的指令信息，经功率放大后，严格按照指令信息的要求驱动机床移动部件，以加工出符合图样要求的零件。因此，它的伺服精度和动态响应性能是影响数控机床加工精度、表面质量和生产率的重要因素之一。驱动装置包括控制器（含功率放大器）和执行机构两大部分。目前，大都采用直流或交流伺服电动机作为执行机构。

位置检测装置将数控机床各坐标轴的实际位移量检测出来，经反馈系统输入到机床的数控装置之后，数控装置将反馈回来的实际位移量值与设定值进行比较，控制驱动装置按照指令设定值运动。

5. 机床本体

数控机床的机床本体与传统机床相似，由主轴传动装置、进给传动装置、床身、工作台以及辅助运动装置、液压气动系统、润滑系统、冷却装置等组成。但数控机床在整体布局、外观造型、传动系统、刀具系统的结构及操作机构等方面都已发生了很大的变化。这种变化的目的是为了满足数控机床的要求和充分发挥数控机床的特点。

6. 辅助控制装置

辅助控制装置的主要作用是接收数控装置输出的开关量指令信号，经过编译、逻辑判别和运动，再经功率放大后驱动相应的电器，带动机床的机械、液压、气动等辅助装置完成指令规定的开关量动作。这些控制包括主轴运动部件的变速、换向和启停指令，刀具的选择和交换指令，冷却、润滑装置的启动、停止，工件和机床部件的松开、夹紧，分度工作台转位分度等开关辅助动作。

（二）数控机床工作原理

数控机床加工零件时，首先必须将工件的几何数据和工艺数据等加工信息按规定的代码和格式编制成零件的数控加工程序，这是数控机床的工作指令。将加工程序用适当的方法输入到数控系统，数控系统对输入的加工程序进行数据处理，输出各种信息和指令，控制机床主运动的变速、起停、进给的方向、速度和位移量，以及其他如刀具选择交换、工件的夹紧松开、冷却润滑的开关等动作，使刀具与工件及其他辅助装置严格地按照加工程序规定的顺序、轨迹和参数进行工作。数控机床的运行处于不断地计算、输出、反馈等控制过程中，以保证刀具和工件之间相对位置的准确性，从而加工出符合要求的零件。数控机床加工工件的过程见图 11-2。

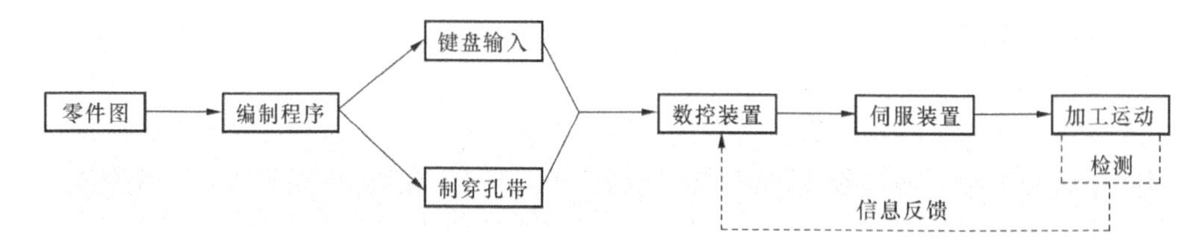

图 11-2 数控机床加工工件的过程

四、数控机床编程简介

（一）数控编程概念

数控加工是指在数控机床上进行零件加工的一种加工方法。在数控机床上加工零件时，首先要进行程序编制，简称编程。数控编程就是将加工零件的加工顺序、刀具运动轨迹的尺寸数据、工艺参数（运动速度、切削深度等）及辅助操作（换刀、主轴正反转、冷却液开关、刀具夹紧、松开等）加工信息，用规定的文字、数字、符号组成的代码，按一定的格式编写成加工程序。使用数控机床加工零件时，程序编制是一项重要的工作。编程方法有手工编程和自动编程两种。

（二）数控编程与加工步骤

数控机床的工作过程如图 11-3 所示，其主要加工步骤如下：

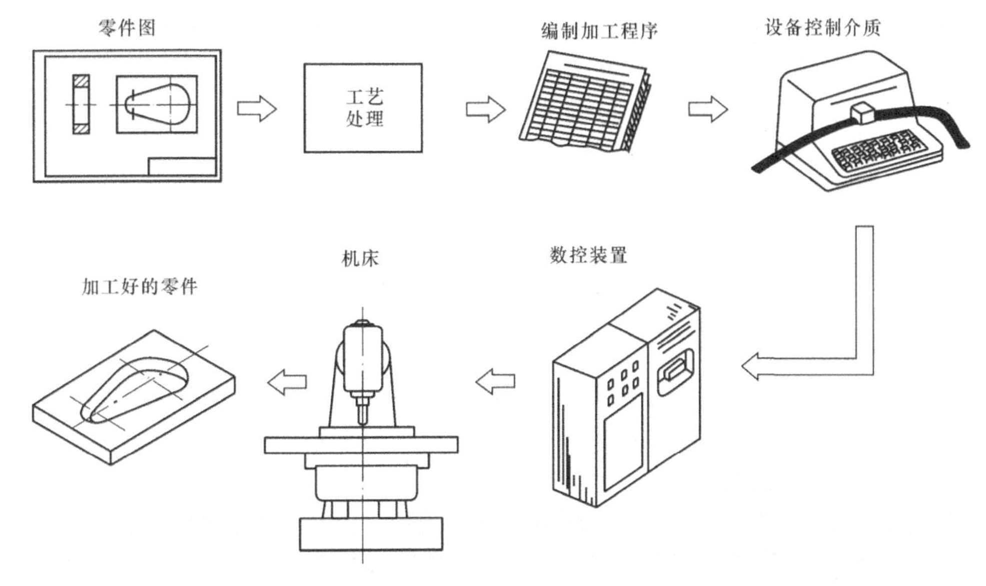

图 11-3 数控机床的工作过程

（1）分析零件图。这一步骤主要是对零件图进行分析，以明确加工的内容和要求。主要分析零件的材料、形状、尺寸、精度及毛坯形状和热处理要求等内容，以便确定该零件是否适宜在数控机床上加工、适宜在哪类数控机床上加工。有时还要确定在某台数控机床上加工该零件的哪些工序或哪几个部分。

（2）确定加工工艺路线。数控机床的加工过程中的每一步动作都是由程序来决定的，因此在确定加工工艺时需制订得十分细致、详尽。这一步骤主要确定零件的加工方法（如采用的工夹具、装夹定位方法等）和加工路线（如对刀点、走刀路线），并确定切削用量等工艺参数（如切削进给速度、主轴转速、切削宽度和深度等）。

（3）选择合适的数控机床、数控刀具，装夹刀具。

（4）编写程序并输入程序。根据零件图纸和确定的加工路线后，建立工件坐标系，算出数控编程所需要输入的数据。

（5）模拟试运行，校验程序。通过数控机床的机床锁住模拟试运行功能来检验程序语法是否有错误、加工轨迹是否正确，及时发现错误，并加以修正，一直到程序能正确执行为止。

（6）安装工件。根据加工要求及工件特点，确定装夹方案，合理选择夹具，正确安装工件。

（7）对刀。

（8）调出程序，光标放在程序前端。

（9）检查各按钮是否正确，主轴倍率置于 100%处。

（10）试切削。通过首件试切削，实际考核加工工艺及有关参数制订得合理与否，能否满足零件图上的技术要求，以及加工效率如何等，及时修正，进一步改进程序。在零件程序调试合格后，就可投入正常批量加工生产。

（三）数控编程坐标系介绍

在编程之前首先必须要明确数控机床的坐标轴及运动方向的有关规定。ISO 841 制定了《机床数字控制坐标—坐标轴和运动方向命名》的国际标准。我国也颁布了 GB/T 19660—2005《工业自动化系统与集成 机床数值控制坐标系和运动命名》其规定了关于机床坐标轴和运动方向的规则。

1. 坐标轴及其运动方向

（1）机床坐标系的确定。

1）机床相对运动的规定。在机床上，我们始终认为工件静止，而刀具是运动的。这样编程人员在不考虑机床上工件与刀具具体运动的情况下，就可以依据零件图样，确定机床的加工过程。

2）机床坐标系的规定。

在数控机床上，机床的动作是由数控装置来控制的，为了确定数控机床上的成形运动和辅助运动，必须先确定机床上运动的位移和运动的方向，这就需要通过坐标系来实现，这个坐标系被称之为机床坐标系。

标准机床坐标系中 *X*、*Y*、*Z* 坐标轴的相互关系用右手笛卡尔直角坐标系决定。

① 伸出右手的大拇指、食指和中指，并互为 90°。则大拇指代表 *X* 坐标，食指代表 *Y* 坐标，中指代表 *Z* 坐标。

② 大拇指的指向为 *X* 坐标的正方向，食指的指向为 *Y* 坐标的正方向，中指的指向为 *Z* 坐标的正方向。

③ 围绕 *X*、*Y*、*Z* 坐标旋转的旋转坐标分别用 *A*、*B*、*C* 表示，根据右手螺旋定则，大拇指的指向为 *X*、*Y*、*Z* 坐标中任意轴的正向，则其余四指的旋转方向即为旋转坐标 *A*、*B*、*C* 的正向，见图 11-4。

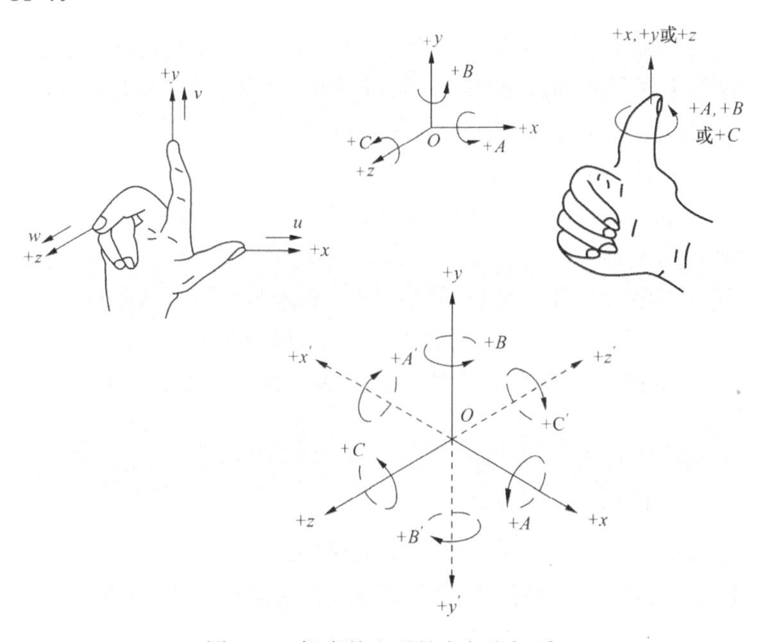

图 11-4 机床的右手笛卡尔坐标系

3）运动方向的规定。增大刀具与工件距离的方向即为各坐标轴的正方向，如图 11-5 所示为数控车床上两个运动的正方向。

（2）坐标轴方向的确定。

1）*Z* 坐标。其运动方向是由传递切削动力的主轴所决定的，即平行于主轴轴线的坐标轴即为 *Z* 坐标，*Z* 坐标的正向为刀具离开工件的方向。

如果机床上有几个主轴，则选一个垂直于工件装夹平面的主轴方向为 *Z* 坐标方向；如果主轴能够摆动，则选垂直于工件装夹平面的方向为 *Z* 坐标方向；如果机床无主轴，则选垂直于工件装夹平面的方向为 *Z* 坐标方向。图 11-5 所示为数控车床的 *Z* 坐标。

2）*X* 坐标。其平行于工件的装夹平面，一般在水平面内。确定 *X* 轴的方向时，要考虑以下两种情况：

① 如果工件做旋转运动，则刀具离开工件的方向为 *X* 坐标的正方向。

② 如果刀具做旋转运动，则分为两种情况：*Z* 坐标水平时，观察者沿刀具主轴向工件看时，+*X* 运动方向指向右方；*Z* 坐标垂直时，观察者面对刀具主轴向立柱看时，+*X* 运动方向指向右方。图 11-5 所示为数控车床的 *X* 坐标。

3）*Y* 坐标。

在确定 *X*、*Z* 坐标的正方向后，可以用根据 *X*、*Z* 坐标的方向，按照右手直角坐标系来确定 *Y* 坐标的方向。图 11-6 所示为数控铣床的 *Y* 坐标。

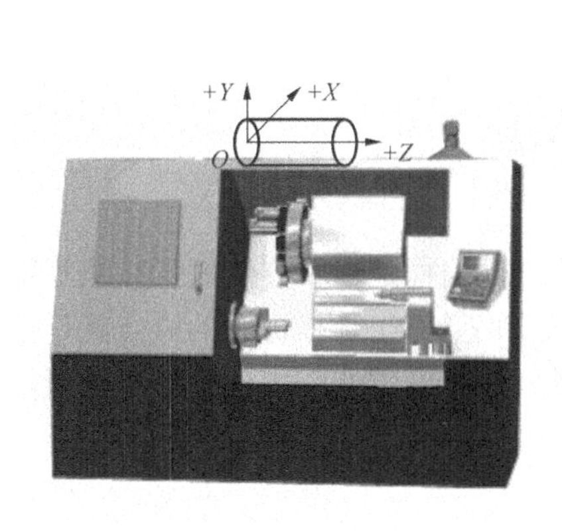

图 11-5 数控车床的坐标系

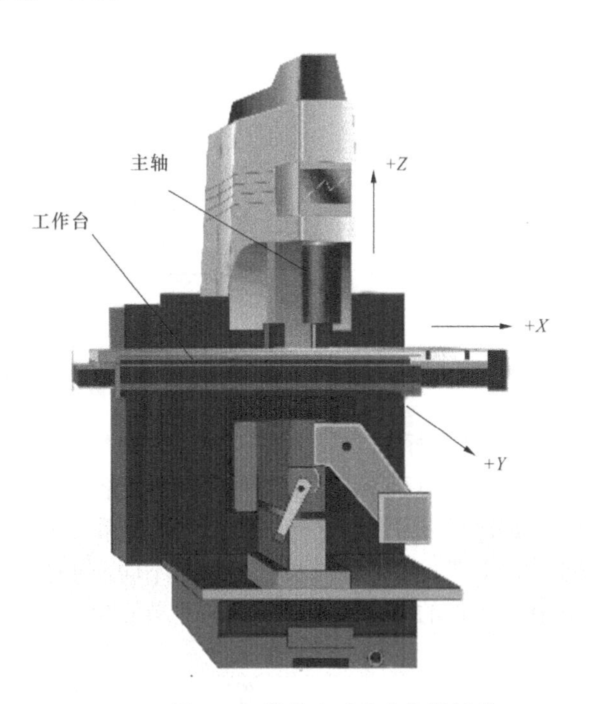

图 11-6 数控立式铣床的坐标系

2. 机床原点、机床参考点

（1）机床原点的设置。机床原点是指在机床上设置的一个固定点，即机床坐标系的原点。它在机床装配、调试时就已确定下来，是数控机床进行加工运动的基准参考点。

1）数控车床的原点。在数控车床上，机床原点一般取在卡盘端面与主轴中心线的交点处，如

图 11-7 所示。同时，通过设置参数的方法，也可将机床原点设定在 X、Z 坐标的正方向极限位置上。

2）数控铣床的原点。在数控铣床上，机床原点一般取在 X、Y、Z 坐标的正方向极限位置上，见图 11-8。

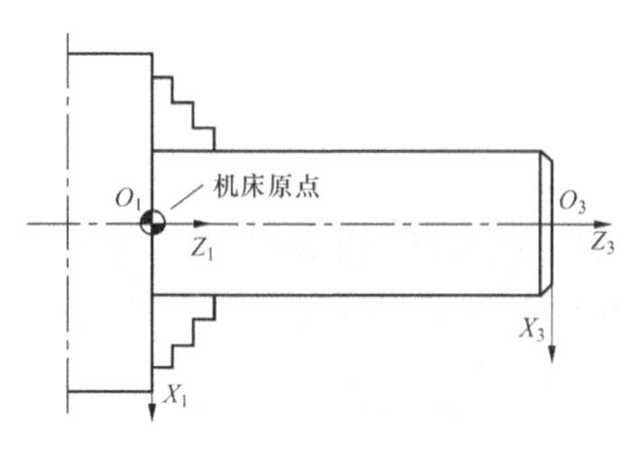

图 11-7　车床的机床原点

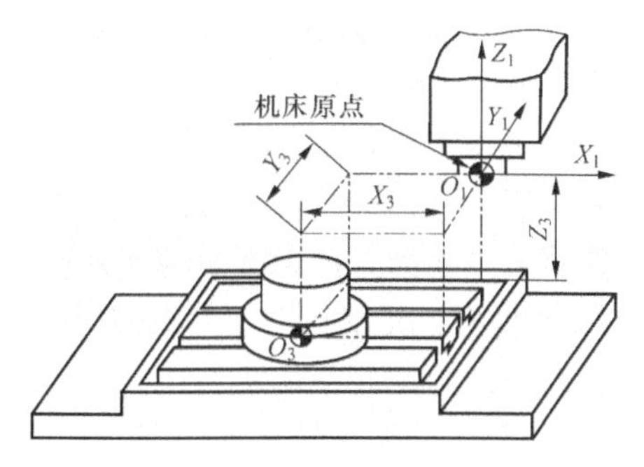

图 11-8　铣床的机床原点

（2）机床参考点。是指用于对机床运动进行检测和控制的固定位置点。机床参考点的位置是由机床制造厂家在每个进给轴上用限位开关精确调整好的，坐标值已输入数控系统中。因此，参考点对机床原点的坐标是一个已知数。通常在数控铣床上机床原点和机床参考点是重合的；而在数控车床上机床参考点是离机床原点最远的极限点。图 11-9 所示为数控车床的参考点与机床原点。

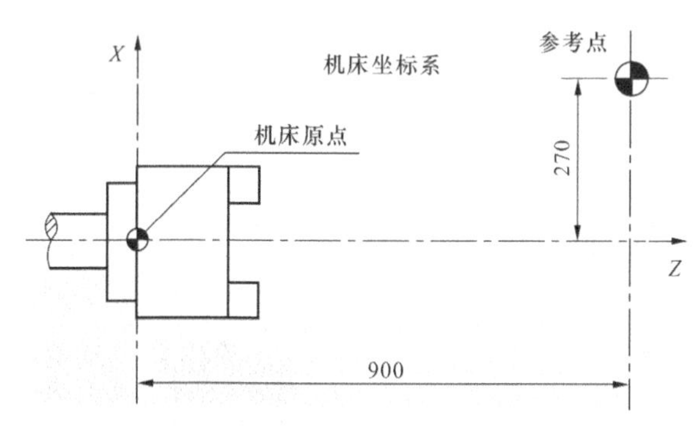

图 11-9　数控车床的参考点

3. 工件坐标系

用机床坐标系原点计算被加工零件上各点的坐标并进行编程是很不方便的，在编写零件加工程序时，常常还要选择一个工件坐标系（又称编程坐标系）。工件坐标系的原点就是工件原点，也叫工件零点，与机床坐标系不同，工件坐标系是人为设定的，工件坐标系的原点最好选择在工件的定位基准或夹具的适当位置上。

第二节　数控车削加工

一、数控车床介绍

数控车床是当今使用最广泛的数控机床之一，约占数控机床总数的 25%，数控车床外形如图 11-10 所示。数控车床主要用于精度要求高、表面粗糙度好、轮廓形状复杂的轴类、盘类等回转体零件的加工，能够通过程序控制自动完成内外圆柱面、锥面、圆弧、螺纹等工序的切削加工，并进行切槽、钻、扩、铰等加工。数控车削同常规加工相比，具有更强的适应能力，适合于多品种小批量零件的加工。

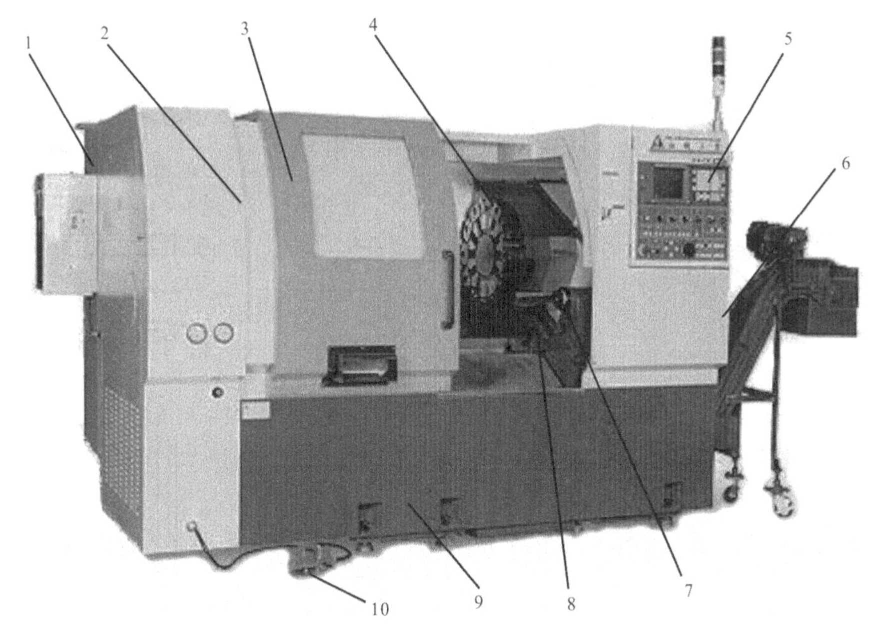

图 11-10 数控车床外形

1—电气箱；2—主轴箱；3—机床防护门；4—回转刀架；5—操作面板；6—排屑器；7—尾座；8—滑板；9—床身；10—卡盘踏板开关

对于数控车床的分类可以采取不同的方法，按主轴配置形式可分为卧式和立式两大类，按刀架数量可分为单刀架和双刀架两种，按数控车床控制系统和机械结构的档次分为经济型数控车床、全功能数控车床和车削中心。

二、数控车床的刀具和夹具

（一）数控车床加工刀具及其选择

数控车床上所采用的刀具与普通车床上采用的刀具相似且可以通用，但在数控车床加工中，为了适应数控机床高速、高效、高精度加工的需要，在刀具的选择上，特别是对刀具切削部分的几何参数及刀具材料等方面都提出了更高的要求。

1. 常用车刀的种类和用途

数控车削加工所用刀具很多，除钻头、铰刀等定值刀具外，主要是车刀，常用的数控车削刀具如图 11-11 所示。

（1）按切削部分形状分类。通常，可分为尖形车刀、圆弧形车刀和成型车刀。

1）尖形车刀。以直线形切削刃为特征的车刀一般称为尖形车刀。这类车刀的刀尖（同时也为其刀位点）由直线形的主、副切削刃构成，如 90° 内、外圆车刀，左右端面车刀，切断（车槽）车刀及刀尖倒棱很小的各种外圆和内孔车刀。

2）圆弧形车刀。是较为特殊的数控加工用车刀。如图 11-12（a）所示，其特征是构成主切削刃的刀刃形状为一圆度误差或线轮廓误差很小的圆弧，该圆弧刃上每一点都是圆弧形车刀的刀尖，因此，刀位点不在圆弧上，而在该圆弧的圆心上；车刀圆弧半径理论上与被加工零件的形状无关，并可按需要灵活确定或经测定后确认。

圆弧形车刀可以用于车削内、外表面，特别适宜于车削各种光滑连接（凹形）的成型面，如图 11-12（b）所示。

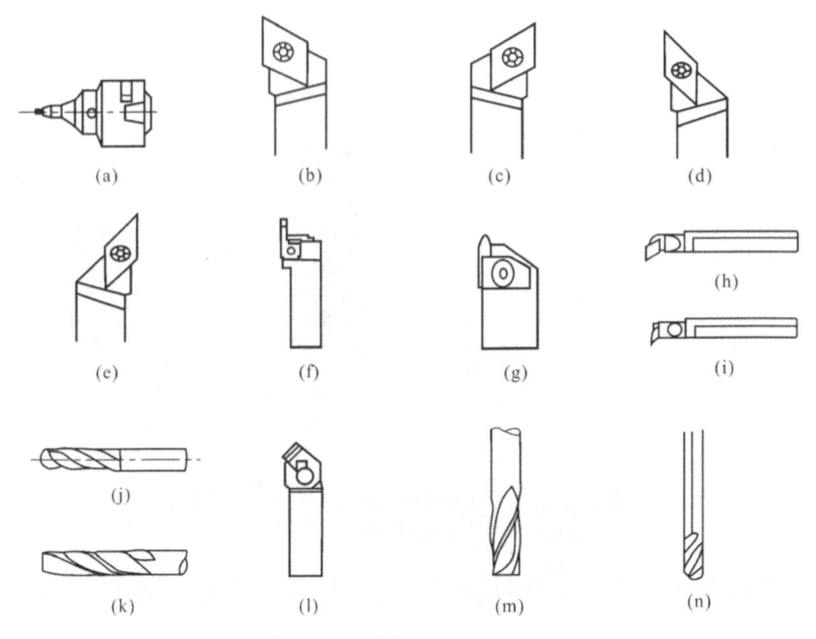

图 11-11 数控车削常用刀具

（a）中心钻；（b）外圆右偏粗车刀；（c）外圆左偏粗车刀；（d）外圆右偏精车刀；（e）外圆左偏精车刀；（f）外圆切槽刀；（g）外圆螺纹刀；（h）粗镗孔刀；（i）精镗孔刀；（j）麻花钻；（k）*Z* 向铣刀；（l）45° 端面刀；（m）*X* 向铣刀；（n）球头铣刀

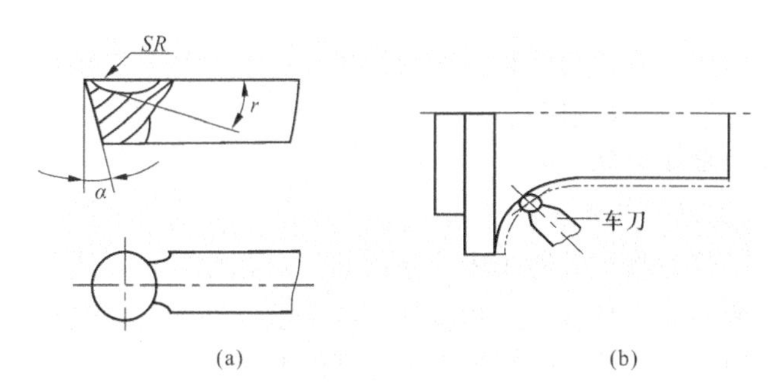

图 11-12 圆弧形车刀及加工示意图

（a）圆弧形车刀；（b）凹形曲面车削

3）成型车刀。俗称样板车刀，加工零件的轮廓形状完全由车刀刀刃的形状和尺寸决定。在数控切削加工中常见的成型车刀有小半径圆弧车刀、非矩形车槽刀和螺纹车刀等。由于这类车刀在车削时接触面较大，加工时易引起振动，从而导致加工质量的下降，所以在数控加工中，应尽量少用或不用成型车刀，当确有必要选用时，则应在工艺准备文件或加工程序单上进行详细说明。如图 11-13 所示为常用车刀的种类、形状和用途。

（2）按刀具材料分类。可分为高速钢刀具、硬质合金刀具、陶瓷刀具、人造金刚石刀具、涂层刀具等。

1）高速钢刀具。高速钢刀具材料通常可以分为普通高速钢、高性能高速钢、粉末冶金高速钢。

2）硬质合金刀具。硬质合金中高熔点、高硬度碳化物含量高，因此硬质合金常温硬度很高，达到 78～82HRC，热熔性好，热硬性可达 800～1000℃以上，切削速度比高速钢提高 4～7 倍。硬质合金缺点是脆性大，抗弯强度和抗冲击韧性不强。抗弯强度只有高速钢的 1/3～1/2，抗冲击韧性只有高速钢的 1/4～1/35。

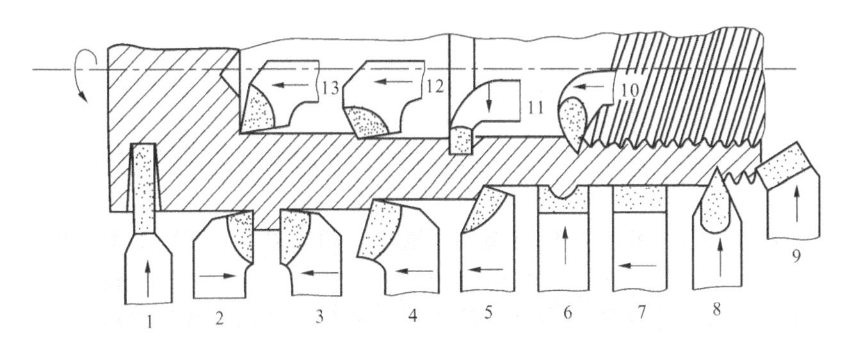

图 11-13　常用车刀的种类、形状和用途

1—切断（切槽）刀；2—90°左偏刀；3—90°右偏刀；4—75°弯头车刀；5—直头车刀；6—成型车刀；7—宽刃精车刀；8—外螺纹车刀；9—端面车刀；10—内螺纹车刀；11—内槽车刀；12—通孔车刀；13—盲孔车刀

3）陶瓷刀具。陶瓷刀具优点是有很高的硬度和耐磨性，硬度达 91～95HRA，耐磨性是硬质合金的 5 倍；刀具寿命比硬质合金高；具有很好的热硬性，当切削温度为 760℃时，具有 87HRA（相当于 66HRC）硬度，温度达 1200℃时，仍能保持 80HRA 的硬度；摩擦系数低，切削力比硬质合金小，用该类刀具加工时能降低表面粗糙度。陶瓷刀具缺点是强度和韧性差，热导率低。陶瓷最大缺点是脆性大，抗冲击性能很差。此类刀具一般用于高速精细加工硬材料。

4）人造金刚石。是在高温高压下由石墨转化而成的，其硬度非常高，但人造金刚石的耐热性差，切削温度超过 800℃时就会失去切削能力，而且高温时金刚石极易氧化、碳化，与铁发生化学反应，导致刃口破裂，故不适合加工铁族材料。目前，主要可用于高速精加工有色金属及合金、非金属硬脆材料以及用作牙科磨具和磨料。

5）涂层刀具。是在韧性较好的硬质合金基体上或高速钢刀具基体上，涂覆一层耐磨性较高的难熔金属化合物而制成。涂层刀具有较高的抗氧化性能和抗粘结性能，另外，具有较高的耐磨性。涂层摩擦系数较低，可降低切削时的切削力和切削温度，提高刀具耐用度，高速钢基体涂层刀具耐用度可提高 2～10 倍，硬质合金基体刀具提高 1～3 倍。加工材料硬度越高，涂层刀具效果越好。

（3）按结构分类。可分为整体车刀、焊接车刀、机夹车刀和可转位车刀，在数控车床上，使用最多的刀具是机夹车刀和可转位车刀。

（二）数控车床夹具及选择

1. 数控车床夹具作用及种类

在数控车床上用于装夹被加工工件的装置称为车床夹具，它起到定位与夹紧的作用，应便于装卸工件，同时能保证加工质量。

车床夹具可分为通用夹具和专用夹具两大类。通用夹具是指能够装夹两种或两种以上工件的夹具，数控车床的通用夹具与普通车床的通用夹具相同，例如，车床的三爪卡盘、四爪卡盘、弹簧卡套和通用心轴等；专用夹具是专门为加工某一特定工件的某一工序而设计的夹具。在大批量生产中，经常使用液压、电动及气动等自动控制的夹具以提高加工效率、降低工人劳动强度。

2. 数控车床常用夹具

（1）三爪卡盘和四爪卡盘。三爪卡盘如图 11-14 所示，是普通车床及数控车床的通用夹具。利用零件外圆柱面自动定心。三爪卡盘的夹持范围大，但定心精度不高，不适合于零件同轴度要求高时的二次装夹加工。

三爪卡盘常见的有机械式和液压式两种。液压卡盘装夹迅速、方便，但夹持范围小，特别适用于批量加工，但当零件的尺寸变化大时需重新调整卡爪位置。数控车床上使用液压卡盘能大大提高装夹速度。

当加工精度要求不高、偏心距较小、零件长度较短的工件时，可以采用四爪卡盘进行装夹。通过移动四爪卡盘上独立的卡爪，可调整工件在车床主轴上的夹持位置，使工件加工表面的轴线与车床主轴回转中心重合。由于找正效率低，一般用于单件小批量生产。

（2）软爪。由于三爪卡盘定心精度不高，当加工同轴度要求较高的工件或进行工件的二次装夹时，常使用软爪。通常要对三爪卡盘的卡爪进行热处理，其硬度较高，很难用常规刀具切削，软爪也是为改变上述不足而设计制造的一种具有切削性能的夹爪。加工软爪时要注意的问题是：软爪要在与使用时相同的夹紧状态下进行车削，以免在加工过程中松动和由于反向间隙而引起定心误差。车削软爪内定位表面时，要在软爪尾部夹一适当的圆盘，以削除卡盘端面螺纹的间隙，如图 11-15 所示。

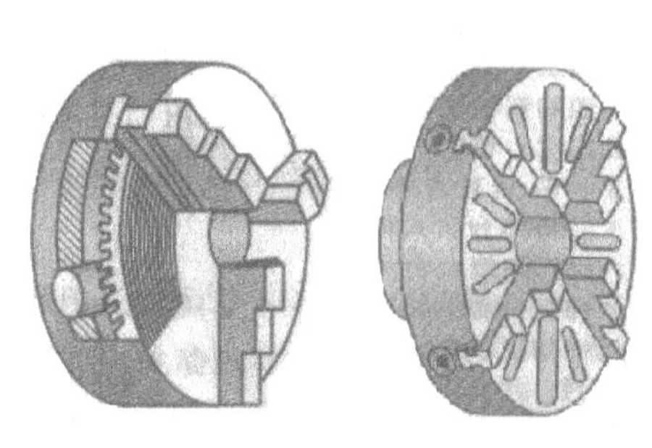

图 11-14 三爪卡盘、四爪卡盘示意图

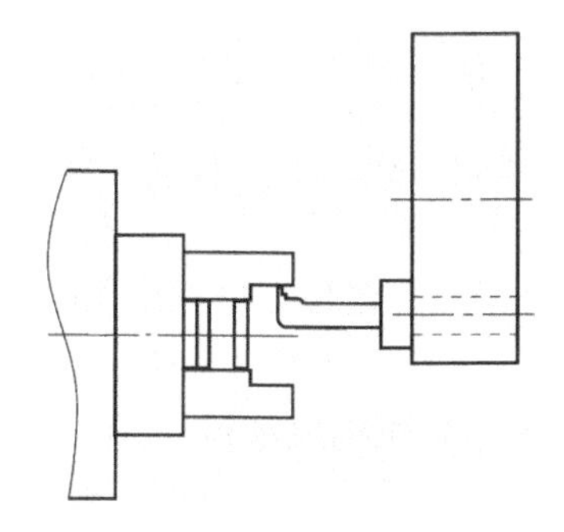

图 11-15 加工软爪

（3）心轴和弹簧心轴。当加工套类零件时，通常用已加工过的内孔作为定位基准，主要采用心轴定位。这种装夹方法可以保证工件内外表面的同轴度，适用于批量生产。心轴的种类很多，常见的有圆柱心轴、圆锥心轴、螺纹心轴等，这类心轴的定心精度不高，如图 11-16 所示为常用的心轴。

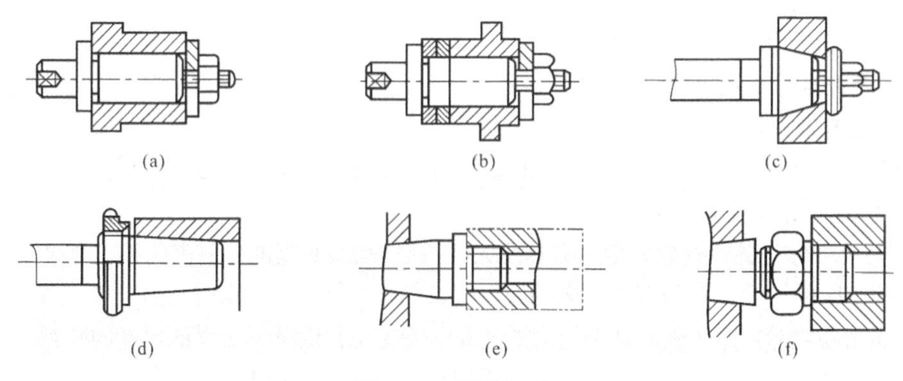

图 11-16 常用心轴

（a）减小平面的圆柱心轴；（b）增加球面垫圈的圆柱心轴；（c）普通圆锥心轴；（d）带螺母的圆锥心轴；（e）简易螺纹心轴；（f）带螺母的螺纹心轴

弹簧心轴（又称涨心心轴）既能定心，又能夹紧，是一种定心夹紧装置。如图 11-17 所示是直式弹簧心轴，它的最大特点是直径方向上膨胀较大，可达 1.5～5mm。图 11-18 是台阶式弹簧心轴，它的膨胀量为 1.0～2.0mm。

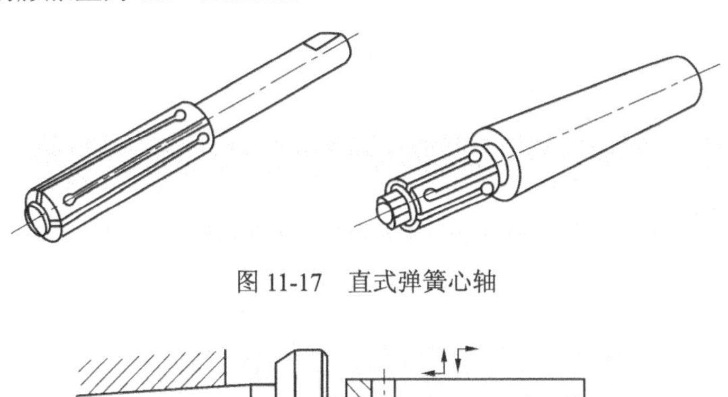

图 11-17 直式弹簧心轴

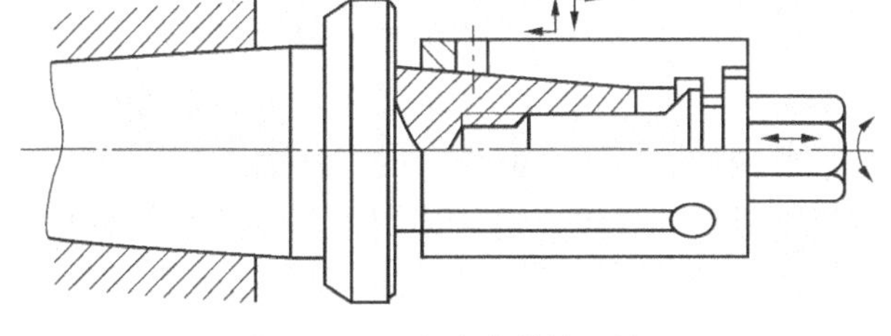

图 11-18 台阶式弹簧心轴

（4）弹簧夹套。其定心精度高，装夹工件快捷方便，常用于精加工过的外圆表面定位，特别适用于尺寸精度较高、表面质量较好的冷拔圆棒料的夹持。弹簧夹套所夹持工件的内孔为规定的标准系列，并非任意直径的工件都可以进行夹持。图 11-19 是拉式弹簧夹套，图 11-20 是推式弹簧夹套。

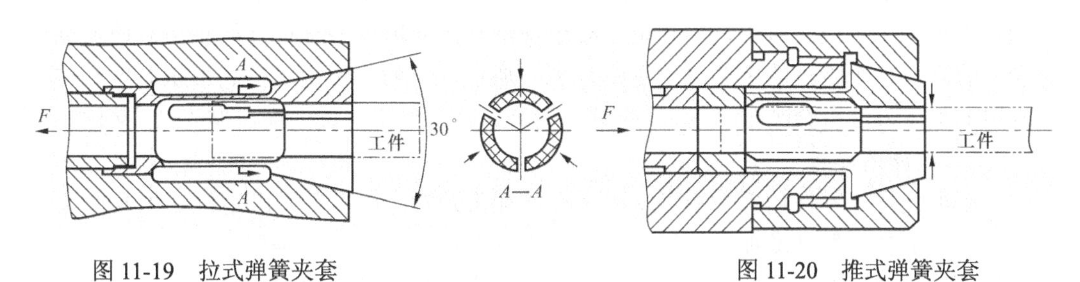

图 11-19 拉式弹簧夹套　　图 11-20 推式弹簧夹套

（5）前、后顶尖与鸡心夹头。如图 11-21 所示为利用前后顶尖与鸡心夹头装夹工件进行加工的示意图。先使用鸡心夹头 3 夹紧工件 4 一端的圆周，再将拨杆旋入三爪卡盘，并使拨杆伸向鸡心夹头的端面。当车床主轴转动时，三爪卡盘带动拨盘和鸡心夹头同时转动，从而使工件旋转投入切削加工，两顶尖对工件有定心与支撑作用。

三、数控车削加工工艺确定

1. 数控车削加工方案的确定

一般根据零件的加工精度、表面粗糙度、材料、结构形状、尺寸及生产类型确定零件表面的数控车削加工方法及加工方案。

（1）加工精度为 IT7～IT8 级、*Ra* 为 0.8～1.6μm 的除淬火钢以外的常用金属，可采用普通型数控车床，按粗车、半精车、精车的方案加工。

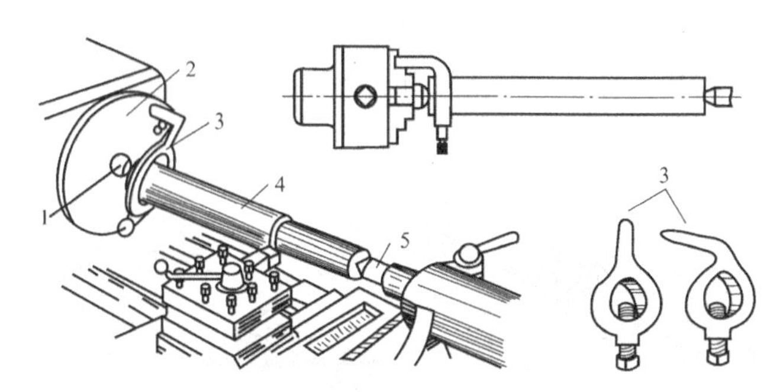

图 11-21 前后顶尖与鸡心夹头

1—前顶尖；2—拨盘；3—鸡心夹头；4—工件；5—后顶尖

（2）加工精度为 IT5～IT6 级、*Ra* 为 0.2～0.63μm 的除淬火钢以外的常用金属，可采用精密型数控车床，按粗车、半精车、精车、细车的方案加工。

（3）加工精度高于 IT5 级、*Ra* 小于 0.08μm 的除淬火钢以外的常用金属，可采用高档精密型数控车床，按粗车、半精车、精车、精密车的方案加工。

（4）对淬火钢等难车削材料，其淬火前可采用粗车、半精车的方法，淬火后常安排磨削加工。

2. 加工阶段的划分

对于那些加工质量要求较高或较复杂的零件，在加工时为保证加工质量，合理使用设备和便于安排热处理工序，通常将整个工艺路线划分为以下几个阶段：

（1）粗加工阶段。主要任务是切除各表面上的大部分余量，其关键问题是提高生产率。

（2）半精加工阶段。完成次要表面的加工，并为主要表面的精加工做准备。

（3）精加工阶段。保证各主要表面达到图样要求，其主要问题是如何保证加工质量。

（4）光整加工阶段。对于表面粗糙度要求很细和尺寸精度要求很高的表面，还需要进行光整加工阶段。这个阶段的主要目的是提高表面质量，一般不能用于提高形状精度和位置精度。常用的加工方法有金刚车（镗）、研磨、珩磨、超精加工、镜面磨、抛光及无屑加工等。

3. 工序顺序的安排

（1）基准先行。零件加工一般多从精基准的加工开始，再以精基准定位加工其他表面。

（2）先粗后精。精基准加工好以后，整个零件的加工工序，应是粗加工工序在前，相继为半精加工、精加工及光整加工。按先粗后精的原则先加工精度要求较高的主要表面，即先粗加工再半精加工各主要表面，最后再进行精加工和光整加工。

（3）先主后次。根据零件的功用和技术要求，先将零件的主要表面和次要表面分开，然后先安排主要表面的加工，再把次要表面的加工工序插入其中。次要表面一般指键槽、螺孔、销孔等表面。

（4）先加工平面后加工孔。即先加工简单的几何形状再加工复杂的几何形状。

上述工序顺序安排的一般原则不仅适用于数控车削加工工序的安排，也适用于其他类型的数控加工工序的安排。

4. 切削用量的选择

切削用量三要素包括背吃刀量 a_p、进给速度 f 和切削速度 v_C。切削用量的大小与生产效率的高低密切相关，要获得高的生产效率，应尽量增大切削用量三要素。但在实际生产中，a_p、

f、v_C选用值的大小受到切削力、切削功率、加工表面粗糙度的要求及刀具耐用度诸因素的影响和限制。因此，合理的切削用量是指在保证加工工件质量和刀具耐用度的前提下，充分发挥机床、刀具的切削性能，达到提高生产率，降低加工成本的一种切削用量。

一般来说，批量生产时，切削用量应根据切削用量手册所提供的数值，以及给定的刀具的材料、类型、几何参数及耐用度进行选取。而单件小批量生产时，常以经验给出切削用量。表 11-1 是硬质合金外圆车刀切削速度的参考值。

表 11-1　　硬质合金外圆车刀切削速度的参考值

工件材料	热处理状态	a_p=0.3～2 mm	a_p=2～6mm	a_p=6～10/mm
		f=0.08～0.3mm/r	f=0.3～0.6mm/r	f=0.6～1 mm/r
		v_c(m/min)	v_c(m/min)	v_c(m/min)
低碳钢	热轧	140～180	100～120	70～90
中碳钢	热轧	130～160	90～110	60～80
	调质	100～130	70～90	50～70
合金结构钢 工具钢	热轧	100～130	70～90	50～70
	调质	80～110	50～70	40～60
	退火	90～120	60～80	50～70
灰铸铁	HBS＜190	90～120	60～80	50～70
	HBS≈190～225	80～110	50～70	40～60
高锰钢	—	—	10～20	—
铜及铜合金	—	200～250	120～180	90～120
铝及铝合金	—	300～600	200～400	150～200
铸铝合金	—	100～180	80～150	60～100

（1）根据加工余量确定背吃刀量。粗加工切削用量，一般以提高生产效率为主，尽量一次走刀切除全部余量。当余量过大、工艺系统刚性不足时可分两次或多次切除余量。半精加工时背吃刀量可取 0.5～1mm，精加工时背吃刀量可取 0.1～0.4mm。工件尺寸大取大值，工件尺寸小取小值。

（2）确定主轴转速。主轴转速应根据零件上被加工部位的直径，按零件和刀具的材料及加工性质等条件所允许的切削速度来确定。需要说明的是交流变频调速数控车床低速输出力矩小，因而切削速度不能太低。切削速度确定之后，用式（11-1）计算主轴转速，即

$$s = 1000 v_C / \pi d \qquad (11\text{-}1)$$

式中　v_C——切削速度，m/min；

d——切削刃选定点处所对应的工件或刀具的回转直径，mm；

s——工件或刀具的转速，r/min。

（3）进给量f的确定。进给量的大小直接影响切削力的大小和表面粗糙度。粗加工时选进给量f的原则是在不超过刀具的刀片和刀杆的强度、不大于机床进给机构的强度、不顶弯工件和不产生振动等条件下，选取一个最大的进给量的值。切断、车削深孔或精车削时，宜选择较低的进给速度。表 11-2 是硬质合金及高速钢车刀粗车外圆和端面时的进给量。

表 11-2　　硬质合金及高速钢车刀粗车外圆和端面时的进给量

加工材料	车刀刀杆尺寸 $B \times H$（mm×mm）	工件直径（mm）	背吃刀量 a_p（mm）				
			≤3	>3～5	>5～8	>8～12	>12
			进给量 f(mm · r^{-1})				
碳素结构钢和合金结构钢	16×25	20	0.3～0.4	—	—	—	—
		40	0.4～0.5	0.3～0.4	—	—	—
		60	0.5～0.7	0.4～0.6	0.3～0.5	—	—
		100	0.6～0.9	0.5～0.7	0.5～0.6	0.4～0.5	—
碳素结构钢和合金结构钢	—	400	0.8～1.2	0.7～1.0	0.6～0.8	0.5～0.6	—
	20×30 25×25	20	0.3～0.4	—	—	—	—
		40	0.4～0.5	0.3～0.4	—	—	—
		60	0.6～0.7	0.5～0.7	0.4～0.6	—	—
		100	0.8～1.0	0.7～0.9	0.5～0.7	0.4～0.7	—
铸铁及铜合金	16×25	40	1.2～1.4	1.0～1.2	0.8～1.0	0.6～0.9	0.4～0.6
		60	0.6～0.8	0.5～0.8	0.4～0.6	—	—
		100	0.8～1.2	0.7～1.0	0.6～0.8	0.5～0.7	—
		400	1.0～1.4	1.0～1.2	0.8～1.0	0.6～0.8	—
	20×30 25×25	40	0.4～0.5	—	0.4～0.7	—	—
		60	0.6～0.9	0.8～1.2	0.7～1.0	0.5～0.8	—
		100	0.9～1.3	1.2～1.6	1.0～1.3	0.9～1.1	0.7～0.9
		600	1.2～1.8				

注　1．加工断续表面及有冲击的加工时，表内的进给量应该乘系数 k=0.75～0.85。
2．加工耐热钢及合金时，不采用大于 1.0mm/r 的进给量。
3．加工淬硬钢时表内进给量应改乘系数 k＝0.8（当材料硬度为 44～56HRC 时）或 k＝0.5（当材料硬度为 57～62HRC 时）。

第三节　数　控　铣　床

一、数控铣床介绍

数控铣床是机床设备中应用非常广泛的加工机床，在数控机床中所占比重很大，在汽车制造、航天航空以及一般的机械加工和模具制造业中应用非常广泛。数控铣床通常有三个控制轴，即 X、Y、Z 轴，如图 11-22 所示。可同时控制其中任意两个坐标轴联动，也可以控制三个或更多的坐标轴联动。主要用于加工各类较复杂的平面、曲面和壳体类零件的加工，如平面铣削、平面型腔铣削、外形轮廓铣削、三维及三维以上复杂型面铣削，还可进行钻削、镗削、螺纹切削等孔加工。加工中心、柔性制造单元等都是在数控铣床的基础上发展起来的。

数控铣床分类方法很多，这里介绍常用的分类方法：

1. 卧式数控铣床

一般带有回转工作台，一次装夹后可完成除安装面和顶面以外的其余四个面的各种工序加工，因此，适宜箱体类零件的加工。

2. 立式数控铣床

如图 11-22 所示为立式数控铣床，一般适合盘、套、板类零件，一次装夹后，可对上表面进行铣、钻、镗、扩、锪、攻螺纹等工序以及侧面的轮廓加工。

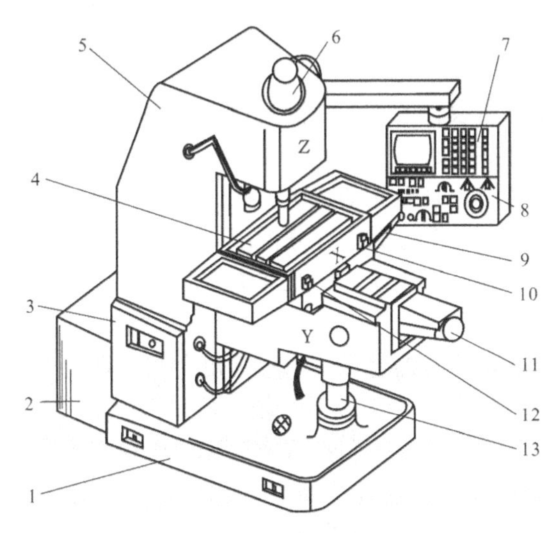

图 11-22 立式数控铣床

1—底座；2—变压器箱；3—强电柜；4—工作台；5—床身立柱；6—Z 轴伺服电动机；7—数控操作面板；8—机械操作面板；9—X 轴进给伺服电动机；10—横向溜板；11—Y 轴进给伺服电动机；12—行程限位开关；13—工作台支承

3. 龙门式数控铣床

主要用于大型或形状复杂零件的各种平面、曲面和孔的加工。

4. 万能式数控铣床

主轴或工作台可以回转 90°，一次装夹后可完成该工件五个面的工序加工。

二、数控铣削加工工艺分析

数控铣削加工工艺是以普通铣削的加工工艺为基础。在数控铣床上加工零件时，首先要根据零件的尺寸和结构特点进行工艺分析，拟订加工方案，选择合适的刀具和夹具，确定合理的切削用量。然后将全部的工艺过程、工艺参数等编制成程序，输入数控系统，机床自动加工出符合要求的零件。

（一）数控铣削加工工艺内容

一般数控加工工艺内容有以下几个方面：

（1）分析被加工零件的图纸，明确加工内容和技术要求。

（2）结合零件加工表面的特点和数控设备的功能，对零件进行工艺分析。

（3）刀具和夹具的选择和调整。

（4）确定零件的加工方案，制订数控加工工艺路线。如划分工序、安排加工顺序等。

（5）根据编程的需要，对零件图形进行数字处理。

（6）编写和调整数控加工程序。如选择换刀点和起刀点、确定刀具补偿等。

（7）首件试加工并修改加工程序和工艺。

（二）零件图的工艺分析

1. 零件图的分析

零件图样的尺寸标注应适应数控铣床的加工特点，尺寸是否标注完整，有无缺、多尺寸情况，零件的结构是否表示清楚，视图是否完整，构成零件轮廓的几何元素的给定条件是否充分、各几何元素间的相互关系（如相交、相切、垂直和平行等）是否明确。而且还有检查零件图上各方向的尺寸是否有统一的设计基准，以保证多次装夹加工后相对位置的准确性。

2. 零件的结构工艺性分析

零件的结构工艺性是指所设计的零件在满足使用要求的前提下制造的可行性和经济性。良好的结构工艺性，可以使零件加工容易，节省工时和材料，而较差的零件结构工艺性，会使加工困难，浪费工时和材料，甚至无法加工。因此，零件各加工部位的结构工艺性应符合数控加工的特点，可以从以下几个方面进行分析：

（1）零件的内腔和外形最好采用统一的几何类型和尺寸，可以减少换刀次数和刀具的规格，使编程方便，提高生产效率。

（2）内槽圆角的大小决定刀具的直径，内槽圆角半径不宜太小，以免限制铣刀直径。如转角圆弧半径大（当 $R>0.2H$ 时），可采用直径较大的铣刀加工，在加工平面时，进给次数减少，表面质量提高，其加工工艺性好，通常，$R<0.2H$，受铣刀半径影响，制定零件该部位的工艺性就差，如图 11-23 所示。

（3）槽底圆角半径 r 不要过大，铣刀端面与槽底平面的接触直径 $d=D-2r$（D 为铣刀直径）。当 r 增大时，d 则减小，这样加工平面的效率低，工艺性差，加工质量不稳定，如图 11-24 所示。当 r 大到一定的程序时，甚至必须用球头铣刀加工，这是应该避免的。表 11-3 所示为数控铣床加工零件结构工艺比较。

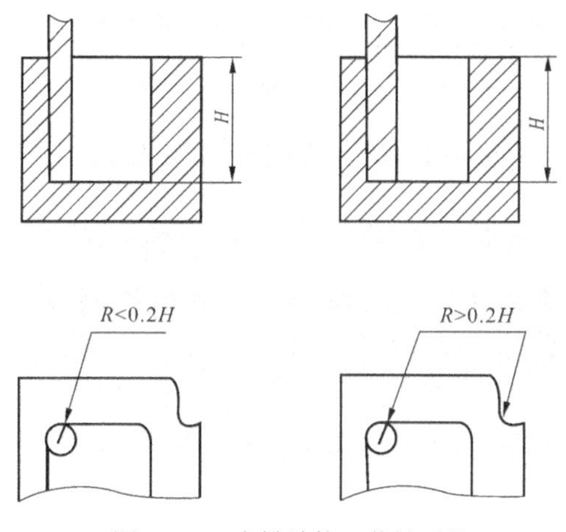

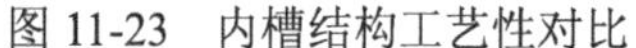

图 11-23 内槽结构工艺性对比

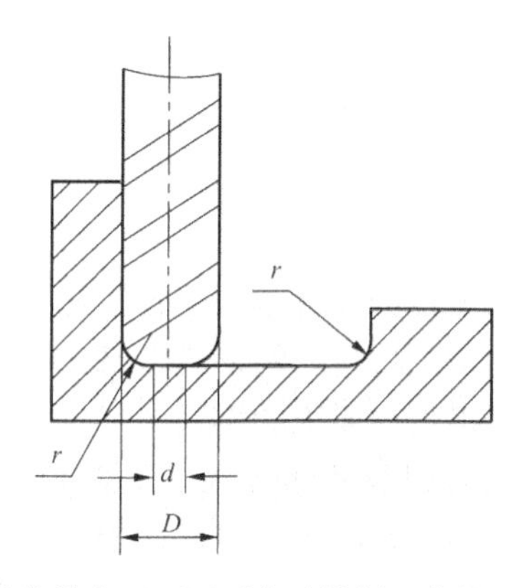

图 11-24 零件槽底平面圆弧底对铣削工艺的影响

表 11-3 **数控铣床加工零件结构工艺比较**

序号	（A）工艺性差的结构	（B）工艺性好的结构	说 明
1	$R_1<(\frac{1}{5}\sim\frac{1}{6})H$ R_1 H	$R_1>(\frac{1}{5}\sim\frac{1}{6})H$ R_1 H	（B）工艺性好的结构可选用较高刚性刀具
2	r_1 r_2 r_3 r_4	r r r r	（B）工艺性好的结构需用刀比（A）结构少，减少了换刀的辅助时间

续表

序号	（A）工艺性差的结构	（B）工艺性好的结构	说　明
3	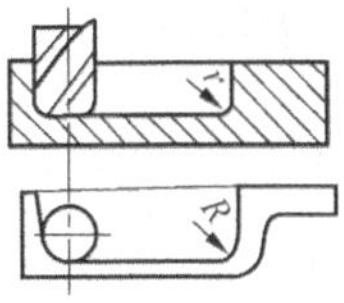	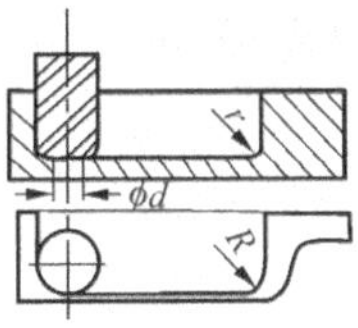	（B）工艺性好的结构 R 大，r 小，铣刀端刃铣削面积大，生产效率高
4	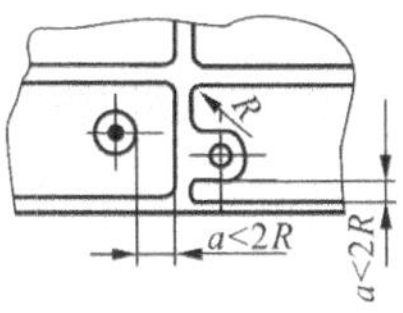	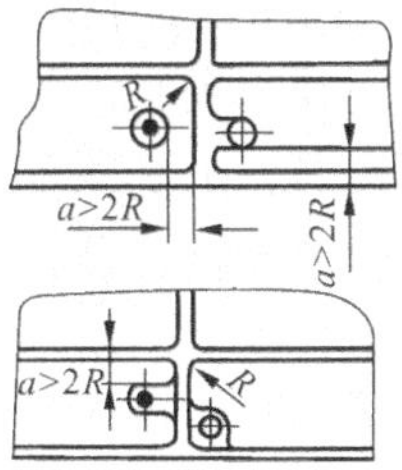	（B）工艺性好的结构 $a>2R$，便于半径为 R 的铣刀进入，所需刀具少，加工效率高
5	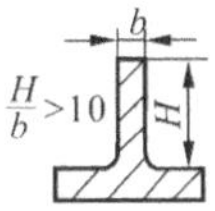	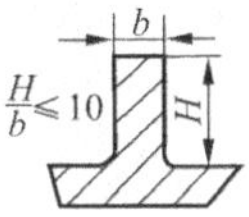	（B）工艺性好的结构刚性好，可用大直径铣刀加工，加工效率高

3. 零件的精度分析

零件的精度（尺寸、形状、位置）是否能够保证，表面质量能否保证。根据精度、表面质量来决定采用哪种铣削方法，以及是否要多次进给。

4. 零件的刚性分析

被加工零件的厚度如果太薄，加工时会引起变形。当加工薄板零件时，面积较大的零件，加工后也容易产生变形，难保证精度，如铝合金板。

5. 零件的定位基准分析

统一的定位基准，能保证零件在多次装夹后各加工表面之间的位置精度，使零件定位稳定可靠，消除因基准不重合而产生的误差。

6. 零件的毛坯和材料分析

在满足零件功能的前提下，应选用价廉、切削性能好的材料。是否具有较好的加工工艺性能，硬度、热处理情况，毛坯的余量是否足够，是否均匀。

（三）装夹方案的确定

1. 常用夹具的种类

数控铣削加工常用的夹具大致有以下几种：

（1）万能组合夹具。适合小批量生产或研制的中、小型工件在数控铣床上进行铣削加工。

（2）专用铣削夹具。这是特别为某一项或类似的几项工件设计制造的夹具，一般在产品相对稳定、批量较大的生产中使用专用夹具，在生产过程中它能有效地降低工作时的劳动强度、提高劳动生产率，并获得较高的加工精度。其结构固定，仅使用于一个具体零件的具体工序，这类夹具设计应力求简化，使制造时间尽量缩短。

（3）多工位夹具。可以同时装夹多个工件，可减少换刀次数，以便于一边加工，一边装卸工件，有利于缩短辅助时间，提高生产率，较适合中批量生产。

（4）气动或液压夹具。适合生产批量较大的场合，采用其他夹具又特别费工、费力的工件，能减轻工人劳动强度和提高生产率，但此类夹具结构较复杂，造价往往很高，而且制造周期较长。

（5）通用铣削夹具。有通用可调夹具、虎钳、分度头和三爪卡盘等。

2. 数控铣床夹具的选用原则

在选用数控铣床加工夹具时，通常需要考虑产品的生产批量、生产效率、质量保证及经济性，选用时可参考下列原则：

（1）在批量较小或单件试制时，应采用组合夹具（由可重复使用的标准零件组成），以缩短生产准备时间；若零件结构简单，采用通用夹具。如虎钳、压板等。

（2）在批量生产时，一般采用专用夹具，并力求结构简单，零件的装卸迅速、方便、可靠，缩短加工过程中的停顿时间。其定位效率高，稳定可靠。

（3）在生产批量较大时，可考虑多工位夹具、机动夹具，如液压、气压夹具等。

3. 定位基准的选择

选择定位基准时，应注意减少装夹次数，尽量做到在一次安装中能将零件上所有需要加工的表面都加工出来。一般选择零件上本工序不需要进行加工的平面或孔做定位基准。对薄板零件，定位基准应选择在有利于提高工件刚度，切削变形小的部位，定位基准应尽量与设计基准重合，以减少定位误差对尺寸精度的影响。

（四）数控铣削刀具的分类和选择

1. 数控铣削刀具的分类

铣削刀具按数控刀具结构可分为整体式刀具、焊接刀具、机夹可转位刀具、减振式刀具、内冷式刀具及特殊式刀具等。按刀具的材料可分为高速钢刀具、硬质合金刀具、陶瓷刀具及涂层刀具等。按切削工艺可分为钻削刀具、镗削刀具和铣削刀具等。其中，钻削刀具有小孔钻头、短孔钻头（深径比≤5）、深孔钻头（深径比>6，可高达 100 以上）和枪钻、丝锥、铰刀等；镗削工具分镗孔刀（粗镗、精镗）和镗止口刀等；铣削刀具分面铣刀、立铣刀和三面刃铣刀等。

2. 数控铣削刀具选择

一般来说，铣削加工属于高效率加工。在端面铣削当中，所采用的刀具根据其运用范围有不同的形状和种类。刀具的切削刃，在切削过程中因摩擦剧烈，温度急剧上升，而在空转时又快速冷却。因此，要求刀具要具有良好的耐冲击性、耐磨损性和耐热性。

在铣削加工中，除具有和主轴锥孔同样锥度刀杆的整体式刀具可与主轴直接安装外，大部分钻铣用刀具都需要通过标准刀柄夹持转接后与主轴锥孔连接，如图 11-25 所示。刀具系统通常由拉钉、刀柄和钻铣刀具等组成。

刀具的有效直径和刀刃数的选择，视被加工材料而定。数控铣刀主要有面铣刀、立铣刀、球头铣刀、键槽铣刀、成形铣刀等，选择刀具时应注意以下几点：

（1）加工较大平面时，选择面铣刀。一般采用粗铣和精铣两次走刀，粗铣刀的直径小些，减小切削扭矩；精铣刀的直径大些，减少接刀痕迹，提高表面加工质量。

（2）立铣刀多用于加工凸台、凹槽和平面零件轮廓。尽量不用高速钢立铣刀加工毛坯面，防止刀具的磨损和崩刃；毛坯面可用硬质合金立铣刀加工；加工凹槽轮廓的刀具半径应小于零件内轮廓面的最小曲率半径 ρ，一般取 $r=(0.8\sim0.9)\rho$ 倍。零件加工高度 $H\leqslant(1/4\sim1/6)r$，以保证刀具有足够的刚度。

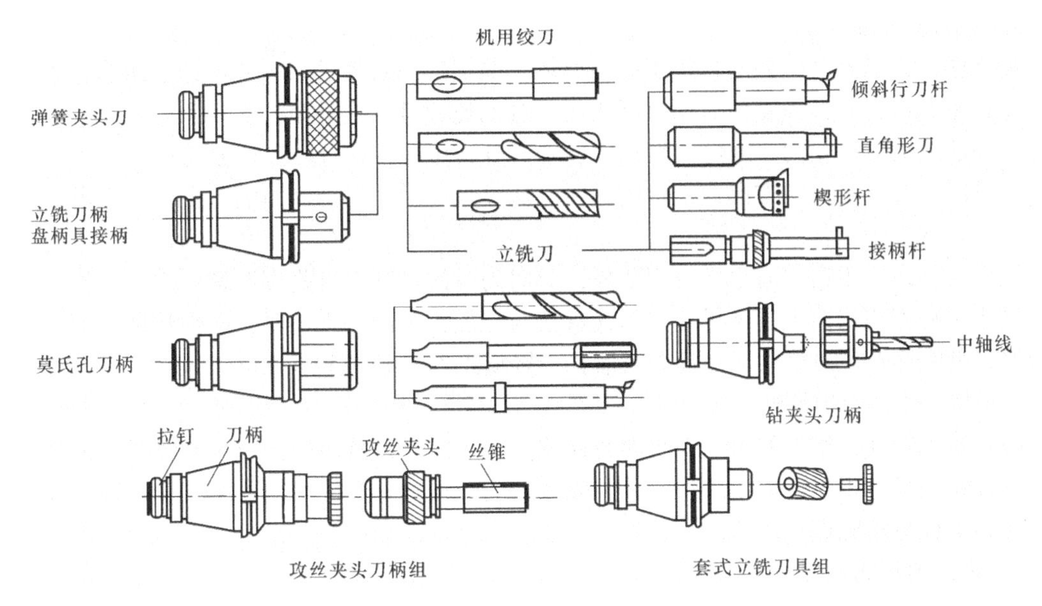

图 11-25　铣削刀具及刀柄

（3）加工空间曲面宜选球头铣刀，当所加工曲面较平缓时应采用环形铣刀。

（4）加工成形表面用成形铣刀。

（5）加工封闭的键槽用键槽铣刀。

（6）加工变斜角零件选择鼓形或锥形铣刀。

（五）铣削方法及工艺参数的选择

科学合理地选择工艺参数，可以提高切削效率和零件的加工质量，降低生产成本。因此，要根据零件的加工方法、数控设备、刀具、零件的加工精度和表面质量的要求，正确合理地选择工艺参数。

1. 顺铣和逆铣概念

如图 11-26（a）、图 11-26（c）所示，铣削时，铣刀的旋转方向与零件的进给方向相反时称为逆铣。

如图 11-26（b）所示，铣削时，铣刀的旋转方向与零件的进给方向一致时称为顺铣。

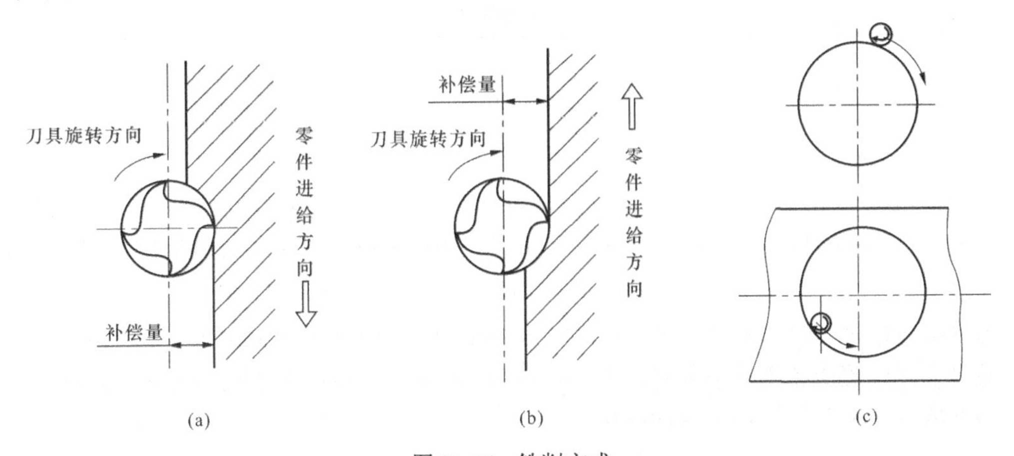

图 11-26　铣削方式

（a）顺铣；（b）逆铣；（c）外轮廓和内轮廓顺铣加工路线

2. 顺铣和逆铣特点

顺铣时，刀具是从工件的待加工面向已加工面切削，避免了刀齿与已加工面的挤压和滑行，工件表面质量好；当零件表面有硬皮时，会加速刀具磨损甚至打刀现象；刀具的旋转方向与工件的进给方向相同，因此，切削力的垂直分力压向工作台，工件振动小。

逆铣时，刀具的旋转方向与工件的进给方向相反，因此，切削力的垂直分力方向垂直工作台向上，容易使工件产生振动；刀具是从工件的已加工面向待加工面切削，刀齿不会因与待加工面的硬皮产生磨损而出现打刀现象；此时刀具的切削厚度是逐渐增大的，当瞬时的切削厚度小于铣刀刃口的钝圆半径时，刀齿就会与已加工表面产生挤压，产生塑性变形，切不下金属，使表面产生冷硬层，加速刀具磨损，降低工件表面加工质量。

3. 顺铣和逆铣的选择

数控铣削粗加工时，如果工件表面有硬皮，为了防止刀具崩刃，应尽量选择逆铣进行加工。数控铣削精加工时，如果工件表面无硬皮，为了提高零件的表面加工质量，减少刀具磨损，应尽量选择顺铣进行加工。

4. 进给速度的确定

铣削加工刀具属于多齿刀具，进给速度也可以用每齿进给量 f_z 表示，单位为 mm/z。进给速度 F、刀具转速 n、刀具齿数 z 和每齿进给量 f_z 之间的关系为

$$F = nzf_z \tag{11-2}$$

粗加工时，考虑机床进给机构和刀具的强度、刚度等限制因素，根据被加工零件的材料、刀具尺寸和已确定的背吃刀量来选择进给速度。

半精加工和精加工时，主要考虑被加工零件的精度、表面粗糙度、工件和刀具材料性能等因素的影响。工件表面粗糙度值小，进给速度低；工件材料硬度大，进给速度低；工件、刀具的刚度和强度低，进给速度就应选小值；工件表面加工余量大，进给速度应低一些。常用铣刀的进给量见表 11-4 所示。

表 11-4　　铣刀每齿进给量 f_z 参考值

<table>
<tr><th rowspan="3">工件材料</th><th colspan="4">每齿进给量 f_z (mm/z)</th></tr>
<tr><th colspan="2">粗　铣</th><th colspan="2">精　铣</th></tr>
<tr><th>硬质合金铣刀</th><th>高速钢铣刀</th><th>硬质合金铣刀</th><th>高速钢铣刀</th></tr>
<tr><td>铸铁</td><td>0.15～0.30</td><td>0.12～0.20</td><td rowspan="2">0.10～0.15</td><td rowspan="2">0.02～0.05</td></tr>
<tr><td>钢</td><td>0.10～0.52</td><td>0.10～0.15</td></tr>
</table>

5. 切削速度 v_C 的确定

切削速度 v_C 是指刀具切削刃的圆周线速度。其既可以用经验公式计算，又可以根据选好的背吃刀量、进给速度及刀具的耐用度，在机床允许的切削速度范围内查取。表 11-5 所示为铣削速度 v_C 参考值。一般情况下，进给速度应根据工件的实际情况进行试切加工来最终确定进给速度的可靠性。

选择切削速度应考虑以下几点：

（1）应尽量避开积屑瘤产生的区域。

（2）断续切削时，为减小冲击和热应力，要适当降低切削速度。

（3）加工带外皮的工件时，应适当降低切削速度。

表 11-5 铣削速度 v_C 参考值 (mm/min)

工 件 材 料	硬度(HBS)	铣削速度 v_C	
		硬质合金铣刀	高速钢铣刀
铸铁	<190	66~150	21~36
	190~260	45~90	9~18
	260~320	21~30	4.5~10
钢	<225	66~150	18~42
	225~325	54~120	12~36
	325~425	36~75	6~21

(4)加工大件、细长件和薄壁工件时，应选用较低的切削速度。

(5)在易发生振动的情况下，切削速度应避开自激振动的临界速度。

6. 主轴转速 n 的确定

主轴转速 n 可根据切削速度和刀具直径按式(11-3)计算，即

$$n=1000v_C/\pi d \tag{11-3}$$

式中 n——主轴转速，r/min；

d——刀具直径，mm；

v_C——切削速度，mm/min。

7. 加工余量的确定

加工余量是指零件毛坯实体尺寸大于零件图纸尺寸的部分。加工余量的大小，对零件的加工质量和生产效率有直接影响。当加工余量大且加工精度要求高时，通常要采用粗加工、半精加工和精加工才能达到要求。

在确定加工余量时，首先要保证零件的加工质量，其次要尽量减少加工余量，缩短加工时间，降低加工费用。在多工序加工中，要合理分配各工序间的加工余量。在确定最小加工余量时，主要考虑零件的表面质量要求，注意工件的装夹误差、弹性变形和表面形状误差的影响。

(六)加工路线的确定

选择合适的加工方法，制订合理的切削进给路线不但能保证零件的加工精度、表面质量等技术要求，而且还能获得数值计算简单、程序段少、进给路线短、空行程少、加工效率高的加工程序。因此，在确定铣削加工路线时，应遵循以下原则：

保证被加工零件的精度和表面粗糙度等技术要求；尽量使走刀路线最短，减少空刀时间；在非加工状态下，尽量采用快速走刀，以缩短辅助时间，提高加工效率。

在编程时要注意切入点和切出点的程序处理，在用立铣刀的端刃或侧刃铣削零件平面轮廓时，为了避免在工件轮廓的切入点和切出点留下刀痕时，应沿轮廓外形的延长线切入和切出，如图 11-27 所示。切入点和切出点一般选在零件轮廓两几何元素的交点处，以保证零件轮廓形状平滑。应避免在零件垂直表面的方向上进刀。

1. 铣削外轮廓零件

(1)在程序开始段和结束切削段要有切入、切出的路线，以避免产生刀痕，保证被加工表面的光滑。

（2）应建立径向刀具补偿段和取消径向刀具补偿段，利用数控系统具有的刀具补偿功能来控制尺寸精度，使程序简单，如图 11-28 所示。

（3）数控铣削加工，采用顺铣和逆铣均可，一般，顺铣的加工表面质量比逆铣高。

（4）进刀点应设在工件外，距离工件一定的距离（$L>r+k$，r 为刀具半径，k 为加工余量）。

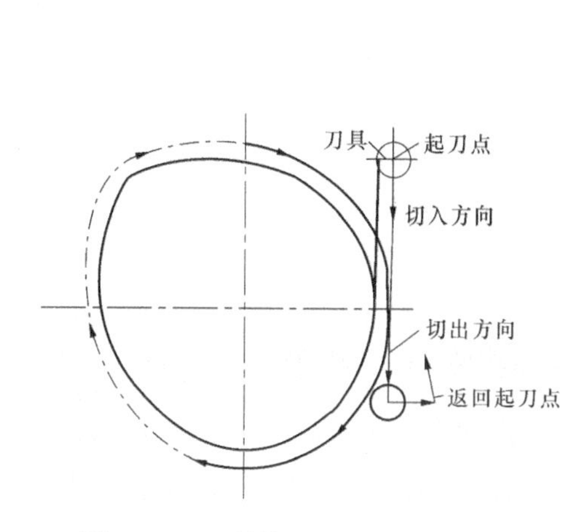

图 11-27 刀具的切入、切出处理方式

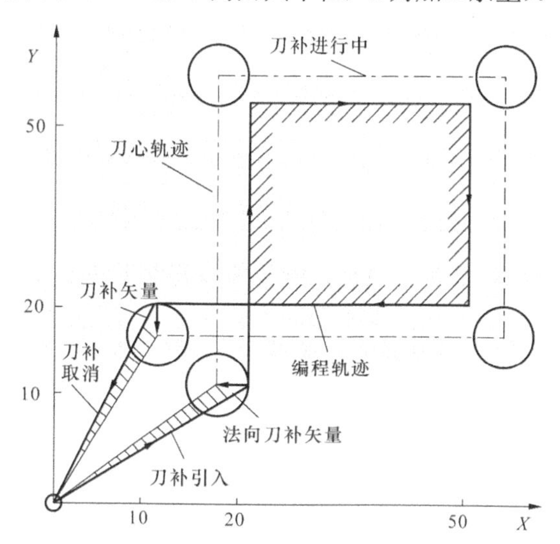

图 11-28 建立和取消刀具半径补偿

2. 铣削内轮廓零件

（1）矩形槽加工。矩形槽加工路线如图 11-29 所示，按图 11-29（b）、图 11-29（c）所示加工方式，工件侧壁的加工精度优于图 11-29（a）所示加工方式。

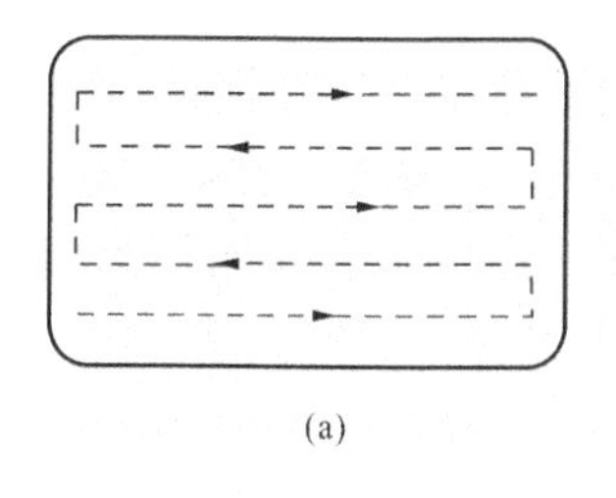

(a)

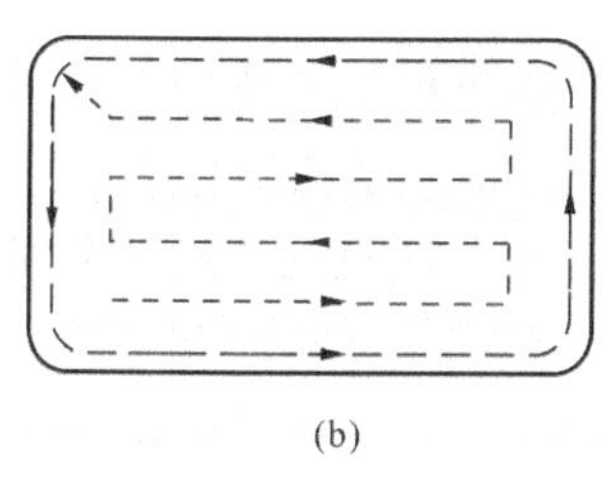

(b)

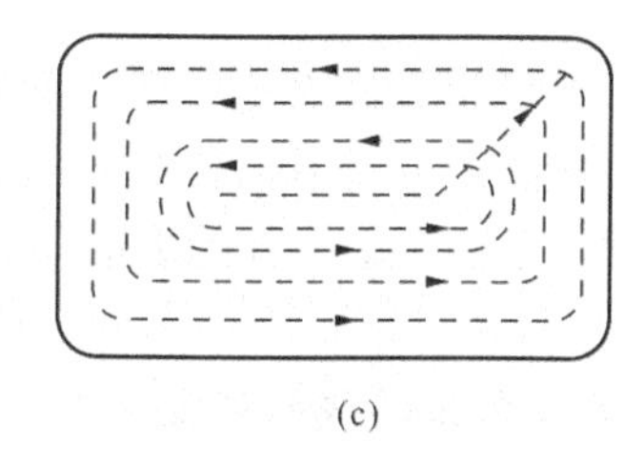

(c)

图 11-29 矩形槽加工路线示意

（a）路线 1；（b）路线 2；（c）路线 3

（2）开始切削段和结束切削段均用圆弧切入和圆弧切出，以保证不留刀痕；对表面质量要求不高时，也可以采用斜线切入、切出。圆弧的大小和斜线的长短由内轮廓零件的尺寸大小确定。

（3）应建立径向刀具补偿段和取消径向刀具补偿段。

（4）进给加工一般为顺铣，刀具每次走的工件轮廓长度必须大于刀具半径和刀具半径补偿值之和，否则，机床报警。

（5）落刀点应选在有空间下刀的地方，一般在内轮廓零件的中间，如果无空间，应先用钻头钻一个比所用刀具直径大一点的孔，有利于进刀。

（6）刀具沿轴向进刀和退刀。

3. 孔系加工路线的确定

孔系加工零件如图 11-30（a）所示，图 11-30（b）和图 11-30（c）为两种不同的加工路线，显然采用图 11-30（c）所示加工路线加工时空行程较短。

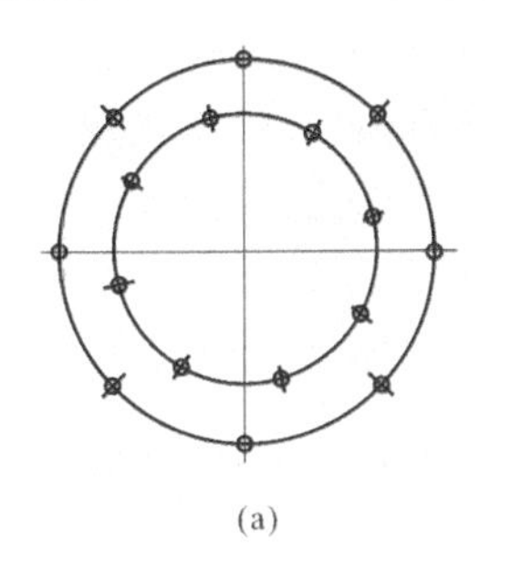

(a)

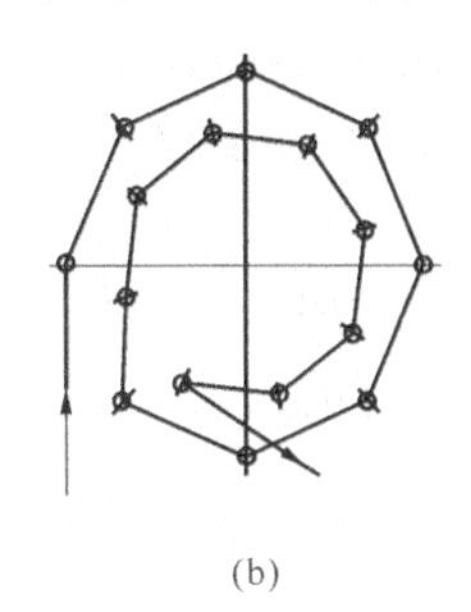

(b)

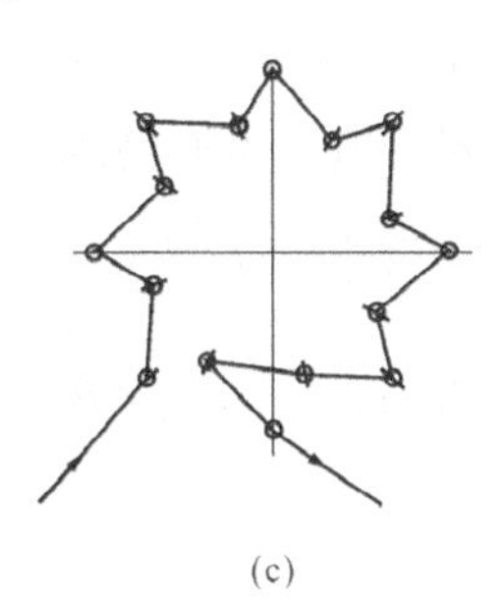

(c)

图 11-30　加工路线比较

（a）零件图样；（b）路线 1；（c）路线 2

第四节　加　工　中　心

一、加工中心介绍

加工中心（Machining Center）是在数控铣床的基础上发展起来的，是指配有刀库和自动换刀装置，在一次装夹工件后，可实现多工序（甚至全部工序）加工的数控机床。加工中心由于配置有自动刀具交换装置和回转工作台，在加工过程中由程序控制选用或更换刀具，以及控制工作台的回转或分度，因此，能实现在一次装夹中完成多面的铣、镗、钻、扩、铰、锪和攻螺纹等工序，其工艺手段更为集中、功能更为齐全。

（一）加工中心的分类

目前，加工中心的分类方法很多，例如，可按结构特征、工艺特征、主轴种类、自动换刀装置等分类。最常见的是按加工中心的结构特征进行分类，可以分为立式加工中心、卧式加工中心、龙门加工中心等。

1. 立式加工中心

立式加工中心是指主轴轴心线为铅垂状态的加工中心，如图 11-30 所示，其结构形式多为固定立柱，工作台为长方形，无分度回转功能，适合加工盘、套、板类零件，一般具有三个直线运动坐标轴，并可在工作台上安装一个沿水平轴旋转的数控回转工作台，实现 4 轴联动功能，可用于加工螺旋线类零件，如图 11-32 所示。

图 11-31　立式加工中心

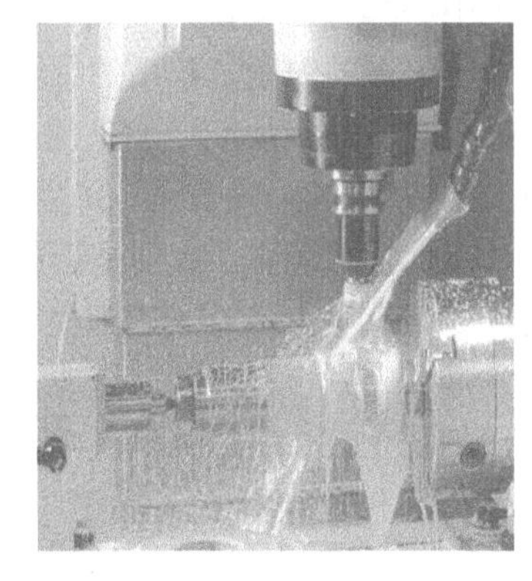

图 11-32　立式加工中心附加 A 轴

2. 卧式加工中心

卧式加工中心指主轴轴线为水平状态设置的加工中心，如图 11-33 所示。卧式加工中心通常都带有可进行分度回转运动的工作台。卧式加工中心一般都具有 3～5 个运动坐标，常见的是 3 个直线运动坐标加 1 个回转运动坐标，一般具有分度转台或数控转台，可加工工件的各个侧面；也可作多个坐标的联合运动，用来加工复杂的空间曲面。卧式加工中心能够使工件在一次装夹后完成除安装面和顶面以外的其余 4 个面的加工，最适合加工箱体类零件，如图 11-34 所示。

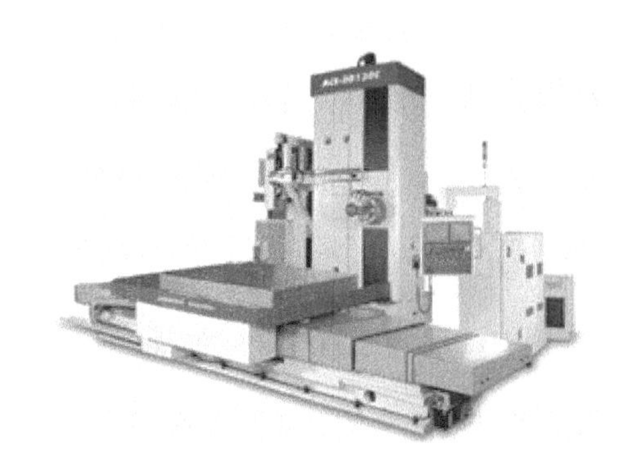

图 11-33 卧式加工中心

图 11-34 适合加工箱体类零件的卧式加工中心

3. 龙门加工中心

龙门式加工中心主轴多为垂直状态设置，如图 11-35 所示，除带有自动换刀装置以外，还带有可更换的主轴头附件。数控装置功能也较齐全，能够一机多用。尤其适用于大型和形状复杂的零件加工，如飞机上的梁、框、壁板等。

图 11-35 龙门式加工中心

（二）加工中心加工的主要加工对象

针对加工中心的工艺特点，加工中心适宜于加工形状复杂、加工工序内容多、要求较高、需用多种类型的普通机床和众多的工艺装备，且经多次装夹和调整才能完成加工的零件。主要的加工对象有下列几种。

1. 既有平面又有孔系的零件

加工中心具有自动换刀装置，在一次安装中，可以完成零件上平面的铣削、孔系的钻削、镗削、铰削、铣削及攻螺纹等多同步加工。加工的部位可以在一个平面上，也可以在不同的平面上。

（1）箱体类零件。如图 11-36 和图 11-37 所示，箱体类零件一般都要进行多工位孔系及平面加工，精度要求较高，特别是形状精度和位置精度要求严格，通常要经过铣、钻、扩、镗、铰、锪、攻螺纹等工步，需要刀具较多。

（2）盘、套、板类零件。包括带有键槽和径向孔，端面有分布的孔系、曲面的盘套或轴类零件，如图 11-38 所示为开孔底座垫板零件。加工部位集中在单一端面上的盘、套、轴、板、壳体类零件宜选择立式加工中心，加工部位不在同一方向表面上的零件可选卧式加工中心。

图 11-36 齿轮箱箱体

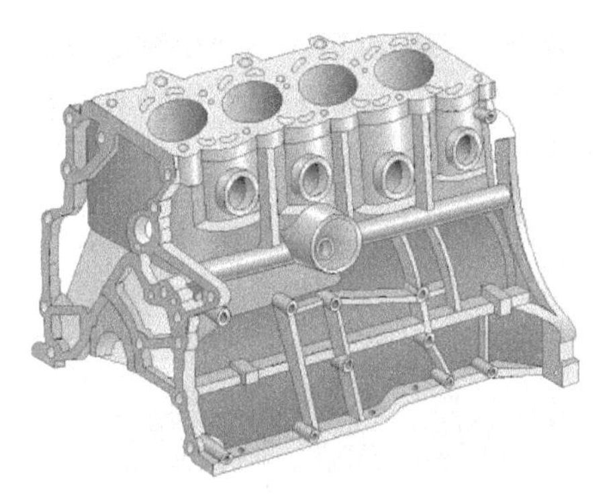

图 11-37 汽车发动机箱体

2. 结构形状复杂、普通机床难加工的零件

主要表面是由复杂曲线、曲面组成的零件，加工时，需要多坐标联动加工，这在普通机床上是难以甚至无法完成的，加工中心是加工这类零件的最有效的设备。常见的典型零件有以下几类：

（1）凸轮类。这类零件有各种曲线的盘形凸轮、圆柱凸轮、圆锥凸轮和端面凸轮等，如图 11-39 所示。加工时，可根据凸轮表面的复杂程度，选用三轴、四轴或五轴联动的加工中心。

图 11-38 开孔底座垫板零件

图 11-39 凸轮类零件

（2）整体叶轮类。整体叶轮类零件属于复杂曲面类零件，是主要表面由复杂曲线、曲面组成的零件。典型零件有叶轮、螺旋桨等。图 11-40 所示是轴向压缩机涡轮，其叶面是一个典型的三维空间曲面，加工这样的型面，可采用四轴以上联动的加工中心。

（3）模具类。图 11-41 所示为汽车模具。采用加工中心加工模具，由于工序高度集中，动模、静模等关键件的精加工基本上是在一次安装中完成全部机加工内容，尺寸累积误差及修配工作量小。同时，模具的可复制性强，型腔结构复杂，互换性好，装配精度高，对加工表面质量的稳定性和一致性要求均较高，因此，加工中心的加工能力将得到极大发挥，也是模具制造的发展方向。

3. 外形不规则的异形零件

异形零件是指如图 11-42 所示的支架、拨叉类零件，这一类外形不规则的零件，大多要点、线、面多工位混合加工。由于外形不规则，在普通机床上只能采取工序分散的原则加工，需用工装较多，周期较长；或采用专用夹具，机床调整困难。利用加工中心多工位点、线、面混合加工的特点，可以采用专用夹具一次完成大部分甚至全部工序内容，生产效率高，可以成批生产。

图 11-40　轴向压缩机涡轮

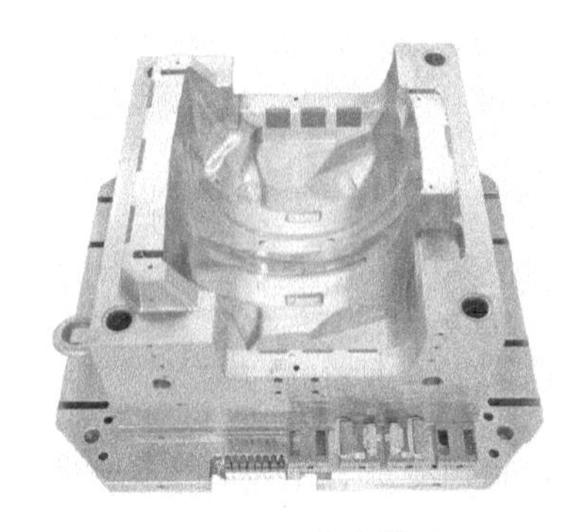

图 11-41　汽车模具

4. 周期性投产的零件

用加工中心加工零件时，所需工时主要包括基本时间和准备时间，其中，准备时间占很大比例。例如工艺准备、程序编制、零件首件试切等，这些时间往往是单件基本时间的几十倍。采用加工中心可以将这些准备时间的内容储存起来，供以后反复使用。这样，对周期性投产的零件，生产周期就可以大大缩短。

5. 加工精度要求较高的中小批量零件

针对加工中心加工精度高、尺寸稳定的特点，对加工精度要求较高的中小批量零件，选择加工中心加工，容易获得所要求的尺寸精度和形状位置精度，并可得到很好的互换性。

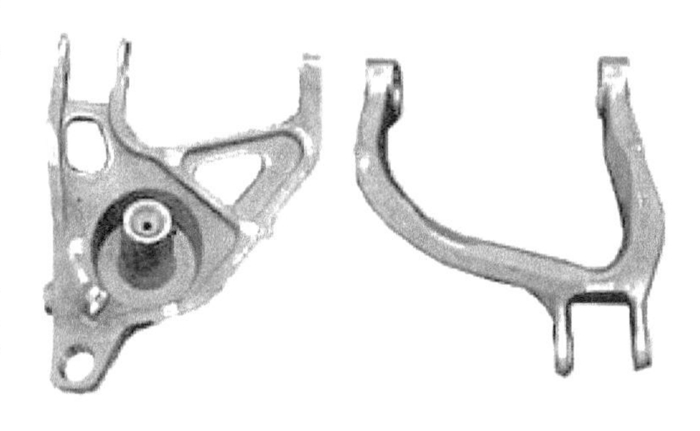

图 11-42　支架、拨叉类零件

6. 新产品试制中的零件

在新产品定型之前，需经反复试验和改进。选择加工中心试制，可省去许多用通用机床加工所需的试制工装。当零件被修改时，只需修改相应的程序及适当地调整夹具、刀具即可，节省了费用，缩短了试制周期。

二、加工中心的工艺介绍

（一）加工中心加工零件的工艺性分析

零件图样的工艺性分析，其任务是确定零件图样的加工内容及完整性、正确性和技术要求、零件结构的工艺性和定位基准选择的初步分析。

1. 确定加工内容

加工中心最适合加工形状复杂、工序较多、要求一般也较高的零件。因此，首先看懂图样，确定加工中心的加工内容，并初步对所加工的工序内容以及所需要的刀具、夹具、量具等进行考虑。

2. 检查零件图样

在确定了加工内容后，应对零件图样表达是否准确、标注是否齐全等进行检查。同时要特别注意，图样上应尽量采用统一的设计基准，从而简化编程，保证零件的精度要求。

3. 审查零件的结构工艺性

分析零件的结构刚度是否足够，各加工部位的结构工艺性是否合理等。

4. 分析零件的技术要求

根据零件在产品中的功能，分析各项几何精度和技术要求是否合理；考虑在加工中心加工，能否保证其精度和技术要求；选择哪一种加工中心、采用什么切削方式最为合理。

（二）零件的定位和装夹

1. 定位基准的选择

在加工中心加工时，零件的定位仍应遵循六点定位原则。零件上通常应有一个或几个共同的定位基准。该定位基准一方面要能保证零件经多次装夹后其加工表面之间相互位置的正确性，如多棱体、复杂箱体等在卧式加工中心上完成四周加工后，要重新装夹加工剩余的加工表面，用同一基准定位可以避免由基准转换引起的误差；另一方面要满足加工中心工序集中的特点，即一次安装尽可能完成零件上较多表面的加工。定位基准最好是零件上已有的面或孔，若没有合适的面或孔，也可专门设置工艺孔或工艺凸台等作定位基准。

2. 零件的夹紧

在考虑夹紧方案时，应尽量减小夹紧变形。零件在粗加工时，切削力大，需要的夹紧力大，因此，必须慎重选择定位基准和确定夹紧力。夹紧力应作用在主要支承范围内，并尽量靠近切削部位及刚性好的部位。如采用这些措施仍不能控制零件的变形，只能将粗、精加工工序分开，或者在粗加工程序后编入一段选择停止指令，粗加工后松开工件，使零件变形消除后，再重新夹紧零件，继续进行精加工。

3. 夹具的选用

正确选择定位基准，对保证零件技术要求、合理安排加工顺序有着至关重要的影响。加工中心的特点对夹具提出了两个基本要求：一是要保证夹具的坐标方向与机床的坐标方向相对固定；二是要能协调零件与机床坐标系的尺寸。

在加工中心上常见的箱体零件常选用一个支承面、一个导向面和一个限位面的三平面装夹法，这是简单可靠且定位精度高的方法，但安装面不能加工。如采用两销定位，可方便刀具对其他各面的加工，但定位精度低于三平面法。箱体零件多个不同位置的平面和孔系要加工时，往往要进行两、三次装夹，这时常常先以三面定位完成部分相关表面加工，然后以加工过的一个平面加两个销孔定位，完成其余表面和孔系加工。

在加工中心上，夹具的任务不仅仅是装夹零件，而且要以定位基准为参考基准，确定零件的加工原点。加工中心的自动换刀功能又决定了在加工中不能使用弹套、钻套及对刀块等元件。因此，在选用夹具结构形式时要综合考虑各种因素，尽量做到经济、合理。在加工中心台面上有基准T形槽、转台中心定位孔、工作台侧面基准定位元件。夹具的安装必须利用这些定位件，夹具底面表面粗糙度 *Ra* 值不低于3.2μm，平面度误差为0.01～0.02mm的要求。

（三）工序的划分

数控铣或加工中心加工零件的表面不外乎平面、曲面、轮廓、孔和螺纹等，主要应考虑到所选加工方法要与零件的表面特征、要求达到的精度及表面粗糙度相适应。加工中心工序的划分一般有以下几种方式。

1. 加工中心加工工序的划分

（1）以零件的装夹定位方式划分工序。由于每个零件结构形状不同，各个表面的技术要求也不同，所以在加工中，其定位方式各有差异。将位置精度要求较高的表面安排在一次安装下完成，以避免多次安装所产生的安装、找正误差，影响位置精度。一般铣削加工外形时以内形定位；铣削加工内形时以外形定位。可根据定位方式不同来划分工序，这种划分方法适合于加工内容不多的工件。

（2）按粗、精加工划分工序。根据零件的加工精度、刚度和变形等因素来划分工序时，可按粗、精加工分开的原则来划分工序，即先进行粗加工，再进行精加工。例如，对于加工后变形较大的零件，通常粗加工后需要进行应力释放或矫形，这时可将粗加工和精加工作为两道工序、使用不同的机床或不同的刀具进行加工，这样不仅保证了精加工的质量，可以及时发现零件毛坯的缺陷，也可以充分、合理利用现有生产设备。

（3）按所用刀具划分工序。对于有些零件结构复杂，加工内容多，刀具也多时，为了减少换刀次数，压缩空程运行时间，减少不必要的定位误差，可按使用刀具来划分工序的方法进行零件的加工。即尽可能使用同一把刀具加工出尽可能加工到的所有部位，然后再更换另一把刀具加工零件的其他部位。专用数控机床和加工中心常常采用这种方法。

（4）按加工程序划分工序。对于加工轨迹、加工时间和加工程序长的零件，考虑到数控系统的内存容量、操作者的交接班以及刀具寿命等因素，可以将一个独立、完整的数控程序进行适当的划分，划分后的程序为一个工序。

需要说明的是，在进行加工中心工序分析时，还要考虑到与普通工序、热处理工序的衔接。

2. 加工顺序的安排

（1）切削加工顺序的安排。

1）先粗后精。先安排粗加工，中间安排半精加工，最后安排精加工和光整加工，逐步提高加工精度。

2）先主后次。先安排零件的装配基面和工作表面等主要表面的加工，后安排如键槽、紧固用的光孔和螺纹孔等次要表面的加工。

3）先面后孔。对于箱体、支架、连杆、底座等零件，先加工用作定位的平面和孔的端面，然后再加工孔。

4）基面先行。用作精基准的表面，要首先加工出来。所以，第一道工序一般是进行定位面的粗加工和半精加工（有时包括精加工），然后再以精基面定位加工其他表面。

（2）热处理工序的安排。热处理可以提高材料的力学性能，改善金属的切削性能及消除残余应力。在制订工艺路线时，应根据零件的技术要求和材料的性质，合理地安排热处理工序。

1）退火与正火。其目的是为了消除组织的不均匀，细化晶粒，改善金属的加工性能。对高碳钢零件用退火降低其硬度，对低碳钢零件用正火提高其硬度，以获得适中的较好的可切削性，同时能消除毛坯制造中的应力。退火与正火一般安排在机械加工之前进行。

2）时效处理。以消除内应力、减少工件变形为目的。为了消除残余应力，在工艺过程中需安排时效处理。对于一般铸件，常在粗加工前或粗加工后安排一次时效处理；对于要求较高的零件，在半精加工后还需再安排一次时效处理；对于一些刚性较差、精度要求特别高的重要零件（如精密丝杠、主轴等），常常在每个加工阶段之间都安排一次时效处理。

3）调质处理。对零件淬火后再高温回火，能消除内应力、改善加工性能并能获得较好的综合力学性能。一般安排在粗加工之后进行。对一些性能要求不高的零件，调质也常作为最终热处理。

4）淬火、渗碳和渗氮。它们的主要目的是提高零件的硬度和耐磨性，常安排在精加工（磨削）之前进行，其中渗氮由于热处理温度较低，零件变形很小，也可以安排在精加工之后。

（四）加工路线的确定

加工路线的确定方法与数控铣加工类似。

（五）刀具的选择

刀具的选择方法与数控铣削加工类似。

（六）加工余量与切削用量的选择

加工余量与切削用量的选择与数控铣加工类似。

第五节 数控电火花线切割加工

一、数控电火花线切割加工介绍

电火花线切割加工（Wire cut Electrical Discharge Machining，WEDM）是在电火花加工基础上于 20 世纪 50 年代末最早在前苏联发展起来的一种新的工艺形式，是用线状电极（钼丝或铜丝）靠火花放电对工件进行切割成型，故称为电火花线切割，简称线切割。主要用于加工各种形状复杂和精密细小的工件，例如冲裁模的凸模、凹模、凸凹模、固定板、卸料板等，成形刀具、样板、电火花成型加工用的金属电极，各种微细孔槽、窄缝、任意曲线等，具有加工余量小、加工精度高、生产周期短、制造成本低等突出优点，已在生产中获得广泛的应用，目前，国内外的电火花线切割机床已占电加工机床总数的 60%以上。

1. 数控电火花线切割加工原理

图 11-43 为电火花线切割加工及装置的示意图。利用细钼丝或铜丝 7 作工具电极进行切割，储丝筒 1 使钼丝作正反向交替移动，加工能源由脉冲电源 11 供给。在电极丝和工件之间浇注工作液介质，工作台在水平面两个坐标方向各自按预定的控制程序，根据火花间隙状态作伺服进给移动，从而合成各种曲线轨迹，实现尺寸加工的目的，把工件切割成型。

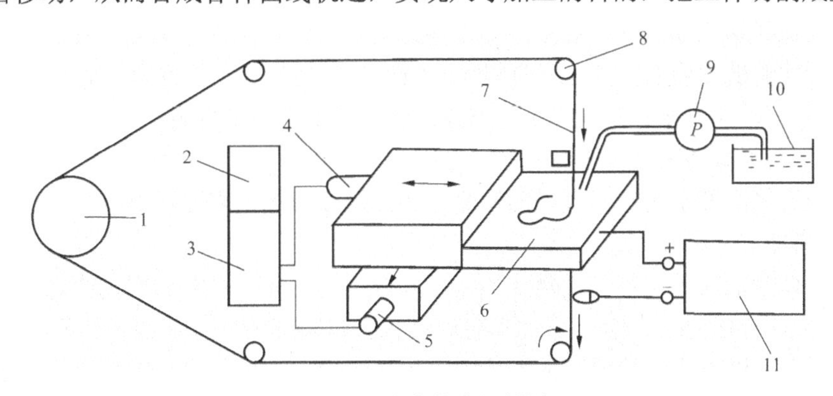

图 11-43 电火花线切割原理

1—储丝筒；2—控制电路；3—伺服电路；4—X轴进给电动机；5—Y轴进给电动机导向轮；6—工件；7—钼丝；8—导向轮；9—泵；10—工作液箱；11—脉冲电源

加工中通常将电极丝与脉冲电源的负极相接，工件与脉冲电源的正极相接。当脉冲电源发出一个电脉冲时，由于电极丝与工件之间的距离很小，电压击穿这一距离（通常称为放电间隙）就产生一次电火花放电。在火花放电通道中心，温度瞬间可达上万摄氏度，使工件材料熔化甚至汽化。同时，喷到放电间隙中的工作液在高温作用下也急剧汽化膨胀，如同发生爆炸一样，冲击波将熔化和汽化的金属从放电部位抛出。脉冲电源不断地发出电脉冲，形成一次次火花放电，就将工件材料不断地去除。电极丝与工件之间的放电间隙一般取 0.01mm 左右（若脉冲电源发出的脉冲电压高，放电间隙会大一些）。

根据电极丝的运行速度，电火花线切割机床通常分为两大类：一类是快走丝电火花线切割机床（WEDM-HS），这类机床的电极丝作高速往复运动，一般走丝速度为 8～10m/s。这是我国生产和使用的主要机种，也是我国独有的电火花线切割加工模式；快速走丝加工工艺问世后，我国的电火花线切割加工无论是线切割机床的产量还是应用范围都发生了一个飞跃。另一类是慢走丝电火花线切割机床（WEDM-LS）。这类机床的电极丝做低速单向运动，一般走丝速度低于 0.2m/s，这是国外生产和使用的主要机种。

此外，按加工特点可分为大、中、小型以及普通直壁切割型与锥度切割型等。

2. 线切割加工的特点

与电火花成形加工相比，电火花线切割加工有如下特点：

（1）由于工具电极是直径较小的细丝，省掉了成形工具电极的制作，靠数控技术实现复杂的切割轨迹，缩短了生产准备时间，加工周期短。

（2）脉冲电源的加工电流较小，脉冲宽度较窄，属中、精加工范畴。

（3）采用水或水基工作液，不会引燃起火，容易实现安全无人运转。

（4）线切割电极丝比较细，切缝很窄，可以加工微细异形孔、窄缝和复杂形状的工件。且只对工件材料进行“套料”加工，实际金属去除量很少，材料的利用率很高。

（5）因工具电极是运动的长金属丝，故可加工很小的窄缝。当切割的周长不大时，单位长度的电极丝损耗很小，对加工精度的影响也很小。而慢走丝线切割由于电极丝只是一次性使用，所以电极丝的损耗对加工精度无影响。但是，电极丝自身的尺寸精度对快、慢走丝线切割机床的加工精度均有直接的影响。

二、数控电火花线切割工艺分析

数控电火花线切割加工，一般是作为工件尤其是模具加工中的最后工序。要达到加工零件的精度及表面粗糙度要求，应合理控制线切割加工时的各种工艺参数（电参数、切割速度、工件装夹等），同时应安排好零件的工艺路线及线切割加工前的准备加工。

（一）线切割加工的主要工艺指标

线切割加工的主要工艺指标有切割速度、加工精度及加工表面质量等。

1. 切割速度

电火花线切割加工的切割速度是按加工相同厚度工件时，在单位时间内切割长度尺寸的大小来评价的。换句话说，是以电极丝单位时间内扫过的面积来评价的，其单位为 mm^2/min，电火花成形加工是以单位时间内腐蚀去除的体积来评价，其单位为 mm^3/min（由于线切割加工所用电极丝直径不同，切缝体积难以准确表明切割速度的快慢）。目前，快走丝线切割的最高切割速度可达 80～200mm^2/min，而慢走丝线切割因峰值电流高，最大切割速度可达 350mm^2/min。

2. 加工精度

工件的加工精度指加工尺寸精度、形状及位置精度等。国产快速走丝线切割的加工精度范围大约为±（0.005～0.01）mm，而慢走丝线切割的加工精度可达到±（0.002～0.005）mm。

3. 加工表面质量

评价线切割加工表面质量主要是看工件表面粗糙度的高低及表面变质层的薄厚。电极丝在放电过程中不断移动，难免会产生振动，对加工表面产生不利的影响，而放电产生的瞬间高温使工件表层材料熔化、汽化，在爆炸力作用下被抛出，但有些材料在工作液的冷却下又重新凝固，而且，在放电过程中也会有少量电极丝材料溅入工件表层，所以在工件表层会产生变质层。

（二）电火花线切割工艺

电火花线切割工艺是使用线切割机床，按工件图纸要求，将毛坯按一定工艺技术与方法加工成符合设计要求的工件。在设备一定的情况下，合理地选择工艺方法和工艺路线，是确保工件达到设计要求的重要环节之一。线切割加工模具或零件的工艺过程通常分为如下几个步骤：①认真分析研究工件图纸及其技术要求，以确定哪些工件适宜用线切割加工，哪些不宜采用线切割加工工艺；②加工前的工装夹具准备及必要的工艺准备；③选择切割参数及确定切割路线，对工件进行装夹找正；④编制加工程序；⑤线切割加工；⑥切割后工件清理与检验。

1. 认真分析工件图纸及其技术条件

如表面粗糙度及尺寸精度要求过高或是工件厚度超过丝架的跨距，以及工件材料导电性极差甚至绝缘的，均不适合采用线切割加工工艺。对于线切割加工的工件，应明确加工的关键部位及关键尺寸，供选择切割参数及确定切割路线时参考。

（1）工件的拐角、夹角、窄缝的尺寸要求应符合线切割加工的特点。例如，工件拐角（或凹角）尺寸必须大于或等于电极丝半径与放电间隙之和，也就是说，切割凹角时，得到的是一个过渡的圆弧。

（2）切割窄缝的宽度为

$$b \geqslant d+2s \tag{11-4}$$

式中　d——电极丝直径；

　　s——单边放电间隙。

最窄切缝尺寸示意图如图 11-44 所示。

（3）当进行凹、凸模具成套加工时，应注意电极丝的运动轨迹与图形轮廓是不同的。切凹模时，电极丝的运动轨迹处在图纸要求轮廓的内部，如图 11-45 所示；而切割凸模时，电极丝的运动轨迹处于图形轮廓的外部。

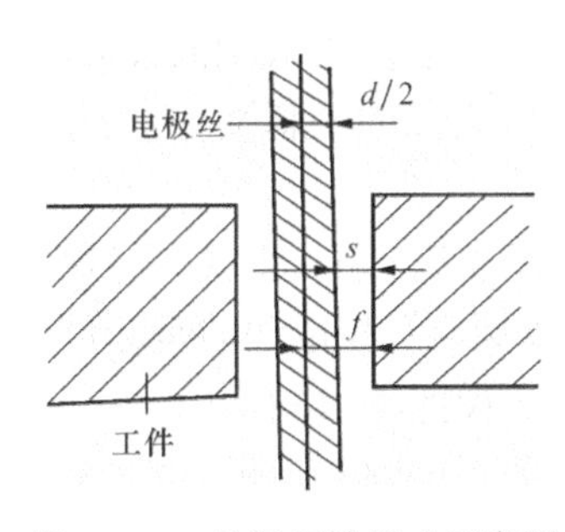

图 11-44　最窄切缝尺寸示意图

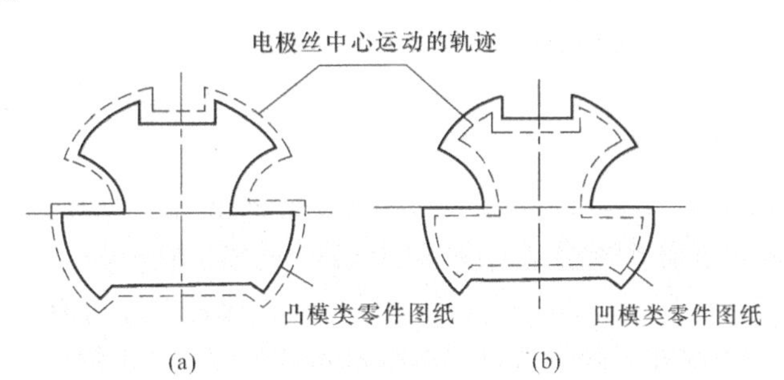

图 11-45　轨迹与轮廓的区别

（a）切割凸模时；（b）切割凹模时

2. 加工前的工装夹具准备及必要的工艺准备

（1）设备的检查与调整。加工设备正常与否，直接影响着线切割加工的工艺指标和切割质量，因此，必须经常对机床进行检查、维护与保养，尤其是在加工精度要求较高的重要工件之前，必须对设备进行认真的检查与调整。检验所用量具的精度等级一定要高于被检验项目精度等级一级以上。

导轮的径向跳动及V形槽的形状、工作台纵横向拖板丝杠副的间隙、电极丝保持器（或限幅器）等关键环节，应当经常进行检查与调整，发现问题及时排除。特别是导轮的质量与运动状况对加工质量有直接影响。其故障大致有如下几种情况。

1）导轮轴承磨损，导致导轮径向跳动及轴向窜动超差（通常要求不超过0.005 mm）、噪声加大。

2）因导轮轴承润滑不足或有污物侵入，快速运动的电极丝与导轮 V 形定位面可能发生相对滑动，导致导轮V形面异常磨损；导轮的径向跳动及电极丝运动时的振动会造成两者接触不良而产生火花放电，使V形定位面烧损，从而使电极丝抖动加剧。有时，因导轮V形槽磨损成深沟状而易将电极丝夹断。

3）导轮轴安装时与工作台Y轴轴线不平行，运行时会产生振摆，且导致导轮过早损坏。

为此，除经常检查与调整外，还应注意及时清洗和去除导轮槽内的污物，延长导轮的使用寿命。

（2）保持器（或限幅器）的检查与维护。由于电极丝表面有众多放电凹坑，在高速移动时会使与其接触的保持器（或限幅器）磨出沟槽，容易卡丝，因此，应经常调整保持器（或限幅器）的工作面位置。

（3）选择适用的电极丝，并调整电极丝与工作台的垂直度。

1）当工件较厚且外形较简单时，宜选用直径较粗（如ϕ0.16以上）的电极丝；而当工件厚度较小且形状较复杂时，宜选用较细（一般取ϕ0.10～0.12）的电极丝。注意所选用的电极丝应在有效期内（通常为出厂后一年），过期的电极丝因表面氧化等原因，加工性能下降，不宜用于工件的加工。

2）电极丝缠绕并张紧后，应校正及调整电极丝工作段对工作台面的垂直度（X、Y两个方向）。在生产实践中，大多采用简易工具（如直角尺、圆柱棒或规则的六面体），以工作台面（或放置其上的夹具工作面）为检验基准，目测电极丝与工具表面的间隙上下是否一致，如上下间隙不一致，应调整至上下间隙一致为止。

（4）工件准备。

1）由于线切割加工多为工件的最后一道工序，因此，工件外形大多具有规则的外形，可选一个适当的面作为工件的工艺基准面。对基准面应当仔细清除其表面的毛刺及污物等，以免影响定位精度。

2）当工件型腔与外形位置精度要求较高时，应选定一基准边（或基准孔）供找正时使用。

3）根据型腔及工件材料的状态，选择适宜位置打穿丝孔，并以穿丝孔校准边的坐标位置。在切割凸模时，为防止工件坯料变形，尽量在坯料内部打穿丝孔，如图11-46所示。

4）根据型腔特点及工件材料热处理状态，选择好切割路线，如图11-47所示。也就是说，应仔细分析工件加工时可能产生的变形及其方向，确定合适的切割路线。一般应将图形最后切割部位尽量靠近装夹部位。

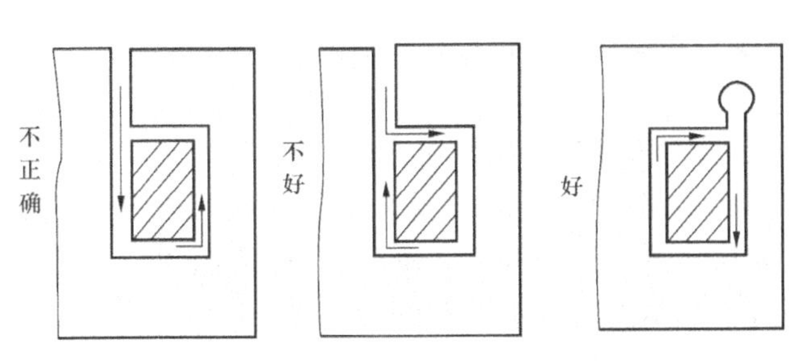

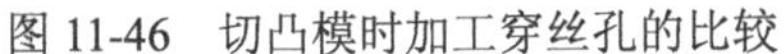
图 11-46 切凸模时加工穿丝孔的比较

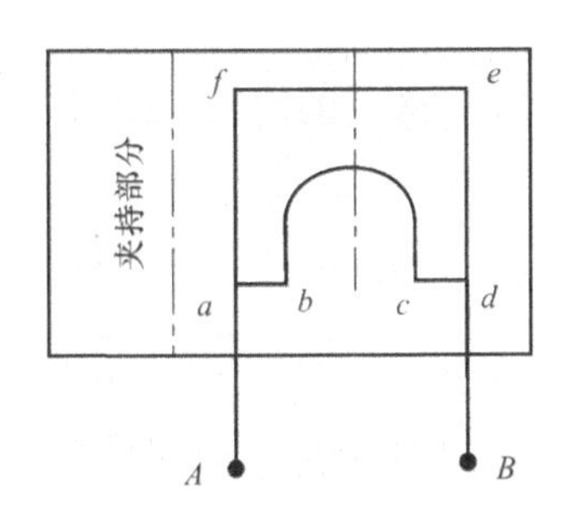

图 11-47 切割路线

3. 编制程序

（1）确定坯料热处理状态、材质、电极丝直径、模具配合间隙、放电间隙（由工件材质及电参数确定）、过渡圆半径等已知条件。

（2）计算和编写加工程序。编程时，要根据坯料情况、工件轮廓形状及找正方式，选择合理的装夹位置及起割点。起割点应选择在图形拐角处或容易将尖锐部分修去的地方。

编程时还应考虑如何选用适当的定位以简化编程工作。工件在工作台上的位置不同，会影响工件轮廓线的方位，从而使各点坐标的计算结果不同，其加工程序也随之改变。例如，在图 11-48（a）中，图形的各线段均为斜线，计算各点坐标较麻烦。若使工件的α角变为 0°或 90°，则各斜线程序均变为直线程序，从而大大简化了编程工作。同样，图 11-48（b）中的α变为 0°、90°或 45°时，也会简化编程工作，而α为其他角度时，编程就变得复杂。

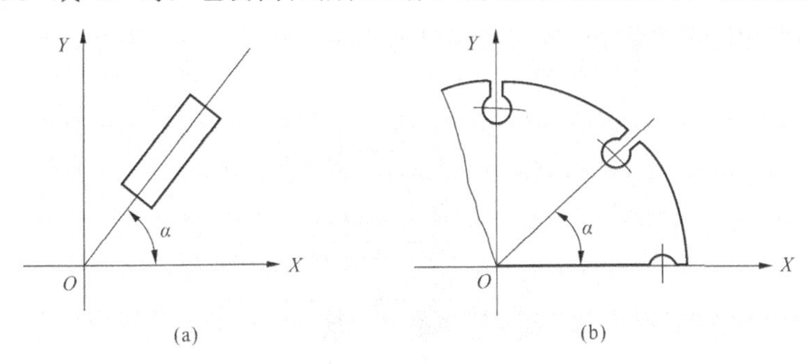

图 11-48 工件定位的合理选择

（a）α为任意角；（b）α为 0°、90°或 45°

4. 工件装夹与找正

工件装夹与找正是工件加工成败的关键工序之一，一定要认真操作。工件找正后，应根据工件图纸的技术要求如材质、热处理状态及精度要求等，选择合适的加工参数。

5. 切割加工

为了确保最终的加工能达到图纸要求，在正式加工工件前，应使用所编制的加工程序进行样板试切。这样，既可检验程序的正确性，又可对脉冲电源的电参数及进给速度进行适当的调整，保证加工的稳定性。

完成这些准备工作后，就可以正式加工模具了。通常先加工固定板、卸料板，然后加工凸模，最后加工凹模。凹模加工完毕，不要急于松开压板取下工件，而应先取出凹模中的废料芯，清洗一下加工表面，将加工好的凸模试放入凹模中，检验配合间隙是否符合要求。若配合间隙过小，可再加工一次，修大一些；若凹模有差错，可按加工坐标程序对有差错的地方进行必要的修补（如切去差错处，补镶一块材料，再进行补充加工）。

6. 检验项目

切割后的工件应进行必要的清洗，然后对工件进行如下的检验。

（1）模具各部分尺寸精度及配合间隙。例如，对落料模来说，凹模尺寸应与图纸的基本尺寸一致，凸模尺寸应为图纸基本尺寸减去冲模间隙。而对于冲孔模来说，凸模尺寸与图纸基本尺寸相同，而凹模尺寸则为图纸基本尺寸加冲模间隙。此外，固定板与凸模为静配合，卸料板大于或等于凹模尺寸。对于级进模（也叫连续模）来说，主要是检验步距精度。

检验工具可根据模具精度要求的高低，分别选用三坐标测量机、万能工具显微镜或投影仪、内外径千分尺、块规、塞尺、游标卡尺等。通常检具的精度要高于待检工件精度一级以上。 模具配合间隙的均匀性大多采用透光法进行目测。

（2）可采用平板及刀口角尺等检验垂直度。

（3）加工表面粗糙度检验。在生产现场大多使用“表面粗糙度等级比较样板”进行目测，而在实验室中则采用轮廓仪检验。

（三）常用夹具和工件装夹方法

1. 常用夹具名称、规格和用途

（1）压板夹具。主要用于固定平板式工件。当工件尺寸较大时，则应成对使用，如图 11-49 所示。当成对使用时，夹具基准面的高度要一致。否则，因毛坯倾斜，使切割出的工件型腔与工件端面倾斜而无法正常使用。如果在夹具基准面上加工一个 V 形槽，则可用来夹持轴类圆形工件。

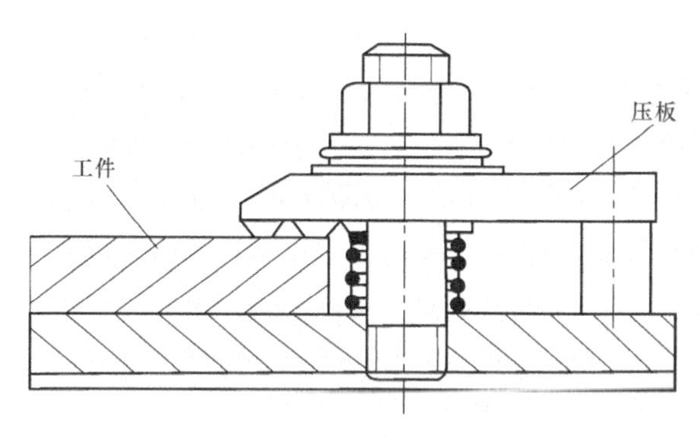

图 11-49 压板式夹具

（2）分度夹具。主要用于加工电机定子、转子等多型孔的旋转形工件，可保证较高的分度精度。如图 11-50 所示。近年来，因为大多数线切割机床具有对称、旋转等功能，所以此类分度夹具已较少使用。

（3）磁性夹具。对于一些微小或极薄的片状工件，采用磁力工作台或磁性表座吸牢工件进行加工。磁性夹具的工作原理如图 11-51 所示。当将磁铁旋转 90°时，磁靴分别与 S、N 极接触，可将工件吸牢，如图 11-51（b）所示；再将永久磁铁旋转 90°，如图 11-51（a)所示，则磁铁松开工件。 使用磁性夹具时，要注意保护夹具的基准面，取下工件时，尽量不要在基准面上平拖，以防拉毛基准面，影响夹具的使用寿命。

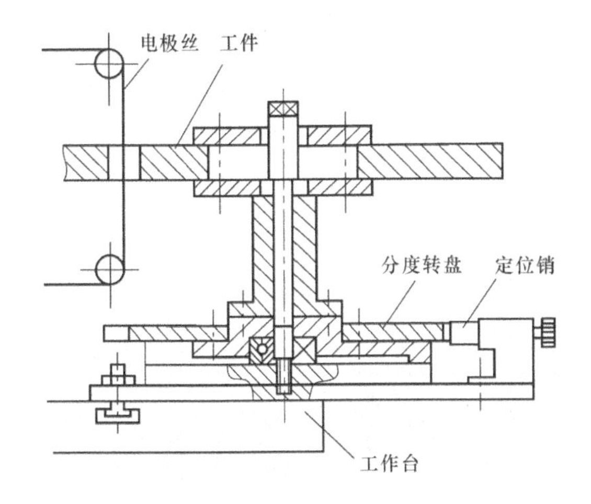

图 11-50 分度夹具结构示意图

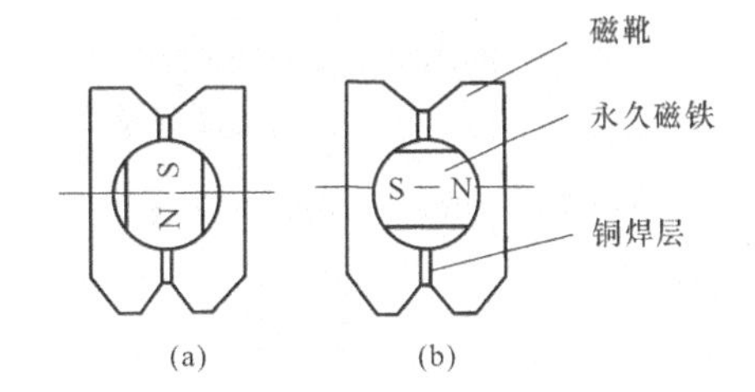

图 11-51 磁性夹具工作原理
(a) 磁铁旋转 90° 时；(b) 磁铁再旋转 90° 时

2. 工件装夹的一般要求

(1) 工件的基准面应清洁，无毛刺、污物及氧化皮等。

(2) 夹具自身要制作精确，且夹具与工作台面要固定牢靠，不得松动或歪斜。

(3) 工件装夹后，既要有利于定位、找正，又要确保在加工范围内不得与丝架臂发生干涉，否则，无法加工出合格的工件。

(4) 夹紧力要均匀，不得使工件局部受力过大而发生变形。

(5) 同一类工件批量切割时，最好制作便捷的专用夹具，以提高加工效率。

(6) 对细小、精密、薄壁的工件，应先固定在不易变形的辅助夹具上，再安装固定到机床上，以保证加工的顺利进行。

3. 常见的装夹方式

(1) 悬臂式支撑。如图 11-52 所示，这种装卡方式通用性强，结构简单，装夹方便。但由于处于悬臂状态，对工件尺寸及重量有较大限制。

(2) 两端式支撑。如图 11-53 所示，当工件尺寸较大时，将两端分别固定在夹具上，支撑稳定可靠，定位精度高。

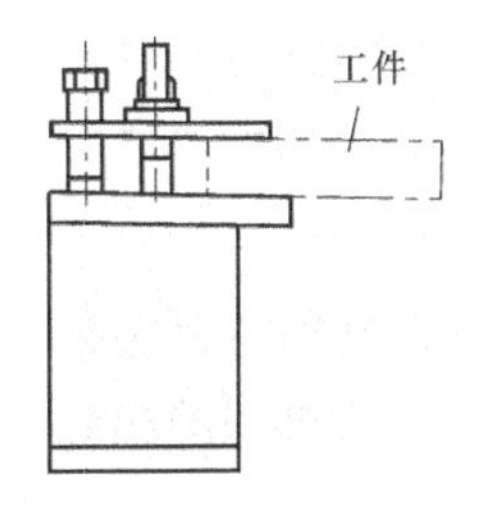

图 11-52 悬臂式支撑

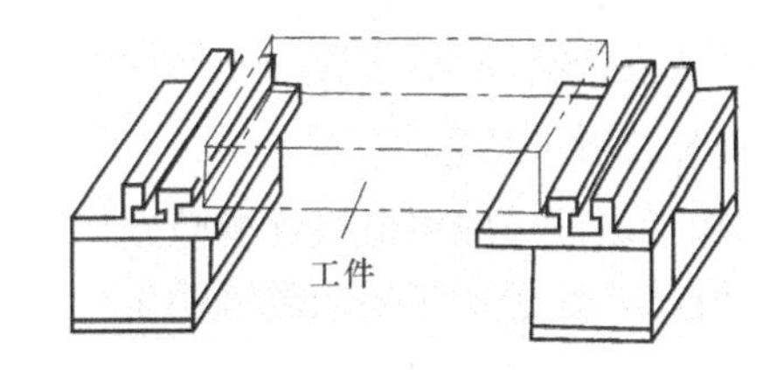

图 11-53 两端式支撑

(3) 桥式支撑。如图 11-54 所示，用两条垫铁架在两端夹具体上，跨度宽窄可根据工件大小随意调节。特别是对于带有相互垂直的定位基准面的夹具体，侧面有平面基准的工件就可省去找正工序，若找正与加工基准是同一平面，则可间接推算和确定出电极丝中心与加工基准的坐标位置。这种装夹方式有利于外形和加工基准相同的工件实现成批加工。

（4）板式支撑。如图 11-55 所示，这种装夹方式是按工件的常规加工尺寸制造托板，托板上加工出矩形或圆孔，并在板上配备有 *X* 向和 *Y* 向定位基准。其装夹精度易于保证，适宜在常规生产中使用。

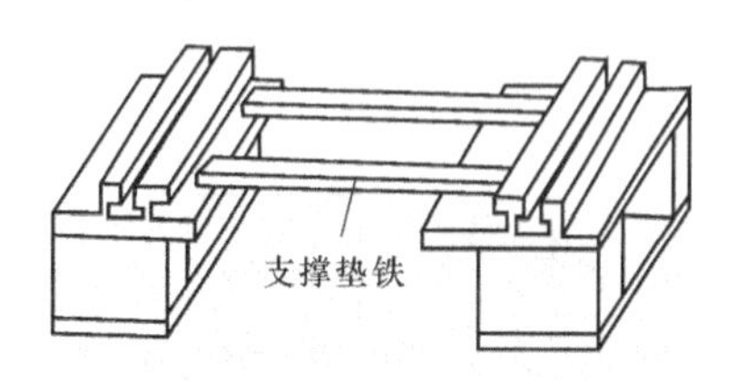

图 11-54 桥式支撑

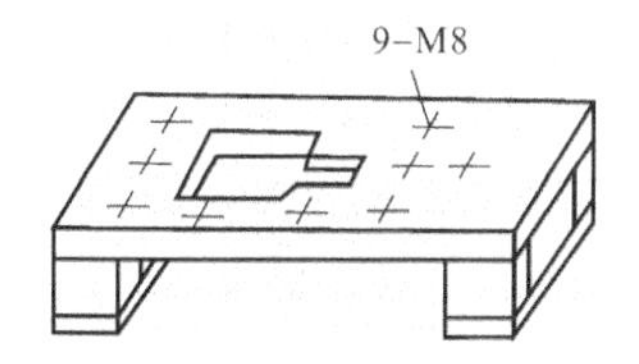

图 11-55 板式支撑

（5）复式支撑。如图 11-56 所示，这种方式是桥式和板式支撑的复合形式，只不过板式支撑的托板换成了专用夹具。这种夹具可以方便地实现工件的批量加工，又能快速地装夹工件，节约辅助工时，保证成批工件加工的一致性。

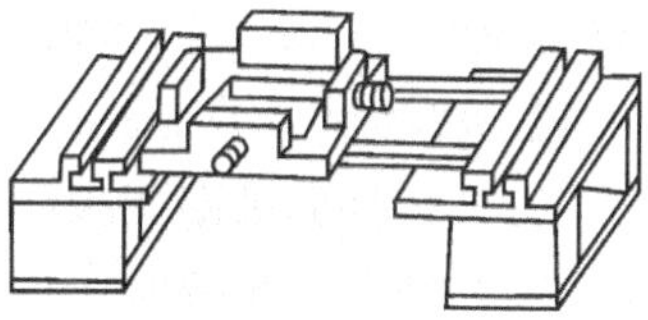

图 11-56 复式支撑

（四）电极丝的选择和调整

1. 电极丝的选择

电极丝应具有良好的导电性和抗电蚀性，抗拉强度高、材质均匀。常用电极丝有钼丝、钨丝、黄铜丝和包芯丝等。钨丝抗拉强度高，直径在 0.03～0.1mm 范围内，一般用于各种窄缝的精加工，但价格昂贵。黄铜丝适合于慢速加工，加工表面粗糙度和平直度较好，蚀屑附着少，但抗拉强度差，损耗大，直径在 0.1～0.3mm 范围内，一般用于慢速单向走丝加工。钼丝抗拉强度高，适于快速走丝加工，所以我国快速走丝机床大都选用钼丝作电极丝，直径在 0.08～0.2mm 范围内。

电极丝直径的选择应根据切缝宽窄、工件厚度和拐角尺寸大小来选择。若加工带尖角、窄缝的小型模具宜选用较细的电极丝；若加工大厚度工件或进行大电流切割时应选较粗的电极丝。电极丝的主要类型、规格如下：

（1）钼丝直径：0.08～0.2mm。

（2）钨丝直径：0.03～0.1mm。

（3）黄铜丝直径：0.1～0.3mm。

（4）包芯丝直径：0.1～0.3mm。

2. 电极丝位置的调整

线切割加工之前，应将电极丝调整到切割的起始坐标位置上，其调整方法有以下几种：

（1）目测法。对于加工要求较低的工件，在确定电极丝与工件基准间的相对位置时，可以直接利用目测或借助 2～8 倍的放大镜来进行观察。图 11-57 是利用穿丝处划出的十字基准线，分别沿划线方向观察电极丝与基准线的相对位置，根据两者的偏离情况移动工作台，当电极丝中心分别与纵横方向基准线重合时，工作台纵、横方向上的读数就确定了电极丝中心的位置。

（2）火花法。如图 11-58 所示，移动工作台使工件的基准面逐渐靠近电极丝，在出现火花的瞬时，记下工作台的相应坐标值，再根据放电间隙推算电极丝中心的坐标。此法简单易行，但往往因电极丝靠近基准面时产生的放电间隙与正常切割条件下的放电间隙不完全相同而产生误差。

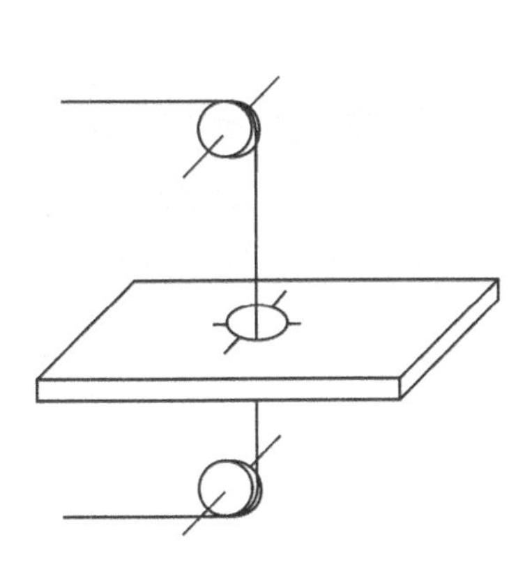

图 11-57　目测法调整电极丝位置图

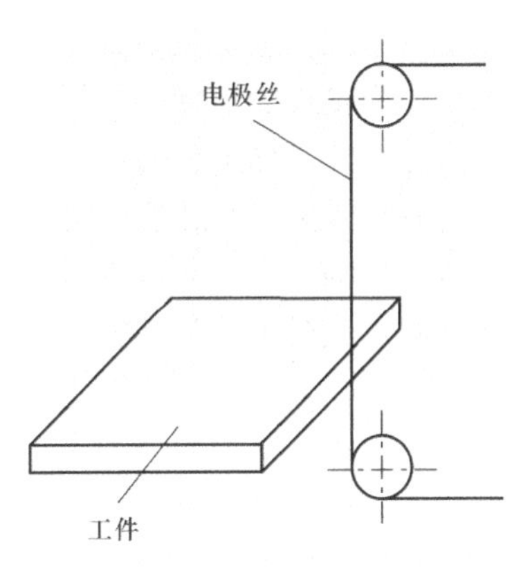

图 11-58　火花法调整电极丝位置

（3）自动找中心。所谓自动找中心，就是让电极丝在工件孔的中心自动定位。此法是根据线电极与工件的短路信号来确定电极丝的中心位置。数控功能较强的线切割机床常用这种方法。如图 11-59 所示，首先让线电极在 X 轴方向移动至与孔壁接触（使用半程移动指令 G82），则此时当前点 X 坐标为 X_1，接着线电极往反方向移动与孔壁接触，此时当前点 X 坐标为 X_2，然后系统自动计算 X 方向中点坐标 $X_0[X_0=(X_1+X_2)/2]$，并使线电极到达 X 方向中点 X_0；接着在 Y 轴方向进行上述过程，线电极到达 Y 方向中点坐标 $Y_0[Y_0=(Y_1+Y_2)/2]$。这样经过几次重复就可找到孔的中心位置，如图 11-59 所示。当精度达到所要求的允许值之后，就确定了孔的中心。

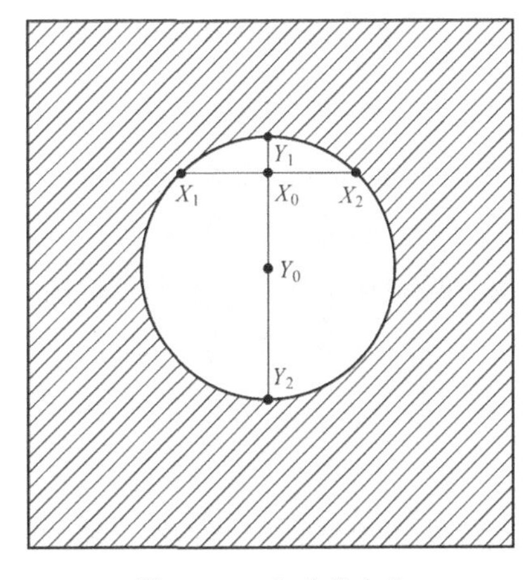

图 11-59　自动找中心

复 习 思 考 题

1. 数控机床的工作原理是什么？其主要特点有哪些？
2. 什么是数控机床坐标系？什么是工件坐标系？
3. 数控车床适合于加工哪些类型的零件？
4. 简述数控车床常用车刀种类和用途。
5. 数控车床切削用量包括哪几个参数？切削用量选用的原则是什么？
6. 确定数控车削加工工艺路线时应遵循哪些基本原则？
7. 数控车床上常用的夹具有哪些？
8. 数控铣床适合于加工哪些类型的零件？
9. 简述数控铣床常用车刀的种类及选择。
10. 数控铣床切削用量包括哪几个参数？切削用量选用的原则是什么？

11．如何确定数控铣削加工工艺路线？
12．加工中心的特点及加工对象是什么？
13．加工中心工艺主要包括哪些内容？
14．加工中心安排加工顺序的原则是什么？
15．电火花线切割加工有何特点？哪些工件或材料适用于线切割加工？
16．线切割机床的切割速度受哪些因素影响？
17．一般线切割加工工艺过程是什么？
18．线切割加工时工件装夹的一般要求是什么？

参 考 文 献

[1] 王金凤．机械制造工程概论．3 版．北京：航空工业出版社，2005.
[2] 罗军明．工程材料及热处理．北京：北京航空航天大学出版社，2010.
[3] 刘会霞．金属工艺学．北京：机械工业出版社，2008.
[4] 温建萍．工程材料与成形工艺基础学习指导．北京： 化学工业出版社，2007.
[5] 罗继相，王志海．金属工艺学．武汉：武汉理工大学出版社，2008.
[6] 骆丽，等．工程材料及机械制造基础．武汉：华中科技大学出版社，2006.
[7] 王少纯，马慧良，关晓冬．金属工艺学．北京：清华大学出版社，2011.
[8] 余承辉．机械制造基础．上海：上海科学技术出版社，2009.
[9] 史美堂．金属材料及热处理．上海：上海科学技术出版社，2003.
[10] 卞洪元，丁金水．金属工艺学．北京：北京理工大学出版社，2006.
[11] 叶宏．金属材料及热处理．北京：化学工业出版社，2009.
[12] 蒲永峰．机械工程材料．北京：清华大学出版社，2005.
[13] 戴曙．金属切削机床．北京：机械工业出版社，2004.
[14] 顾维邦．金属切削机床概论．北京：机械工业出版社，2007.
[15] 刘雄伟．数控机床操作与编程培训教程．北京：机械工业出版社，2001.
[16] 叶伯生，戴永清．数控加工编程与操作．武汉：华中科技大学出版社，2008.
[17] 刘永久．数控机床故障诊断与维修技术．北京：机械工业出版社，2006.
[18] 周晓宏．数控机床操作与维护技术．北京：人民邮电出版社，2006.
[19] 韩鸿鸾，荣维芝．数控机床的结构与维修．北京：机械工业出版社，2005.
[20] 黎震，邱国梁．数控加工编程与操作．上海：同济大学出版社，2008.